河北省煤矿安全流程

河北省应急管理厅　组织编写

应急管理出版社
·北　京·

图书在版编目（CIP）数据

河北省煤矿安全流程/河北省应急管理厅组织编写. --北京：应急管理出版社，2020（2021.4 重印）

ISBN 978-7-5020-8511-7

Ⅰ.①河… Ⅱ.①河… Ⅲ.①煤矿—矿山安全—安全管理—河北 Ⅳ.①TD7

中国版本图书馆 CIP 数据核字(2020)第 254747 号

河北省煤矿安全流程

组织编写 河北省应急管理厅
责任编辑 赵金园
责任校对 陈　慧
封面设计 于春颖

出版发行 应急管理出版社（北京市朝阳区芍药居 35 号 100029）
电　　话 010-84657898（总编室） 010-84657880（读者服务部）
网　　址 www.cciph.com.cn
印　　刷 北京虎彩文化传播有限公司
经　　销 全国新华书店

开　　本 787mm×1092mm 1/16 **印张** 26 1/2 **字数** 722 千字
版　　次 2021 年 1 月第 1 版 2021 年 4 月第 2 次印刷
社内编号 20201734 **定价** 108.00 元

编审委员会

审　　稿：（按照姓氏笔画排序）

马宏军　马宝印　王义省　王成林　王利波　王英虎　王洪林
王　姣　王　琪　石增柱　白永江　白庆辉　冯爱军　邢克旭
刘少春　刘建平　刘建伟　刘重举　刘晓明　刘　健　刘清龙
安晓忠　苏其亮　杜　通　李万枝　李从化　李文静　李付岗
李建峰　李春平　李树存　李　涛　李瑞春　杨庆华　杨秀军
杨树林　张太浩　张凤勇　张　杰　陈洪武　陈祥海　周立辉
郑国廷　郑瑞宏　赵宝森　胡鹏飞　秦　云　秦　剑　秦常浩
倪建明　徐发利　徐新船　高彦军　郭　颖　黄海生　曹增会
盖立丰　焦贵勇　路　剑　薛亚坤

前言

为深入推进河北省煤矿安全生产标准化体系建设，进一步规范煤矿安全管理，提升职工素质，强化煤矿风险管控，筑牢煤矿生产安全基础，防范煤矿生产安全事故发生，河北省应急管理厅组织编写了《河北省煤矿安全管理流程》《河北省煤矿施工作业流程》及《河北省煤矿岗位操作流程》。

本书以简明扼要、直观实用为编写宗旨，结合规程、规范、标准及“双控”管理的要求，对煤矿安全管理制度、施工安全措施、岗位操作规程进行流程化描述，共编制61项安全管理流程、171项施工作业流程和151项岗位操作流程，分为安全管理、采煤、掘进、机电、运输、通防、地测防治水等7个部分进行编写。鉴于各煤矿管理模式、机构设置、生产工艺、设备设施不尽相同，这里提供了主要流程模板，煤矿可结合实际建立并丰富、完善本矿的各项流程。

流程涉及煤矿管理方式、施工项目、工种岗位等各个方面，范围广、数量多，受编者水平所限，有错误和不足之处，请予以指正。编写过程中得到开滦集团、冀中能源集团、峰峰集团、冀中股份公司等相关领导、安全管理部门及相关煤矿的大力支持，在此诚挚感谢！

编审委员会

2020年9月11日

目录

第1篇 安全管理流程

第 2 篇　施工作业流程

第 3 篇　岗位操作流程

第1篇

安全管理流程

1 煤矿安全生产管理流程

1.1 安全管理组织机构

煤矿安全生产委员会是煤矿的安全决策机构，其主要职责是在上级安全委员会的领导下，落实企业安全生产主体责任，研究制定矿井安全生产政策、措施，指导煤矿日常安全生产管理，煤矿安全生产管理机构负责日常安全管理工作。

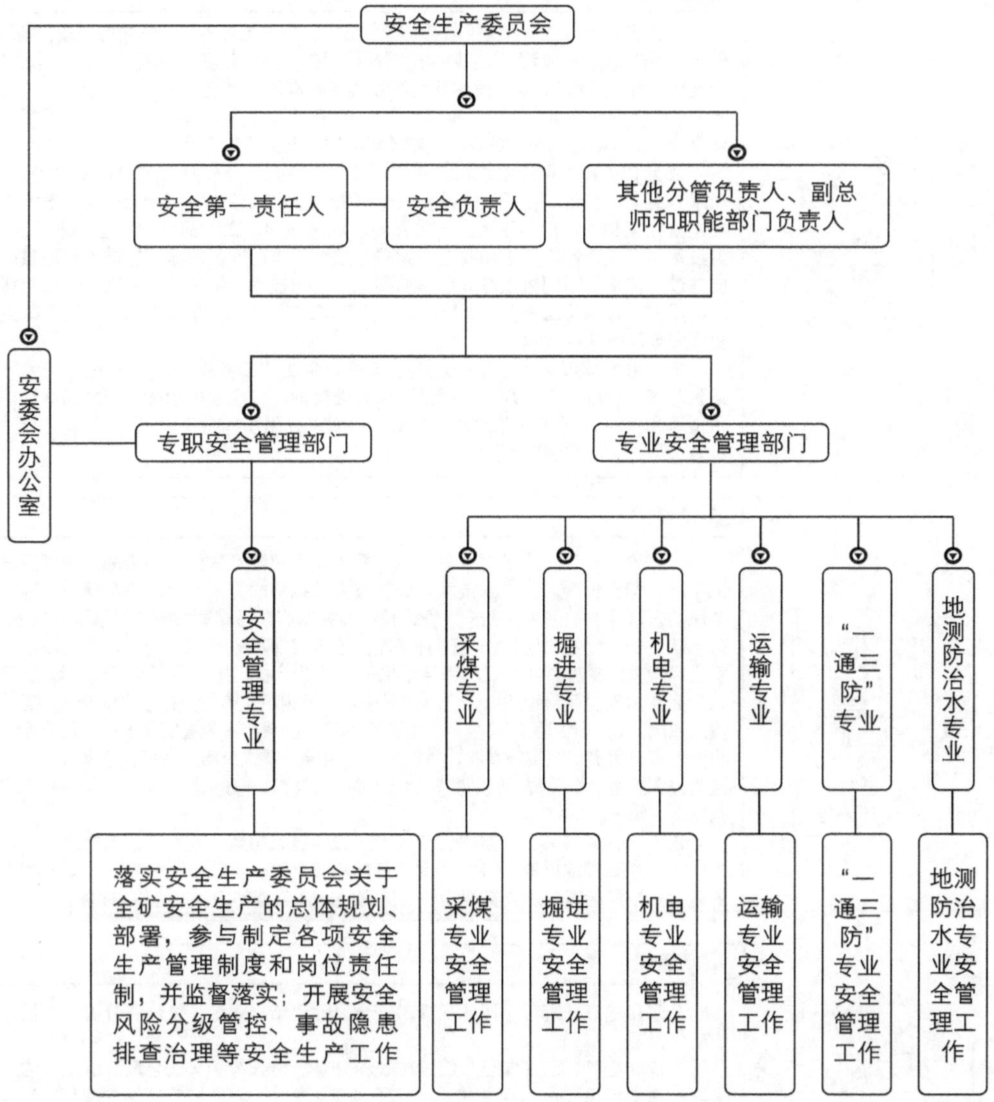

煤矿安全生产管理组织机构图

1.2 安全风险分级管控管理流程

工作机制建设 → 职责分工 → 组织机构 → 制度建设

管理要求

1.建立安全风险分级管控责任体系，安全第一责任人全面负责，分管负责人负责分管范围内的安全风险分级管控工作，副总工程师、科室、区（队）负责职责范围内的安全风险分级管控工作。

2.煤矿要明确负责安全风险分级管控工作的主管部门。

3.建立安全风险分级管控工作制度，明确安全风险的辨识范围、方法和安全风险的辨识、评估、管控、公告、报告工作流程。

安全风险辨识评估 → 年度安全风险辨识评估 → 专项安全风险辨识评估

管理要求

1.安全第一责任人负责组织各分管负责人、副总工程师和相关业务科室、区队进行年度安全风险辨识，编制年度安全风险辨识评估报告，建立年度安全风险清单，制定《煤矿重大安全风险管控方案》。本矿发生死亡事故或涉险事故、出现重大事故隐患，全国煤矿发生重特大事故，或所在省份、所属集团发生较大事故后，必须由安全第一责任人组织分管负责人和业务科室开展专项辨识并完善更新《煤矿重大安全风险管控方案》。

2.分管负责人负责组织相关业务科室、区队在以下情况时需进行专项辨识：新水平、新采（盘）区、新工作面设计前，生产系统、生产工艺、主要设施设备、重大灾害因素等发生重大变化时，启封密闭、排放瓦斯、反风演习、工作面通过空巷（采空区）、更换大型设备、采煤工作面初采和收尾、综采（放）工作面安装回撤、掘进工作面贯通前，突出矿井过构造带及石门揭煤等高危作业实施前，新技术、新工艺、新设备、新材料试验或推广应用前，连续停工停产1个月以上的煤矿复工复产前。专项辨识完成后完善更新《煤矿重大安全风险管控方案》。

3.年度辨识成果应用于确定下一年度安全生产工作重点;《煤矿重大安全风险管控方案》对下一年度生产计划、灾害预防和处理计划、应急救援预案、安全培训计划、安全费用提取和使用计划等提出意见；专项辨识成果应用于指导生产工艺选择、生产系统布置、设备选型、劳动组织确定。

安全风险分级管控 → 组织落实 → 定期管控 → 公示公告

管理要求

1.安全第一责任人掌握并落实本矿重大安全风险及主要管控措施，分管负责人、副总工程师、科室负责人、专业技术人员掌握相关范围的重大安全风险及管控措施；在重大安全风险区域作业的区（队）长、班组长掌握并落实该区域重大安全风险及相应的管控措施；区（队）长、班组长组织作业时对管控措施落实情况进行现场确认。矿长每年组织对重大安全风险管控措施落实情况和管控效果进行总结分析，指导下一年度安全风险管控工作。

2.重大安全风险管控由安全第一责任人每月组织实施管控；较大安全风险管控由分管负责人每周（旬）组织实施管控，并检查重大风险的管控措施落实情况；一般安全风险由区队负责人每日负责组织实施管控，并检查较大风险、重大风险的管控措施落实情况；低安全风险管控实施由班组负责人随时负责组织实施，并检查一般风险、较大风险、重大风险的管控措施落实情况。

3.在行人井口和存在重大安全风险区域的显著位置，公示存在的重大安全风险、管控责任人和主要管控措施。每年1月31日前，安全第一责任人组织将本矿年度辨识评估得出的重大安全风险清单及其管控措施报送属地安全监管部门和驻地煤监机构。

保障措施 → 信息管理 → 教育培训

管理要求

1.采用信息化管理手段，实现对安全风险记录、跟踪、统计、分析、上报等全过程的信息化管理。

2.煤矿主管部门每年至少组织矿长和分管负责人等参与安全风险辨识评估工作的人员学习一次安全风险辨识评估技术，且不少于4学时；年度辨识评估完成后1个月内对入井人员进行安全风险管控培训，内容包括重大安全风险清单、与本岗位相关的重大安全风险管控措施，且不少于2学时；专项辨识评估完成后1周内对相关作业人员开展培训。

1.2.1　重大风险管控安全管理流程

制定方案：编制方案 → 责任分工

管理要求

1. 重大风险管控方案要具体，应包括危险源、风险描述、管控措施、经费和物资、负责管控的责任单位和管控责任人，管控时限和应急处置等内容。

2. 按要求布置月度安全风险管控重点，明确责任分工。

风险管控：责任落实 → 实施管控

管理要求

1. 责任单位按照管控方案执行，确保落实到位，管控有效。

2. 重大风险管控由安全第一责任人负责组织实施。

3. 在划定的重大风险区域设定作业人数上限。

管控排查：定期排查 → 带班检查

管理要求

1. 安全第一责任人每月组织分管负责人及相关科室、区（队）对重大安全风险管控措施落实情况、管控效果及覆盖生产各系统、各岗位的事故隐患至少开展1次排查；矿分管采掘、机电运输、通风、地测防治水、冲击地压防治等工作的负责人每半月组织相关人员对覆盖分管范围的重大安全风险管控措施落实情况、管控效果和事故隐患至少开展1次排查。

2. 矿领导带班下井过程中跟踪带班区域重大安全风险管控措施落实情况，排查事故隐患，记录重大安全风险管控措施落实情况和事故隐患排查情况。

效果评价：效果分析 → 改进完善

管理要求

1. 安全第一责任人每月在隐患排查治理会议上对管控措施落实情况和管控效果进行分析。

2. 完善调整管控方案，持续管控，并布置月度安全风险管控重点。

1.2.2 较大风险管控安全管理流程

制定方案 → 编制方案 → 责任分工

管理要求

1. 较大风险管控方案由专业主管部门负责制定管控实施方案，方案要具体，应包括危险源、风险描述、管控措施、经费和物资、负责管控的责任单位和管控责任人，管控时限和应急处置等内容。

2. 专业主管部门按要求布置旬（月）安全风险管控重点，明确责任分工。

风险管控 → 责任细化 → 责任落实

管理要求

1. 责任单位按照管控方案落实责任，确保落实到位，管控有效。

2. 较大风险管控由分管负责人负责组织实施。

风控排查 → 定期检查

管理要求

分管负责人负责组织每旬（周）检查较大风险及以上管控措施落实情况，发现问题及时整改。

效果评价 → 效果分析 → 完善提高

管理要求

1. 分管负责人每旬（周）在隐患排查治理会议上对较大安全风险管控效果进行分析。

2. 完善调整管控方案，持续跟追管控，并布置旬（周）安全风险管控重点。

1.2.3　一般风险管控安全管理流程

制定措施 → 制定措施 → 批准执行

管理要求

1. 一般风险管控由区队负责制定管控措施。

2. 风险管控措施应包括人员、设备设施、工程技术、安全管理、现场环境、应急处置和教育培训等内容。

3. 职能部门、分管负责人负责管控措施的审批及监督。

风险管控 → 措施落实

管理要求

执行作业规程、安全技术措施和安全管理制度等管控措施。

风控检查 → 定期检查

管理要求

区队负责人每天负责组织检查责任范围内的各项安全风险管控措施落实情况。

效果评价 → 效果分析 → 完善提高

管理要求

1. 区队负责人每日对一般安全风险管控效果、管控措施落实情况进行分析。

2. 完善调整管控措施，持续跟追管控，布置一般风险管控重点。

1.3 事故隐患排查管理流程

工作机制：组织机构 → 职责分工 → 制度建设

管理要求

1. 煤矿必须明确负责事故隐患排查治理管理工作的部门。
2. 建立事故隐患排查治理工作责任体系，明确安全第一责任人全面负责，分管负责人负责分管范围内的事故隐患排查治理工作，各业务科室、区队、班组、岗位人员职责明确。
3. 建立《煤矿重大安全风险管控方案》措施落实情况检查和事故隐患排查治理相关制度，对重大安全风险管控措施落实及管控效果标准，事故隐患分级标准，以及事故隐患（含措施不落实情况）排查、登记、治理、督办、验收、销号、分析总结、检查考核工作作出规定并落实。

隐患排查：定期覆盖 → 隐患排查 → 登记上报

管理要求

1. 安全第一责任人每月组织分管负责人及相关科室、区（队）对覆盖生产各系统、各岗位的事故隐患至少开展1次排查；排查前制定工作方案，明确排查时间、方式、范围、内容和参加人员。
2. 矿分管采掘、机电运输、通风、地测防治水、冲击地压防治等工作的负责人每旬（周）组织相关人员对覆盖分管范围的事故隐患至少开展1次排查。
3. 矿领导带班下井过程中跟踪带班区域排查事故隐患，记录事故隐患排查情况。
4. 生产期间，每天管理、技术和安检人员进行巡查，对作业区域开展事故隐患排查。
5. 岗位作业人员作业过程中随时排查事故隐患。
6. 按照上级有关安排和规定开展专项事故隐患排查。
7. 对排查出的事故隐患进行定级。
8. 建立事故隐患排查台账。排查发现重大事故隐患后，及时向当地煤矿安全监管监察部门书面报告，并建立重大事故隐患信息档案。

⚠ 警示：发现隐患威胁作业人员安全时执行紧急避险措施！

隐患治理：责任落实 → 制定方案 → 分级治理

管理要求

1. 事故隐患排查治理应明确责任、措施、资金、时限、预案，确保“五落实”到位。
2. 重大事故隐患由安全第一责任人组织制定专项治理方案并组织实施。
3. 排查后制定的治理方案应包括隐患概况、治理的标准要求、治理的方法和措施、经费和物资安排、负责治理的机构人员、工时安排、治理的时限要求、安全措施和应急预案、复查工作要求和安排、其他需要明确的事项等内容。
4. 一般隐患中能够立即治理完成的事故隐患，当班采取措施，及时治理消除，并记入班组隐患台账；不能立即治理完成的事故隐患，明确治理责任单位（责任人）、治理措施、资金、时限，并组织实施。
5. 对治理过程中存在危险的事故隐患治理要有安全措施，并落实到位；对治理过程危险性较大的事故隐患，应制定现场处置方案，治理过程中现场有专人指挥，并设置警示标识；安检员现场监督。

监督管理

治理督办 → 验收销号 → 公示监督

管理要求

1. 事故隐患治理督办的责任单位（部门）和责任人员明确；对未按规定完成治理的事故隐患，由上一层级单位（部门）和人员实施督办；挂牌督办的重大事故隐患，治理责任单位（部门）及时记录治理情况和工作进展，并按规定上报。

2. 煤矿自行排查发现的事故隐患完成治理后，由验收责任单位（部门）或人员负责验收，验收合格后予以销号；负有煤矿安全监管职责的部门和煤矿安全监察机构检查发现的事故隐患，完成治理后，书面报告发现部门或其委托部门（单位）。

3. 每月向从业人员通报事故隐患分布、治理进展情况；及时在行人井口或其他显著位置公示重大事故隐患的地点、主要内容、治理时限、责任人、停产停工范围；建立事故隐患举报奖励制度，公布事故隐患举报联系方式，接受从业人员和社会监督。

保障措施

信息管理 → 教育培训 → 资金保障 → 考核管理 → 改进完善

管理要求

1. 采用信息化管理手段，实现对事故隐患排查治理记录统计、过程跟踪、逾期报警、信息上报的信息化管理。

2. 每年至少组织矿长、分管负责人、副总工程师及安全、采掘、机电运输、通风、地测防治水、冲击地压等科室相关人员和区（队）管理人员进行1次事故隐患排查治理专项培训，且不少于4学时；每年至少对入井（坑）岗位人员进行1次事故隐患排查治理基本技能培训，包括事故隐患排查方法、治理流程和要求、所在区（队）作业区域常见事故隐患的识别，且不少于2学时。

3. 事故隐患排查治理工作资金有保障。

4. 按本矿制度规定对事故隐患排查治理工作实施情况开展检查，检查结果纳入工资绩效考核。

5. 安全第一责任人和分管负责人定期组织召开事故隐患治理会议，对事故隐患的治理情况进行通报，分析重大安全风险管控情况、事故隐患产生的原因，编制月度统计分析报告，布置月度安全风险管控重点，提出预防事故隐患的措施。

1.3.1 安全第一责任人事故隐患排查管理流程

制定方案：制定方案 → 审批执行

管理要求

1.主管部门负责制定月度事故隐患排查工作方案，明确排查时间、方式、范围、内容和参加人员。

2.安全第一责任人对方案审批后执行。

月度排查：隐患排查 → 通知整改 → 建立台账

管理要求

1.安全第一责任人负责组织各分管负责人、相关科室和区（队）参加事故隐患月度排查。

2.各小组对照煤矿隐患标准表进行现场检查和地面资料检查、分级并向责任单位下发事故隐患排查通知单。

3.主管部门负责建立事故隐患排查台账。

4.事故隐患排查台账内容应包括编号、排查日期、排查人、隐患地点、隐患级别、隐患类型、隐患描述、治理措施、资金、治理期限、责任单位、责任人、督办单位（部门）、督办人、完成时间、验收结果、验收时间、验收人、是否销号等内容。

隐患治理：明确责任 → 制定措施 → 实施整改

管理要求

1.责任单位在治理事故隐患时要有明确的责任人，确保落实到位。

2.责任单位负责制定消除事故隐患的措施并执行。

3.责任单位（责任人）要严格按照标准实施整改，确保整改到位。

监督管理：申请验收 → 验收销号

管理要求

1.责任部门在整改完毕后向验收责任单位提出验收申请。

2.验收责任单位（部门）或人员负责对已整改完毕的进行验收销号，闭合管理，填写台账；未及时整改的提交上一级督办。

1.3.2 分管负责人事故隐患排查管理流程

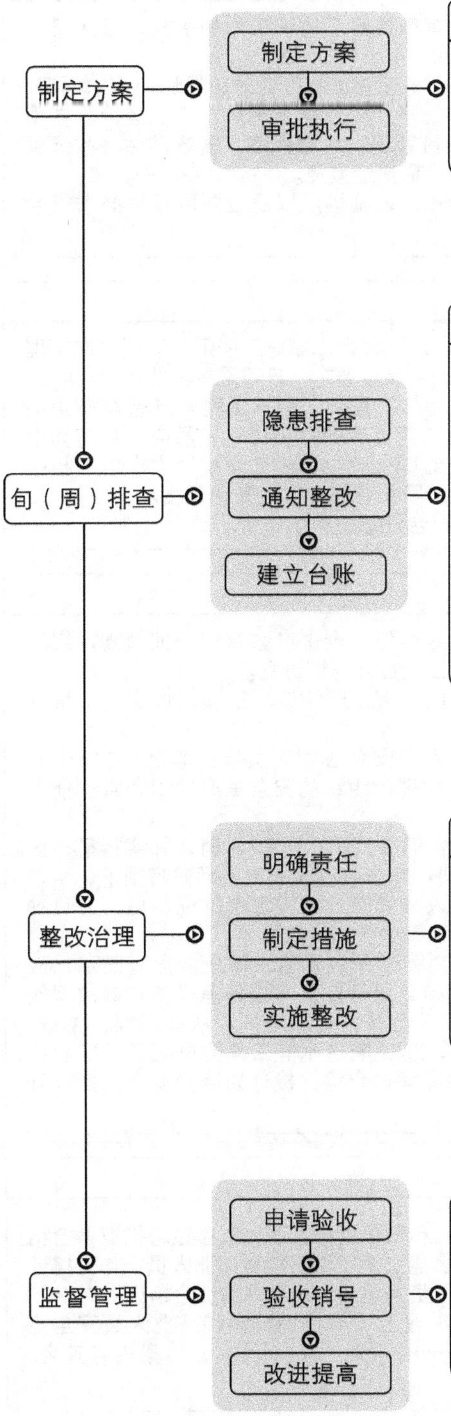

管理要求

1. 专业主管部门负责制定每旬（周）事故隐患排查方案，明确排查时间、方式、范围、内容和参加人员。

2. 分管负责人对方案进行审批后执行。

管理要求

1. 分管负责人负责组织各专业科室人员参加事故隐患旬（周）排查。

2. 各小组对照煤矿隐患标准表分专业进行现场检查和地面资料检查、分级并向责任单位下发事故隐患整改通知书。

3. 建立专业事故隐患台账。

4. 事故隐患排查台账内容应包括编号、排查日期、排查人、隐患地点、隐患级别、隐患类型、隐患描述、治理措施、资金、治理期限、责任单位、责任人、督办单位（部门）、督办人、完成时间、验收结果、验收时间、验收人、是否销号等内容。

管理要求

1. 责任单位在治理事故隐患时要有明确的责任人，确保落实到位。

2. 责任单位负责制定消除事故隐患的措施并执行。

3. 责任单位（责任人）要严格按照措施实施整改，确保整改到位。

管理要求

1. 责任部门在整改完毕后向验收责任单位提出验收申请。

2. 验收责任单位（部门）或人员负责对已整改完毕的进行验收销号，闭合管理，填写台账。

1.4 煤矿安全教育培训管理流程

基础管理 → 组织机构 → 制度建设 → 基础保障

管理要求

1.煤矿必须明确有负责安全培训工作的机构，且人员分工明确。

2.建立并执行安全培训管理制度，对从事培训需求调研、培训策划设计、教学管理组织、学员考核、培训登记、档案管理、过程控制、经费管理、后勤保障、质量评估、教师管理等工作的人员进行规定安全教育。

3.培训所需的师资、设施场所以及经费的提取必须符合相关规定。

人员配备及准入 → 人员配备 → 准入要求

管理要求

1.矿长、副矿长、总工程师、副总工程师、安全生产管理人员、专业技术人员配备满足要求，且不得在其他煤矿兼职。

2.矿长、副矿长、总工程师、副总工程师具备煤矿相关专业大专及以上学历；新上岗的特种作业人员应当具备高中及以上文化程度，或者职业高中、技工学校及中专以上相关学历；普通从业人员必须具备初中以上文化程度。

3.专业技术人员符合任职资格。

安全培训 → “三项岗位人员”培训 → 其他从业人员培训 → 专项培训

管理要求

1.矿长组织制定并实施安全生产教育和培训计划，组织制定并推动实施安全技能提升培训计划。

2.矿安全培训部门负责及时组织“三项岗位人员”培训（外委培训）。

3.煤矿主要负责人和安全管理人员自任职之日起6个月内，通过安全培训主管部门组织的安全生产知识和管理能力考核。

4.一般从业人员初训必须不少于72学时，并实行矿、区（科）和班组三级培训，并在有经验的工人师傅带领下，实习满4个月，并取得工人师傅签名的实习合格证明后，方可独立工作；日常脱产培训不少于20学时。

5.培训部门负责对“六新”项目、职业病危害防治、应急救援预案、安全风险分级管控及事故隐患排查和事故案例等相关知识组织相关人员进行专项培训。从事采煤、掘进、机电、运输、通风、地测、防治水等工作的班组长任职前接受专门的安全培训并经考核合格，按计划接受安全技能提升专项培训。

取得资质 → 持证上岗 → 档案管理

管理要求

1.煤矿主要负责人和安全生产管理人员通过考核取得合格证上岗；特种作业人员通过考核取得特种作业人员操作资格证上岗；煤矿一般其他人员经培训合格取得培训合格证上岗。

2.煤矿应建立煤矿企业安全培训档案和从业人员安全培训档案，做到“一期一档”和“一人一档”，档案内容齐全、管理规范。

1.5　不安全行为人员安全教育培训管理流程

培训准备

建立制度 → 确定人员 → 培训安排

管理要求

1.建立不安全行为管理制度，对不安全行为的具体表现、控制措施、发现、举报、帮教、考核、再上岗、回访、记录等作出规定，并赋予每一名职工现场制止不安全行为（含“三违”行为）的权力。

2.各级安全检查中发现的不安全行为人员必须参加安全教育培训。

3.煤矿行为管控主管部门负责月度统计上报参加学习的人员名单至矿培训部门。由培训部门组织开班培训。

组织实施

制定计划 → 教育培训

管理要求

1.煤矿培训部门负责制定学习计划。

2.培训时应采用脱产培训，培训课时不少于8学时，培训内容应包括:《煤矿安全规程》相关内容、操作规程、作业规程及安全管理制度等内容。

3.煤矿培训部门负责组织讲师对不安全行为人员进行安全教育培训。

取得资格

组织考试 → 重新上岗 → 效果评价

管理要求

1.教育培训后由煤矿培训部门组织进行考试，考试合格后方可重新上岗。

2.不安全行为人员再上岗一周内，所在的科室、区（队）至少对其实施一次行为观察；行为管控主管部门对再上岗人员进行回访，回访应制定回访表格，至少包括不安全行为人领导、同事（下属）不少于3人签署的再上岗人员的评价意见。

1.6 安全生产理念和目标管理流程

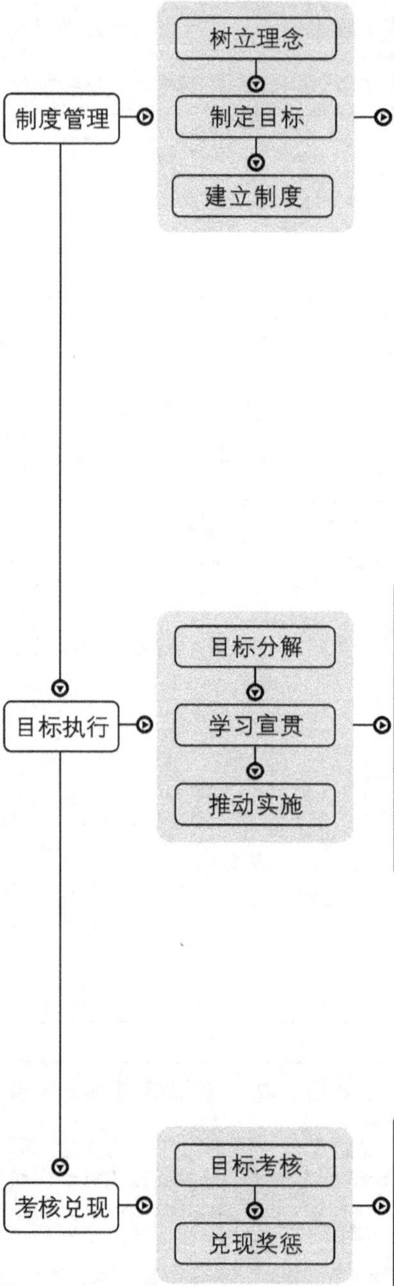

管理要求

1. 安全理念内容应体现牢固树立安全生产红线意识，贯彻“安全第一、预防为主、综合治理”的安全生产方针，体现以人为本、生命至上的思想，体现机械化、自动化、信息化、智能化发展趋势，体现煤矿职工获得感、幸福感、安全感的需求和主人翁地位、体面劳动、尊严生活的要求。

2. 煤矿按照树立的安全理念制定符合本单位实际的安全生产目标，内容应包含事故防范、灾害治理、风险管控、隐患治理等方面，体现“零死亡”，瓦斯“零超限”和井下“零突出”“零透水”“零自燃”“零冲击（无冲击地压事故）”等方面要求。

3. 煤矿建立安全生产理念和安全生产目标管理制度，对建立、修改、责任分解、统计考核等作出规定。

管理要求

1. 煤矿下属各单位应按照矿总体目标进行分解、建立本单位的安全生产目标并执行。要明确每项任务的责任岗位、支持条件和完成时限。

2. 通过安全培训、安全会议等方式，利用广播、牌板、微信等媒体形式学习宣贯安全理念，使管理人员和职工理解、认同并践行本单位的安全生产理念。

3. 煤矿要定期分级、分阶段督促下级单位落实安全目标，并纳入绩效管理，确保目标的实施。

管理要求

1. 每季度统计目标完成情况，未按时完成应分析原因，提出改进措施。

2. 年度对安全目标的完成情况进行考核，纳入绩效管理，兑现奖惩。

1.7　煤矿安全承诺流程

制度管理 → 建立制度 → 安全承诺

管理要求

1. 煤矿建立安全承诺管理制度，对矿长安全承诺的建立、公示、兑现、考核作出规定。

2. 矿长安全承诺内容应包含但不限于：保证落实安全生产主体责任，保证建立健全安全生产管理体系，保证杜绝超能力组织生产，保证生产接续正常，保证安全费用提足用好，保证矿领导带班下井（坑），保证本人和矿领导班子成员不违章指挥，保证严格管控安全风险，保证如实报告重大安全风险，保证及时消除事故隐患，保证安全培训到位，保证职工福利待遇，保证职工合法权益，保证不加班延点，保证不迟报、漏报、谎报和瞒报事故。

承诺实施 → 承诺公示 → 承诺兑现

管理要求

1. 每年主要负责人向本单位的全体员工进行公开承诺，签署承诺书并在行人井口公示。

2. 矿长要严格按照承诺书内容兑现安全承诺。

考核兑现 → 承诺考核 → 兑现奖惩

管理要求

1. 矿长将承诺兑现情况纳入年度述职内容和工作报告，经职工代表评议，并将评议结果纳入矿长年度绩效管理。

2. 根据安全承诺考核情况进行奖惩。

1.8 煤矿改进提升管理流程

工作机制 → 建立制度 → 责任分工

管理要求

1. 建立相关工作制度，涵盖对体系的考核评价、持续改进的要求，对考核工作的责任分工、工作流程、整改落实、总结分析、绩效管理、改进完善等内容作出规定并落实。

2. 根据制度要求对各科室进行职责分工，责任明确。

考核评价 → 检查评价 → 内部考核

管理要求

1. 每季度根据内部自查和外部检查考核结果，评估体系运行的有效性；定期归纳分析问题和隐患产生的根源，制定改进措施并落实。

2. 每季度根据标准化管理体系内部自查自评和外部检查考核结果，对体系运行部门进行绩效考核，并兑现奖惩。

持续改进 → 效果评价 → 完善提升

管理要求

1. 每年底矿长组织对标准化管理体系的运行质量进行客观分析形成考核评价报告。依据应包含但不限于以下内容：安全生产目标考核结果；安全承诺考核结果；安全生产责任制考核结果；标准化内部自查和外部检查考核情况；国家政策、法规、标准变化调整情况；年度风险辨识结果及全年重大风险管控情况；职工诉求；本矿生产安全事故情况。

2. 根据考核评价报告，制定改进方案，修改完善相应的管理制度，调整运行机制，提高体系运行质量。

1.9　煤矿安全生产标准化管理流程

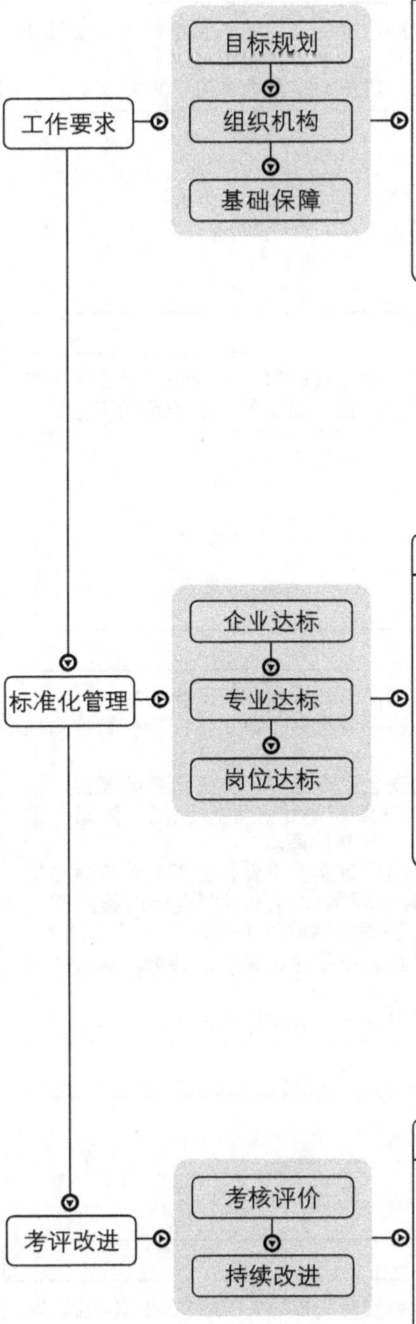

管理要求（工作要求）

1.煤矿制定安全生产标准化年度创建规划，并将目标分解到相关部门，分阶段落实。

2.煤矿建立安全生产标准化工作机构，明确各单位、部门相关人员的安全生产标准化职责。

3.保障安全生产标准化投入，持续改进和完善生产条件。健全技术管理体系，完善工作制度，开展技术创新；作业规程、操作规程和安全技术措施的编制、审批和贯彻执行符合要求；安全生产组织机构配备符合要求。

管理要求（标准化管理）

1.煤矿企业应当满足安全生产标准化达标体系的基本条件。

2.各专业应加强本专业的安全风险管控和事故隐患排查治理工作，制定本专业达标计划，不存在本专业重大事故隐患判定的情形，定期开展专业自查。

3.建立并执行本岗位安全生产责任制；管理人员、技术人员掌握作业规程，作业人员熟知本岗位操作规程、作业规程及安全技术措施相关内容；按照煤矿安全流程规范操作，无“三违”行为。

管理要求（考评改进）

1.各专业主管业务部门每月进行验收、考核并纳入绩效管理。

2.取得等级的煤矿应在取得等级的基础上进一步改善安全生产条件，持续保持考核定级时的安全生产条件并不断提高安全生产标准化水平，将安全生产标准化体系建设工作进行持续推进。

1.10 煤矿领导值班安全管理流程

制度管理 → 制定制度 → 制定计划

管理要求

1.由煤矿负责制定煤矿领导值班管理制度。值班领导必须由有资质和相关业务能力的矿领导担任。

2.煤矿主管部门负责制定月度值班计划并落实。

接班管理 → 交接班室

管理要求

值班矿领导按时到交接班室进行接班，接班时应掌握煤矿安全生产状况及重点监管部位的安全防范措施。

值班管理 → 信息站 → 区（科）室 → 值班室

管理要求

1.值班矿领导到信息站收集井下安全信息。

2.到重点区（科）值班室了解工作安排和管控措施落实情况。

3.协调当天的安全生产工作，负责组织调度会。

4.值班时要严守值班岗位，不准脱岗、离岗、漏岗，保持通信畅通，严禁饮酒。

5.值班时发生的应急突发事件，立即启动应急救援预案，并及时向其他领导、有关科室进行汇报。矿长未到时，负责统一协调指挥救援工作。

6.值班时不迟到、不早退，按时交接班。执行请销假制度。

7.值班期间不得做与职责无关的工作。

交班管理 → 交接班室

管理要求

向下一班矿领导进行交接班，交代好遗留问题，填写值班记录。

1.11 煤矿领导带班安全管理流程

制度管理 → 建立制度 → 制定计划

管理要求

1.煤矿建立领导带班下井制度，并由安全主管部门制定月度带班计划。

2.煤矿的主要负责人每月带班下井不得少于5个。

3.煤矿领导每月带班下井工作计划的完成情况，应当在煤矿公示栏公示，接受职工监督。

4.煤矿领导带班下井的相关记录和煤矿井下人员定位系统存储信息保存期不少于一年。

接班管理 → 调度室 → 井下接班地点

管理要求

1.带班矿领导到调度室了解当班入井人数、带班区域生产情况和重大风险防控措施等信息。

2.煤矿领导带班下井时，其领导姓名应当在井口明显位置公示。

3.向交班矿领导了解井下安全生产状况、存在的问题及原因、需要注意的事项等。

带班管理 → 带班检查

管理要求

1.煤矿领导带班时应加强对重点部位、关键环节的检查巡视，全面掌握当班井下的安全生产状况。

2.带班时煤矿领导应跟踪重大安全风险管控措施落实情况，及时发现和组织消除事故隐患和险情，及时制止违章违纪作业，严禁违章指挥，严禁超能力组织生产。

3.遇到险情时，煤矿领导应立即下达停产撤人命令，组织涉险区域人员及时、有序撤离到安全地点。

交班管理 → 井下交班地点 → 调度室

管理要求

1.向下一班的带班领导详细说明井下安全状况，存在的问题及原因、需要注意的事项等，并认真填写交接班记录簿。

2.煤矿领导升井后，应当及时将下井的时间、地点、经过路线、发现的问题及处理情况、意见等有关情况进行登记，并由专人负责整理和存档备查。

2 采煤专业安全管理流程

2.1 采煤安全管理机构

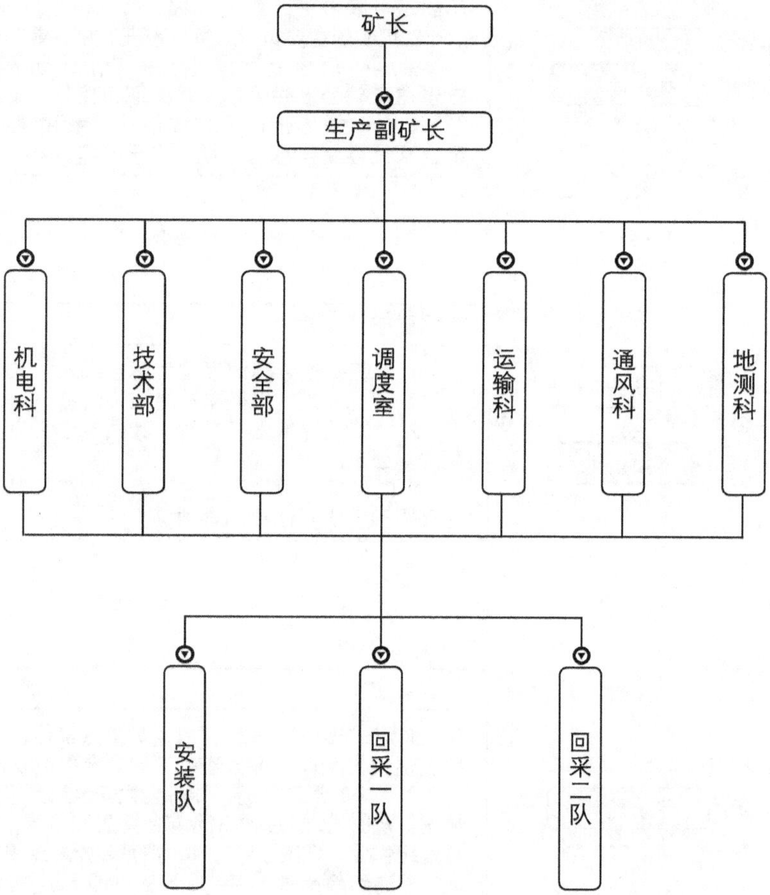

采煤安全管理机构图

2.2　回采工作面安装安全管理流程

现场调查：调查现场 → 安装方案

管理要求

1.工作面形成后，由职能科室牵头，组织施工单位相关人员进行现场调查，并组织掘进单位和安装施工单位对现场进行验收交接。

2.职能科室人员根据现场列出隐患清单，提出安全要求、隐患内容、整改时限等，施工单位组织整改落实。

3.由主管矿领导主持召开安装专项会议，研究制定安装施工方案，对涉及单位进行任务分工。

基础管理：技术准备 → 设备准备 → 运输准备 → 安装前验收

管理要求

1.施工单位技术人员收集通风、机电、运输、“双控”等专业资料，提前7天编制工作面安装作业规程措施。

2.由总工程师主持、职能科室参与，对工作面安装作业规程进行会审，施工单位根据会审意见对规程进行修改完善。修改完善后，施工单位提请职能科室及矿领导进行规程审批。

3.规程措施审批完成后，施工单位组织全员学习贯彻，并留有记录。未参加学习人员不得参与施工。

4.工作面设备及安装使用设备需满足机电管理要求，设备设施完好无失爆，设备按安装计划准备到位。

5.施工单位根据运输要求及施工现场，科学布置绞车。绞车地锚需逐根进行拉拔试验，锚固力满足设计要求。运输安全设施及信号联络装置齐全、灵敏、可靠。组装硐室、信号硐室、操作硐室及车场位置布置合理、无巷道失修情况。

现场管理：班前检查 → 组织安装 → 班后确认、交接班

管理要求

1.施工前，岗位工对本岗位进行安全检查、隐患排查及安全确认。班组严格执行现场交接班制度，对工程质量及安全工作进行验收评估、交接班。

2.设备运输作业开车前，需检查牵引车数、各车的连接和装载情况。牵引车数超过规定、连接不良，或者装载物料超重、超高、超宽或者偏载严重有翻车危险时，严禁发出开车信号。同时重点检查绞车制动装置、信号联络装置、钢丝绳绳头、运输安全设施等，任何一处不合格，禁止运输。

3.安装设备时，严格按照机电设计、安装标线位置、设备说明书作业，保证设备安装标准、完好。

4.作业人员认真检查起吊锚杆锚固状态，起吊锚杆成组使用。同时作业人员注意正确站位，重点注意绳道三角区、大件起吊摆动区域、滑轮甩出范围，危险区域严禁站人、作业。

5.作业班组认真执行班前、班中、班后“安全三确认”，确保作业安全。

验收管理：检查验收 → 整改复查 → 验收交接

管理要求

1.职能科室参照安装标准每旬对工作面作业现场及技术资料进行考核验收、量化评分。

2.施工单位根据量化考核中提出的问题进行整改，整改完毕后向职能科室申请复查。

3.工作面安装完成、问题整改完毕验收合格后，进行工作面移交。

2.3 回采工作面回采安全管理流程

基础管理：技术措施 → 现场准备 → 采前验收

管理要求

1.施工单位技术人员收集工作面设计、水文地质、机电、通风“双控”等专业资料，提前7天编制工作面回采作业规程。由总工程师主持、职能科室参与，对工作面回采作业规程进行会审，施工单位根据会审意见对规程进行修改完善。修改完善后，施工单位提请职能科室及矿领导进行规程审批。

2.规程措施审批完成后，施工单位组织全员学习贯彻，并留有记录。未参加学习人员不得参与施工。

3.工作面回采前对工作面所有设备进行联合试运转，确保所有设备运转正常方可提请采前验收。

4.施工单位提请职能科室进行工作面回采前验收。

现场管理：班前检查 → 正规循环 → 班后确认、交接班 → 变化管理

管理要求

1.施工前，各岗位工对本岗位进行安全检查、隐患排查及安全确认。班组严格执行现场交接班制度，对工程质量及安全工作进行验收评估、交接班。

2.工作面每班出煤前需进行联合运转，确认各设备运转正常后，方可割煤作业。工作面回采期间合理组织生产，坚持正规循环作业。运煤系统、辅助运输系统、监测监控系统等运转可靠。

3.施工现场加强工程质量管理，严格按照《煤矿安全生产标准化管理体系》执行，工作面“三直一平”，支架俯仰角、歪斜角、初撑力、中心距、端面距符合规定，支架不挤不咬。

4.工作面设备按照设备维修保养要求进行日、周、月检，禁止带病运转。

5.施工现场需悬挂工作面布置图、设备布置图、通风系统图、监测通信系统图、供电系统图、工作面支护示意图、正规作业循环图表、避灾路线图等牌板，提示、警示作业人员。

6.采煤工作面实行顶板动态和支护质量监测，进、回风巷实行顶板离层观测，工作面支架实行压力表监测。

7.采煤工作面地质条件发生变化时，及时修改作业规程或补充安全技术措施。工作面初次放顶、强制放顶、收尾、过地质构造带、过老巷、过顶板破碎带、过煤柱、过冒顶区，以及托伪顶开采时，需制定安全技术措施并组织实施。

8.针对新工、离岗返岗人员、借调人员等人员变化，季节、节假日等时段变化，工艺、工序、工具设备的“三工”变化以及施工环境、变更作业区域的环境变化，制定有针对性的管理措施，实现变化情况下的安全生产。

验收管理：岗位考核 → 班组评估 → 矿级验收

管理要求

1.岗位考核执行日考核制。由岗位工及班组长按照岗位操作标准对岗位操作人员进行联合量化考核，并以分数的形式在岗位操作卡上体现。

2.班评估执行日考核制。由前一班和本班班组长在作业现场按照班评估考核内容对工程质量、安全生产等进行量化考核，签字生效。

3.各职能科室严格按照《煤矿安全生产标准化管理体系》的要求，每旬对工作面进行一次联合验收，各专业人员对照标准对本专业内容进行量化考核。并提出整改意见，施工单位立即组织整改落实。

2.4 回采工作面拆除安全管理流程

调查准备

调查现场 → 拆除方案

管理要求

1. 工作面回采完毕，由职能科室牵头，组织拆除施工单位相关人员进行现场调查，确定解体硐室、绞车操作硐室、支架转弯曲线、运输车场等关键环节。

2. 由主管矿领导主持召开拆除专项会议，研究制定拆除施工方案，对涉及单位进行任务分工。

基础管理

技术措施 → 设备准备 → 运输达标 → 拆前验收

管理要求

1. 施工单位技术人员收集通风、机电、运输等专业资料，提前7天编制工作面拆除作业规程措施。

2. 由总工程师主持、职能科室参与，对工作面拆除作业规程进行会审，施工单位根据会审意见对规程进行修改完善。修改完善后，施工单位提请职能科室及矿领导进行规程审批。

3. 规程措施审批完成后，施工单位组织全员学习贯彻，并留有记录。未参加学习人员不得参与施工。

4. 工作面拆除用绞车、开关等设备需满足机电管理要求，设备设施完好无失爆。拆除用装车、封车物资需提前准备到位。

5. 施工单位根据运输要求及施工现场，科学布置绞车。绞车地锚需逐根进行拉拔试验，锚固力满足设计要求。运输安全设施及信号联络装置齐全、灵敏、可靠。组装硐室、信号硐室、操作硐室及车场位置布置合理、无巷道失修情况。

6. 拆除作业前，由施工单位提请职能科室进行工作面拆除前验收。

现场管理

班前检查 → 拆除回收 → 班后确认、交接班

管理要求

1. 施工前，各岗位工对本岗位进行安全检查、隐患排查及安全确认。班组严格执行现场交接班制度，对工程质量及安全工作进行验收评估、交接班。

2. 设备运输作业前，重点检查绞车制动装置、信号联络装置、钢丝绳绳头、车辆连接装置、运输安全设施、设备装车等情况。

3. 设备拆除作业前，作业人员需认真检查起吊锚杆锚固状态，起吊锚杆成组使用，禁止使用单根锚杆起吊。同时作业人员注意正确站位，重点注意绳道三角区、大件起吊摆动区域、滑轮甩出范围，危险区域严禁站人、作业。

4. 施工单位拆除设备时，严格按照机电设计、设备说明书作业，禁止盲目蛮干、强拉硬拽。

5. 设备起吊、装车，注意设备重心位置，设备重心居中、不偏移。单件重量超过5T的设备需用40T配合高强螺栓与矿车固定牢固。

6. 运输作业开车前，需检查牵引车数、各车的连接和装载情况。牵引车数超过规定、连接不良，或者装载物料超重、超高、超宽或者偏载严重有翻车危险时，严禁发出开车信号。

7. 作业班组认真执行班前、班中、班后“安全三确认”，确保作业安全。

验收管理

检查验收 → 整改复查 → 验收封闭

管理要求

1. 职能科室每旬对工作面作业现场及技术资料进行考核验收、量化评分。

2. 施工单位根据量化考核中提出的问题进行整改，整改完毕后向职能科室申请复查，实现闭合管理。

3. 工作面拆除完毕，验收合格达到密闭条件，砌墙封闭。

3 掘进专业安全管理流程

3.1 掘进安全管理机构

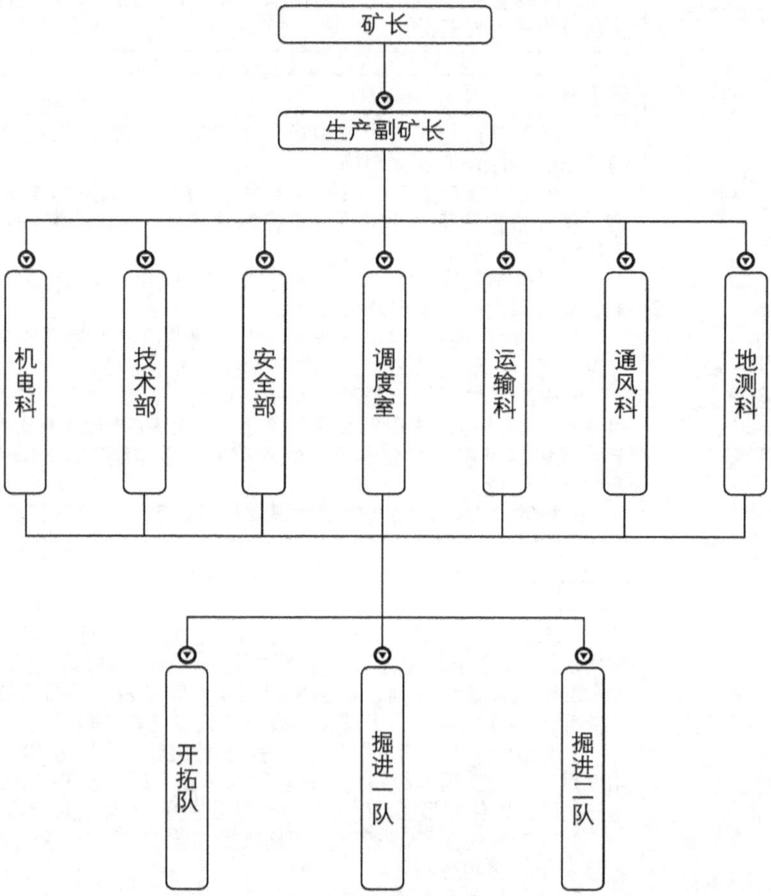

掘进安全管理机构图

3.2　掘进工作面准备安全管理流程

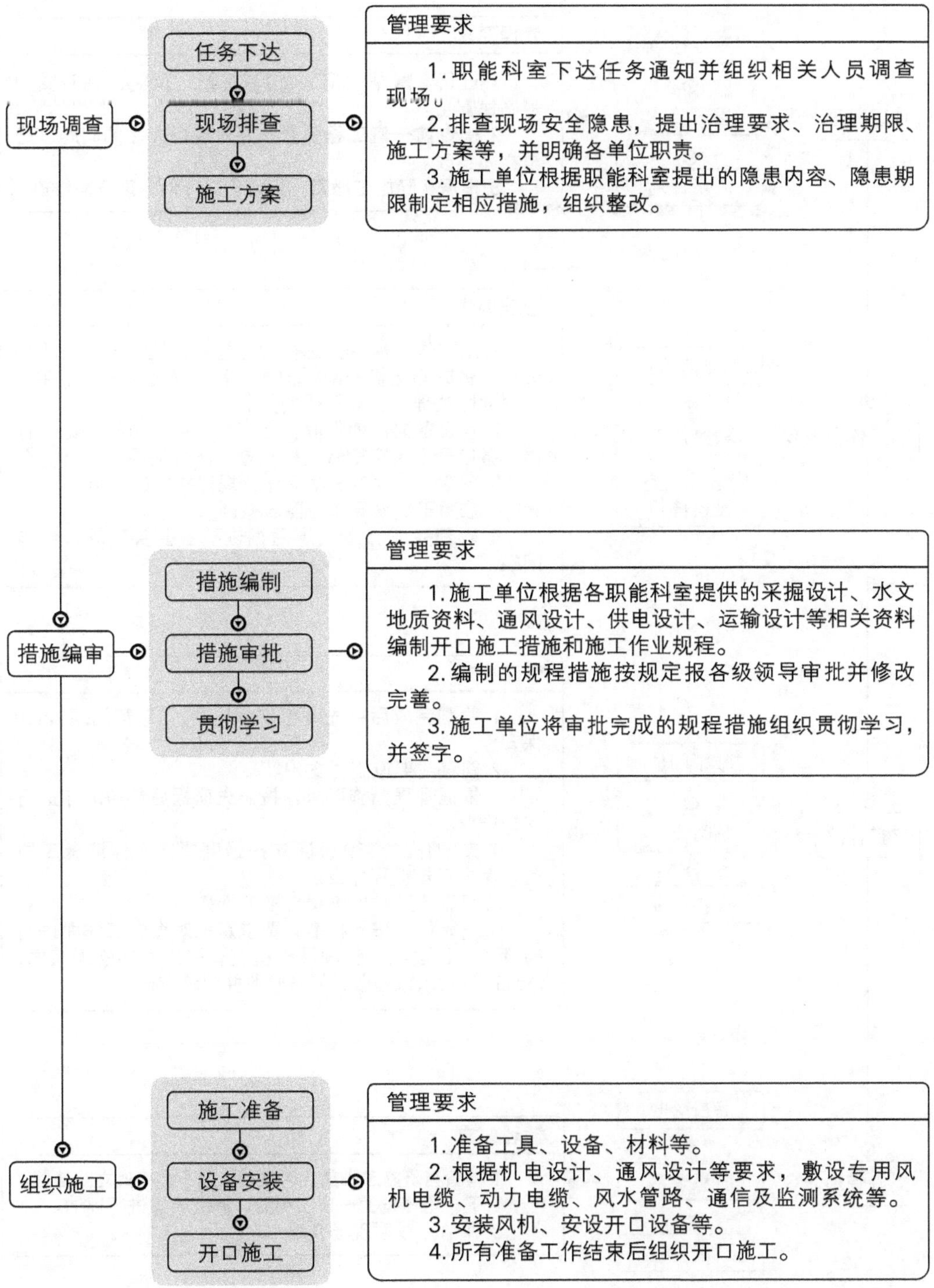

3.3 掘进工作面施工安全管理流程

接班管理 → 安全检查 → 接班验收 → 质量评估

管理要求

1. 进行“敲帮问顶”，检查瓦斯、风筒、临时支护等确保安全。
2. 检查前一班工程质量，并对现场存在的问题、隐患立即整改。
3. 根据实际施工质量，进行现场评估，现场交接班。

出煤作业 → 作业前检查 → 截割施工 → 设备停机

管理要求

1. 掘进作业前首先进行安全检查，检查各设备（掘进机、带式输送机、刮板输送机等）是否完好，不完好必须立即处理，否则不得使用。
2. 各设备要定期保养，做好日、周、月检并记录存档，各电气设备定期做完好检查，严禁失爆。
3. 各职工必须认真学习作业规程并持证上岗。
4. 按照正规循环作业图表截割。
5. 截割完成出清底煤后掘进机截割头落地，停电闭锁。

支护作业 → “敲帮问顶” → 临时支护 → 支护作业

管理要求

1. 截割完成后首先进行安全检查，“敲帮问顶”，确保安全。
2. 前移或架设临时支护。
3. 依据规程措施要求，按照先顶板后巷帮顺序进行支护作业。
4. 支护作业必须保证支护强度要求，保证施工质量，保证正规循环作业。
5. 跟班人员对当班安全施工负责。
6. 职能科室按照标准化要求定期对掘进工作面进行检查，工作面锚杆锚固质量检测要采用无损检测技术，发现问题要限期整改，复查验收并记录存档。

交班管理 → 质量验收 → 质量评估 → 现场交班

管理要求

1. 检查当班施工质量，对支护质量不合格处立即处理。
2. 下一班根据上一班工程量、施工质量进行评估。
3. 评估完成后现场交班。

3.4　掘进工作面收尾安全管理流程

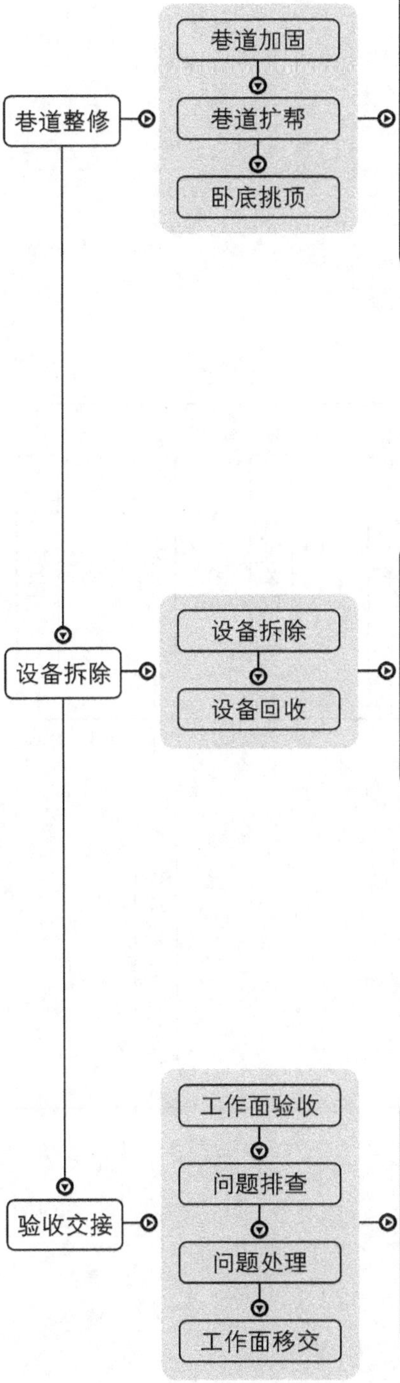

管理要求

1.工作面贯通后，所有掘进施工完成。

2.检查工作面顶板、巷帮情况，对后路失修处进行整修。

3.对巷道高度不能满足使用处进行卧底。

4.对顶板破碎、下沉严重段进行挑顶。

5.对巷帮移近量较大，巷宽不能满足使用段进行扩帮。

6.对顶板、巷帮压力较大段进行加固。

管理要求

1.整修结束后，施工单位编制设备拆除措施，并逐级审批。

2.组织拆除施工措施贯彻学习。

3.施工单位根据措施要求对掘进设备进行拆除。

4.设备拆除后运输管理部门（单位）负责将设备升井检修。

管理要求

1.所有工作结束后，施工单位向职能科室申请工作面移交。

2.职能科室组织相关人员对工作面进行验收，提出存在问题，限期整改。

3.施工单位对现场问题逐条整改。

4.整改完毕，复查验收通过后工作面移交。

4 机电专业安全管理流程

4.1 机电安全管理机构

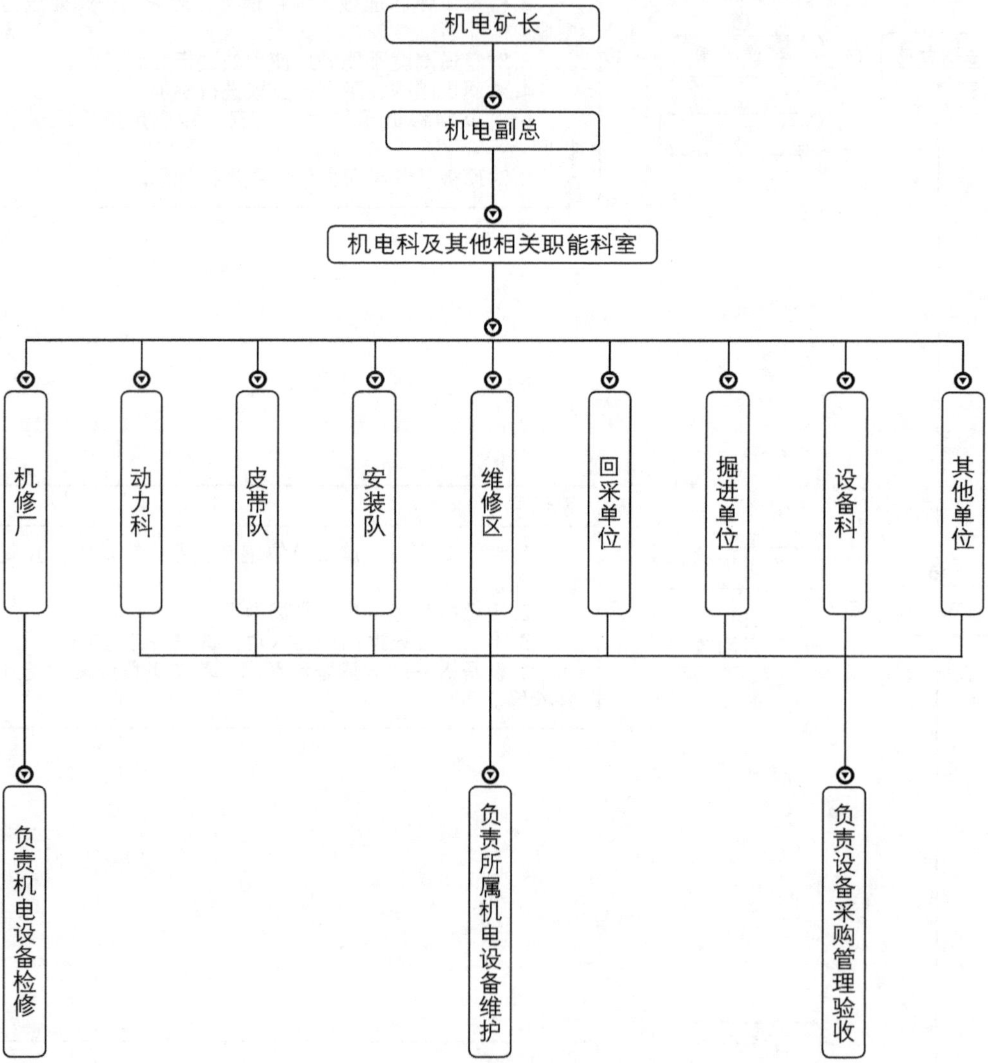

机电安全管理机构图

4.2 供电安全管理流程

基础管理：机构管理 → 制度管理 → 档案管理

管理要求

1.必须配备管理人员、工程技术人员、安全检查员、维护人员等。

2.保护试验、设备包机、包区包片、巡回检查、停送电管理、电气试验测试、日常检查维护等各项制度齐全，并与实际运行的设备相符。

3.设备的矿用产品安全标志证书、防爆合格证等各种证书必须齐全有效，产品说明书、图纸、更新改造记录等技术资料齐全，大型设备一台一档。

4.做好职工培训工作，相关培训资料存档。

供电系统管理：供电设计 → 负荷审批 → 预防性试验 → 日常维护 → 系统检查

管理要求

1.井上下变电所、采掘工作面供电系统必须专项供电设计，审批合格后按设计采购设备和施工。必须先设计后施工。

2.负荷审批部门负责在负荷变化时，审批并及时校验各种保护灵敏度，确保保护灵敏可靠。

3.责任部门负责根据国家安全规定编制预防性试验安全施工措施，试验人员严格按措施执行。

4.预防性试验包括：井上下各回路电缆、绝缘电阻的测定及耐压试验，中央变电所各出线盘内电气设备的试验，各配电点的变压器试验，全部接地极及避雷针的接地电阻的摇测等，试验生成报告并存档。

5.操作人员要严格执行设备巡检制度，并填好记录。

6.维护人员严格执行日常检查维护制度和定期检修制度，严格按检修标准检修设备。

7.区科管理人员按规定进行专项检查，排查隐患，闭环处理。

设备更新：设备选型 → 到货验收 → 安装使用

管理要求

1.责任部门根据国家安全规定、行业标准和设备运行状况提出供电设备更新计划。

2.选型设计必须符合国家安全规定和行业标准，优先选用安全、高效、节能设备。

3.设备到货后相关部门进行验收，产品合格证、煤矿矿用产品安全标志、防爆合格证等证书齐全有效，产品说明书、图纸等技术资料必须齐全，并存档。

4.按照标准安装调试、检测整定，做好运行记录并存档。

⚠ 警示：煤矿应用涉及安全生产的新技术、新工艺、新设备前，必须经过论证、安全性能检验和鉴定。

4.3 电气防爆安全管理流程

日常管理 → 防爆设备包机管理 → 防爆设备日常检查维护

管理要求

1.每台设备实行包机管理，必须有包机牌，包机牌填写规范清楚。

2.电（修）工必须经培训合格后，持证上岗。

3.电（修）工严格执行设备日常检查维修、巡检制度，严格按检修标准检修设备，发现问题及时处理，并做好记录。

防爆检查 → 日常检查 → 专项检查

管理要求

1.相关部门检查人员做好日常检查工作，日常检查的隐患问题应闭环处理，并以书面形式保存。

2.责任部门组织防爆专项检查，要有具体计划安排，隐患问题应闭环处理，并以书面形式保存。根据防爆检查结果进行考核，奖优罚劣。

设备更新 → 设备选型 → 到货检修及入井验收 → 安装使用

管理要求

1.责任部门根据国家安全规定、行业标准和设备运行状况对机电设备进行更新。

2.设备更新必须进行选型设计，选型设计必须符合国家安全规定和行业标准，优先选用安全、高效、节能设备。

3.设备到货、大修后以及入井前要进行防爆性能检查验收，产品合格证、煤矿矿用产品安全标志、防爆合格证等证书齐全有效，产品说明书、图纸等技术资料必须齐全，并存档。

4.按照标准安装调试、检测整定，做好运行记录并存档。

4.4　主运带式输送机安全管理流程

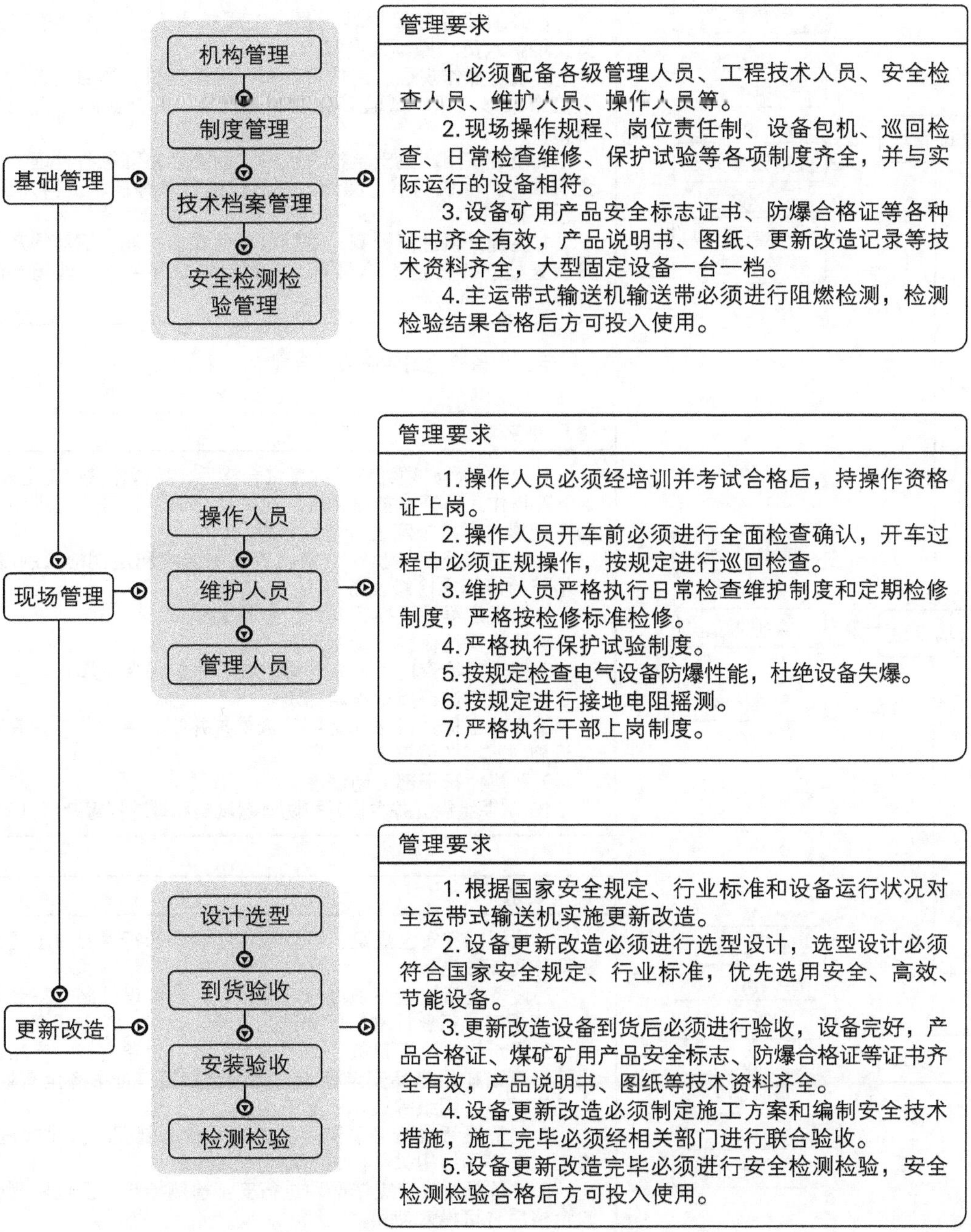

⚠ 警示：煤矿应用涉及安全生产的新技术、新工艺、新设备前，必须经过论证、安全性能检验和鉴定。

4.5 主提升机安全管理流程

基础管理 → 机构管理 → 制度管理 → 技术档案管理 → 安全检测检验管理

管理要求

1. 必须配备各级管理人员、工程技术人员、安全检查人员、维护人员、操作人员等。
2. 现场操作规程、岗位责任制、设备包机、巡回检查、日常检查维修、保护试验等各项制度齐全，并与实际运行的设备相符。
3. 设备矿用产品安全标志证书、防爆合格证等各种证书齐全有效，产品说明书、图纸、更新改造记录等技术资料齐全，一台一档。
4. 主提升机性能检测、主轴等部件探伤检测、钢丝绳及连接装置检测等符合检验周期，检测检验结果合格，现场挂牌管理。

⚠ 警示：设备检验周期必须符合规定。

现场管理 → 操作人员 → 维护人员 → 管理人员

管理要求

1. 操作人员必须经培训并考试合格后，持操作资格证上岗。
2. 操作人员开车前必须进行全面检查确认，开车过程中必须正规操作，按规定进行巡回检查。
3. 维护人员严格执行日常检查维护制度和定期检修制度，严格按检修标准检修设备。
4. 按规定维护更换钢丝绳、连接装置。
5. 严格执行保护试验制度。
6. 按规定检查电气设备防爆性能，杜绝设备失爆。
7. 按规定进行接地电阻摇测。
8. 立井主提升机必须定期检查维护井筒装备、井口井底安全设施、箕斗（罐笼）。
9. 严格执行干部上岗制度。
10. 定期组织立井主提升机防坠器试验和缓冲托罐装置试验。

更新改造 → 设计选型 → 到货验收 → 安装验收 → 检测检验

管理要求

1. 根据国家安全规定、行业标准和设备运行状况对主提升机实施更新改造。
2. 设备更新改造必须进行选型设计，选型设计必须符合国家安全规定、行业标准，优先选用安全、高效、节能设备。
3. 更新改造设备到货后必须进行验收，设备完好，产品合格证、煤矿矿用产品安全标志、防爆合格证等证书齐全有效，产品说明书、图纸等技术资料齐全。
4. 设备更新改造必须制定施工方案和编制安全技术措施，施工完毕必须经相关部门进行联合验收。
5. 设备更新改造完毕必须进行安全检测检验，安全检测检验合格后方可投入使用。

⚠ 警示：煤矿应用涉及安全生产的新技术、新工艺、新设备前，必须经过论证、安全性能检验和鉴定。

4.6　主要通风机安全管理流程

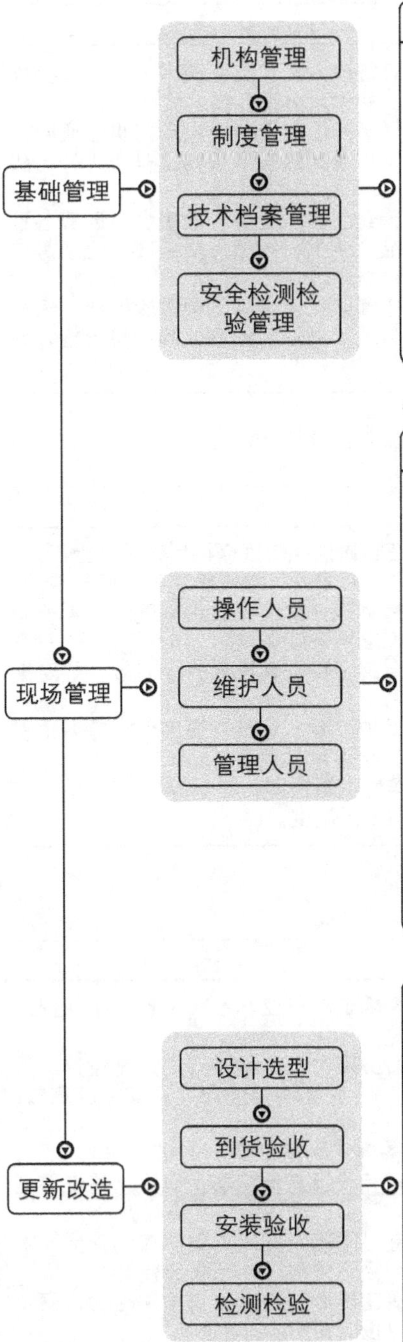

管理要求

1.必须配备各级管理人员、工程技术人员、安全检查人员、维护人员、操作人员等。

2.现场操作规程、岗位责任制、设备包机、巡回检查、日常检查维修、保护试验等各项制度齐全，并与实际运行的设备相符。

3.设备矿用产品安全标志证书、防爆合格证等各种证书齐全有效，产品说明书、图纸、更新改造记录等技术资料齐全，一台一档。

4.主要通风机性能检测、主轴叶片等部件探伤检测符合检验周期，检测检验结果合格，现场挂牌管理。

⚠ 警示：设备检验周期必须符合规定。

管理要求

1.操作人员必须经培训并考试合格后，持操作资格证上岗。

2.必须正规操作，按规定进行巡回检查。

3.维护人员严格执行日常检查维护制度和定期检修制度，严格按检修标准检修设备。

4.水柱计、电流表、电压表等各种仪器仪表显示正常，并定期校准。

5.在线监测装置必须具备通风机轴承、电动机轴承等温度检测和超温报警功能，具备振动监测及报警功能。

6.按规定进行接地电阻摇测。

7.严格执行干部上岗制度。

8.按规定每月组织倒风机一次，并对备机进行检修维护。

9.每年组织参加反风演习，按要求进行主要通风机反风操作。

管理要求

1.根据国家安全规定、行业标准和设备运行状况对主要通风机实施更新改造。

2.设备更新改造必须进行选型设计，选型设计必须符合国家安全规定、行业标准，优先选用安全、高效、节能设备。

3.更新改造设备到货后必须进行验收，设备完好，产品合格证、煤矿矿用产品安全标志、防爆合格证等证书齐全有效，产品说明书、图纸等技术资料齐全。

4.设备更新改造必须制定施工方案和编制安全技术措施，施工完毕必须经相关部门进行联合验收。

5.设备更新改造完毕必须进行安全检测检验，安全检测检验合格后方可投入使用。

⚠ 警示：煤矿应用涉及安全生产的新技术、新工艺、新设备前，必须经过论证、安全性能检验和鉴定。

4.7 压风机安全管理流程

基础管理

机构管理 → 制度管理 → 技术档案管理 → 安全检测检验管理

管理要求

1. 必须配备各级管理人员、工程技术人员、安全检查人员、维护人员、操作人员等各级人员。

2. 现场操作规程、岗位责任制、设备包机、巡回检查、日常检查维修、保护试验等各项制度齐全，并与实际运行的设备相符。

3. 设备矿用产品安全标志证书、防爆合格证等各种证书齐全有效，产品说明书、图纸、更新改造记录等技术资料齐全，一台一档。

4. 压风机性能检测、安全阀释压阀试验检测、压风机油脂样品检测符合检验周期，检测检验结果合格，现场挂牌管理。

⚠ 警示：设备检验周期必须符合规定。

现场管理

操作人员 → 维护人员 → 管理人员

管理要求

1. 操作人员必须经培训并考试合格后，持证上岗。

2. 操作人员必须正规操作，按规定进行巡回检查。

3. 维护人员严格执行日常检查维护制度和定期检修制度，严格按检修标准检修设备。

4. 压力表、安全阀、释压阀设置齐全有效，并定期校准。

5. 压风机断油保护、断水保护、温度保护等各项保护齐全，动作灵敏可靠，并定期试验。

6. 按规定进行接地电阻摇测。

7. 严格执行干部上岗制度。

更新改造

设计选型 → 到货验收 → 安装验收 → 检测检验

管理要求

1. 根据国家安全规定、行业标准和设备运行状况对压风机实施更新改造。

2. 设备更新改造必须进行选型设计，选型设计必须符合国家安全规定、行业标准，优先选用安全、高效、节能设备。

3. 更新改造设备到货后必须进行验收，设备完好，产品合格证、煤矿矿用产品安全标志、防爆合格证等证书齐全有效，产品说明书、图纸等技术资料齐全。

4. 设备更新改造必须制定施工方案和编制安全技术措施，施工完毕必须经相关部门进行联合验收。

5. 设备更新改造完毕必须进行安全检测检验，安全检测检验合格后方可投入使用。

⚠ 警示：煤矿应用涉及安全生产的新技术、新工艺、新设备前，必须经过论证、安全性能检验和鉴定。

4.8　主排水泵安全管理流程

基础管理：机构管理 → 制度管理 → 技术档案管理 → 安全检测检验管理

管理要求

1. 必须配备各级管理人员、工程技术人员、安全检查人员、维护人员、操作人员等各级人员。
2. 现场操作规程、岗位责任制、设备包机、巡回检查、日常检查维修、保护试验等各项制度齐全，并与实际运行的设备相符。
3. 设备矿用产品安全标志证书、防爆合格证等各种证书齐全有效，产品说明书、图纸、更新改造记录等技术资料齐全，一台一档。
4. 主排水泵性能检测符合检验周期，检测检验结果合格，现场挂牌管理。

⚠ 警示：设备检验周期必须符合规定。

现场管理：操作人员 → 维护人员 → 管理人员

管理要求

1. 操作人员必须经培训并考试合格后，持操作资格证上岗。
2. 操作人员必须正规操作，按规定进行巡回检查。
3. 维护人员严格执行日常检查维护制度和定期检修制度，严格按检修标准检修设备。
4. 压力表、真空表等设置齐全有效，并定期校准。
5. 水位实时监测、高低水位报警装置、电动机等各项保护齐全，动作灵敏可靠，并定期试验。
6. 按规定进行接地电阻摇测。
7. 严格执行干部上岗制度。
8. 每年雨季前对主排水系统进行联合运转试验，清理水仓。
9. 每年雨季前组织开展联合排水试验。

更新改造：设计选型 → 到货验收 → 安装验收 → 检测检验

管理要求

1. 根据国家安全规定、行业标准和设备运行状况对主排水泵实施更新改造。
2. 设备更新改造必须进行选型设计，选型设计必须符合国家安全规定、行业标准，优先选用安全、高效、节能设备。
3. 更新改造设备到货后必须进行验收，设备完好，产品合格证、煤矿矿用产品安全标志、防爆合格证等证书齐全有效，产品说明书、图纸等技术资料齐全。
4. 设备更新改造必须制定施工方案和编制安全技术措施，施工完毕必须经相关部门进行联合验收。
5. 设备更新改造完毕必须进行安全检测检验，安全检测检验合格后方可投入使用。

⚠ 警示：煤矿应用涉及安全生产的新技术、新工艺、新设备前，必须经过论证、安全性能检验和鉴定。

5 运输专业安全管理流程

5.1 运输安全管理机构

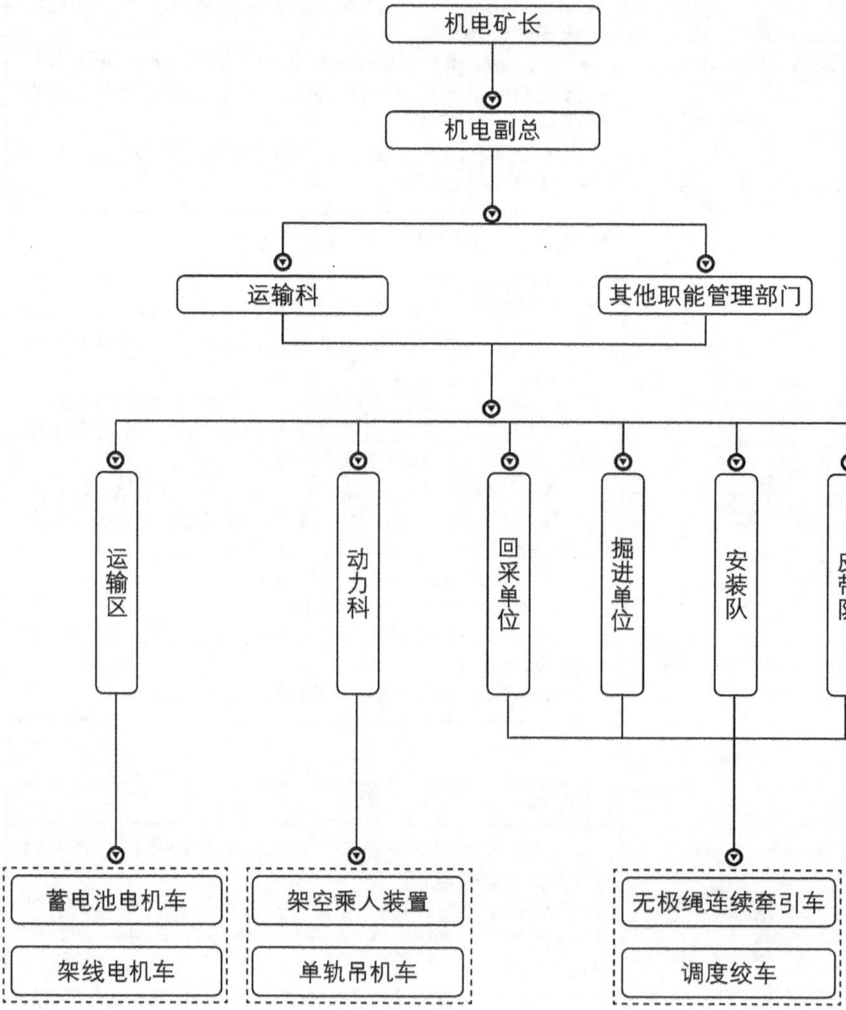

运输安全管理机构图

5.2　架空乘人装置安全管理流程

设计采购：收集参数 → 选型计算 → 设计审批

管理要求

1. 运输管理部门结合技术部门，收集相关参数，为设计做准备。
2. 必须有专项设计，专项设计应由具有煤炭行业（矿井）设计资质的机构设计。针对运行巷道的断面、坡度、变坡点、运量与运输距离等，依据国家相关标准规范，进行具体的选型计算，确定设备型号。
3. 由矿总工程师组织审查。
4. 根据设计要求进行设备招标、采购。

安装验收：设备安装 → 设备验收

管理要求

1. 设备到货后进行验收，对设备和资料进行验收，符合要求后方可入库。
2. 由运输专业负责人组织进行设备安装，严格按照设计要求安装和施工。
3. 由运输专业负责人组织根据设计要求进行验收。
4. 设备验收合格后进行安全检测检验，安全检测检验合格后方可投入使用。

现场管理：运行管理 → 操作管理 → 维护维修 → 检测检验

管理要求

1. 制定相应的安全运行、操作、维护维修和检验检测的相关管理制度，并严格执行。管理制度、操作规程、岗位责任制、设备包机、巡回检查等各项制度齐全，并在现场吊挂相关管理牌板。
2. 操作人员必须持操作资格证上岗，并按操作规程要求进行操作
3. 依据设备检查维护规定，执行日周月检制度和年度检修制度。规范架空乘人装置各类安全保护的试验周期、方法、内容和记录，制定架空乘人装置日历化检修图表。
4. 每年由具有检验资质的单位，按照《煤矿用架空乘人装置安全检验规范》（AQ 1038—2007），进行安全检测检验，留存检测检验报告。

资料管理：技术资料 → 维护资料 → 检验资料

管理要求

1. 设备矿用产品安全标志证书、防爆合格证等各种证书齐全有效，产品说明书、图纸等技术资料齐全。该设计资料存档备查。
2. 维护维修资料齐全，存档备查。
3. 检测检验资料齐全，存档备查。

5.3 无极绳连续牵引车安全管理流程

设计采购 → 收集参数 → 选型计算 → 设计审批

管理要求

1.运输管理部门结合技术部门，收集相关参数，为设计做准备。

2.由运输管理部门进行设计。依据国家相关标准规范和使用运行条件要求，进行具体的选型计算，确定设备型号、钢丝绳规格、提升车数和相应的安全设施。

3.由运输专业负责人负责组织设计审查。

4.根据设计要求进行设备招标、采购。

安装验收 → 设备安装 → 设备验收

管理要求

1. 设备到货后必须进行验收，对设备和资料进行验收，符合要求后方可入库。

2.由运输专业负责人组织进行设备安装，严格按照设计要求安装和施工。

3.由运输专业负责人组织根据设计要求进行验收。

现场管理 → 运行管理 → 操作管理 → 维护维修

管理要求

1.制定相应的安全运行、操作、维护维修的相关管理制度，并严格执行考核。管理制度、操作规程、岗位责任制、设备包机、巡回检查等各项制度齐全，并在现场吊挂相关管理牌板。

2.操作人员必须持操作资格证上岗，并按操作规程要求进行操作。

3.依据设备检查维护规定，执行日周月检制度和年度检修制度。

资料管理 → 技术资料 → 维护资料

管理要求

1.设备矿用产品安全标志证书、防爆合格证等各种证书齐全有效，产品说明书、图纸等技术资料齐全。该设计资料存档备查。

2.维护维修资料齐全，存档备查。

5.4 单轨吊机车安全管理流程

设计采购：收集参数 → 选型计算 → 设计审批

管理要求

1. 运输管理部门结合技术部门，收集相关参数，为设计做准备。
2. 由运输管理部门进行设计。依据国家相关标准规范和使用运行条件要求，确定机车的型号、安全设施、配风要求。
3. 由运输专业负责人负责组织设计审查。
4. 根据设计要求进行设备招标、采购。

安装验收：设备安装 → 设备验收

管理要求

1. 设备到货后必须进行验收，对设备和资料进行验收，符合要求后方可入库。
2. 由运输专业负责人组织进行设备安装，严格按照设计要求安装和施工。
3. 由运输专业负责人组织根据设计要求进行验收。
4. 设备验收合格后进行安全检测检验，安全检测检验合格后方可投入使用。

现场管理：运行管理 → 操作管理 → 维护维修 → 检测检验

管理要求

1. 制定相应的安全运行、操作、维护维修和检验检测的相关管理制度，并严格执行考核。管理制度、操作规程、岗位责任制、设备包机、巡回检查等各项制度齐全，并在现场吊挂相关管理牌板。
2. 操作人员必须持操作资格证上岗，并按操作规程要求进行操作。
3. 依据设备检查维护规定，执行日周月检制度和年度检修制度。
4. 每年由具有检验资质的单位，进行安全检测检验，留存检测检验报告。

资料管理：技术资料 → 维护资料 → 检验资料

管理要求

1. 设备矿用产品安全标志证书、防爆合格证等各种证书齐全有效，产品说明书、图纸等技术资料齐全。设计资料存档备查。
2. 维护维修资料齐全，存档备查。
3. 检测检验资料齐全，存档备查。

5.5 蓄电池电机车运输安全管理流程

选型设计：收集参数 → 选型计算 → 设计审批

管理要求

1. 运输管理部门结合技术部门，收集相关参数，为设计做准备。
2. 由运输管理部门进行设计。依据国家相关标准规范，进行具体的选型计算，确定设备型号、牵引车数等，确定充电硐室的位置和充电规格。
3. 由运输专业负责人负责组织设计审查。

安装验收：设备入井 → 设备验收

管理要求

1. 设备入井前进行验收，符合要求后方可入库。
2. 由运输专业负责人组织进行设备入井和充电设施的安装，并严格按照设计要求安装和施工。
3. 由运输专业负责人组织根据设计要求进行验收。
4. 设备验收合格后进行安全制动距离试验，验收和试验合格后，方可投入使用。

现场管理：运行管理 → 操作管理 → 维护维修 → 检测检验

管理要求

1. 制定相应的安全运行、操作、维护维修和检验检测的相关管理制度，并严格执行考核。管理制度、操作规程、岗位责任制、设备包机、巡回检查等各项制度齐全，并在现场吊挂相关管理牌板。
2. 充电必须在充电硐室内进行。
3. 操作人员必须持操作资格证上岗，并按操作规程要求进行操作
4. 依据设备检查维护规定，执行日周月检制度和年度检修制度。
5. 按《煤矿安全规程》等规定的试验周期、内容、方法和要求进行制动距离试验。

资料管理：技术资料 → 维护资料 → 试验资料

管理要求

1. 设备矿用产品安全标志证书、防爆合格证等各种证书齐全有效，产品说明书、图纸等技术资料齐全。该设计资料存档备查。
2. 维护维修和年审资料齐全，存档备查。
3. 制动距离试验资料齐全，存档备查。

5.6　架线电机车运输安全管理流程

选型设计

收集参数 → 选型计算 → 设计审批

管理要求

1. 运输管理部门结合技术部门，收集相关参数，为设计做准备。
2. 由运输管理部门进行设计。依据国家相关标准规范，进行具体的选型计算，确定设备型号、牵引车数等。
3. 由运输专业负责人负责组织设计审查。

安装验收

设备入井 → 设备验收

管理要求

1. 设备入井前进行验收，符合要求后方可入井。
2. 由运输专业负责人组织设备入井。
3. 由运输专业负责人组织根据设计要求进行验收。
4. 设备验收合格后进行安全制动距离试验，验收和试验合格后方可投入使用。

现场管理

运行管理 → 操作管理 → 维护维修 → 检测检验

管理要求

1. 制定相应的安全运行、操作、维护维修和检验检测的相关管理制度，并严格执行考核。管理制度、操作规程、岗位责任制、设备包机、巡回检查等各项制度齐全，并在现场吊挂相关管理牌板。
2. 操作人员必须持操作资格证上岗，并按操作规程要求进行操作。
3. 依据设备检查维护规定，执行日周月检制度和年度检修制度。
4. 按《煤矿安全规程》等规定的试验周期、内容、方法和要求进行制动距离试验。

资料管理

技术资料 → 维护资料 → 试验资料

管理要求

1. 设备矿用产品安全标志证书、防爆合格证等各种证书齐全有效，产品说明书、图纸等技术资料齐全。设计资料存档备查。
2. 维护维修和年审资料齐全，存档备查。
3. 制动距离试验资料齐全，存档备查。

5.7 调度绞车安全管理流程

选型设计

收集参数 → 选型计算 → 设计审批

管理要求

1. 运输管理部门结合技术部门，收集相关参数，为设计做准备。

2. 由运输管理部门进行设计。依据国家相关标准规范和使用运行条件要求，进行具体的选型计算，确定设备型号、钢丝绳规格，提升车数和相应的安全设施。

3. 由运输专业负责人组织设计审查。

安装验收

设备安装 → 设备验收

管理要求

1. 设备安装前必须进行验收，符合要求后方可进行安装。

2. 由运输专业负责人组织进行设备安装，严格按照设计要求安装和施工。

3. 由运输专业负责人组织根据设计要求进行验收。

现场管理

运行管理 → 操作管理 → 维护维修

管理要求

1. 制定相应的安全运行、操作、维护维修的相关管理制度，并严格执行考核。管理制度、操作规程、岗位责任制、设备包机、巡回检查等各项制度齐全，并在现场吊挂相关管理牌板。

2. 操作人员必须持操作资格证上岗，并按操作规程要求进行操作

3. 依据设备检查维护规定，执行日周月检制度和年度检修制度。

资料管理

技术资料 → 维护资料

管理要求

1. 设备矿用产品安全标志证书、防爆合格证等各种证书齐全有效，产品说明书、图纸等技术资料齐全。设计资料存档备查。

2. 维护维修资料齐全，存档备查。

6 通风专业安全管理流程

6.1 矿井“一通三防”管理机构

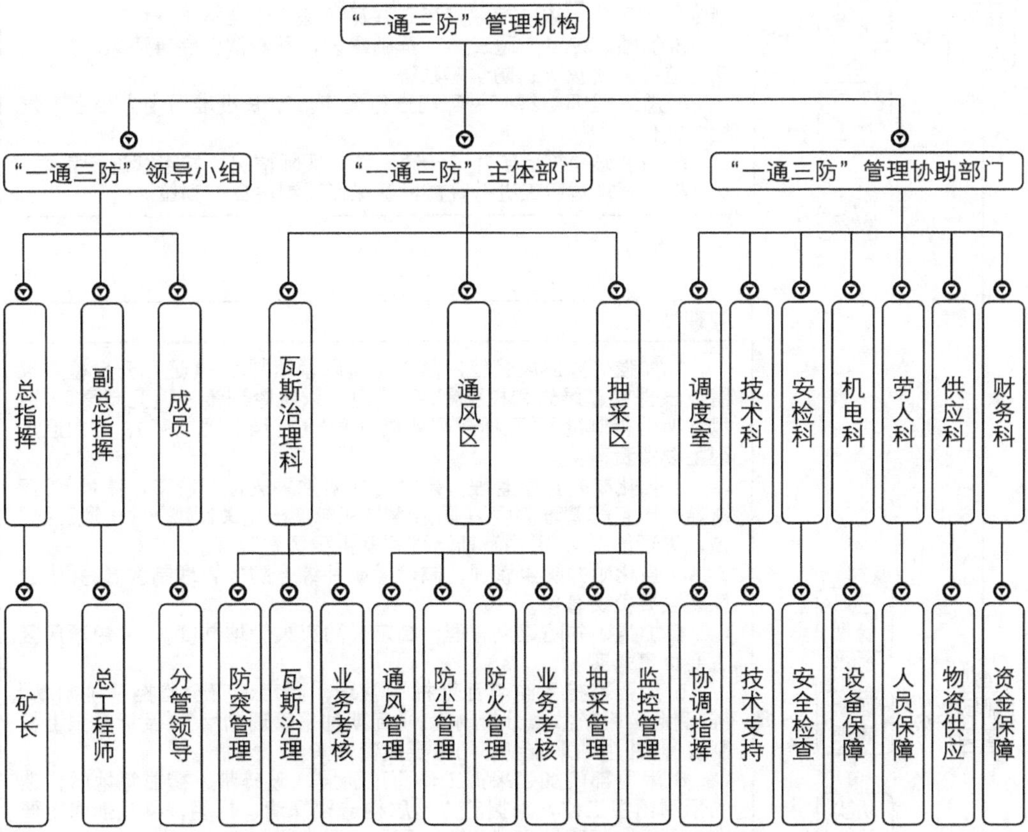

矿井“一通三防”管理机构图

6.2 “一通三防”制度管理流程

建立制度

制度制定 → 审查批准 → 发布实施 → 学习宣贯

管理要求

1.通风部门依据国家及相关部门“一通三防”法规标准及上级公司“一通三防”制度，起草制定适合矿井的“一通三防”管理制度。

2.制度必须认真落实“通风可靠、抽采达标、监控有效、管理到位”的工作要求，持续提高矿井瓦斯综合治理水平。

3.加强矿井“一通三防”基础建设，不断健全完善通风、抽采、安全监控、防灭火、防尘等系统。

4.总工程师组织有关部门进行会审。矿长批准后由办公室下发相关文件。

5.制度必须符合矿井“一通三防”实际情况，并持续进行完善。

6.按要求对职工进行宣贯，确保每项制度贯彻到位。

现场落实

通风管理 → 瓦斯管理 → 防尘管理 → 防灭火管理

管理要求

1.加强矿井通风管理，建立《通风管理制度》《通风安全检测仪器仪表保管、维修和校验制度》《通风系统管理责任追究制度》《通风瓦斯分析制度》《瓦斯超限处置方案》《瓦斯管理制度》，并由通风区主要负责落实。

2.强化矿井瓦斯管理，建立《瓦斯抽采达标评价工作体系》《瓦斯零超限目标管理制度》《防治煤与瓦斯突出相关制度》《“一通三防”技术管理体系》，并由瓦斯治理科室主要负责落实。

3.强化矿井防尘管理，制定《矿井综合防尘管理制度》，并由通风区主要负责落实。

4.加强矿井防灭火管理，制定《防灭火管理制度》，并由通风区主要负责落实。

5.加强监控系统与瓦斯抽采管理，制定《安全监控系统制度》《监测监控系统故障分析制度》《瓦斯抽采管理制度》《瓦斯超限上报制度》，并由抽采监测部门主要负责落实。

6.地质部门加强采掘工作面过断层、破碎带、褶曲等地质构造的预测预报工作，采掘前方地质构造要探清、探明，平、剖面图要准确可靠，切实做到“瓦斯治理、地质先行”。

7.通防部门重点做好瓦斯防治工程质量管理，提升瓦斯抽采精细化管理。

8.通防部门持续加强防突管理、安全监控系统管理。

9.机电部门加强局部通风机及配套设备、供电系统的检查与维护，确保局部通风机供电系统稳定可靠，保证局部通风机正常运转。

10.通防部门加强防尘管路系统管理，完善安装隔爆设施。

11.坚持“逢抽必监、逢漏必注”的原则，落实防灭火周普查及预测预报制度。

考核奖惩

动态检查

管理要求

1.班前会值班领导进行强调、班中跟班人员动态检查落实，班后评估单进行验收整改。

2.通防职能科室日常检查验收。

3.通防职能科室按照验收情况定期对各施工单位考核奖惩。

6.3　防治煤与瓦斯突出安全管理流程

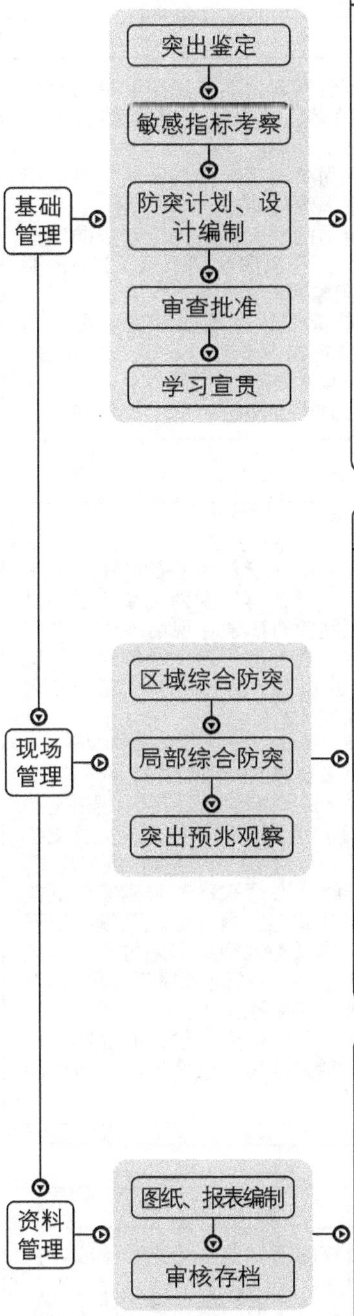

管理要求

1.由资质机构进行煤与瓦斯突出鉴定，并确定突出敏感相关指标。

2.职能科室依据有关规定编制矿井、工作面防治煤与瓦斯突出设计，并按要求上报审批。

3.区域预测、区域防突措施的设计报上级公司审批。

4.矿井在编制年度、季度、月度生产计划时，必须一同编制年度、季度、月度防突措施计划，保证抽、掘、采平衡。

5.突出煤层每个采掘工作面都必须编制防突设计，并报煤矿总工程师批准。

6.采用防治突出新技术、新工艺、新设备、新材料及新的防突措施和防治突出的科研项目前，应制定实施方案和安全技术措施，并报公司批准。

7.由矿职教部门负责防突宣贯培训，井下作业人员，必须接受防治突出知识的培训，熟悉突出预兆和防突的基本知识，经考试合格后，方准上岗。

管理要求

1. 防治煤与瓦斯突出主体责任为职能科室，施工单位负责防突措施施工。

2.区域预测一般根据煤层瓦斯参数结合瓦斯地质分析的方法进行，由通防部门和地测部门共同参与。

3.严格执行《煤矿安全规程》《防治煤与瓦斯突出细则》，坚持“区域综合防突措施先行，局部综合防突措施补充”的原则，按照“一矿一策、一面一策”的要求，实现“先抽后掘、先抽后采、预抽达标”，严格落实双“四位一体”防突措施。

4.只要有一次区域验证为有突出危险，则该区域以后的采掘作业必须采取区域或者局部综合防突措施。

5.所有人员下井必须携带隔离式自救器；执行安全防护措施后进行采掘作业。

6.施工中发现有喷孔、顶钻等突出预兆立即撤离并报有关部门，发现突出预兆或者发生突出的区域必须采取区域综合防突措施。

管理要求

1.矿井应积极开展瓦斯地质研究，分析瓦斯地质变化规律。地测部门、抽采区、通风区、瓦斯治理科必须共同编制矿井瓦斯地质图、工作面瓦斯地质图，工作面防突预测图，矿井瓦斯地质图更新周期不得超过1年、工作面瓦斯地质图更新周期不得超过3个月，防突预测图随采掘进度每月更新，并报相关领导审批。

2.区域防突措施钻孔、区域验证报表，瓦斯参数测定报表等相关资料经领导审批后存档。

3.区域预测、区域防突措施、区域防突措施效果检验、区域验证钻孔施工要保留完整的影像资料至相关区域采掘作业结束。

6.4 井巷揭煤安全管理流程

基础管理 → 瓦斯地质分析 → 井巷揭煤设计 → 审查批准 → 学习宣贯

管理要求

1. 突出煤层井巷揭煤要避开地质构造带和应力集中区，井巷揭煤前地测部门必须首先探明煤层赋存状况，并绘制石门揭煤预想地质剖面图。

2. 地测和通防部门共同参与瓦斯地质分析，井巷揭煤前有地测部门编制井巷揭煤说明书。

3. 揭煤前，防突职能部门编制井巷揭煤专项防突设计，并报上级公司审批。井巷揭穿厚度小于0.3 m的突出煤层，可直接采取远距离爆破措施揭开煤层。

4. 施工单位编制井巷揭煤作业规程和安全技术措施。施工单位必须将防突措施、作业规程及技术措施、公司批复一并贯彻到施工单位的每位揭煤作业人员和相关人员，并经考试合格后方可上岗。

现场管理 → 区域综合防突 → 局部综合防突 → 突出预兆观察

管理要求

1. 井巷揭穿突出煤层的主体责任为职能科室，施工单位负责防突措施施工，矿总工程师要对揭煤全过程进行技术监督指导，揭煤期间要有矿领导现场跟班指挥。

2. 揭煤工作面从距突出煤层底（顶）板的最小法向距离5m开始到穿过煤层进入顶（底）板2m（最小法向距离）的过程均属于揭煤作业。

3.揭煤主要程序：探层位（10m）→区域措施（7m）→区域措施效果检验→预测或验证（5m）或防突措施（5m，无论有无危险均执行）→措施效果检验→掘进至揭煤位置（2m）→连续验证→远距离爆破揭煤→加强支护（锚网索，素喷,U型钢架，永久喷护）→连续预测或验证。

4. 巷道揭穿突出煤层时，必须采取避难硐室、反向风门、压风自救装置、隔离式自救器、远距离爆破等安全防护措施。井巷揭煤起爆及撤人地点必须位于反向风门外且距工作面500m以上全风压通风的新鲜风流中，或者距工作面300m以外的避难硐室内。

5. 施工中发现有喷孔、顶钻等突出预兆时立即撤离并报有关部门，发现突出预兆或者发生突出的区域必须采取区域综合防突措施。

资料管理 → 报表编制 → 审核存档

管理要求

1. 通防职能科室负责措施落实监督检查和验收，并编制瓦斯参数测定报告。

2. 井巷揭煤中区域预测、区域防突措施、区域防突措施效果检验、区域验证钻孔施工要保留完整的影像资料至相关区域采掘作业结束。

3. 相关资料经总工程师审核后整理存档。

6.5 瓦斯抽采安全管理流程

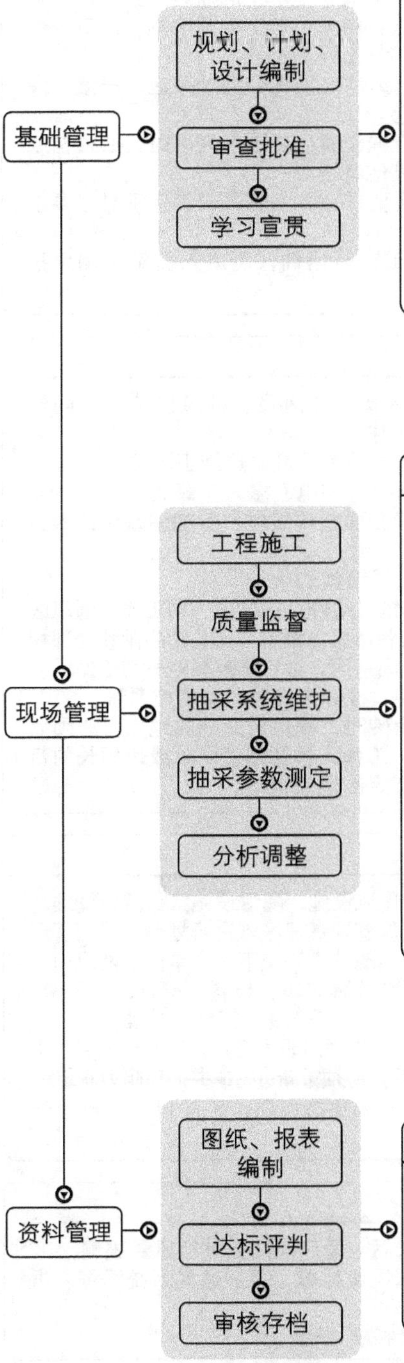

管理要求

1. 通防职能科室负责瓦斯抽采计划、设计的编制。
2. 瓦斯抽采泵站设计须报上级公司审批。
3. 瓦斯抽采工程设计须报煤矿总工程师审批。
4. 瓦斯抽采应当坚持“应抽尽抽、多措并举、抽掘采平衡”的原则。
5. 瓦斯抽采系统应当确保工程超前、能力充足、设施完备、计量准确；瓦斯抽采管理应当确保机构健全、制度完善、执行到位、监督有效。
6. 抽采部门定期对职工进行宣贯培训，职工必须掌握抽采技术，熟悉抽采系统设计。

管理要求

1. 瓦斯抽采工程施工的主体责任为相关施工单位。
2. 瓦斯抽采工程施工需编制安全技术措施。
3. 抽采部门按设计要求监督高位抽采钻孔、底板巷穿层钻孔、回采区域顺层钻孔的封孔注浆工作。
4. 抽采部门定期进行抽采系统管路的除碴器清理，定期管路放水等日常维护工作。
5. 抽采部门做好瓦斯抽采钻孔的接抽和抽采参数测定工作，根据测定结果及时进行调整，孔口负压符合要求。
6. 瓦斯抽采监测系统安装、检查维护主体责任为监测部门。监测部门负责瓦斯抽放参数（抽放量、瓦斯浓度、负压、正压、大气压、温度等）的监控监测，发现问题时，及时处理。
7. 负责瓦斯抽采总结分析，及时调节瓦斯抽采系统。
8. “一通三防”职能科室对瓦斯抽采工程质量进行监督检查。

管理要求

1. 抽采部门负责绘制抽采系统图，并做好抽采量年、季、月、旬、日报表，整理好抽采参数测定记录。
2. 应当进行瓦斯抽采的煤层必须先抽采瓦斯，抽采效果达到标准要求后方可安排采掘作业。
3. 相关资料报有关领导审批后存档。

6.6 通风系统安全管理流程

基础管理 → 系统设计 → 审查批准 → 学习宣贯

管理要求

1.矿井必须有完整的独立通风系统，并做到稳定可靠、简单合理。改变全矿井一翼或一个水平的通风系统时，必须编制通风设计及安全措施，由公司总工程师审批。改变一个采区的通风系统时，报矿总工程师批准。

2.所有采区的进、回风巷必须贯穿整个采区，严禁一段为进风巷，一段为回风巷。

3.采掘工作面应实行独立通风。准备采区时，必须构成通风系统后，方可开掘其他巷道。

4.通风系统设计符合要求，并由相关部门及领导按要求审批签字。

5.通风区定期对职工进行培训，测风人员掌握测风技术，熟悉通风系统设计。

系统调整 → 设施物料准备 → 通风设施构筑 → 通风系统调整 → 监控系统调整

管理要求

1.通风区跟班管理人员、测风员、通风设施工不到现场，严禁进行系统调整工作。

2.系统调整前必须告知相关区域生产施工单位。

3.系统调整期间，执行好停电、撤人、警戒。

4.跟班管理人员负责全面指挥工作，参加调改风的人员必须听从指挥。

5.严格按标准构筑通风设施。

6.调系统期间生产单位必须停止采区内一切工作，通风区调整好通风系统，只有待巷道风流稳定、无瓦斯超限和局部积聚时，经通风区跟班领导同意后，方可恢复其他一切工作。

7.通风系统调整期间，按要求设置监测监控系统。

8.主要通风机停止运转时，受停风影响的地点，必须立即停止工作、切断电源，工作人员在跟班队长或班组长的带领下立即撤至作业规程指定的地点待命。

系统维护 → 设施检查管理 → 通风参数测定

管理要求

1.矿井对井下所有的通风设施、隔爆设施实行就近管理的原则，由通风区对通风设施管理责任区域进行划分。风门管理一直到该工作面施工结束，随巷道移交下一个单位。两风门之间、风门前后各5m，不准放置矿车、材料、配件、杂物等，发现撞坏风门、打开风门不关，按严重“三违”处理。

2.矿井每3年至少进行一次通风阻力测定，矿井转入新水平生产或改变一翼通风系统后，必须重新进行矿井通风阻力测定。

3.每10天至少进行一次全面测风；矿井每年要进行一次全矿性反风试验。

资料管理 → 图纸、报表编制 → 审核存档

管理要求

1.通风系统调整结束后，通风部门要进行风量统测。

2.通风管理人员根据统测风量，更新通风系统图纸、报表，并报总工程师审批。

3.通风资料由通风区按要求保存。

6.7　监控系统安全管理流程

基础管理：系统设计 → 审查批准 → 学习宣贯

管理要求

1. 监测部门根据生产实际情况制定监测监控系统设计。
2. 设计符合有关要求，并由相关部门及领导按要求审批签字。
3. 对作业人员贯彻措施，使其熟悉安全措施的要求。

现场管理：监控值守 → 安装调试 → 标校维护 → 监测监控 → 异常处理

管理要求

1. 矿井安全监测监控系统主机安装在矿调度室，值班员必须持证上岗，不得擅离职守。每班对中心站服务器、交换机、防火墙、线路等进行检查，发现问题及时处理。
2. 系统安设前监测部门准备好相关设备。
3. 按设计安装调试，安全监控设备必须具有“风电闭锁”“甲烷电闭锁”及“故障闭锁”功能。
4. 安全监控设备必须定期调校、测试。
5. 必须每天检查安全监控设备及线缆是否正常，使用便携式光学甲烷检测仪或者便携式甲烷检测报警仪与甲烷传感器进行对照，并将记录和检查结果报矿值班员；当两者读数差大于允许误差时，应当以读数较大者为依据，采取安全措施并在8h内对两种设备调校完毕。
6. 安全监控设备发生故障时，必须及时处理，在故障处理期间必须采用人工监测等安全措施，并填写故障记录。
7. 监控设备必须按要求进行设置吊挂。
8. 发现施工单位破坏监控设备，严格进行处理。
9. 监控值班人员发现甲烷、一氧化碳等传感器异常报警、无计划停风、风门常开不关、信号中断无法向上传数据等情况及时向有关领导汇报后进行处理。

资料管理：标校记录 → 中心站日志 → 图纸、报表编制 → 审核存档

管理要求

1. 监测部门负责监控中心站日常管理，主要包括安全监控设备台账、监控设备故障登记表、检修记录、巡检记录、传感器调校记录、中心站运行日志、安全监控日报、报警断电记录月报、甲烷超限断电闭锁和甲烷风电闭锁功能测试记录、安全监控设备使用情况月报等。
2. 监测部门按规定绘制安全监控布置图，并及时更新。安全监控布置图应标明传感器、声光报警器、断电控制器、分站、电源、中心站等设备的位置、接线、断电范围、报警值、断电值、复电值、传输线缆、供电电缆等。
3. 监测部门按规定绘制断电控制图，并及时更新。断电控制图应标明甲烷传感器、馈电传感器和分站的位置，断电范围，被控开关的名称和编号，被控开关的断电接点和编号。
4. 监控资料报领导审批后，由监测部门负责存放。

6.8 通风设施安全管理流程

基础管理 → 计划、措施编制 → 审查批准 → 学习宣贯

管理要求

1.矿井通风设施的位置、种类、要保证通风系统稳定、安全、可靠，便于通风管理，满足生产要求。通风区负责编制设施构筑计划。施工单位根据现场实际情况编制设计方案和安全技术措施。

2.措施符合有关要求，并由相关部门及领导按要求审批签字。

3.对作业人员贯彻措施，熟悉措施要求。

现场管理 → 物料准备 → 设施构筑 → 日常管理

管理要求

1.设施构筑前施工单位准备好相关物料。

2.严格按标准进行构筑，确保设施施工质量。

3.服务时间大于一个月的通风设施应设置永久设施，不得用临时设施代替永久设施及用风帘代替风门。

4.通风设施要选择在前后5m范围内支护良好的巷道中构筑。在支护不好的巷道中构筑通风设施时，必须对巷道加固后方可施工。

5.井下生产单位使用、管理好本工作面区域的通风设施，发现问题及时向通风区汇报，并定期清理杂物。各施工单位在通过风门时，必须爱护风门，在运料过程中，必须有防止撞坏风门的措施。

验收管理 → 验收、编号管理

管理要求

1.通风设施的建造质量由班组长现场负责，通风区质量检查人员随时进行检查验收，凡不符合质量标准化要求的通风设施要重新建造。

2.职能科室按要求进行验收。通风区建立通风设施管理台账，所有设施统一编号管理，并及时在通风系统图上填绘。

维护管理 → 部门检查 → 维护管理

管理要求

1.职能科室日常检查各项通风设施，发现损坏通知通风区，通风区及时进行维护。

2.通风区要指定专人对通风设施进行检查、维修，发现问题及时处理。

6.9 矿井综合防尘安全管理流程

基础管理 → 煤尘爆炸性鉴定 → 措施编制 → 审查批准 → 学习宣贯

管理要求

1.矿井必须成立综合防尘管理机构，建立健全部门和岗位综合防尘责任制及各项管理制度，并成立专门的防尘队伍，配齐专职防尘技术人员和专职防尘人员，负责防尘设备、隔爆设施的维护、安装、大巷冲洗、刷白等工作。

2.矿井必须对所有煤层进行煤尘爆炸性鉴定。

3.矿井每年应制定综合防尘措施、预防和隔绝煤尘爆炸措施及管理制度，并组织实施。

4.通风区负责编制综合防尘制度、措施，并由总工程师组织相关部门审查批准。

5.对作业人员贯彻防尘制度、措施，使其熟悉措施要求。

现场管理 → 粉尘测定 → 设施安装 → 设施管理 → 个体防护

管理要求

1.按计划定期对井下作业场所粉尘取样，按规定填报测尘报告。

2.采掘工作面有完善的防尘供水管路系统，防尘供水管路敷设至工作面。施工单位负责所辖地区的防尘管路、隔爆水棚、防尘喷雾等设施的安装、洒水降尘、煤层注水等工作的实施

3.开采有煤尘爆炸危险煤层的矿井，必须安设隔爆水棚。矿井两翼的进回风巷，各采区的进回风巷，采煤工作面进回风巷道，采区内的煤和半煤岩掘进巷道，采用独立通风并有煤尘爆炸危险的其他巷道应安设隔爆设施；高瓦斯、突出矿井，应当在煤巷掘进工作面安设隔爆设施。

4.加强隔爆棚的日常管理与维护，通风区负责井下所有隔爆棚的管理检查工作，主要隔爆水棚由通风区每周全面检查一次；辅助隔爆水棚由辖区责任单位每周检查一次，通风区监督执行，发现吊挂质量、水量不足的要限期改正。

5.施工单位必须采取湿式钻眼、冲洗井壁巷帮、水炮泥、爆破喷雾、装岩（煤）洒水和净化风流等综合防尘措施。

6.喷射混凝土时，应采用潮喷或者湿喷工艺，并配备除尘装置对上料口、余气口进行除尘。

7.采掘作业时，应采用内、外喷雾及通风除尘等综合措施。

8.各转载点应实施喷雾降尘或采用密闭尘源除尘器抽尘净化措施。

9.加强个体防护，井下所有产尘地点的所有人员必须佩戴符合国家标准的防尘口罩，并定期更换滤膜。

验收管理 → 检查、考核、验收 → 奖惩兑现

管理要求

1.主管防尘的矿领导、职能部室、单位定期对井下综合防尘工作进行检查、考核、验收。

2.按照年初制定的综合防尘文件要求兑现奖惩。

6.10 矿井防灭火安全管理流程

基础管理 → 自燃倾向性鉴定 → 措施制定 → 审查批准

管理要求

1.矿井必须对所有煤层进行自燃倾向性鉴定。鉴定机构必须具有相关资质。

2.通风区制定综合防灭火措施，必须制定井上、下防火措施并贯彻落实。

3.开采容易自燃和自燃煤层的矿井，必须编制矿井防灭火专项设计，采取综合预防煤层自然发火的措施。

4.开采容易自燃和自燃煤层时，必须制定防治采空区(特别是工作面始采线、终采线、上下煤柱线和三角点)、巷道高冒区、煤柱破坏区自然发火的技术措施。

5.矿井必须制定防止采空区自然发火的封闭及管理专项措施。

6.通风区对矿井防灭火工作负主体责任，编制防灭火措施并贯彻落实，日常检查等工作，相关单位按措施要求落实。

现场管理 → 预测预报 → 防灭火系统 → 措施落实 → 日常管理

管理要求

1.开采容易自燃和自燃煤层时，通风区必须开展自然发火监测工作，建立自然发火监测系统，确定煤层自然发火标志气体及临界值，并按要求开展自然发火预测预报。

2.矿井必须设地面消防水池和井下消防管路系统。

3.井上、下必须设置消防材料库，并符合《煤矿安全规程》要求。

4.开采容易自燃和自燃煤层的矿井必须建立灌浆或注氮防灭火系统。

5.井下各机电硐室、爆炸物品库、配电站、带式输送机机头必须按规定配备灭火器材，挂牌管理，消防沙箱储沙量不少于0.3m^3，并配备撒沙工具。每个硐室应按规定配备灭火器，由所属单位领取、储存、保管、使用。

6.井下和井口房内不得从事电焊、气焊和喷灯焊接等工作，如果必须在井下主要硐室、主要进风井井巷和井口房内进行电焊、气焊和喷灯焊接工作，施工单位每次必须按照《煤矿安全规程》规定制定安全措施，报矿长批准，通风、安检科派专人在现场监督检查。

7.建立火灾报告制度，任何人发现井下火灾时，应视火灾性质，灾区通风和瓦斯、一氧化碳情况，立即采取一切可能的方法直接灭火，控制火势，并迅速报告矿调度。矿调度接到报告后，应立即按灾害预防和处理计划通知有关人员组织抢救和灭火工作。

8.通风区必须绘制火区位置关系图。按发火顺序编号在图上标明，火区位置关系图要及时填绘。

9.井下各工作地点，严禁一氧化碳超限作业，当一氧化碳浓度超过24×10^{-6}时，必须停止工作，撤出人员，切断电源，进行处理。

资料管理 → 火区卡片 → 审核存档

管理要求

1.每一火区均要建立火区管理卡片，主要内容有：发火时间、地点、发火原因、灭火工作记录、气体变化、火区熄灭及注销时间、启封情况等。

2.火区管理卡片要存入矿技术档案。

6.11 矿井爆炸物品安全管理流程

申领管理：购买申请 → 部门批准 → 厂家购买

管理要求

1.必须到公安部门指定的厂家购买爆炸物品，任何人不得私自变更供应渠道，否则追究法律责任。

2.通风区负责爆炸物品的管理和发放工作，使用单位制定本单位的爆破措施，按措施要求领取、使用爆炸物品。

3.通风区提出购买申请后，经矿同意后报公安部门批准，并从指定厂家进行购买。

运输管理：地面运输 → 罐笼运输 → 井下运输

管理要求

1.爆炸物品运输工负责在地面井口将炸药或电雷管装入专用矿车内，并加锁。炸药和电雷管必须分开运输，运输速度不得超过1m/s。

2.爆炸物品必须轻拿轻放，不得撞击和碰撞。

3.运送炸药时爆炸物品堆放高度不得超过罐笼高度的2/3。如果将装有炸药或电雷管的专用车辆直接推入罐笼内运送时，爆炸物品在矿车内的堆放高度不得超过矿车边缘。在装有爆炸物品的罐笼或吊桶内，除爆炸物品运输工外不得有其他人员。

4.罐笼升降速度，运送爆炸物品时不得超过4m/s。司机在启动和停止绞车时，不得使罐笼或吊桶发生震动。

5.炸药和电雷管不得在同一列车内运输。如用同一列车运输，装有炸药和电雷管的车辆之间，以及炸药和电雷管的车辆同机车之间，都必须用空车隔开，隔开长度不得小于3m。

6.爆炸物品必须由井下爆炸物品库负责人或经专门培训的专人护送，跟车人员、护送人员和装卸人员应坐在尾车内，严禁其他人员乘车。

7.列车的行驶速度不得超过2m/s，装有爆炸物品的列车不得同时运送其他物品或工具，严禁用刮板输送机、带式输送机等运输爆炸物品。

8.电雷管必须由爆破工亲自运送，炸药应当由爆破工或者在爆破工监护下运送。爆炸物品必须装在耐压和抗撞冲、防震、防静电的非金属容器内，不得将电雷管和炸药混装。

存发管理：爆炸物品贮存 → 爆炸物品领退

管理要求

1.爆炸物品运至井下爆破物品库后，必须立即自矿车内卸出并运至库房内，不准在矿车内长期存放。卸车时必须两人配合，一人站在矿车内搬运，一人站在矿车外接放。火工品卸车后必须立即运至爆炸物品库内，炸药和雷管必须分别放在库房的硐室或壁槽内。

2.爆炸物品运至库房后，必须同爆炸物品保管员当面清点数量并上账，同时由爆炸物品运输工签字或盖章。

3.电雷管(包括清退入库的电雷管)在发给爆破工前，必须用电雷管检测仪逐个测试电阻值，并将脚线扭结成短路。

4.发放的爆炸物品必须是有效期内的合格产品，并且雷管应当严格按同一厂家和同一品种进行发放。

用销管理：爆炸物品使用 → 爆炸物品销毁

管理要求

1.井下爆破作业前必须编制安全措施并经总工程师审批，现场必须严格执行“一炮三检”制度和“三人连锁”爆破制度。

2.采掘工作面爆破时，采掘工作面回风流和回风系统内必须撤人停电。但必须保持监测系统正常供电。

3.井巷揭煤和突出煤层炮掘、炮采工作面必须采取远距离爆破安全防护措施。

4.爆炸物品的销毁，必须遵守《民用爆炸物品安全管理条例》。

6.12 矿井瓦斯排放安全管理流程

基础管理：等级确定 → 措施制定 → 审查批准 → 学习宣贯

管理要求

1.瓦斯排放实行分级负责制，通风区负责矿井瓦斯排放工作，救护队等相关单位予以配合。

2.严格瓦斯排放管理，凡是停风的采掘工作面、启封密闭等环节，都必须按瓦斯排放措施进行瓦斯排放，严禁无措施排放瓦斯。排放现场必须有矿领导带班。通风区负责制定安全措施并报总工程师审批签字。

3.对作业人员贯彻措施，使其熟悉瓦斯排放安全措施的要求。

现场管理：停电、警戒 → 分级排放

管理要求

1.排放瓦斯前，通风区必须对瓦斯排放的准备工作进行检查，确认准备工作已经完成，停电、撤人、设岗达到规定要求后，方可下达排放瓦斯命令。

2.排放区域甲烷浓度≤3.0%的，由矿领导带班排放。

3.排放区域甲烷浓度＞3.0%或启封不存在火区及高温点的封闭区域，由矿井总工程师负责组织、矿领导带班，矿山救护队负责排放瓦斯，并在排放瓦斯前向煤矿企业调度报告。

4.启封、缩封火区及高温点的，由矿井总工程师负责组织、矿领导带班，矿山救护队实施。

5.排放串联通风地区瓦斯时，必须严格遵守排放次序，首先应从进风方向第一台局部通风机开始排放，只有第一台局部通风机排放瓦斯结束后，后一台局部通风机方准送电排放瓦斯。

检查管理：瓦斯浓度确认 → 恢复正常 → 排放记录

管理要求

1.排放结束后，现场总指挥对排放区域及其影响区域的瓦斯浓度再次组织全面检查，确认巷道风流中甲烷浓度不超过1.0%和二氧化碳浓度不超过1.5%，方可恢复供电。

2.排放瓦斯结束后，通风区要做好排放瓦斯记录。

7 煤矿防治水工作安全管理流程

7.1 煤矿防治水工作安全管理机构

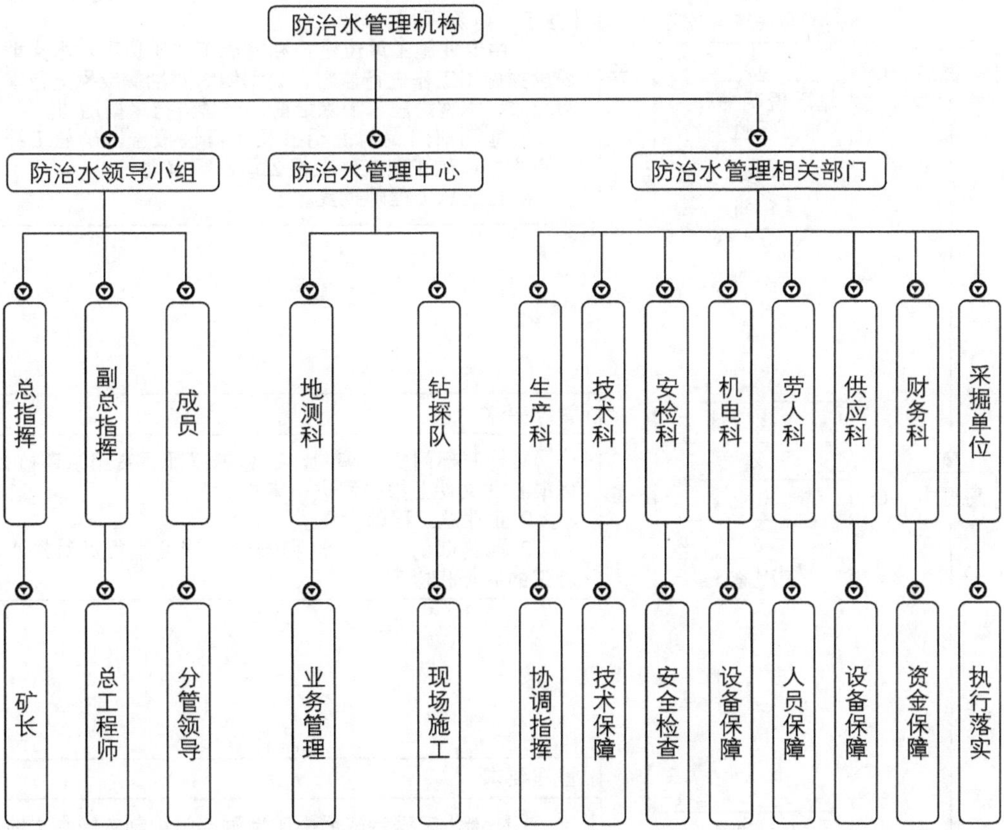

煤矿防治水工作安全管理机构图

7.2 煤矿防治水工作安全管理流程

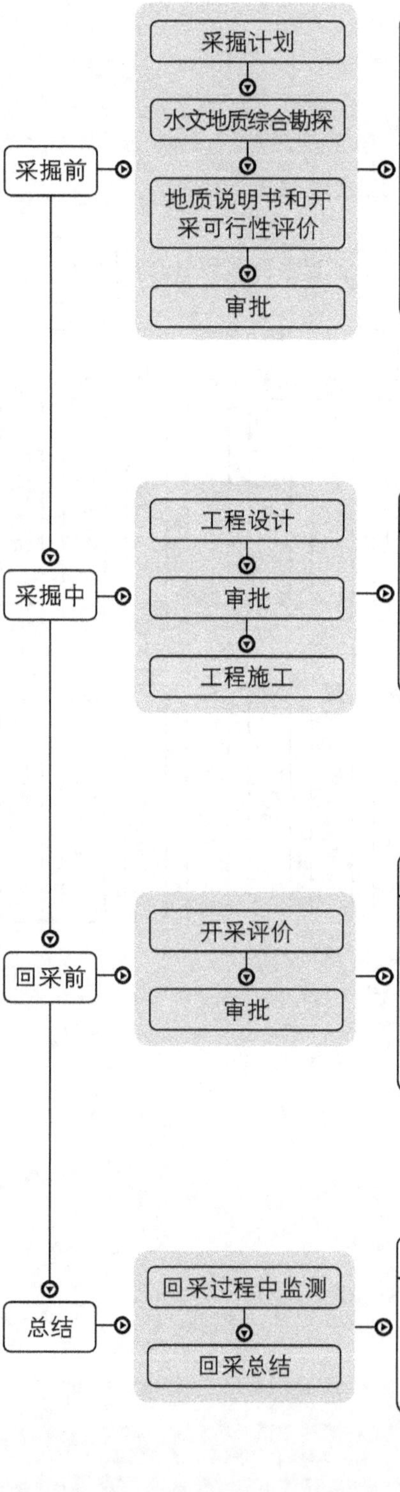

管理要求

1.矿技术部门负责提供矿井年、季、月度或水平（盘区）延深采掘计划。

2.由专业施工单位进行勘探施工，矿负责对水文地质勘探施工工作进行监督，公司组织对勘探成果进行审查验收，水害隐患未消除之前，严禁进行采掘活动。

3.地测部门编制说明书及可行性报告，矿总工程师审批，以矿正式文件上报公司进行审批。

4.企业总工程师批复。

管理要求

1.地测部门负责编制，矿总工程师负责组织审核，以矿正式文件上报公司进行审批。

2.企业总工程师批复。

3.地测部门技术人员和安检、调度室负责对探水施工的监督和检查。

管理要求

1.防治水工程完成后由矿地测部门编制专门水文地质情况评价报告和水害隐患治理情况分析报告，经矿总工程师组织生产、安检、地测等有关单位审批后，方可回采。由矿负责地质、水文的技术人员提交回采地质说明书，由矿总工程师审批。

2.企业总工程师批复。

管理要求

1.回采过程中地测部门负责开采过程中的水害（水位、水量、水质、应力）监测及水害预报。

2.回采过程中地测部门负责对揭露地质、水文地质、资源储量及回采率等进行对比分析和总结。

7.3 地面区域治理工作安全管理流程

总体设计

方案设计 → 审批 → 公开招标 → 下发包含单孔设计的补充勘探设计

管理要求

1. 由有资质的专业单位进行方案编制，编制内容应结合本地区的水文地质条件。
2. 公司组织有关专家论证，总体设计由企业总工程师审批。
3. 公开招标后由证照齐全、资质优的施工单位进行施工。
4. 地测部门负责提交技术要求。

工程实施

施工技术措施 → 地面钻探、注浆施工 → 钻探、注浆监督管理

管理要求

1. 施工单位负责技术措施编制及贯彻。
2. 严格按照批复及技术要求进行施工。
3. 由地测技术人员及工程监理共同监督检查工程质量。

总结验收

单项工程审核验收 → 成果总结 → 综合质量评价

管理要求

1. 由地测技术人员及公司地测部联合审核验收。
2. 由施工单位进行资料总结。
3. 由地测技术人员及企业总工程师进行最终评价。

7.4 井下探放水工作安全管理流程

计划

采掘计划 → 水害治理计划 → 区域探放水设计 → 计划、设计审批

管理要求

1. 技术部门负责提供矿井年、月度采掘计划。
2. 地测部门负责编制年、月度采掘地区水害隐患分析、排查及水害治理计划，并组织审批及落实。
3. 矿分管探放水技术人员及有关人员，根据公司审查纪要和相关规程、规定负责编制探放水设计。
4. 由水文地质主管、地测部门科长、地测副总、矿总工程师、公司逐级审批。

设计

探放水通知单 → 探放水设计 → 施工措施

管理要求

1. 地测部门负责发探放水通知单，发放至安检、技术、采掘施工单位、钻探队、通风区、调度室等部门。
2. 地测部门根据审查纪要和相关规程、规定负责编制防探水设计。
3. 钻探队根据批准的探放水设计编制施工安全技术措施，负责向本单位贯彻探放水施工措施。由施工单位、技术、地测、通风、安检、调度室、主管副总、总工程师等逐级审批。修改和补充意见要留有记录，并及时送达各有关单位。

施工

控制及监督 → 验收

管理要求

1. 钻探队负责探放水过程的管理、钻探资料的收集及编制施工总结。防治水技术人员和安检科负责对探放水施工的监督和检查。
2. 由总工程师或主管副总组织地测、调度、技术、钻探、采掘、安检等单位进行验收。

结束

掘进施工通知单 → 通知单审批 → 发放允许掘进通知单

管理要求

1. 地测部门负责编制探放水总结及探放水允许掘进通知单。
2. 由水文地质主管、科长、地测副总、矿总工程师逐级审批。
3. 地测部门负责发放允许掘进通知单。

7.5 井下工作面底板注浆加固工作安全管理流程

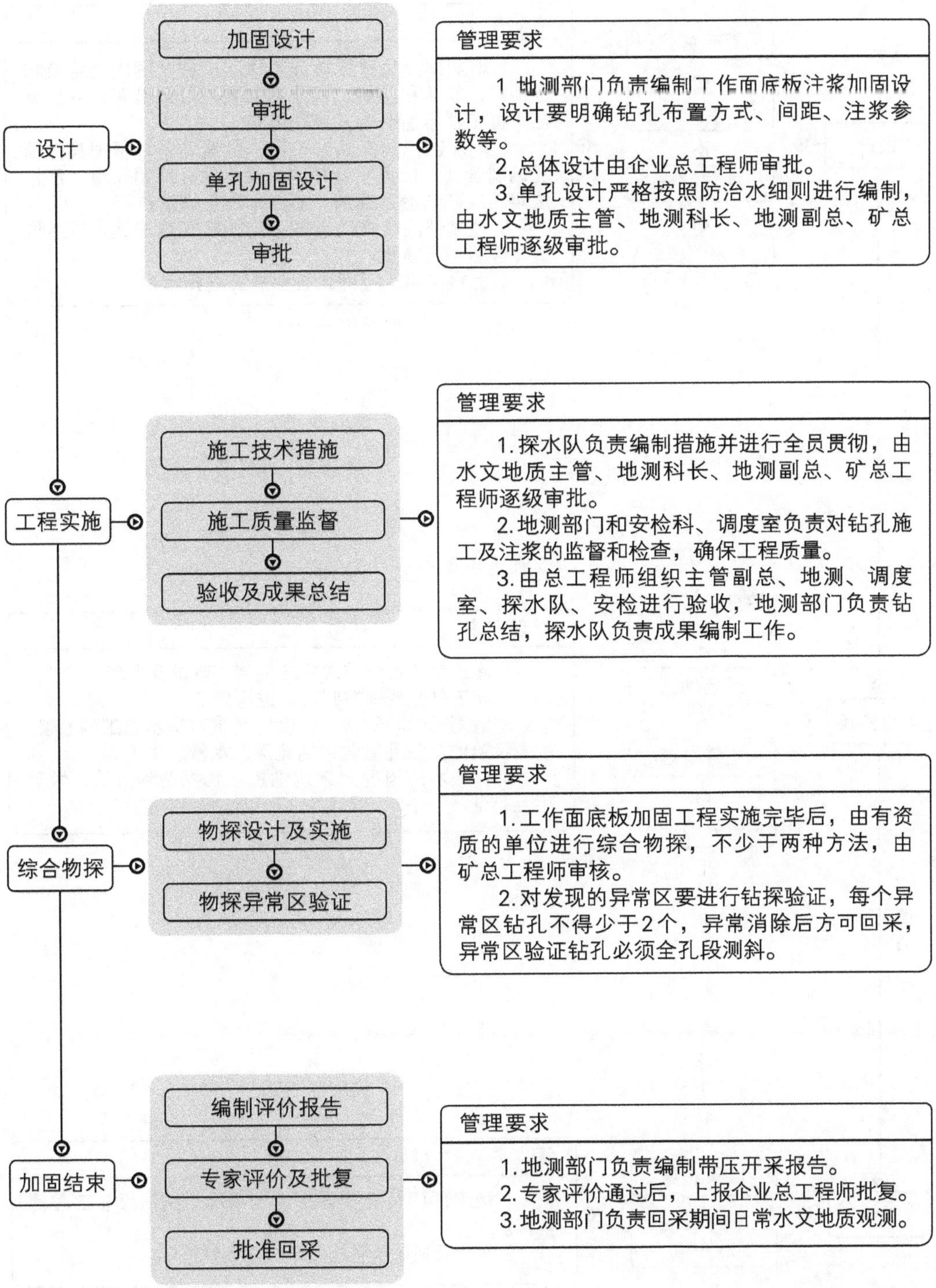

7.6 探放老空水工作安全管理流程

设计

调查核实资料 → 设计 → 确定位置 → 审批

管理要求

1. 地测部门负责搜集调查核实采掘范围内老空及积水情况，明确积水线、探水线和警戒线的位置，并绘制在采掘工程平面图中，定期调查。
2. 地测部门负责编制设计，位置清楚地根据具体情况编制设计，位置不清楚的，探水钻孔成组布置，严格按照《煤矿防治水细则》第四十三条规定执行。
3. 地测部门负责结合井下现场实际情况确定探水位置并逐级进行审批。
4. 上报矿总工程师或企业总工程师审批。

工程实施

技术措施 → 现场施工 → 监督管理 → 效果验证

管理要求

1. 施工单位负责技术措施编制、审批及贯彻。
2. 施工单位严格按照设计进行施工。
3. 地测部门和安检、调度室负责对探水施工的监督、检查及验收。钻孔验收包括孔深、水量、水压。
4. 探放水应当同时采用钻探、物探两种方法，做到相互验证。

总结

成果总结 → 通知单

管理要求

1. 地测部门负责整理探放水情况总结，报总工程师审核。
2. 发放通知单至各相关单位并审批签字。

7.7　探查陷落柱工作安全管理流程

排查：地面三维地震勘探 → 地面钻孔探查 → 存在陷落柱 → 留设探查线

管理要求

1.地测部门负责联系有资质的单位进行地面三维地震工作，对异常性质进行论证。

2.根据三维地震提供的陷落柱范围施工地面钻孔，探查异常范围是否存在及其含导水性。

3.若发现陷落柱则按照规定确定探查线及警戒线，根据井下现场实际情况确定井下探查孔钻场位置。

设计：加固设计 → 审批 → 技术措施

管理要求

1.地测部门编制陷落柱注浆加固设计。

2.注浆加固设计由水文地质主管、地测部门科长、地测副总、矿总工程师逐级审批。

3.探水队负责编制措施并进行全员贯彻，由水文地质主管、地测部门科长、地测副总、矿总工程师逐级审批。

现场实施：质量监督 → 成果总结

管理要求

1.地测部门和安检科、调度室负责对钻孔施工及注浆的监督和检查，确保工程质量。

2.地测部门负责陷落柱注浆加固成果总结资料整理。

3.通过井下钻探控制其实际范围，同时进行注浆加固。

总结：煤柱设计 → 审批 → 留设防水煤柱

管理要求

1.陷落柱注浆加固完成后，地测部门负责按《煤矿安全规程》要求编制防水煤柱留设设计，并上报公司。

2.严格按照批复留设防水煤柱。

7.8 地质、水文地质异常探查工作流程

发现异常 → 现场观测

管理要求

1.遇断裂构造时，地测部门立即组织技术人员进行现场查看。

2.遇岩溶陷落柱时，地测部门立即组织技术人员进行现场查看。

3.遇突水点时，地测部门立即组织技术人员进行现场查看。

4.遇褶曲时，地测部门立即组织技术人员进行现场查看。

5.发现出水征兆时，地测部门立即组织技术人员进行现场查看。

异常分析 → 绘制素描 → 填绘平面图 → 涌水量曲线图

管理要求

1.认真分析、跟踪，完善基础技术资料。

2.安排技术人员分析异常区域的物探、钻探资料，分析可能的危害因素。

3.在分析异常资料的基础上，对以前全部资料综合分析，可能产生的危害的基础上，建立相应的应急预案，制定处理措施，危急情况要安排停止生产。

采取措施 → 物探探查 → 钻探探查

管理要求

1.首先采取物钻探手段探查底板是否具备水害因素，其次探查其产状、落差、影响范围等技术参数。

2.涌水量异常时，必须第一时间观测地面水文观测系统及井下水仓总涌水量的变化情况，查看现场排水系统是否完善，在现场观测24h，看是否稳定；稳定后取水样进行化验，判断水源，采取对应的技术措施。

监控管理 → 异常探查结束

管理要求

1.按正常技术措施组织恢复生产。

2.恢复生产后，注意加强观测，预防发生次生灾害。

7.9 煤矿测量基础安全管理流程

控制系统

矿区控制网 → 井上下联系测量 → 控制导线

管理要求

1. 测量部门在矿区范围内建立安全可靠满足需要的控制网。
2. 联系测量应至少独立进行两次，具体要求按照《煤矿测量规程》第41 ~ 74条实施。
3. 导线的延长按《煤矿测量规程》第90 ~ 91条要求布设。

基础工作

测量通知单 → 贯通测量 → 中腰线标定 → 原始记录 → 基本矿图

管理要求

1. 按《煤矿安全规程》第九十三、一百四十三条规定实施。
2. 两井贯通或一井内3000m以上贯通按《煤矿测量规程》第208条规定，其他贯通按第212 ~ 214条实施。
3. 按《煤矿测量规程》第203 ~ 207条规定实施巷道中线标定和检查。
4. 要有专业的原始记录本，要求原始记录齐全、无误；有目录、索引、编号。记录规范有审核签字。
5. 按《煤矿测量规程》第230、231条规定必备相应图纸，绘制内容及注记要求符合规定。

沉陷观测

地面沉降观测 → 资料台账

管理要求

1. 按《煤矿测量规程》第251 ~ 255条规定建立地面沉降观测站。
2. 提供符合矿井情况的有关岩移参数。
3. 填绘采煤沉陷综合治理图。
4. 建立地表塌陷裂缝调查及治理台账。
5. 村庄搬迁台账。

7.10　测量放线基础安全管理流程

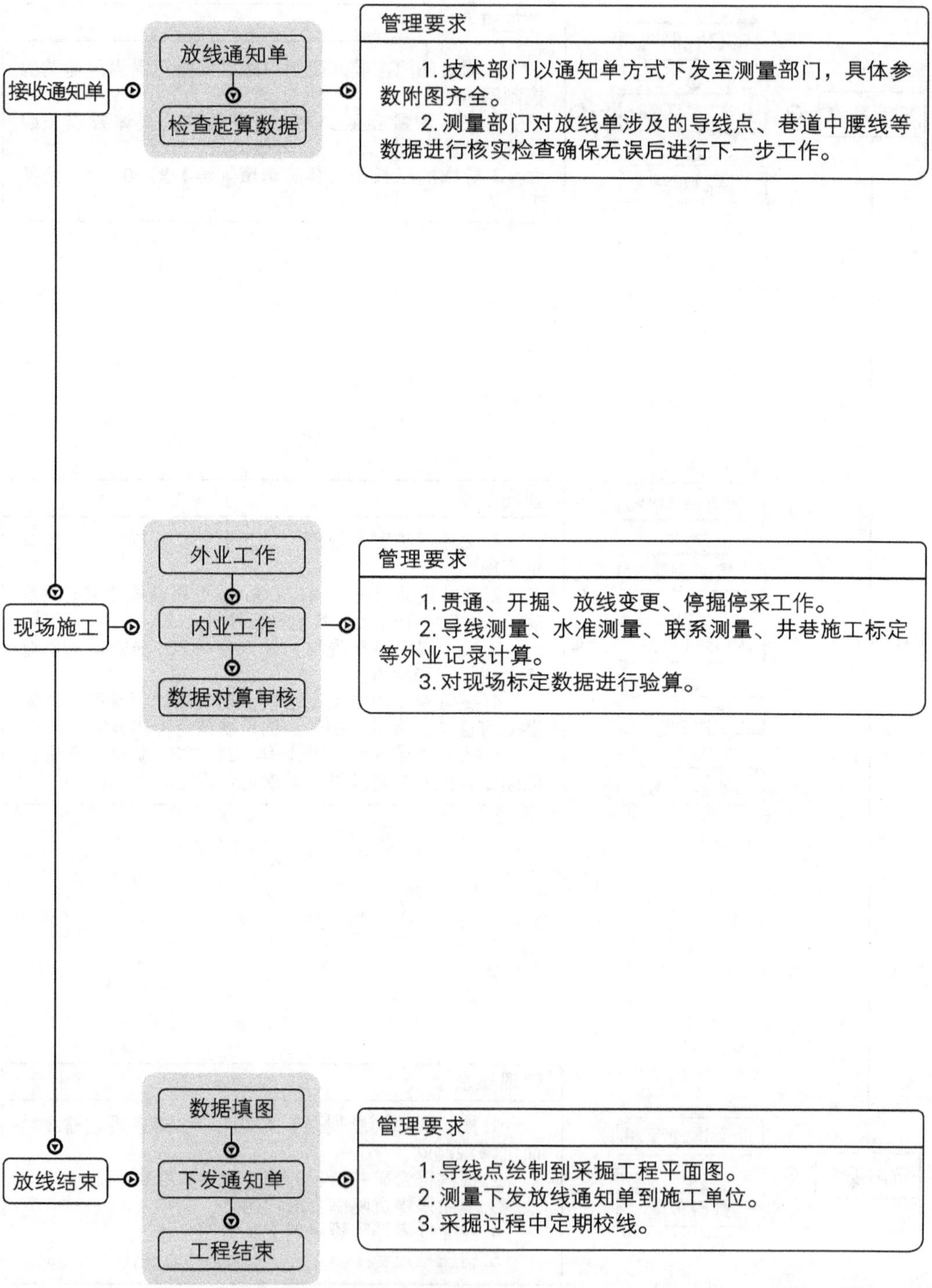

第2篇

施工作业流程

1　采煤专业施工作业流程

1.1　安装绞车施工作业流程

安装准备
- 制定贯彻安全措施
- 准备安装器具
- 作业现场安全确认

作业要求

1. 安全措施应符合作业实际，并由相关部门、人员按要求审批签字。
2. 作业人员熟悉作业内容、施工顺序及安全措施要求。
3. 工器具齐全、按要求可靠完好。
4. 起吊装置稳定可靠。
5. 安装地点附近30m巷道顶板支护必须安全可靠（避开巷道交叉点）。

安装作业
- 固定绞车
- 接绞车电源
- 绞车上绳

作业要求

1. 进行起吊作业前，要进行试吊1～2次。
2. 起吊时，人员注意站位，躲开设备易倾倒的方向。
3. 接电源前，将设备上一级电源开关停电、闭锁、挂牌。
4. 绞车绳必须用不少于2道压绳板压紧。
5. 钢丝绳最外一层距滚筒边缘不得小于所用绳径的2.5倍。
6. 绞车安装必须保证平稳、牢固，并座在实底上。
7. 接线：

（1）将上一级开关电源停电、闭锁、挂牌、上锁。

（2）接线前，检查巷道风流中瓦斯浓度符合要求。

（3）进行停电、验电、放电、打短路接地线操作，然后接线。

安装收尾
- 绞车试运行
- 回收材料，清理现场

作业要求

1. 绞车空载试运转确认无问题后再进行负荷运转。
2. 将施工地点物料清理干净。

1.2 安装无极绳绞车施工作业流程

安装准备

- 制定贯彻安全措施
- 准备工具
- 作业现场安全确认

作业要求

1.安全措施应符合作业实际，并由相关部门、人员按要求审批签字。

2.作业人员熟悉作业内容、安全措施要求。

3.工具齐全，劳保用品按要求试验并可靠完好。

4.起吊装置、支护方式稳定可靠（避开巷道交叉点）。

安装作业

- 打设无极绳绞车基础
- 浇筑无极绳绞车基础，打设地锚
- 组装无极绳绞车部件
- 无极绳绞车放绳、穿绳、紧绳
- 接通无极绳绞车开关、通信信号主机电源线

作业要求

1.起吊锚杆经检查无问题后方可使用。

2.起吊过程中，发现设备偏斜等失去平衡的情况时，及时停止起吊，将设备缓慢放置地面，重新捆绑、挂钩；捆绑平衡、牢固后，重新起吊。

3.无极绳绞车在拆解时做好标记，然后再运到安装地点。

4.先将底座放在基础上摆好，穿上底脚螺栓带上螺母，找平底座；再自内向外安装电机减速机、箱体等各部分，各部分应紧靠对应的定位块，最后安装液力推杆制动装置。

5.钢丝绳的预紧力一般为30 ~ 35kN，钢丝绳的预紧力确定以运输最大重物时张紧器重砣不落地为宜。

6.接线：

（1）将上一级开关电源停电闭锁、挂牌。

（2）接线前，检查巷道风流中瓦斯浓度符合要求。

（3）进行停电、验电、放电、打短路接地线操作，然后接线。

⚠ 注意人员站位，防止倾倒伤人。

安装收尾

- 质量验收
- 设备运行
- 回收材料，清理现场

作业要求

1.按照检修标准严格验收，确保检修质量。

2.设备进行试运转，各项功能、参数正常，信号灵敏可靠。

3.设备正常运转后，回收材料，清理现场，确保文明生产。

1.3　安装带式输送机施工作业流程

安装准备

- 制定贯彻安全措施，定带式输送机头、尾位置和中线。
- 准备安装器具、打设专用的起吊锚杆或锚索
- 作业现场安全确认

作业要求

1. 安全措施应符合作业实际，并由相关部门、人员按要求审批签字。
2. 作业人员熟悉作业内容、施工顺序及安全措施要求。
3. 工器具齐全，按要求可靠完好。
4. 起吊装置、支护方式稳定可靠。起吊锚杆或锚索要成组打设（两根为一组），严禁使用单根锚杆或锚索起吊。

安装作业

- 安装带式输送机机头、纵梁、H架
- 安装机尾，固定机头、机尾
- 穿胶带

作业要求

1. 安装带式输送机主机和卸载滚筒。
2. 滚筒轴向宽度中心线与带式输送机纵向中心线重合度不小于2mm。
3. 机架安装方向的规定：按照运输方向确定，底托辊朝机尾方向。
4. 调节支腿调整或垫木墩调平，保证输送机机架过渡平缓。
5. 胶带接头接缝平直，切口直线与胶带的纵向中心线垂直。
6. 在10m长度上的直线度偏差不大于20mm。
7. 两段输送带之间采用标准皮带扣和钢丝穿条连接，连接扣居中，钉扣长度不小于输送带宽度的90%。

安装收尾

- 接电源
- 紧胶带试车
- 回收材料，清理现场

作业要求

1. 接线：

（1）将上一级开关电源停电闭锁、挂牌、上锁。

（2）接线前，检查巷道风流中瓦斯浓度符合要求。

（3）进行停电、验电、放电、打短路接地线操作，然后接线。

2. 巷道底板平整无浮煤杂物，底托辊下面距巷道底板空间大于100mm。

⚠ 注意人员站位，防止倾倒伤人。

1.4 安装转载机施工作业流程

安装准备

- 制定贯彻安全措施
- 准备安装器具、打设专用的起吊锚杆或锚索
- 作业现场安全确认

作业要求

1. 安全措施应符合作业实际，并由相关部门、人员按要求审批签字。
2. 作业人员熟悉作业内容、施工顺序及安全措施要求。
3. 工器具齐全，按要求可靠完好。
4. 起吊装置、支护方式稳定可靠。起吊锚杆或锚索要成组打设（两根为一组），严禁使用单根锚杆或锚索起吊。

安装作业

- 安装转载机行走小车
- 安装机头
- 安装过渡槽
- 安装水平段槽
- 安装破碎机
- 安装机尾
- 安装链条、刮板

作业要求

1. 严格执行重物起吊措施。
2. 溜槽对接必须严密整齐。
3. 使用绞车拖移物料时，所有施工人员躲开绳道和钢丝绳断绳波及范围。
4. 所有相应的连接螺栓要紧固可靠。
5. 所有拉移连接件必须连接紧固到位，销轴插入到位。

安装收尾

- 设备运行

作业要求

1. 接线：

（1）将上级开关电源停电闭锁、挂牌、上锁。

（2）接线前，检查巷道风流中瓦斯浓度符合要求。

（3）进行停电、验电、放电、打短路接地线操作，然后接线。

2. 检查刮板链有无卡阻，链轮运转是否正常，链松紧程度是否适当。
3. 设备运转。

⚠ 注意人员站位，防止倾倒伤人。

1.5 安装工作面刮板输送机施工作业流程

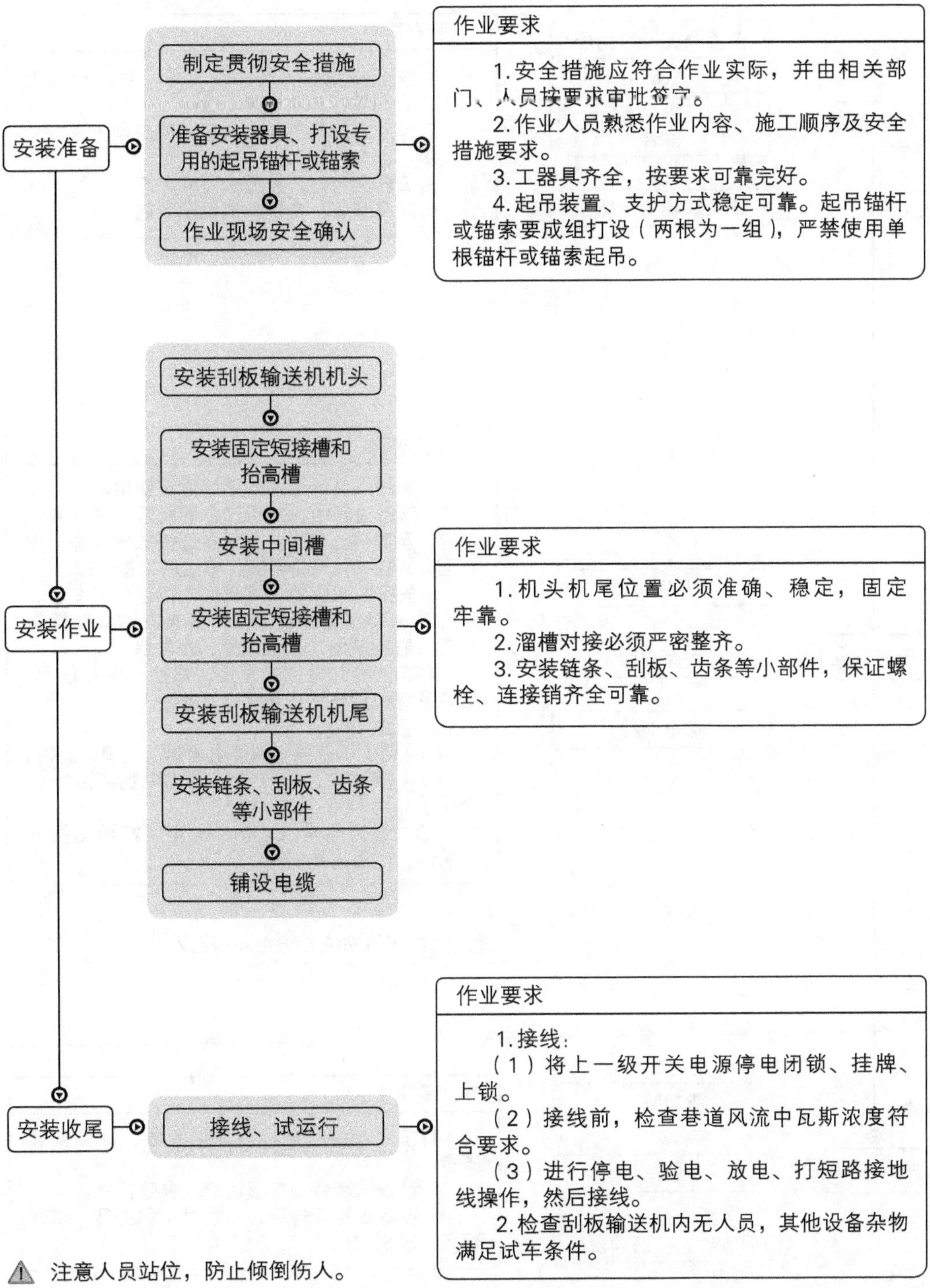

⚠ 注意人员站位，防止倾倒伤人。

1.6 安装采煤机施工作业流程

安装准备

制定贯彻安全措施 → 检查施工地点支护是否完好 → 作业现场安全确认

作业要求

1.安全措施应符合作业实际，并由相关部门、人员按要求审批签字。

2.作业人员熟悉作业内容、施工顺序及安全措施要求。

3.工器具齐全，按要求可靠完好。

4.起吊装置、支护方式稳定可靠。

安装作业

起吊前准备 → 顺序安装 → 接电源线

作业要求

1.起吊点经检查无问题后方可使用。

2.起吊过程中，发现设备偏斜等失去平衡的情况，及时停止起吊，将设备缓慢放置地面，重新捆绑、挂钩；捆绑平衡、牢固后，重新起吊。

3.先安装采煤机中间框架电控箱，将左右牵引传动箱装到电控箱上；再安装左右安装摇臂及左右截割滚筒，连接油管、水管等。

4.确认零部件完整无损，螺栓齐全并紧固，电控系统和按钮动作灵活、正确。

5.接线：

（1）将上级开关电源停电闭锁、挂牌、上锁。

（2）接线前，检查巷道风流中瓦斯浓度符合要求。

（3）进行停电、验电、放电、打短路接地线操作，然后接线。

⚠ 注意人员站位，防止倾倒伤人。

安装收尾

质量验收 → 设备运行 → 回收材料，清理现场

作业要求

1.按照安装检修标准严格验收，确保安装质量。

2.设备试运转，各项功能、参数正常。

3.设备正常运转后，回收材料和工具，清理现场，确保文明生产。

1.7 安装乳化液泵施工作业流程

安装准备

制定贯彻安全措施 → 准备工具、绝缘用品 → 作业现场安全确认

作业要求

1.安全措施应符合作业实际，并由相关部门、人员按要求审批签字。

2.工具齐全按要求试验并可靠完好。

3.起吊装置、支护方式稳定可靠。

安装作业

起吊前准备 → 组装设备 → 接电源线

作业要求

1.起吊锚杆经检查无问题后方可使用。

2.起吊过程中，发现设备偏斜等失去平衡的情况，及时停止起吊，将设备缓慢放置地面，重新捆绑、挂钩；捆绑平衡、牢固后，重新起吊。

3.电机及泵的固定螺栓必须拧紧，电机轴与泵轴应对正同轴。

4.连接乳化液箱和泵之间的吸液管路、高压管路、卸载管路。

5.连接至工作面的高压管路、回液管路及连接电机线路。

6.接线：

（1）将上一级开关电源停电闭锁、挂牌、上锁。

（2）接线前，检查巷道风流中瓦斯浓度符合要求。

（3）进行停电、验电、放电、打短路接地线操作，然后接线。

⚠ 注意进线开关、联络开关存在反送电危险。

验收运转

质量验收 → 设备运行 → 回收材料，清理现场

作业要求

1.按照检修标准严格验收，确保检修质量。

2.设备进行试运转，各项功能、参数正常。

3.设备正常运转后，回收材料，清理现场，确保文明生产。

1.8 安装支架施工作业流程

安装准备 → 制定贯彻安全措施

作业要求

1. 安全措施应符合作业实际，并由相关部门、人员按要求审批签字。
2. 检查顶板无明显下沉、无活矸活石、无网兜，顶帮完好。
3. 操作空间能够满足支架安装需要，同时确保人员退路畅通。
4. 工器具完好，保护用品齐全，能够满足作业要求。
5. 绞车地锚紧固，压戗柱满足相关要求。

安装作业 → 支架运输到位 → 支架下车盘 → 拖移支架 → 支架调向 → 调整并升紧支架

作业要求

1. 支架安装成一条直线，保证架中心距1.5m，垂直于工作面煤壁。
2. 支架位置调好后，立即将支架升起，顶梁与顶板接触严密，不得歪斜，局部超高或接触不好的用道木、板梁接顶。保证支架初撑力达到24MPa。支架中心线垂直煤壁。
3. 相邻支架顶梁落差不得超过侧护板高度的2/3，支架不得前趴后仰。
4. 所有螺栓、螺母、销轴安装齐全，连接紧固。各液压管路连接正确，系统动作灵活准确，液压系统无漏液现象。
5. 各液压管路接口处U型卡正规使用，不得用铁丝代替。
6. 支架内外无浮矸、杂物、钢轨、木料等。

安装收尾

作业要求

1. 支架闭锁杆使用到位。
2. 各管路连接可靠，无“跑”“冒”“滴”“漏”现象，使用正规U型卡。

⚠ 注意人员站位，防止倾倒伤人。

1.9　安装出架平台施工作业流程

安装准备

准备工具 → 作业现场安全确认

作业要求

1. 检查作业环境，处理现场隐患，确保作业环境顶板安全、支护完好。
2. 作业工器具及防护用品齐全完好，能够满足作业要求。
3. 起吊装置、支护方式稳定可靠。
4. 检测周围10m范围内瓦斯浓度。

安装作业

打设地锚 → 安装平台 → 浇筑平台

作业要求

1. 在安装平台地点进行卧底作业。
2. 安装平台到指定地点。
3. 在指定位置打设地锚，并且进行紧固。
4. 对平台进行水泥浇筑，保证平台的稳固性。

验收运转

质量验收 → 回收材料，清理现场

作业要求

1. 按照检修标准严格验收，确保检修质量。
2. 设备正常运转后，回收材料，清理现场，确保文明生产。

1.10 过断层施工作业流程

作业前检查
- “敲帮问顶”
- 检查工器具及设备

作业要求

1. 进入施工地点，班组长必须检查巷道顶帮支护情况并进行“敲帮问顶”工作。
2. 检查各工器具及设备完好情况，安全设施准备到位。

施工探眼
- 探断层情况

作业要求

1. 施工探眼探明煤层情况。
2. 施工探眼时，设备必须固定牢固。

确定方案
- 施工方案

作业要求

根据施工探眼情况，与技术科、地质科结合，确定施工方案。

⚠ 过断层期间，要按措施要求适当缩小支护排距，加强支护密度。

过断层施工
- 综掘机施工
- 炮掘施工

作业要求

1. 严格按照施工方案进行过断层施工。
2. 采用综掘机施工时，加强对综掘机的检修，防止设备损坏影响掘进。
3. 采用爆破施工时，必须执行好站岗警戒，严格执行“一炮三检”及“三人连锁爆破”制。

1.11　过老巷施工作业流程

作业准备 → 制定贯彻安全措施 → 降低采高

作业要求

1. 编制审批过老巷措施，并让施工人员进行贯彻学习。
2. 按照措施提前将工作面采高控制到设计要求。
3. 老巷透口及其前后10m范围内支架必须有效护帮，防止片帮。

作业施工 → 过老巷施工

作业要求

1. 移架时要执行带压移架，严禁将支架完全卸载。
2. 老巷内存在积水或有毒有害气体时，必须制定专项措施进行处理。
3. 采煤机运行到老巷范围时，控制割煤速度在2m/min以内，防止割到铁器和出现片帮。
4. 生产期间，人员严禁从工作面进入老巷。
5. 需进入煤帮施工前，必须由班长负责检查工作面顶板煤帮及老巷支护情况，然后向工人详细布置工作要求和说明安全注意事项，并且现场指挥负责安全，施工过程放专人观顶。

作业收尾

作业要求

每班生产结束后，对老巷内10m范围顶板进行支护。

⚠ 必须提前探明有毒有害气体、积水情况。

1.12 工作面端头加架施工作业流程

作业准备

- 制定贯彻安全措施
- 连接新支架，将预加架位置支护完好，固定滑轮
- 作业现场安全确认

作业要求

1. 安全技术措施应符合作业实际，并由相关部门、人员按要求审批签字。
2. 作业人员熟悉作业内容、设备带电情况和安全措施要求。
3. 工器具齐全，起吊工具自锁可靠完好。

加架作业

- 拖运支架
- 支架就位
- 接通管路

作业要求

1. 使用绞车将支架拖至工作面附近头后，根据运料巷与工作面夹角，选择支架就位方式。
2. 支架就位时，可利用单体液压支柱进行顶移调整，顶戗位置要牢靠，防止滑脱。
3. 支架就位改打点柱时，要先支后回，保证顶板安全。
4. 支架就位后，要将支架及时接通管路，升起支架，并与工作面输送机连接。
5. 单体辅助作业时，严格执行好远距离供放液，人员躲开倒柱、崩柱波及的范围，单体点柱拴好防倒绳。

收尾工作

- 补打支护
- 回收材料，清理现场

作业要求

1. 支架就位后，按照设计要求补打支护。
2. 回收材料，清理现场，确保文明生产。

⚠ 注意检查顶板，防止冒落伤人。

1.13 工作面端头减架施工作业流程

作业准备

- 制定贯彻安全措施
- 卧底、调道，扩掘车窝座绞车，安装平台，更改超前支护，缩短溜子
- 作业现场安全确认

作业要求

1. 安全技术措施应符合作业实际，并由相关部门、人员按要求审批签字。
2. 作业人员熟悉作业内容、设备带电情况和安全措施要求。
3. 工器具齐全，起吊工具自锁可靠完好。

减架作业

- 支架调向
- 支架出窝
- 上平台外运

作业要求

1. 使用两根点柱配合戗支架底座与顶梁使端头支架调向，支架方向调至与巷道平行。
2. 使用两台绞车配合牵引支架前梁和推移块向外拖运支架。运行过程中，必须时刻注意支架运行状态，如发生支架前倾，必须拉紧制动闸并打出停车信号，待支架稳定后方可继续运输。拖运过程中，如有影响出架的点柱，回撤后必须及时打齐。
3. 开动绞车，将支架拉到平台上的车盘上，使用单体液压支柱调整支架位置及方向，上好支架压板及螺丝、弹簧垫。支架上平台调向时，绳道及支架两侧严禁站人。
4. 使用绞车向外运输支架。

收尾工作

- 补打支护
- 回收材料，清理现场

作业要求

1. 补打切顶排及戗棚，支护出架后露出的顶板。
2. 回收材料，清理现场，确保文明生产。

⚠ 注意检查顶板，防止冒落伤人。

1.14 工作面刮板输送机延长施工作业流程

作业检查

- 检查顶板支护
- 刮板机拉空，将有锯齿环的链条开到机尾位置
- 停电、闭锁、挂牌

作业要求

1.先对施工地点10m范围内的顶板及两帮进行敲帮问顶，工作面支架全部进行二次注液，沿途杂物清理干净，保证后路畅通。

2.开动工作面溜子，将有锯齿环的链条开到机尾位置，闭锁工作面溜子。

3.施工前，必须将工作面采煤机停到端头以下20个支架以上的顶板完好位置，工作面的电气设备全部停电闭锁。停电由专职电工进行，必须挂上“有人工作，禁止送电”的停电牌，严格执行停送电制度，工作完成后由班长确认，下达送电命令后方可送电。

延长作业

- 断链开口
- 吊入溜槽
- 接链对接合口
- 紧链、试运转

作业要求

1.刮板输送机拆链与紧链时必须使用紧链装置，在机尾固定节位置，用阻链器卡住机尾，防止链条反转，然后将上（机尾）电机打到正转位置，点碰电机使顶链松到能够拆链、接链为止，及时将闸盘拧紧，使顶链保持松弛状态，进行缩短工作。拆链紧链时，严禁将手伸进两节溜槽之间。

2.将链条松开后，使用单体液压点柱或手拉葫芦在过渡槽旁的一节溜槽处开口（略大于1节溜槽长度），并拆开底链。使用单体点柱戗、顶时，点柱一头顶在待开口溜槽上，另一头顶在支架前梁镐底座上，并在单体点柱和支架间垫上木料，防止打滑。

3.将待延长溜槽起吊拖入断口处，将底链接好，用单体点柱使溜槽合口，并安装好卡环和电缆槽，使用紧链装置将顶链接好。

4.延长完成后，由跟班区长与班长确认无误后，方可进行试车，试车期间，人员必须躲开工作面链条弹射方向，防止链条崩断伤人。

完工确认

- 回收工具材料，整理现场

作业要求

回收材料和工具，清理现场，保证文明生产。

1.15 工作面刮板输送机缩短施工作业流程

作业检查

- 检查顶板支护
- 刮板机拉空，将有锯齿环的链条开到机尾位置
- 停电、闭锁、挂牌

作业要求

1. 先对施工地点10m范围内的顶板及煤帮进行敲帮问顶，工作面支架全部进行二次注液，沿途杂物清理干净，保证后路畅通。

2. 开动工作面，将刮板输送机有锯齿环的链条开到机尾位置，闭锁工作面刮板输送机。

3. 施工前，必须将工作面采煤机停到端头以下20个支架以上的顶板完好位置，工作面的电气设备全部停电闭锁。停电由专职电工进行，必须挂上“有人工作，禁止送电”的停电牌，严格执行停送电制度，工作完成后由班长确认，下达送电命令后方可送电。

缩短作业

- 断链开口
- 外移溜槽
- 接链对接合口
- 紧链、试运转

作业要求

1. 刮板输送机拆链与紧链时，必须使用紧链装置，在机尾固定节位置，用阻链器卡住机尾，防止链条反转，然后将上电机打到正转位置，点碰电机使顶链松到能够拆链、接链为止，及时将闸盘拧紧，使顶链保持松弛状态，进行缩短工作。作业时，严禁将手伸进两节溜槽之间。

2. 将链条松开后，使用单体液压点柱或手拉葫芦在过渡槽旁的一节溜槽处开口，并拆开底链。使用单体点柱戗、顶时，点柱一头顶在待开口溜槽上，另一头顶在支架前梁镐底座上，并在单体点柱和支架间垫上木料，防止打滑。

3. 将一节溜槽移出后，将底链接好，用单体点柱使溜槽合口，并安装好卡环和电缆槽，使用紧链装置将顶链接好。

4. 缩短完成后，由跟班区长与班长确认无误后，方可进行试车。试车期间，人员必须躲开工作面链条弹射方向，防止链条崩断伤人。

完工确认

- 回收工具材料
- 整理现场

作业要求

回收材料和工具，清理现场，保证文明生产。

1.16 无极绳绞车延长、缩短施工作业流程

作业准备

- 制定贯彻安全措施
- 准备无极绳绞车延长缩短工具、材料
- 作业现场安全确认

作业要求

1.准备好无极绳绞车延长、缩短使用的工具、材料。
2.确认施工地点顶板完好。
3.确认无极绳绞车信号灵敏可靠。
4.将梭车停到指定地点，并固定牢固。

延长、缩短作业

- 松绳
- 移动尾轮
- 紧绳

作业要求

1.无极绳绞车主机处松绳，然后将绞车主机停电闭锁。
2.将钢丝绳从梭车上松开。
3.拆除、移动尾轮到指定地点。
4.将尾轮固定牢固，按要求打设地锚。
5.在固定好尾轮前安装阻车器。
6.延长、缩短无极绳绞车信号线。
7.将钢丝绳重新在梭车上固定牢固。
8.分次紧绳，至梭车能够行走为止。
9.调整轮系位置或方向。

收尾工作

- 质量验收
- 设备恢复运行
- 回收材料，清理现场

作业要求

1.检查无极绳绞车信号是否灵敏可靠。
2.检查电气连线是否正常。
3.检查车辆连接装置是否牢固。
4.检查车辆运行轨道上是否有杂物。
5.回收工具材料，清理现场。

1.17 带式输送机缩短作业流程

作业准备

制定贯彻安全措施 → 作业现场安全确认

作业要求

1. 作业人员必须熟知安全措施及施工技术要求。

2. 作业人员作业时，要时刻注意作业范围内有无危及人身和设备安全的隐患，发现隐患必须及时汇报处理后，方准作业。

3. 作业现场必须有班组长以上管理人员统一指挥协调作业。

缩短作业

回张紧车，松胶带 → 停电、闭锁、挂牌 → 拆除H架、托辊、架杆等 → 拉移胶带机尾并固定，去除多余胶带 → 送电，拉张紧车，紧胶带 → 试转

作业要求

1. 工作前要将工作地点的杂物清理干净。

2. 司机在机头处根据施工负责人的指令进行操作。

3. 开机使输送机完全开空后，停机并切断电源，松开胶带张紧装置。

4. 带式输送机缩短时，拆去缩短范围内H架、托辊、架杆等部件，集中妥善存放。

5. 用回柱绞车将机尾移至预定位置，将机尾调整固定牢固。

6. 利用专用卡带装置卡住胶带，松张紧车，抽开胶带一端接头。去掉多余胶带，将胶带连接，用张紧装置将胶带张紧。

7. 将拆下胶带卷好并码放整齐。

8. 检查机尾滚筒、托辊等情况。

作业收尾

回收材料，清理现场

作业要求

1. 确认无问题后方可送电试转，再次检查胶带的跑偏和张紧情况，如有异常应及时处理。

2. 设备正常运转后，不存在检修时遗留问题。

3. 回收材料工具，清理现场，确保文明生产。

1.18 更换带式输送机胶带作业流程

作业准备

- 制定贯彻安全措施
- 准备新胶带及更换所需要的设备工具
- 作业现场安全确认

作业要求

1. 安全措施应符合作业实际，并由相关部门、人员按要求审批签字。
2. 作业人员熟悉作业内容、设备带电情况和安全措施要求。
3. 工器具齐全，起吊装置、支护方式稳定可靠。
4. 将带式输送机上的煤全部拉空，将所需要更换的胶带停在距离带式输送机机头偏架10 ~ 20m的位置。

开始作业

- 回张紧车，松皮带
- 停电、闭锁、挂牌
- 更换皮带
- 送电
- 拉张紧车，紧皮带，试运转

作业要求

1. 停电前做好联系确认，满足停电条件后，方可进行停电操作。
2. 在原张紧绞车停车的位置上做好记号，松张紧绞车，带式输送机开倒转，使胶带保持松弛状态。
3. 将带式输送机控制开关电源停电、闭锁、挂牌。
4. 将新胶带沿皮带机架外侧铺开。
5. 用工具刀从需要更换下旧胶带的皮带扣处割开，将旧皮带从机架上翻下。
6. 从新胶带的一端开始，将新皮带翻到机架上。
7. 新胶带的两头、机架上原胶带两头钉皮带扣。
8. 将新胶带两头分别与机架上原胶带两头用涂塑钢绞线搭接。
9. 带式输送机控制开关电源送电，张紧胶带。开动带式输送机，使张紧绞车停到原记号位置处。

作业收尾

- 回收工具，清理现场

作业要求

1. 按照措施标准严格验收，确保作业质量。
2. 设备恢复运转，各项功能、参数正常。
3. 设备正常运转后，回收材料，清理现场，确保文明生产。

1.19 综采工作面高档支护段施工作业流程

作业准备

制定贯彻安全措施 → 准备好施工材料 → 作业现场安全确认

作业要求

1. 安全技术措施应符合作业实际，并由相关部门、人员按要求审批签字。
2. 作业人员熟悉作业内容、支护参数、安全措施要求。
3. 工器具齐全。
4. 检查周围顶板支护完整情况，找掉顶板活煤活矸。

作业施工

观顶，掏梁窝 → 合作上梁

作业要求

1. 专人观察顶板。一人到煤壁侧双手托梁，使其销孔与原悬梁销孔相照，煤壁侧一人抬起梁的前端，外侧一人插上水平销，并打牢。
2. 双楔铰接顶梁必须保持双楔齐全，输送机机头两侧支护有效。
3. 双楔梁不得与其他型号顶梁混合使用，严禁梁头梁尾有空顶现象，保持梁体平直。

作业收尾

回收材料，清理现场

作业要求

回收材料，清理现场，确保文明生产。

⚠ 注意检查顶板，防止冒落伤人。

1.20 拉移端头支架施工作业流程

作业准备 → 制定贯彻安全措施 → 作业现场安全确认

作业要求

1.安全措施符合作业实际，并由相关部门、人员按要求审批签字。
2.作业人员熟悉作业内容和安全措施要求。
3.检查支架管路、接头、阀组、压力表等，发现问题及时处理。
4.将架间、底座的活煤、活矸清理干净。
5.检查工作范围内顶板情况。

拉移作业 → 降低支架 → 拉移端头支架 → 升紧支架

作业要求

1.移架时要三人相互配合，两人操作一人指挥，指挥人员负责观察支架及周围情况。
2.移架时前后两架互为支点，操作时前架降柱，后架底座连接千斤顶调整支架，到位后升起前架。
3.前架到位后用相同的方法操作后架，到位后升起后架。
4.移架时必须带压擦顶移架，拉移过程中出现阻力过大，严禁强拉硬推，及时找出原因处理后方可再移架。

作业收尾 → 质量验收 → 清理活煤活矸 → 闭锁支架

作业要求

1.移架时必须按线施工，保证支架立柱成一条直线，保证搭接合理。
2.移架完成后，将活煤、活矸清理干净。
3.移架完成后将支架闭锁，手把打到“零”位。

⚠ 注意人员站位，防止机械挤伤及顶板冒落伤人。

1.21　拉移转载机施工作业流程

作业准备

制定贯彻安全措施 → 清理转载机活煤、活矸 → 检查巷帮及顶板情况

作业要求

1.安全措施应符合作业实际，并由相关部门、人员按要求审批签字。

2.作业人员熟悉作业内容和安全措施要求。

3.工器具齐全、可靠完好。

4.将转载机上活煤（矸）清理干净后再拉移转载机。

5.检查两帮及顶板情况，隐患处理完后再拉移转载机。

拉移作业

停电、闭锁、挂牌 → 固定千斤顶 → 拉移转载机

作业要求

1. 拉移转载机将机头搭接在胶带输送机的承载段滑轨上。

2.将转载机和胶带输送机停电闭锁。

3.固定好千斤顶，千斤顶的活塞杆伸缩方向朝向转载机机头，牵引链（使用专用链条）两端分别与千斤顶和转载机机头可靠连接。

4.拉移装置的锚固柱（戗柱）选择在顶板完整处，锚固柱（戗柱）必须牢固可靠。

5.操作阀组人员必须位于锚固柱（戗柱）正后，以免发生断链伤人事故。

⚠ 拉移转载机时链条范围内严禁有人。

作业收尾

送电 → 码放工具，清理现场

作业要求

1.拉移转载机完成后，对转载机和输送机送电。

2.工具回收，在指定地点码放好。

1.22 沿空留巷切顶卸压施工作业流程

作业准备

- 制定贯彻安全措施
- 准备相关工具材料
- 作业现场安全确认

作业要求

1. 措施应符合作业实际，并由相关部门、人员按要求审批签字。
2. 作业人员熟悉作业内容、切顶及支护参数和安全措施要求。
3. 工器具齐全、材料齐全，并运送至施工现场。
4. 施工范围内支护齐全，无遗留隐患。
5. 在顶板钻眼位置预先喷涂眼位。

作业施工

- 打设切缝眼
- 超前预裂爆破

作业要求

1. 钻机在施工前调成水平状态。
2. 调整钻杆角度。
3. 钻切顶孔时推进力要适当，确保钻杆不弯曲。
4. 人员不得触摸转动部位，不得动态接钻杆，接、退钻杆必须卡紧钻杆。
5. 按照设计参数进行装药，装药时保证聚能管、聚能槽朝向与巷道走向平行。
6. 装药、连线要符合规定，炮泥封堵严实。
7. 爆破过程中要认真填写记录，作业结束剩余炸药及时按照程序退还。

⚠ 严格执行“一炮三检”“三人连锁”爆破制度。

作业收尾

- 质量验收
- 填写记录

作业要求

1. 回收施工材料和施工器具，钻机靠帮存放，不得影响运输和其他作业。
2. 现场文明施工动态达标，符合标准化要求。
3. 探查爆破效果，并认真填写爆破记录。

1.23　工作面拆除掩护架支护顶板施工作业流程

作业检查

检查作业环境 → 检查支架及拖运设施

作业要求

1. 严格执行“敲帮问顶”制度，处理隐患，确认作业环境安全。
2. 检查确认支架各部件、绞车、钢丝绳及配套工具完好。
3. 回撤前将出架范围所需空间进行加固。

施工作业

摆设掩护支架 → 出支架 → 出掩护支架 → 回撤支护

作业要求

1. 利用支架本身或单体液压点柱配合绞车牵引，使支架离位后调向进入出架通道，前移掩护架支护顶板。
2. 拆除最后两个掩护支架时，撤除后立即摆设木垛。
3. 采用绞车作业时，钢丝绳直径不小于26mm，绳卡不少于5副。所用绞车信号必须灵敏可靠，并随撤架上移；人员站在安全位置。
4. 撤除完毕后，由里向外、由下向上将工作面端头及出口单体支柱、工字钢棚等回撤至规定位置，并在指定位置摆上木垛。

作业收尾

回收工具物料，清理现场

作业要求

1. 回收施工材料和施工器具，清理作业范围卫生。
2. 现场文明施工动态达标，符合标准化要求。

1.24 采煤机检修作业流程

作业检查

检查运转状态 → 停电、闭锁、挂牌 → 检查顶板 → 清理设备浮煤浮矸

作业要求

1.首先空转一圈检查电牵引、液压系统、截割部、行走部等各部件的工作状况，确认有无异常升温、响声及各部件是否紧固。

2.将采煤机检修地点及机身上的浮煤全部清理干净。

3.采煤机停在顶板条件良好的地方，前后10m范围内严禁操作支架。采煤机附近支架伸出伸缩梁和护帮板支护顶帮。

4.作业前，切断采煤机电源，刮板输送机停电闭锁挂牌。采煤机隔离开关打到分闸位置，将采煤机的滚筒离合器拉出。

检修作业

检修电控系统 → 加注油脂 → 更换磨损截齿 → 检修液压元件、管路、冷却系统及喷雾系统 → 开机试运转

作业要求

1.电控系统检查、检修时，要严格按照检查瓦斯、停电、验电、放电、挂停电牌等操作程序进行作业，并固定牢固、压线螺栓上紧。

2.设备检查、检修过程中，要将拆除的各种零件及工具放入专用工具袋进行存放。

3.打开采煤机盖检修设备时，要挂布棚。

4.在机身上施工时，必须采取防滑措施；离开机身时，严禁从机身上跳下，不得从机身处靠煤壁侧上下作业。

5.更换管路或管路带压件时，必须先泄压，并在油液冷却后方可施工。

6.检查油位或加油前，油口附近的杂物要清理干净。使用专用的油桶加油，减少加油过程中的外泄量。将加油孔附近外泄的油液清除干净。

⚠ 严格执行验电、放电、挂停电牌程序，严禁带电检修。

作业收尾

回收工具材料 → 整理现场

作业要求

设备检查、检修完毕后，检修工要清点施工所用的材料和工具，并将施工现场的杂物清理干净，确认所有从事施工的人员全部撤离到安全地点后，方可按照送电试机程序进行试机。

1.25　带式输送机检修作业流程

作业准备

- 带式输送机维修工接班与检查
- 准备检修工具与备件
- 作业现场安全确认

作业要求

1. 胶带检修人员必须经过专业技术培训、考试合格后持证上岗，询问上一班运行情况。
2. 作业人员熟悉检修内容，执行好检修标准。
3. 根据检修计划准备好所需材料及工具。

检修作业

- 停电、闭锁、挂牌
- 检修
- 送电

作业要求

1. 检查前把控制开关把手扳到断电位置并锁好。
2. 检查胶带有无跑偏，H架是否歪斜，托辊有无掉落不转，机头尾装载是否合适，挡煤板是否合适。
3. 检查各部件连接螺栓是否齐全、牢固。
4. 检查胶带的张紧程度和接头的连接情况是否完好。
5. 检查各导向滚筒和驱动滚筒是否安装牢固。
6. 检查各种保护装置是否正常。
7. 对所有部位检查后，清点工具，检修完成。
8. 确认安全后恢复供电。

作业收尾

- 确认检修情况
- 设备恢复运行
- 回收材料，清理现场

作业要求

1. 按照检修标准严格验收，确保检修质量。
2. 设备恢复运转，各部位检查到位。
3. 设备正常运转后，回收材料，清理现场，确保文明生产。

1.26 乳化泵站检修作业流程

作业准备

- 乳化泵维修工接班与检查
- 准备检修工具与备件
- 作业现场安全确认

作业要求

1.检修人员必修持证上岗，询问上一班运行情况。
2.作业人员熟悉检修内容，执行好检修标准。
3.确认现场有无安全隐患。

检修作业

- 停电、闭锁、挂牌
- 检修
- 送电

作业要求

1.检查前，把控制开关把手扳到断电位置并锁好。
2.检查泵站上方是否有淋水，如有淋水采取遮盖措施后，方可开始检修。
3.检查各部件连接螺栓是否齐全、牢固。
4.检查减速器的油位和密封是否符合规定。
5.检查各截止阀的手柄是否灵活可靠，各种压力表是否齐全完好。
6.检查乳化泵液箱上的透气孔是否畅通。
7.检查曲轴箱油位和润滑油油量。
8.对所有部位检查后，清点工具，检修完成。
9.对各部位检修完成后，进行每一部位安全确认。无存在隐患，送电点动启动。

⚠ 注意高压管路接头连接可靠，防止有脱销现象。

作业收尾

- 质量验收
- 设备恢复运行
- 回收材料，清理现场

作业要求

1.按照检修标准严格验收，确保检修质量。
2.设备恢复运转，各项连接装置牢固可靠、压力正常。
3.设备正常运转后，无存在检修时遗留的问题。
4.回收材料工具，清理现场，确保文明生产。

1.27 工作面刮板输送机检修作业流程

作业准备

- 检查顶板支护
- 检查运转状态
- 刮板机开空
- 清理浮煤浮矸

作业要求

1. 首先空转一圈进行完好检查，检查链条、刮板及螺丝等有无缺少、损坏、变形等，检查各传动装置及破碎机是否有异常声音。
2. 运转过程中减速箱最大外表温度应低于90℃。
3. 减速箱不能有异常噪声、震动及过热，传动架上的螺栓应紧固完好。
4. 链轮轴承完好无损，润滑良好，无过热现象。
5. 链条无扭曲，连接环无损坏，连接螺栓没有丢失和松动现象，刮板无变形损坏及磨损超限，“E”形螺栓没有损坏。

检修作业

- 停电、闭锁、挂牌
- 检修电控系统
- 检修机头、机尾部
- 检修溜槽、齿轨、链条

作业要求

1. 电控系统检修前，检查作业地点20m范围内的甲烷浓度小于0.5%时，方可开始检修，否则严禁作业。
2. 检修前严格执行停电、验电、放电、挂停电牌程序，严禁带电检修。
3. 检修、更换刮板、链条和E形螺栓，以及检修机头、机尾链轮时，必须停电闭锁。
4. 检查油位或加油前，油口附近的杂物清理干净，使用专用的加油油桶，减少加油过程中的外卸量，将加油孔附近外卸的油液清除干净。
5. 进入煤壁前，必须确认煤帮支护完好。

作业收尾

- 回收工具材料
- 整理现场
- 开机试运转

作业要求

1. 启动电机前必须先打开冷却水。
2. 开机前必须检查各部件的完好情况，确保信号闭锁灵敏、可靠，并在正常位置，保证无异物阻碍运行，防护装置齐全牢固，确认无误后方可开机。
3. 开机之前，发出预警信号，再正式启动。

1.28 拆除绞车施工作业流程

拆除准备

- 制定贯彻安全措施
- 准备拆除工器具
- 作业现场安全确认

作业要求

1. 安全措施应符合作业实际，并由相关部门、人员按要求审批签字。
2. 作业人员熟悉作业内容、施工顺序及安全措施要求。
3. 工器具齐全、按要求可靠完好。
4. 起吊装置稳定可靠。

拆除作业

- 抽绞车钢丝绳
- 甩绞车电源线
- 去除绞车固定地锚螺丝

作业要求

1. 检测周围10m范围内瓦斯浓度。
2. 将绞车滚筒上钢丝绳放开回收。
3. 严格执行停电程序：停电、验电、放电、装设接地线、挂停电标志。不在视野范围内的需设专人看守。
4. 拆除地点附近30m巷道顶板支护必须安全可靠。
5. 卸掉绞车地锚螺丝。

拆除收尾

- 起吊、装运绞车
- 回收材料，清理现场

作业要求

1. 拆卸时，拆下的销、轴、卡、螺栓等小的零部件要分类装入专用的麻袋中专人保管，避免丢失。
2. 设备装车必须平稳，重心落在矿车或车盘中央。
3. 设备与车盘之间要垫上皮带、木板等物，增大摩擦力，绞车与车盘要求封车牢固，不易移位。
4. 起吊装置、固定吊具的支架（护）稳定可靠。

1.29 拆除无极绳绞车施工作业流程

拆除准备

制定贯彻安全措施 → 准备工具、佩戴好劳保用品 → 作业现场安全确认

作业要求

1. 安全措施应符合作业实际，并由相关部门、人员按要求审批签字。
2. 作业人员熟悉作业内容及安全措施要求。
3. 工具齐全，劳保用品按要求试验并可靠完好。
4. 起吊装置、支护方式稳定可靠。
5. 停电前做好联系确认，满足停电条件后，方可进行停电操作。
6. 检测周围10m范围内瓦斯浓度。
7. 严格执行停电程序：停电、验电、放电、装设接地线、挂停电标志。不在视野范围内的需设专人看守。

拆除作业

无极绳绞车松绳 → 拆除无极绳绞车开关、通信信号主机电源线 → 拆除无极绳绞车各部件 → 起吊、装运设备 → 回收设备小件、电缆

作业要求

1. 起吊装置、固定吊具的支架（护）稳定可靠。
2. 要严格执行“安全确认制”规定，做好全员、全方位、全过程的安全确认工作。
3. 与起吊、拆装、运输各项工作无关的人员不得在施工现场。
4. 各部件装车时，必须保证部件重心与平板车中心重合，严禁偏重心装车。
5. 设备装车捆绑牢固。
6. 严格执行停电程序：停电、验电、放电、装设接地线、挂停电标志。

拆除收尾

作业要求

回收材料，清理现场，确保文明生产。

1.30 拆除带式输送机施工作业流程

拆除准备

- 制定贯彻安全措施
- 准备拆除工器具
- 作业现场安全确认

作业要求

1.安全措施应符合作业实际，并由相关部门、人员按要求审批签字。

2.作业人员熟悉作业内容、施工顺序及安全措施要求。

3.工器具齐全、可靠完好。

4.起吊装置、支护方式稳定可靠。

拆除作业

- 松张紧车，拆除设备电源线
- 断输送带口，卷输送带
- 拆电机、减速机

作业要求

1.检测周围10m范围内瓦斯浓度。

2.严格执行停电程序：停电、验电、放电、装设接地线、挂停电标志。不在视野范围内的需设专人看守。

3.拆除地点附近30m巷道顶板支护，必须安全可靠。

4.进行起吊作业前，要进行试吊1 ~ 2次。

5.起吊时，人员必须远离起吊物，起吊部件下严禁有人。

拆除收尾

- 拆大架子、纵梁、H架
- 拆除设备外运
- 回收材料，清理现场

作业要求

1.拆卸时，拆下的管线、销、轴、卡、螺栓等小的零部件要分类装入专用的麻袋中专人保管，避免丢失。

2.设备装车必须平稳，重心落在矿车或车盘中央。

3.设备装车捆绑牢固。

4.绞车信号声音要清晰、灵敏可靠。严禁用晃灯、喊话、敲击物件等方式联系。

1.31　拆除转载机施工作业流程

拆除准备 → 制定贯彻安全措施

作业要求

1. 安全措施应符合作业实际，并由相关部门、人员按要求审批签字。
2. 检查起吊锚杆和起吊设备是否可靠完好。
3. 检查现场顶板支护是否可靠。

拆除作业 → 用圆木摆“井”字木垛将转载机桥部支垫稳固 → 拆开刮板链条连接装置 → 拆除机头部传动装置 → 从后向前拆除机尾架 → 逐节向前拆除中部溜槽 → 拆除破碎机 → 拆除机头架、滑道底座 → 回收电缆

作业要求

1. 严格执行重物起吊措施。
2. 使用绞车拖移物料时，所有施工人员躲开绳道和钢丝绳断绳波及范围。
3. 转载机桥部木垛支垫牢靠。
4. 拆除电缆开关后码放整齐，防止磕碰损坏。
5. 拆除链条、刮板等小部件后保证螺栓、连接销回收齐全。
6. 检测周围10m范围内瓦斯浓度。
7. 严格执行停电程序：停电、验电、放电、装设接地线、挂停电标志。不在视野范围内的需设专人看守。

⚠ 注意人员站位，防止坠物伤人。

拆除收尾 → 施工现场收尾

作业要求

1. 检查设备小部件、材料、工具有无丢失。
2. 检查绞车等电气设备是否停电闭锁。

1.32 拆除工作面刮板输送机作业流程

拆除准备 → 制定贯彻安全措施 →

作业要求

1. 安全措施应符合作业实际，并由相关部门、人员按要求审批签字。
2. 检查起吊锚杆和起吊设备是否可靠完好。
3. 检查现场顶板支护是否可靠。
4. 检查设备是否停电闭锁。
5. 检查绞车、绳头是否安全可靠。

拆除作业 →

切断电源线，拆除电缆槽和回收电缆
↓
拆除链条、刮板、齿条等小部件
↓
刮板输送机机头、机尾等各部件解体
↓
拖运各部件
↓
连接绳头拖运中间槽
↓
连接绳头拖运机头部件

→

作业要求

1. 检测周围10m范围内瓦斯浓度。
2. 严格执行停电程序：停电、验电、放电、装设接地线、挂停电标志。不在视野范围内的需设专人看守。
3. 拆除电缆开关后码放整齐，防止磕碰损坏。
4. 拆除链条、刮板、齿条等小部件后保证螺栓、连接销回收齐全。

⚠ 注意人员站位，防止坠物伤人。

拆除收尾 → 施工现场收尾 →

作业要求

1. 检查设备小部件、材料、工具有无丢失。
2. 检查绞车等电气设备是否停电闭锁。

1.33　拆除采煤机施工作业流程

拆除准备

制定贯彻安全措施 → 检查施工地点支护、起吊 → 作业现场安全确认

作业要求

1. 安全措施应符合作业实际，并由相关部门、人员按要求审批签字。
2. 拆除前要对施工地点进行宽度、高度的测量。
3. 拆除前检查起吊装置、固定吊具的支架（护）是否稳定可靠。

拆除作业

拆除电源线 → 顺序拆除 → 拆除确认

作业要求

1. 检测周围10m范围内瓦斯浓度。
2. 严格执行停电程序：停电、验电、放电、装设接地线、挂停电标志。不在视野范围内的需设专人看守。
3. 起吊锚杆经检查无问题后方可使用。
4. 起吊过程中，发现设备偏斜等失去平衡的情况，及时停止起吊，将设备缓慢放置在地面，重新捆绑、挂钩；捆绑平衡、牢固后，重新起吊。
5. 先拆除左右滚筒、摇臂移到后路适当地点稳固好，再拆除左右传动箱及中部框架电控箱。
6. 确认零部件完整无损，螺栓齐全并紧固，手把和按钮动作灵活。

⚠ 注意人员站位，防止坠物伤人。

拆除收尾

质量验收 → 回收材料，清理现场

作业要求

1. 按照标准严格验收，确保拆除质量。
2. 设备拆除后，回收材料，清理现场，确保文明生产。

1.34 拆除乳化液泵施工作业流程

拆除准备

制定贯彻安全措施 → 准备工器具 → 作业现场安全确认

作业要求

1. 安全措施应符合作业实际，并由相关部门、人员按要求审批签字。
2. 作业人员熟悉作业内容、停电范围、设备带电情况和安全措施要求。
3. 工器具齐全，绝缘用品按要求试验并可靠完好。
4. 停电前做好联系确认，满足停电条件后，方可进行停电操作。
5. 检测周围10m范围内瓦斯浓度。
6. 严格执行停电程序：停电、验电、放电、装设接地线、挂停电标志。不在视野范围内的需设专人看守。

拆除作业

拆除乳化液泵与泵箱连接的高压管路 → 封堵管路接口 → 拆除乳化液泵、泵箱

作业要求

1. 由专人对泵箱及管路中的乳化液进行释放并回收。
2. 拆除连接至工作面的高压管路、回液管路及连接电机线路。
3. 拆除乳化液泵与泵箱连接的高压管路。
4. 先拆除主泵，再拆除备用泵。
5. 拆除泵箱及泵站的电机。

起吊装运

设备起吊 → 设备运输

作业要求

1. 起吊装置、固定吊具的支架（护）稳定可靠。
2. 要严格执行“安全确认制”规定，做好全员、全方位、全过程的安全确认工作。
3. 与起吊、拆装、运输各项工作无关的人员不得在施工现场。
4. 各部件装车时，必须保证部件重心与平板车中心重合，严禁偏重心装车。
5. 回收材料，清理现场，确保文明生产。

1.35 回撤支架作业流程

作业准备 → 制定贯彻安全措施

作业要求

1. 安全措施应符合作业实际，并由相关部门、人员按要求审批签字。
2. 检查煤壁侧管线、瓦斯传感器吊挂是否影响出架。
3. 检查现场顶板支护是否可靠。
4. 绞车地锚、压戗柱、绞车绳头螺栓每次拉移前进行一次紧固，绞车前加设护身网，满足相关要求。

回撤支架 → 连接绳头、降架 → 支架转向 → 拖移支架 → 拉移掩护支架 → 使用单体液压点柱对掩护支架两侧顶板支护 → 支架上车盘

作业要求

1. 护帮板、前梁、立柱回撤到位。
2. 掩护支架两侧支护必须可靠、有效支撑。
3. 支架转向、拖移必须连接可靠。
4. 使用绞车拖运前，确认绞车地锚紧固、绳头连接可靠，支架平台稳固。
5. 支架装车时，必须保证部件重心与平板车中心重合，严禁偏重心装车。

⚠ 注意人员站位，防止坠物伤人。

作业收尾 → 瓦斯传感器及支护情况

作业要求

1. 检查瓦斯传感器吊挂位置是否符合要求。
2. 检查风筒出风口距迎头是否超远。
3. 检查三角区及煤壁侧顶板是否支护到位。

1.36 拆除出架平台施工作业流程

拆除准备

- 准备工具
- 作业现场安全确认

作业要求

1.检查作业环境，处理现场隐患，确保作业环境安全。

2.作业工器具及防护用品齐全完好，能够满足作业要求。

3.起吊装置、固定吊具的支架（护）稳定可靠。

拆除作业

- 拆除平台
- 拆除地锚

作业要求

1.在拆除平台地点进行卧底作业。

2.拆除平台到指定地点。

3.在打设位置拆除地锚。

拆除收尾

- 质量验收
- 回收材料，清理现场

作业要求

1.按照标准严格验收，确保施工质量。

2.拆除后，回收材料，清理现场，确保文明生产。

1.37 工作面拆除支架“二四排”点柱支护顶板施工作业流程

作业准备

- 制定贯彻安全措施
- 作业支护材料准备
- 作业现场安全确认

作业要求

1.制定贯彻安全措施，作业人员熟悉作业内容。

2.备齐所需要的卸载把手、注液枪等工具和密封圈、U型销子等备用配件。

3.检查作业环境，处理现场隐患，确保作业环境安全。

开始作业

- 回撤点柱
- 打设“二四排”支护顶板
- 回撤支架

作业要求

1.拆除支架前，首先回撤老空侧点柱，将1号支架空帮侧清理干净。

2.1号支架拉出原位置后，在原1号支架位置从支架后柱至工作面煤壁需打设两趟板梁棚子，间距为0.75m，即第一排板梁棚子距待出2号支架下侧护板0.75m打设，第二排板梁棚子距第一排0.75m打设；每块板梁下打不少于三根单体支柱，柱距1m，板梁两端0.2m处各打设1根点柱。支柱迎山有劲，柱顶拴好防倒绳。

3.2号支架撤出后，在新暴露的顶板空间按上述方法再打两排板梁棚子支护顶板。

4.3号支架出架前，先将原1号支架处打设的两排板梁棚子回撤。

5.待3号支架撤出后，及时按上述方式继续补打板梁棚子支护顶板。

6.依次按上述规定执行。采用“二四排”支护管理时，两班交接班时工作面老空处于最小控顶距状态。

作业收尾

- 检查板梁棚子支护质量
- 清理现场

作业要求

1.检查点柱有无漏液，柱头是否挂设防倒绳。

2.检查点柱是否迎山有力。

3.检查点柱初撑力是否不低于90kN（11.5MPa），并根据检查的情况随时补液。

4.回收材料，清理现场，确保文明生产。

2 掘进专业施工作业流程

2.1 “敲帮问顶”施工作业流程

作业前检查

作业环境检查

作业要求

站在安全地点，必须是顶帮支护完整，无冒顶和片帮危险。

工器具准备

准备铁制和木制两个2m以上完好的长柄找顶工具。

施工作业

人员站位

作业要求

找顶时人员必须站在有可靠支护的安全地点，必须保证后路畅通，其他无关人员必须撤至迎头找顶处5m以外的安全地点。

开始找顶

1. 首先用手镐、长柄工具进行巷道上部“敲帮问顶”工作，当班班长同时安排专人观测顶帮情况，如有危险应立即撤出人员，进行专门处理。巷道上部顶帮危岩、活矸未找掉找净，不得进行其他工作。
2. 工作面迎头、两帮如有伞檐时，必须及时找净。
3. “敲帮问顶”工作，必须用手镐或2.0m以上长柄工具进行，由两名有经验的工人配合进行，一人找顶，一人观顶，由外向里，先顶后帮，如有空声，立即用长柄工具撬下，班组长要盯在现场指挥，现场必须留有记录。
4. “敲帮问顶”工作标准：迎头、两帮无伞檐。迎头断面、两帮煤岩体必须保持平整，并且由下往上不得超过铅垂线。

作业结束

清理现场

作业要求

1. 现场文明施工符合安全生产标准化的相关要求。
2. 工器具码放整齐。

2.2　前探梁临时支护施工作业流程

作业前检查 → 环境及工器具检查

作业要求

1. 检查作业环境，进行"敲帮问顶"，找净活矸。
2. 检查安设前探梁吊环的锚杆（锚索）是否符合要求。
3. 检查前探梁、吊环、褙板完好情况，前探梁无弯曲，吊环无变形。

施工作业 → 上前探梁吊环 → 穿前探梁 → 连网、褙板 → 压紧锁牢前探梁

作业要求

1. 上前探梁时，必须至少由2人抬住前探梁，1人负责上吊环，穿螺丝、螺母。前探梁正下方严禁站人。
2. 前探梁吊环螺丝必须拧紧，确保无滑丝迹象，露出螺母的螺纹不得小于3扣。
3. 前探梁露出吊环的长度不小于100mm，前探梁至掘进工作面迎头距离不大于200mm。
4. 前探梁前排褙板至迎头最大间距不得大于600mm，两道褙板之间相距不得大于200mm。

⚠ 倾斜巷道，前探梁必须采取防滑、加固措施。

作业结束 → 拆除吊环紧固螺栓 → 去掉褙板、抽出前探梁 → 卸掉前探梁吊环

作业要求

1. 拆除前探梁时，必须至少2人抬住前探梁，2人拆除褙板，卸掉螺丝、螺母、吊环。前探梁正下方严禁站人。
2. 拆除前探梁、褙板后，严禁将前探梁直接抛、扔到底板，防止弹起伤人。
3. 登高作业超过1.5m时，必须佩戴保险带。

2.3 机载式临时支护施工作业流程

作业前检查

环境及设备检查

作业要求

1. 检查油管是否破损、漏油。
2. 检查升降油缸动作是否灵活可靠。
3. 检查机械、电气、液压系统，安全保护装置是否正常可靠，零部件是否完整无缺，各部位连接螺栓是否齐全、牢固。

施工作业

启动掘进机

操作两位三通换向阀（将掘进机油泵动力从掘进机转向机载支护部分）

操作四联阀组褙支顶板

作业要求

1. 割煤后必须进行“敲帮问顶”，找净活矸。
2. 操作机载式临时支护时，将事先连好的网片放至机载式临时支护上部，工作面两侧各只准一人使用工具调整钢带和网片搭接，但掘进机行走过程中严禁有人作业。
3. 将机载式临时支护升起，支撑好顶板，将掘进机停电闭锁开关电源，人员开始支护。
4. 施工过程中，需要挪移机载式临时支护时，人员必须撤离至掘进机后方安全地点。

作业结束

⚠ 使用机载式临时支护装置时，严禁操作掘进机。

操作四联阀组使机载式临时支护脱离顶板

操作两位三通换向阀（将掘进机油泵动力从机载支护部分转向掘进机）

停止油泵电机；停电、闭锁、挂牌

作业要求

1. 当操作者离开司机位置、停机、检修及交接班时，应将截割头落地并防护，断开电源开关并闭锁。
2. 电机长期工作后，不要立即停冷却水，应等电机冷却数分钟后关闭水路。

2.4　巷道开口施工作业流程

开口前准备

施工技术 → 机电设备 → 安全设施 → “一通三防” → 水文地质 → 巷道文明施工

作业要求

1.规程措施审批完善、贯彻及签字符合要求、施工牌板审批完毕并及时悬挂。

2.供电系统合理，安全可靠；机电设备达到完好标准，各种保护齐全。

3.运输系统合理畅通，轨道铺设、安全设施安全可靠，符合质量标准化要求。

4.开口防护符合规程措施要求，开口前必须将开口处的缆线、照明、风筒及管路按照措施要求进行防护。

5.开口前对开口区域进行加固，加固方式按照开口措施执行。

6.通风系统合理，风机运转正常、防尘系统齐全可靠、通风设施完好。压风、供水、监测系统齐全可靠，各种图板准确齐全。

7.水文地质条件清楚，排水系统符合要求，达到措施规定的排水能力，并有相应的备用排水能力。

8.施工环境达到质量标准化要求（包括管线吊挂、物料码放等）。

9.开口掘进前，必须经过相关科室验收，具备掘进条件方可开始掘进。

10.开口掘进前，必须由测量部门标定开口位置和施工线，严格按线施工。

施工作业

掘进作业 → 检查防护设施 → “敲帮问顶”、支护

作业要求

1.装药爆破作业期间，严格按照开口专项措施中的爆破说明书进行装药爆破，严禁超出措施规定进行装药，防止放大炮崩坏各类缆线和防护设施。

2.爆破后，及时检查开口处的各类缆线、风筒及管路完好情况，发现异常情况及时处理。

3.爆破后，及时进行临时支护，没有条件使用前探梁临时支护的，要提前施工前探梁锚杆，确保顶板安全；或使用木点柱进行临时支护，使用木点柱临时支护每循环掘进不得超过规定。

作业结束

清理现场

作业要求

1.现场文明施工符合安全生产标准化的相关要求。

2.工器具码放整齐。

⚠ 严禁空顶、超控顶距作业。

2.5 过断层施工作业流程

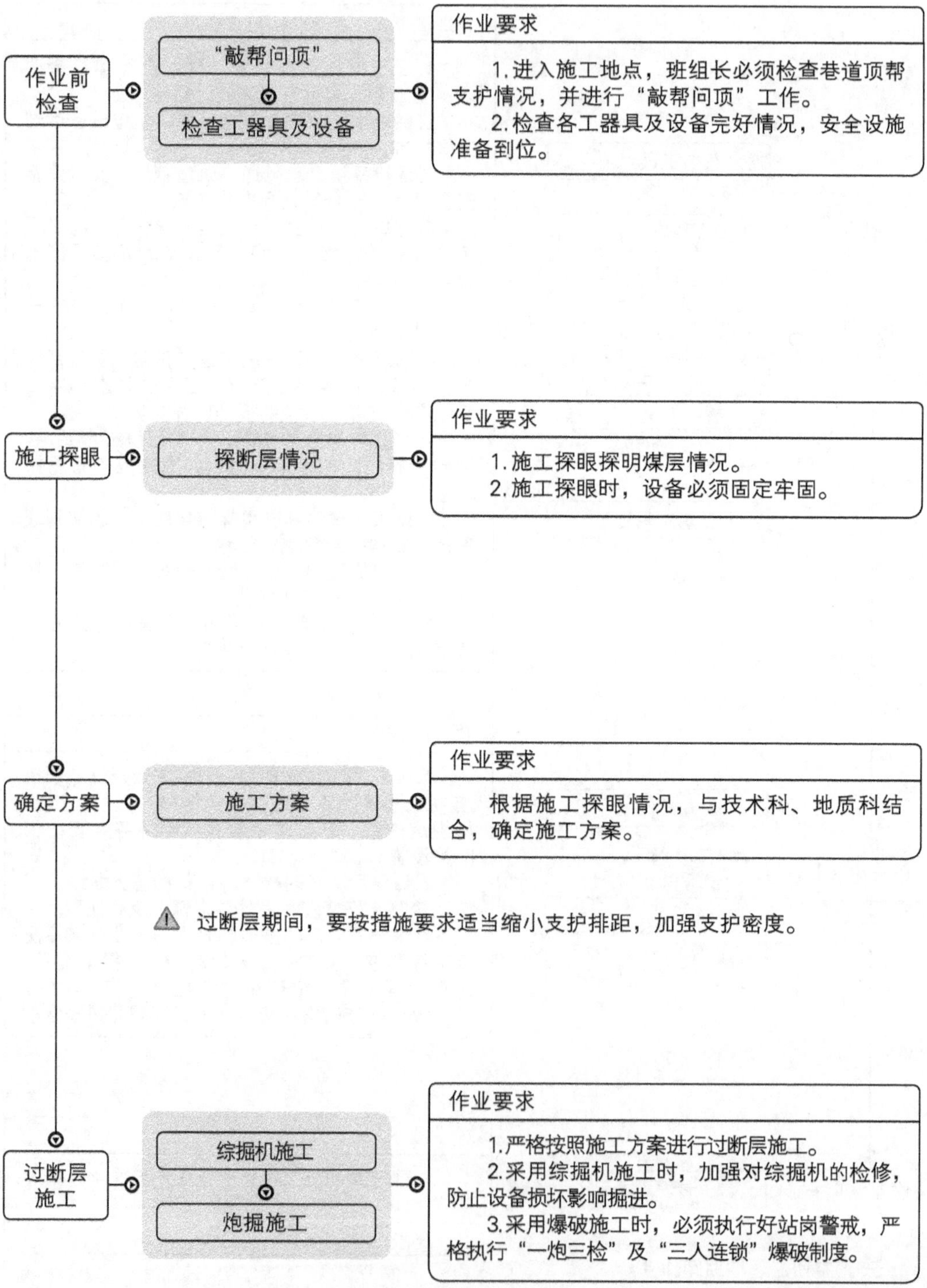

2.6　过老巷施工作业流程

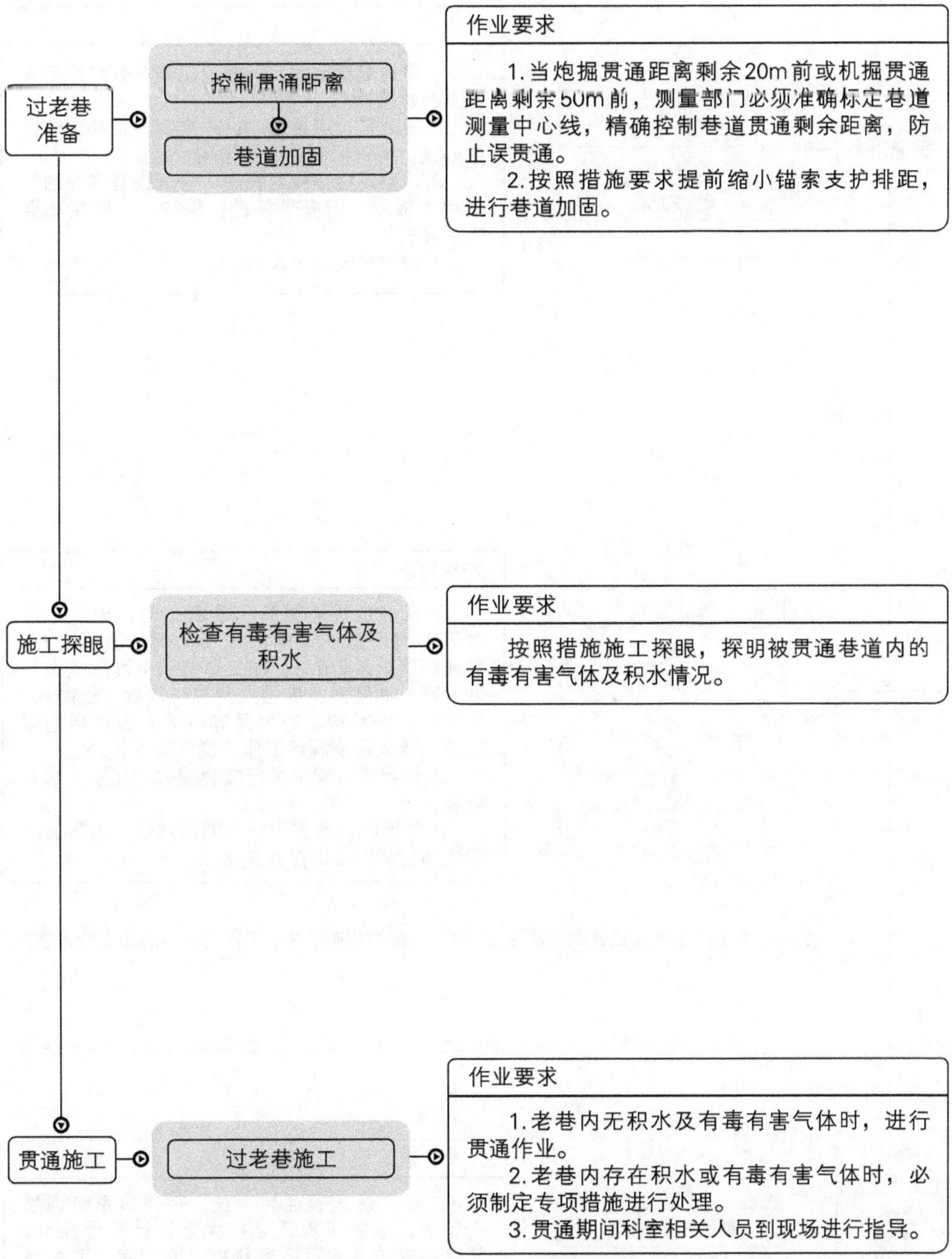

⚠ 过老巷期间，按措施要求适当缩小支护排距，加强支护密度。

2.7 巷道贯通作业流程

贯通准备

编制审批措施 控制贯通距离 → 巷道加固

作业要求

1. 贯通前编制审批完贯通措施，并对施工人员进行贯彻学习。

2. 贯通前，测量部门必须准确标定巷道测量中心线，精确控制巷道贯通剩余距离。

3. 按照规程措施对贯通、被贯通巷道处的管线用木板墙、旧皮带等进行保护，按照措施要求加强支护。

4. 提前构筑通风设施。

掘进作业

爆破警戒 → 瓦斯检查 → 爆破 → 贯通

作业要求

1. 当巷道贯通距离小于20m时，施工单位每天向调度室汇报当班进尺及剩余贯通距离；贯通距离剩余2m时，施工单位以书面形式上报调度室，调度室负责通知分管矿领导、通防科、生产科、安检科、通风区等相关人员现场指挥贯通和通风系统调整工作，确保安全贯通。

2. 按照措施规定进行爆破警戒，瓦斯、水患检查。

3. 贯通时，首先进行小断面贯通，待贯通面积达到$1m^2$时立即停止施工。

⚠ 炮掘工作面，当贯通距离小于50m时，每次爆破前，2个工作面入口必须有专人警戒。

全断面贯通

通风系统调整

作业要求

由通风区调整通风系统，待通风系统调整完毕后，继续将贯通处扩大至设计断面尺寸，并尽快支护，缩短顶板暴露时间、缩小顶板暴露面积。

2.8 喷射混凝土作业流程

准备工作 → 喷射前准备

作业要求

1. 喷射前先检查待喷巷道的规格质量，符合设计要求后方可进行喷射。

2. 巷道两帮墙基处的活碴必须清除干净，基础深度符合设计要求，顶帮活碴要用长柄工具全部找净。

3. 拆除影响喷射作业的障碍物，不能拆除者必须妥善保护。工具设备运到不影响工作的地点。

4. 高度大于3m的巷道或硐室工程，要搭设工作台，使喷头距巷道受喷面的距离不超过1.2m。

5. 喷浆机处与喷射手之间要有专用的联系信号。

6. 喷射前压风供水准备齐全，必须先用压风和承压水冲洗受喷面，将受喷面的浮碴及粉尘冲洗干净。

7. 为保证喷射厚度和表面平整光滑，应实行“拉线喷浆”，即在巷道拱顶中心、拱顶两肩处、两帮拱基线和两帮底角处，分别按巷道设计的净高、净宽，挂好七条线，作为检查喷厚和喷后巷道净规格的准绳。

喷射作业 → 开机前准备 → 点动试车 → 按比例拌料 → 开始喷射

作业要求

1. 清除料斗内的杂物和余料，排除供风管路油水分离器内的油和水。

2. 检查供电、供风、输料、供水及联络信号系统，电气接地装置和水环是否可靠。

3. 检查橡套摩擦板的磨损程度。

4. 点动试车，检查旋转体的转向是否与箭头指示一致。

5. 检查气压表的指针摆动是否灵活、准确。

6. 喷射混凝土配合比按设计规定用料斗配比，在专用拌料台上采用潮料拌料，随配比随搅拌，搅拌三遍彻底均匀后装入矿车内。严禁在矿车内配料和拌料。若多头喷浆，应设置集中拌料站。搅拌站应尽量单独通风，并设有可靠的防尘装置。

7. 先打开水门，使喷头向下，手必须抓牢喷头，喷枪口的前方及其附近严禁有其他人员，再打开进风阀，根据输料管长短，调至需要的启动压力位置，用压风吹管路2 ~ 3min，然后开动电机。每运转一圈应有12次排出余气的声响，节奏要均匀。

8. 开机时要先使喷头下垂，给水后给压风，再启动电机，最后给料。

9. 巷道喷射前应划分区段，按顺序进行。水平和斜巷一般1.5 ~ 2.0 m为一区段，喷射顺序为：先下后上，先墙后拱；先凹后凸，分段前进。每个区段内喷墙时先从墙基开始，自下而上进行；喷拱时按先拱脚后拱顶的顺序进行。立井喷射单行作业时，应将掘进段分成1.5 ~ 2 m的若干小段，先从最下一段开始喷射，由下向上依次进行。相邻区段喷射接茬应成斜交接茬。

⚠ 喷浆口严禁站人！

作业结束 → 喷射作业结束

作业要求

1. 停机时要先停止送料，料用完后再停电，停压风，最后停水。喷浆机用后应将料斗口盖严。

2. 每次喷射工作完成后，要用压风吹净旋转体料腔及输料管内的余料，清扫机体外部粉尘。

3. 喷射完毕，要卸开喷枪头，清理水环，冲洗干净。同时要关紧水阀，防止水倒流。喷枪要置于干燥、干净且安全的地点。

2.9 综掘工作面施工作业流程

准备工作

作业环境检查

作业要求

1. 检查施工地点安全情况，发现隐患及时处理，确保施工地点作业环境安全。
2. 检查确认工作面帮顶支护情况，确保支护齐全。
3. 检查确认工作面有毒、有害气体不超限，符合相关规定，风量满足作业要求。

施工线、工具、设备检查

1. 检查施工线是否符合设计要求，是否符合“三点一线”要求。
2. 检查综掘机各部件是否完好。
3. 检查拖拽电缆和水管是否影响综掘机运行。

施工作业

截割、出煤

作业要求

1. 在综掘机后按规定悬挂警戒绳，将综掘机前人员全部撤出，电源开关送电，综掘机试运转，检查综掘机运转是否正常，有隐患及时处理。
2. 打信号联系外围出煤系统设备运转，按照施工线启动综掘机，按照综掘机操作规程进行截割、出煤。
3. 割完煤后退至顶板及两帮支护完好位置，将截割头及铲板落地，将综掘机停电闭锁。
4. 割煤期间，除综掘机司机、看帮人员外，其余人员从料场处将支护材料运至综掘机警戒线外，准备齐全。

“敲帮问顶”、临时支护

1. 工作面迎头、两帮如有伞檐时，必须及时找掉找净（按照“敲帮问顶”施工作业流程执行）。
2. 使用前探梁进行临时支护，前探梁露出吊环的长度不小于100mm，前探梁至掘进工作面迎头距离不大于200mm，倾斜巷道前探梁必须采取防滑、加固措施（按照前探梁式临时支护施工作业流程执行）。

永久支护

1. 遵循先顶后帮、从上向下支护的顺序，先打设顶锚杆、帮锚杆，再打设锚索。
2. 施工时按照锚杆、锚索施工作业流程执行。

进行下一循环

1. 在永久支护（锚杆、锚索）跟头后，将工器具、支护材料等分类码放到综掘机后人行道侧，靠帮摆放，保证人行道畅通。
2. 按照截割、出煤、“敲帮问顶”、临时支护、永久支护的顺序进行下一个循环，每个循环距离不得超过规定。

清理及延长带式输送机

1. 将综掘机两侧、各转载点等掉落的活煤（矸），清理干净，将工器具、支护材料等分类码放到规定位置。
2. 准备好延长带式输送机所需要的输送带、工器具等，按照延长带式输送机施工作业流程延长带式输送机。

作业结束

清理现场

作业要求

现场文明施工符合安全生产标准化的相关要求。

⚠ 支护作业时，严禁空顶作业，必须遵循先顶后帮、从上向下的支护顺序。

2.10　炮掘工作面施工作业流程

准备工作

- **作业环境检查**

  作业要求

  1.检查施工地点安全情况，发现隐患及时处理，确保施工地点作业环境安全。

  2.检查确认工作面顶帮支护情况，确保支护齐全。

  3.检查确认工作面有毒、有害气体不超限，符合相关规定，风量满足作业要求。

- **施工线、工具、设备检查**

  1.检查施工线是否符合设计要求，是否符合“三点一线”要求。

  2.检查现场工器具、支护材料是否齐全、完好可靠。

  3.检查风水压力是否符合要求。

施工作业

- **施工炮眼**

  作业要求

  1.施工炮眼前必须对工作面进行“敲帮问顶”。

  2.按照巷道中心线绘制炮眼轮廓线。

  3.施工周边眼时必须按爆破说明书控制好角度。

  4.所有炮眼按照设计位置施工，在设计位置无法施工时，则在最近位置补打，防止超过眼距。

- **装药、爆破**

  1.按照爆破施工作业流程，进行装药和爆破。

  2.严禁裸露爆破。

  3.班组长、爆破工、瓦斯检查工必须在现场严格执行“三人连锁”爆破制和“一炮三检”制。

  4.爆破地点20m以内风流中瓦斯浓度达到1%时，严禁装药爆破。

- **“敲帮问顶”、临时支护**

  1.工作面迎头、两帮如有伞檐时，必须及时找掉找净（按照“敲帮问顶”施工作业流程执行）。

  2.使用前探梁进行临时支护，前探梁露出吊环的长度不小于100mm，前探梁至掘进工作面迎头距离不大于200mm，倾斜巷道前探梁必须采取防滑、加固措施（按照前探梁式临时支护施工作业流程执行）。

- **出煤（碴）**

  1.打信号联系外围出煤系统设备运转。

  2.启动耙装机，按照耙装机施工作业流程出煤（矸）。

  3.出煤（矸）完毕后，将耙装机停电闭锁、开关上锁，摘下手把。

  4.清扫干净机身上的活碴，机械部位加注润滑油。

- **永久支护**

  1.遵循先顶后帮、从上向下支护的顺序，先打设顶锚杆、帮锚杆，再打设锚索。

  2.施工时按照锚杆、锚索施工作业流程执行。

- **进行下一个循环**

  1.将工器具、支护材料等分类码放到指定地点，靠帮摆放，保证人行道畅通。

  2.按照施工炮眼、装药、爆破、“敲帮问顶”、临时支护、出煤、永久支护的顺序进行下一个循环，每个循环距离不得超过规定。

作业结束

- **清理现场**

  作业要求

  现场文明施工符合安全生产标准化的相关要求。

⚠ 炮掘施工，必须执行好“三人连锁”爆破制和“一炮三检”制。

2.11 处理残爆、拒爆施工作业流程

验炮

爆破后进行验炮

存在残爆、拒爆时，确认数量和具体位置

按照要求进行汇报

作业要求

1. 每次爆破后，要及时认真验炮。验炮时只准用炮棍轻轻敲打凸出部位、巷帮欠挖部位及崩落的大块煤、矸石，严禁用手镐挖找。

2. 工作面分次装药分次起爆时，发现拒爆，只有处理完毕后，方可进行下一次装药爆破，严禁将下部拒爆的雷管与上部雷管连接一并起爆。

3. 工作面爆破后，对于欠挖部分必须先进行验炮，确认无拒爆（残爆）后，方可对欠挖部位重新单独打眼、装药、爆破。每次爆破后必须进行验炮，严禁两次爆破放在一起检查拒爆、残爆。

处理

重新施工炮眼

装药起爆

再次验炮

作业要求

1. 处理拒爆、残爆时，必须在现场班组长指导下进行，相应的打眼工、爆破工到场，严格按安全技术措施进行处理。

2. 在距拒爆炮眼0.3m以外另打与拒爆炮眼平行的新炮眼，重新装药起爆。

3. 严禁用镐刨，从炮眼中取出原放置的起爆药卷或从起爆药卷中拉出电雷管。不论有无残余炸药严禁将炮眼残底继续加深；严禁用打眼的方法往外掏药；严禁用压风吹拒爆（残爆）炮眼。

4. 处理拒爆的炮眼爆炸后，爆破工必须详细检查炸落的煤、矸，收集未爆的电雷管。

5. 拒爆处理完毕以前，严禁在该地点进行与处理拒爆无关的工作。

6. 当班的拒爆（残爆）必须在当班处理完毕。

⚠ 施工作业时，严禁用镐从炮眼中刨出药卷，严禁从起爆药卷中拉出电雷管。

2.12　锚网索支护施工作业流程

准备工作 → 作业环境及工具检查

作业要求

1.检查作业环境，进行“敲帮问顶”，找净活矸活石。
2.检查工器具完好情况，液压管路无破损。
3.风水管吊挂整齐，必须使用专用U型卡进行连接。

施工作业 → 铺网、临时支护 → 打顶锚杆钻孔 → 顶锚杆支护 → 打顶锚索孔 → 顶锚索支护 → 安装槽钢 → 打帮锚杆孔 → 铺网、帮锚杆支护

作业要求

1.落煤后及时将梯子梁绑在网片下按规定进行捆绑，保证牢固，前窜前探梁，把网和梯子梁托到前探梁上。

2.打锚杆、锚索前，首先要严格进行“敲帮问顶”，顶板有伪顶必须找掉，并在有效的临时支护下作业，确认安全后方可进行施工，打眼机前严禁站人，以防断钎伤人。

3.钻孔时垂直岩面打设，打设角度符合要求，严禁将钎子悬空，扶钎人员操作时不准戴手套，按照“一条线、中心转、靠边站”给水适量打眼。

4.打顶锚杆时必须由外向里、由中间向两边进行。如前探梁占据锚杆位置，可以先打其他锚杆后，退出前探梁再打剩余锚杆。当巷道两侧垂度较大时，打好中间顶锚杆后必须及时先打靠上帮的顶锚杆，然后再打靠下帮的顶锚杆。迎头必须是打齐所有顶锚杆后，再打帮锚杆，并要先打上帮上半部帮锚杆，以防止片帮。

5.必须严格按操作规程的要求操作打眼机具，严禁违章蛮干。锚杆钻机必须三人配合作业，一人操作机具，一人观顶换钎杆，一人理顺风水管路。打锚索眼时严格按规定将工具准备齐全，加减钎子时必须保证钻杆方向与钻进方向一致，减去钎子时必须用板手扭卸。

6.打锚杆挂网以前要找净顶帮的活矸，在确保安全条件下施工，否则，不得打锚杆挂网。

7.巷道顶帮锚杆的方向、位置和密度必须符合设计要求，托盘和护板必须贴紧顶板和岩壁，不得松动，接触面达到80%以上，不接顶时，重新补打锚杆。

8.锚杆托盘必须按设计要求使用，不得混用，且托盘必须紧贴钢筋网，不得出现线接触或点接触，否则要用木楔背紧垫实。

9.网要贴紧顶板和巷帮，用锚杆托盘压紧，搭接处按规定进行连接。

10.锚杆、锚索端部必须推至眼底，外露长度符合规定。

⚠ 严禁空顶作业。

作业结束 → 回收工器具材料 → 清理现场

作业要求

1.拆除风水管路必须提前泄压，抬运工器具必须同肩，轻拿轻放。
2.锚杆机靠巷帮放置固定。
3.回收风水管盘吊挂整齐，自由端必须固定。
4.剩余锚固剂必须集中存放。

2.13　锚索支护施工作业流程

准备工作 → 作业环境及工具检查

作业要求

1.检查作业环境，进行“敲帮问顶”，找净活矸活石。

2.检查工器具完好情况，液压管路无破损。

3.风水管吊挂整齐，必须使用专用U型卡安设到位，做到二次连接。

施工作业 → 钻孔 → 安装锚固剂、锚索 → 安装槽钢、托盘、锁具 → 张拉紧固锚索

作业要求

1.钻孔时垂直岩面打设，角度不小于75°，严禁将钎子悬空，扶钎人员操作时不准戴手套，按照“一条线、中心转、靠边站”给水适量打眼。

2.眼打好后，将锚固剂用锚索顶住送入眼底，并由2～3人抓住锚索人工向眼中顶推，直至锚索在眼外的外露长度到能够插入搅拌器，将锚索插进搅拌器底部，并安排2人护住锚索，以防锚索甩脱搅拌器发生伤人事故，操作锚杆机开始进行搅拌锚索施工。

3.搅拌时，先中速搅拌快速锚固剂20～30s，到超快速锚固剂时再快速旋转搅拌10～15s并按要求均匀推进至孔底，等待10～60s后开始二次旋转，将锚杆机向上推进至不动为止。

4.锚索搅拌好至少8min后方可上槽钢梁，并等待至少1h后方可张拉。上槽钢梁至少3～4人配合操作，张拉至少2～3人配合操作，并采用专门的张拉机具进行施工。

5.锚索安设角度、直径、深度、间排距、预紧力、锚固力、外露长度等必须符合设计或规程要求。

作业结束 → 回收工器具材料 → 清理现场

作业要求

1.拆除风水管必须提前泄压，抬运工器具必须同肩，轻拿轻放。

2.锚杆机靠巷帮放置固定。

3.回收风水管盘圈吊挂整齐，自由端必须固定。

4.剩余锚固剂必须集中存放。

⚠ 张拉锚索时，锚索正下方严禁站人。

2.14　锚杆支护施工作业流程

准备工作 → 安全确认

作业要求

1. 检查作业环境，进行“敲帮问顶”，找净活矸活石。
2. 检查工器具完好情况，液压管路无破损。
3. 风水管吊挂整齐，必须使用专用U型卡安设到位，做到二次连接。

施工作业 → 钻眼准备 → 打锚杆眼 → 铺连网 → 安装锚杆

作业要求

1. 风水管路安装牢固可靠，风水压力符合要求。
2. 风动工具构件齐全完好，进行试运转。
3. 钻杆完好，钻头安装牢固。
4. 确定眼位，做出标志。打眼时匀速钻进，钻孔时垂直岩面打设，角度不小于75°，严禁将钎子悬空，扶钎人员操作时不准戴手套，按照“一条线、中心转、靠边站”给水适量打眼。
5. 坚持湿式钻眼。钻机、钻杆与钻眼方向保持一致，推力均匀适当，钻具升降要稳。
6. 用锚杆底端顶住锚固剂尾部轻轻将锚固剂送入孔底。并将锚杆尾段插入搅拌器，启动锚杆机向上顶推锚杆，等锚杆外露约1.2m时开始搅拌。
7. 搅拌时，先中速搅拌快速锚固剂20～30s，到超快速锚固剂时再快速旋转搅拌10～15s并要求均匀推进至孔底，等待10～60s后开始二次旋转，将锚杆机向上推进至不动为止，使锚杆螺母预紧。
8. 锚杆间排距误差范围为±100mm。
9. 网铺平、铺展，搭接符合要求。
10. 检查钻孔质量，清除孔内煤岩粉。
11. 锚杆及锚固剂的型号、数量、质量符合设计要求。
12. 锚杆、钻机连接牢固可靠。
13. 缓慢推进，搅拌充分。
14. 安装托盘，上紧螺母。
15. 预紧力达到作业规程要求。

⚠ 锚杆拉拔试验时，锚杆前方严禁站人。

作业结束 → 拆除设备 → 整理现场

作业要求

1. 先关水，再停风。
2. 先空转放净余压，再拆卸风水管路，抬运工器具必须同肩，轻拿轻放。
3. 清理杂物，回收多余的支护材料。
4. 钻具摆放整齐，管线盘好挂起。

2.15 U钢支护施工作业流程

准备工作

- 作业环境检查
- 准备工具、支护材料
- 延伸中腰线

作业要求

1.用长柄工具，由外向里，先顶后帮，找掉活矸危岩。检查作业场所支护良好，无漏顶，无片帮。

2.准备好所需的工具、U钢、背板、塘材等，准备好用于临时支护的前探梁，检查U钢质量，不同规格、型号的严禁混用。

3.将中腰线延伸至架棚位置，并做好标记，按中腰线检查巷道毛断面的规格质量，处理好不合格部位。

支设U钢

- 安装铰接前探梁
- 安装棚梁、背顶
- 挖柱窝、栽柱腿
- 安装卡缆
- 检查U钢架设质量
- 裱褙、安装金属栏杆

⚠ U钢卡缆螺栓必须使用旧皮带等进行掩护。

作业要求

1.迎头10m范围内，U钢采用两趟铰接式前探梁为临时支护，两趟前探梁间距为0.8～1.2m，两趟前探梁沿巷道中心线对称布置，前探梁随掘进进度前移。

2.将备用的铰接梁移至迎头与前端铰接梁铰接，将圆锥销打紧，然后打入水平调节楔，使铰接梁呈悬臂状态。第一、二架不能使用铰接梁时，U钢用40T链条固定到锚杆或锚索上，并及时裱褙，确保支架稳固，将前两架U钢架设好。

3.按中线上好需要架设的棚梁，将卡具展开挂到迎头第一架U钢梁上，穿上插销、插上竖直楔并打紧打牢，使铰接梁与棚梁连成一个整体。用背顶材料将顶板护好背牢。

4.挖柱窝：先量取棚距，按中线和下宽定柱窝位置，按腰线确定深度（再用坡度规根据设计迎山角校核）。

5.栽柱腿：栽上柱腿扶稳后观察里出外进，稳固好柱腿。

6.安装卡缆并紧固。

7.检查架设质量，铺设好小板、搪材。

8.按设计位置连接好金属拉杆，套好U钢后必须使用拉杆将支架连成一体，并使用锚杆配合卡缆将U钢支架固定在巷帮上，确保U钢稳固。

施工完成

- 收拾工具
- 清理现场

作业要求

1.工具放入工具箱内。

2.冲尘彻底，现场文明施工达标，做到工完、料净、场地清。

2.16　躲避硐施工作业流程

准备工作

- 施工准备 → 开口加固 → 拆除原支护

作业要求

1.支护材料运输到位，确认现场作业环境安全可靠，支护到位。

2.必须先将开口处及前后各10m范围巷道支护情况进行详细检查。若有问题，必须处埋好后方可施工。顶板破碎段不得掘硐室。

3.按照措施要求对硐室进行开口加固。

4.拆除原巷道帮部支护。

5.拆除过程中，由下往上进行拆除。

6.拆除的废旧支护材料，集中存放、升井，可以复用的支护材料，回收复用。

爆破施工

- 设备防护 → 执行爆破施工作业流程

作业要求

1.施工前必须先将施工地点里外各10m范围内的电缆、管线、风水管路、带式输送机、风筒等，用废旧皮带或木板妥善保护盖好，以防崩坏。

2.硐室深度不超过3m，采用全断面一次打眼一次装药起爆，炮眼深度为0.6 ~ 1m，每眼装药量控制在一个药卷以下。

支护

- 永久支护

作业要求

1.所有施工人员都必须坚持“敲帮问顶”制度，及时找净顶帮的活矸、险石及活煤。找顶时人员必须站在有可靠支护的安全地点，必须保证后路畅通，其他无关人员必须撤出至迎头找顶处5m以外的安全地点。找顶工作必须由两名有经验的员工配合作业，一人找顶，一人观顶，由外向里，先顶后帮，如有空声，立即用长柄工具撬下。

2.按照措施要求进行永久支护。

3.支护工作由外向里逐排进行，临时支护必须紧跟迎头。

4.施工期间，前头人员必须面向或侧向岩壁施工，严禁背向岩壁施工。

⚠ 严禁空顶、超控顶距作业。

施工完成

- 收拾工具 → 清理现场

作业要求

1.工具放入工具箱内。

2.冲尘彻底，现场文明施工达标。

2.17 掘锚护一体机施工作业流程

准备工作 → 作业环境检查 → 设备检查

作业要求

1.由外向里依次检查巷道的永久支护、安全设施，发现安全隐患及时进行处理。

2.迎头通风防尘设施是否完善，有害气体浓度是否符合规定，发现问题立即处理。

3.掘锚机各部件是否齐全、完整、牢靠。

4.按钮及操作把手是否灵敏可靠，液压系统管路、各控制阀、马达、油泵、油缸等是否完好和有无漏油、被挤压现象。

5.各液压操作手柄，紧急停止按钮是否处在停止状态，液压操作手柄是否处在中立位置或零位状态。

6.语音和灯光报警装置是否完好，各操作司机是否按规定就位，各危险区域是否有人。

施工作业 → 启动设备 → 行走 → 割煤 → 顶部锚杆支护 → 帮部锚杆支护

作业要求

1.将掘锚机的主电源开关打至接通位置，然后接通遥控无线电发射机，按选择键和开启键启动油泵，将掘锚机启动，不准带负荷启动。

2.启动掘锚机前，必须提前3min发出警报，只有在铲板前方和截割臂附近无人时，方可启动掘锚机。

3.选择行走模式，同时操作左右行走键使掘锚机按设定档速前进或后退。

4.操作选择键和切割头开关键使切割电机开动，切割滚筒旋转，操作切割头升降键使切割头升到设计高度，操作切割头伸展键将切割头伸展至巷道全宽，然后操作切割头进退键，截割至设计截深。

5.掘锚机行走移机到位，锚杆支护模式下将金属网放到临时支护托架上。操作滑架升降手柄，将锚杆机滑架升起，钻杆穿过架梁中心，卡紧钻杆定位器。

6.操作钻机旋转和给进手柄使钻机推进、马达旋转钻眼，待钻机升至刚接触架梁头板时停止钻眼，操作给进手柄及滑架升降手柄使钻机退回，撤下短钻杆，更换长钻杆，然后操作滑架升降手柄，将锚杆机滑架升起，操作钻机旋转及进给手柄使钻机马达旋转钻眼至设计眼深。

7.退回钻机，撤下钻杆，安上锚杆锚注器将树脂药卷放入锚杆眼孔，将托盘穿到锚杆上，将锚杆插入锚杆眼内，将锚杆螺母端放入锚注器，操作锚杆进给手柄，将锚杆推入孔内，旋转足够的时间。

施工结束 → 后退停机 → 停电闭锁挂牌 → 清理现场

作业要求

1.掘锚机停机时，必须停在安全位置，截割头应放至地面，将铲板与底板接触，将刮板输送机和转载机上的煤（矸）运输干净。

2.掘锚机司机操作遥控无线电发射机停机按钮，关掉无线电发射机，将掘锚机主电源开关打至断开位置，并挂警示牌。

3.做到人走、料净、场地清。严禁现场留有隐患交班。

⚠ 截割作业时，掘锚机前方及两侧严禁有人。

2.18　耙斗式装载机施工作业流程

准备工作

安全确认 → **开机前检查**

作业要求

1. 检查巷道施工范围内顶板情况，迎头支护、瓦斯浓度是否符合要求。
2. 检查耙斗式装载机供电情况是否正常，通讯、信号是否灵敏，照明是否良好。
3. 检查各操作手把按钮位置是否正确、灵活可靠。
4. 对各部件、各装置进行全面检查。
5. 确认各操作手柄置于“零”位。
6. 将巷道迎头所有人员撤出，耙斗式装载机身后5m范围严禁有人，将巷道迎头工具收拾干净，撤到耙斗式装载机后方。

施工作业

装载机施工

作业要求

1. 打开电源总开关，发出警铃，启动电机。
2. 操纵绞车的离合器把手，使耙斗沿确定方向移动。
3. 机器装矸时，不准将两个手把同时拉紧，防止飞起。
4. 耙岩距离应在作业规程中规定，不宜太远或太近。

停止作业

1. 出完矸后，停机前应将耙斗拉出工作一定距离。
2. 关闭电源并闭锁。

施工结束

整理文明施工

作业要求

现场文明施工符合安全生产标准化的相关要求。

⚠ 装载作业时，设备前方及两侧严禁有人。

2.19 液压钻车施工作业流程

准备工作 → 作业环境检查 → 设备运行至掘进工作面

作业要求

1.检查施工地点安全情况，发现隐患及时处理，确保施工地点作业环境安全。

2.检查钻车主要零部件是否齐全完好，各部紧固螺栓是否牢固。

3.按启动按钮启动钻车，观察主油泵、辅油泵、空气压缩机及水泵运转状态，以及液压、水路系统，发现问题立即停机处理。

4.钻车司机开车前必须发出警铃，非工作人员撤到规定距离外，挂好警戒牌后方可开车。

5.钻车司机严格按班组长的指挥进行前进或后退。并且需要有专人拖拽电缆及看护风水管路，看护人员及指挥人员必须站在钻车后5m之外的安全位置。

6.钻车行走前先抬起支撑腿，并观察各部位的运转和行走状况，确保钻臂和推进器收回到钻车轴线平行位置，操作行走手把使钻车前行至工作地点。

施工作业 → 钻车停放 → 试运行 → 钻眼作业

作业要求

1.工作前钻车停放位置要适当，以适应掘进工作面钻进的需求。推进器运动前定位顶尖要距离工作面600mm左右。

2.操纵逐步打眼阀手柄，先慢开轻打，待钎头进入岩石内定位后将阀柄推到底，强力冲击。

3.在操作工作开始时先旋转开孔，确保不会再有偏斜时，再将逐步打眼阀手柄推到底，进入正式工作状态。

4.待钻孔达到深度后，将逐步打眼阀手柄关闭，操纵推进手柄，使凿岩机滑架退回到原位。

5.钻眼操作期间，钻臂两侧及前方严禁有人。

6.在操作工作中，要特别注意左、右两个钻臂的协调性，严禁一个钻臂在外侧最大摆角时，另一个钻臂在内侧摆角位置，避免整机侧翻。

7.钻孔结束后，应将钻臂和推进器收回与钻车轴线平行的位置。

⚠ 凿岩过程中，在钻臂及推进器前方不准有人。

作业结束 → 后退钻车 → 停电闭锁挂牌 → 安全确认

作业要求

1.回收支撑腿，并将钻车后退至距规程规定范围外安全地点，然后再放下支撑腿，并对设备进行有效防护，避免爆破崩坏设备。

2.设备后退过程中应有专人指挥并专人回收电缆，非作业人员应站在距离钻车5m外安全地点。

3.确认设备防护到位，确认设备停电、闭锁并挂牌管理。

4.做到工完、料净、场地清。严禁现场留有隐患交班。

2.20 挖斗式装载机施工作业流程

准备工作

- 安全确认 → 开机前检查

作业要求

1. 检查巷道施工范围内顶板情况，迎头支护、瓦斯浓度是否符合要求。
2. 检查挖斗式装载机供水、供电情况是否正常，电缆、水管喷雾装置是否正常。
3. 检查各操作手把按钮位置是否正确、灵活可靠；检查液压系统是否正常。
4. 对各部件、各系统进行全面检查。
5. 检查挖斗装载机油位，正常的油位应在油标的上、下限之间，如果油量不足应及时加油补充。液压油和容器必须保持清洁。
6. 检查各处销轴、紧固件、电气元件、电线、电缆、液压元件、液压管路是否正常。
7. 确认各操作手柄置于“零”位。
8. 将巷道迎头所有人员撤出，挖斗式装载机身后5m范围严禁有人，将巷道迎头工具收拾干净，撤到挖斗式装载机后方。

施工作业

- 装载机施工

作业要求

1. 打开电源总开关，发出警铃，启动电机。
2. 将运输槽铲板降至地面。
3. 操纵机器向前推进，把矸石聚拢，同时把地面铲平。
4. 操纵先导阀依次让大臂抬起、小臂伸出、把铲斗放至与小臂约成一线的位置，然后将大臂放下、小臂收回（同时使大臂上下微动），即可将矸石扒进运输槽。转动回转臂可在较大的范围内扒取，根据矸石的远近不同适当收放铲斗将有利于扒取。

- 停止作业

1. 出完碴后，机器在斜坡上停放时，将机头铲板压住地面，挖斗插入底板。
2. 关闭电源并闭锁。

作业结束

- 整理文明施工

作业要求

现场文明施工符合安全生产标准化的相关要求。

⚠ 装载作业时，设备前方及两侧严禁有人。

2.21 侧卸式装载机施工作业流程

准备工作

作业环境检查 → 设备状态检查

作业要求

1. 用长柄工具，由外向里，先顶后帮，找掉活矸危岩。检查作业场所支护是否良好，无漏顶，无片帮。

2. 各操作手把按钮位置是否正确灵活可靠，液压系统是否正常。

3. 检查电缆悬挂是否可靠，各部件有无损伤和异常声响，各软管是否可靠固定，软管外皮与机架、铲斗、铲斗臂、油缸等部件有无摩擦挤压，检查各软管接头、液压元件密封、油堵有无漏油现象。

4. 检查两履带的张紧度。托链轮与引导轮之间下垂量在15 ~ 30mm之间。

装岩施工

上机 → 启动机器 → 装岩操作

工作前必须通知附近人员撤离至安全距离，避免挤碰人员事故发生。

作业要求

1. 司机借助扶手上机，严禁横向拽拉多路阀操作手柄，严禁踩踏液压油管，坐姿正确，注意力集中，用左右手分别握住两侧操作手柄，两眼根据机器不同的作业过程，照顾好前、后方及两侧配套设备及人员、电缆等。

2. 司机到位，打开主令开关的保险机构，在确认前后方两侧无人，按警示电铃后，方可操作油泵启动按钮。

3. 左手操作开关手柄，向前推30° 机器前进，向后拉30° 机器后退；机器向左、右转弯，按规程要求操作。

4. 右手操作多路换向阀手柄，操作内侧手柄时，向里拉斗臂升起，向外推斗臂下降。操作中间手柄，向外推时，铲斗侧斜，向里拉铲斗复位。操作外侧手柄，向前推铲斗前转，向后拉铲斗向内转。

5. 装岩时的循环过程：铲斗落下→插入岩堆→装满举斗→机器后退→铲斗倾斜→铲斗复位→斗臂下降落斗→机器继续前进，如此循环往复。在铲斗落下时，应使整机尽可能与地面保持水平，避免机身前部支起。

6. 装岩时，必须有专人监护电缆，人员位于机器5m以外，带有口哨，发现问题立即发出停机信号。

7. 严禁机器履带碾压大块岩石。

作业结束

停机 → 清理机器

作业要求

1. 作业完毕，机器退出工作面至安全处停放，铲斗落地，停油泵电机，各手柄复“零”位，主令开关手柄停在“零”位，停总电源。

2. 清理电机外表面、多路阀、履带架处、油缸活塞杆上的泥沙污物，加注润滑油。

2.22　安装局部通风机施工作业流程

准备工作

检查作业场所支护情况 → 风机检查 → 安装位置选择

作业要求

1. 认真检查工作地点顶、帮支护情况，确保工作地点支护完好。
2. 安装前必须在地面对局部通风机进行试运转和防爆性能检查，保证完好。
3. 局部通风机安装点应支护良好、无滴水，由通风区指定。
4. 通风机及其启动装置必须安装在进风巷道中，距离进风巷道口不得小于10m；通风机进风口前5m范围内不得有杂物、障碍物或密闭。
5. 风机运输装卸过程中人员要密切配合，防止损坏风机和碰伤人员。

施工作业

安装风机

作业要求

1. 吊挂时，要使用链条将风机吊挂在专用起吊点上，风机吊挂高度及与顶帮间距符合规定要求。
2. 风机与消音器等各部件连接紧固。
3. 风机与风筒之间的过渡节要加垫圈，上紧螺栓，保证密封性。
4. 风筒安装严密不漏风。

安装电气设备

1. 将上级开关电源停电闭锁、挂牌。
2. 进行停电、验电、放电、打短路接地线，然后接线。
3. 开关等相关设备安装完毕，保护齐全有效。
4. 使用双电源、双风机及风电闭锁装置，能自动切换。

试运转

1. 检查开关及风电闭锁装置是否齐全、灵敏可靠，能否实现风机自动切换。
2. 检查风机和风筒连接部位是否严密不漏风。
3. 试运转期间，机电工长、队长必须在现场，及时处理试运转过程中出现的问题。

施工结束

整理文明施工

作业要求

1. 现场文明施工符合安全生产标准化的相关要求。
2. 向相关科室递交书面申请，申请验收局部通风机，验收合格后，办理使用许可证，局部通风机投入使用。

⚠ 严禁带电作业。

2.23 拆除局部通风机施工作业流程

准备工作 → **施工地点准备**

作业要求

1. 拆除前，先检查施工地点支护，只有当支护完好可靠时方可作业。
2. 在施工地点按要求打设专用起吊点。

施工作业 → **拆除电气设备**

作业要求

1. 将设备上级电源可靠断电，闭锁开关，挂醒目的停电标志牌，并安排专人看护，防止误送电。
2. 停电后处理前，必须检查瓦斯、验电、放电、封地线，坚持“谁停电，谁送电；谁挂牌，谁摘牌”的原则，严禁预约停送电。
3. 拆除电源开关，将电源线、开关正规码放。

拆除机械部分及风筒

1. 拆除前先把装运风机的车盘放置到位并加阻车器。
2. 使用钢丝绳绳套套住风机两端，起吊下放时必须使用两根钢丝绳，再把两个3t导链固定至原风机起吊点上，然后把链条与绳套连接，严禁一头起吊，连接必须牢固可靠。
3. 匀速起吊向上约100mm后，将原固定风机的钢丝绳或链条去掉，使用导链将风机下放至车盘上。
4.. 使用导链装卸设备时，必须选用与被吊物品重量相适应的吨位的导链。
5. 吊装设备时，至少两人进行，一人操作，一人观察监督，发现问题立即停止作业。
6. 起吊时，必须对周围作业环境先行检查，将现场障碍物等有碍于起吊作业的物品清除。
7. 导链起吊受力后，物品刚被吊起时，要对物品的稳定性进行检查，发现重心不稳时要及时放下物品，进行纠正。

装车运输

1. 设备装车时，不得超载、超出车沿、偏载，重心要落在四个轮对中间，防止车盘或矿车侧翻、倾倒。
2. 设备运输经过的各岗位，必须对大型设备的捆绑、固定、轨道情况进行安全确认，发现问题后及时处理，无问题后，方可继续运输。

严禁带电作业。

施工结束 → **整理文明施工**

作业要求

现场文明施工符合安全生产标准化的相关要求。

2.24 安装刮板输送机施工作业流程

准备工作

- 地面准备
  - 作业要求
  - 1.将刮板输送机解体，按照安装顺序装车入井。
  - 2.将刮板输送机配件转运至施工地点。
- 施工地点准备
  - 1.按照设计要求标定刮板输送机中心线。
  - 2.按照施工要求准备好工器具。
  - 3.按照措施要求在安装地点打设专用起吊点。

施工作业

- 安装刮板输送机
  - 作业要求
  - 1.按照顺序安装机头、中间部、机尾部等。
  - 2.施工机头地锚、机尾地锚，安装过桥等附属设施。
  - 3.安装转载点喷雾、消防器材。
- 安装电气设备
  - 1.将上级开关电源停电闭锁、挂牌、上锁。
  - 2.接线前，检查巷道风流中瓦斯浓度符合要求。
  - 3.严格进行停电、验电、放电、接地线操作，然后接线。
- 试运转
  - 1.检查控制信号装置是否齐全、灵敏可靠，附属设备是否符合要求。
  - 2.确认符合要求后进行试运转。
  - 3.试运转期间，机电班长必须在现场，及时处理试运转过程中出现的问题。

作业结束

- 整理文明施工
  - 作业要求
  - 1.现场文明施工符合安全生产标准化的相关要求。
  - 2.向相关科室递交书面申请，申请刮板输送机验收，验收合格后，办理使用许可证，刮板输送机投入使用。

⚠ 严禁带电作业。

2.25 拆除刮板输送机施工作业流程

准备工作

施工地点准备

作业要求

1. 准备拆除地点，必须是顶帮支护完整，无冒顶和片帮危险的地点。
2. 准备好装设备所需车。
3. 检查运输沿途轨道、绞车等安全设施，杜绝隐患。

工器具准备

1. 按照施工要求准备好工器具。
2. 拆除地点打设专用起吊点。

施工作业

拆除电气设备

作业要求

1. 将设备上级电源可靠断电，闭锁开关，停止运转，挂醒目的停电标志牌，并安排专人看护，防止误送电，停电牌上写“有人工作，不准送电”的醒目大字，只有挂牌者才有权摘牌。
2. 停电后处理前，必须检查瓦斯、验电、放电、封地线，坚持“谁停电，谁送电；谁挂牌，谁摘牌”的原则，严禁预约停送电。

拆除机械部分

1. 掐链，断开链条，依次拆除刮板、机头、机尾、溜槽等设备。
2. 使用导链装卸设备时，必须选用与被吊物品重量相适应的吨位的导链。
3. 吊装设备时，至少两人进行，一人操作，一人观察监督，发现问题立即停止起吊作业。
4. 起吊时，必须对周围作业环境先行检查，将现场障碍物等有碍于起吊作业的物品清除。
5. 链条与被吊物品必须连接可靠，不得滑移，设备重心不得偏移。
6. 导链起吊受力后，物品刚被吊起时，要对物品的稳定性进行检查，发现重心不稳时要及时放下物品，进行纠正。
7. 操作人员要对所吊物品进行认真观察分析，人员要躲开物品可能侧翻、旋转、倾倒的方位。

装车运输

1. 设备装入矿车时，不得超载、超出车沿、偏载，重心要落在四个轮对中间，防止车盘或矿车侧翻、倾倒。
2. 矿车装载设备后，两端不得有碍于连接环、连接棚的正常使用，不得出现矿车不能连棚、环现象。
3. 设备运输经过的各岗位，必须对大型设备的捆绑、固定、轨道情况进行安全确认，发现问题后及时处理，无问题后，方可继续运输。

⚠ 严禁带电作业。

作业结束

整理文明施工

作业要求

现场文明施工符合安全生产标准化的相关要求。

2.26　安装带式输送机施工作业流程

- 准备工作
  - 地面准备
    - 作业要求
      1. 将带式输送机解体，按照安装顺序装车入井。
      2. 将带式输送机配件卸车，并转运至施工地点。
  - 施工地点准备
    1. 按照设计要求标定带式输送机安装中心线。
    2. 按照施工要求准备好工机具，并按要求打设专用起吊点。
    3. 安装前，先确认施工地点支护完好可靠。
- 施工作业
  - 安装带式输送机
    - 作业要求
      1. 按照顺序安装皮带主机、机尾、H架、架杆、托辊、穿皮带等。
      2. 施工机头地锚、机尾地锚，安装过桥等附属设施。
      3. 铺设电缆、安装转载点喷雾、各种保护。
  - 安装电气设备
    1. 将上级开关电源停电闭锁、挂牌。
    2. 接线前，检查巷道风流中瓦斯浓度符合要求。
    3. 进行停电、验电、放电、打短路接地线，然后接线。
  - 试运转
    1. 检查控制信号装置、各种防护装置，保护是否齐全、灵敏可靠，附属设备是否符合要求。
    2. 确认符合要求后进行试运转。输送带张紧力适当，保证输送带不打滑；带式输送机各部位转动灵活，紧固件牢固可靠。
    3. 试运转期间，机电工长、队长必须在现场，及时处理试运转过程中出现的问题。
- 作业结束
  - 整理文明施工
    - 作业要求
      1. 现场文明施工符合安全生产标准化的相关要求。
      2. 向相关科室递交书面申请，申请验收带式输送机，验收合格后，办理使用许可证，带式输送机投入使用。

⚠ 严禁带电作业。

2.27 拆除带式输送机施工作业流程

准备工作

施工地点准备

作业要求

1. 准备拆除地点必须是顶帮支护完整、无冒顶和片帮危险的地点。
2. 准备好装设备所需车。
3. 检查运输沿途轨道、绞车等安全设施，杜绝隐患。

工器具准备

1. 按照施工要求准备好工器具。
2. 拆除地点打设专用起吊点。

拆除作业

拆除电气设备

作业要求

1. 将设备上一级电源可靠断电，闭锁开关并上锁，停电停转，挂醒目的停电标志牌，并安排专人看护，防止误送电，停电牌上写“有人工作，不准送电”的醒目大字，只有挂牌者才有权摘牌。
2. 停电后处理前，必须检查瓦斯、验电、放电、封地线，坚持“谁停电，谁送电；谁挂牌，谁摘牌”的原则，严禁预约停送电。

拆除机械部件

1. 按照顺序拆辅助部分（电缆、各种保护等）、皮带、托辊、H架、架杆、带式输送机机尾、带式输送机主机等。
2. 使用导链装卸大型设备时，必须选用与被吊物品重量相适应的吨位的导链。
3. 吊装大型设备时，至少两人进行，一人操作，一人观察监督，发现问题立即停止起吊作业。
4. 起吊时，必须对周围作业环境先行检查，将现场障碍物等有碍于起吊作业的物品清除。
5. 链条与被吊物品必须连接可靠，不得滑移，设备重心不得偏移。
6. 导链起吊受力后，物品刚被吊起时，要对物品的稳定性进行检查，发现重心不稳时要及时放下物品，进行纠正。
7. 与起吊工作无关的人员不得在起吊现场，至少应离开起吊地点5m以上。
8. 操作人员要对所吊物品进行认真观察，人员要躲开物品可能侧翻、旋转、倾倒造成事故的方位。

装车运输

1. 设备装车时，不得超载、超出车沿、偏载，重心要落在四个轮对中间，防止车盘或矿车侧翻、倾倒。
2. 矿车装载设备后，两端不得有碍于连接环、连接橛的正常使用，不得出现矿车不能联橛、环现象。
3. 大型设备运输经过的各岗位，必须对大型设备的捆绑、固定、轨道情况进行安全确认，发现问题后及时处理，无问题后，方可继续运输。

作业结束

清理现场

作业要求

现场文明施工符合安全生产标准化的相关要求。

⚠ 严禁带电作业。

2.28 安装掘进机施工作业流程

准备工作

地面准备 → 施工地点准备

作业要求

1. 在地面将掘进机解体，按安装顺序装车入井，“四超”的部件必须用专用矿车。
2. 将各部件按顺序卸车，并运至施工地点。
3. 安装前，先确认施工地点支护完好可靠，并按要求打设专用起吊点。

施工作业

安装综掘机

作业要求

1. 掘进机组装必须由专人统一指挥，技术人员现场指导。
2. 按照顺序安装本体部→履带→后支撑→操作台→油箱→溜槽→泵站→铲板→截割部→辅助部分。
3. 所有零部件应安装齐全，不得出现缺丝少垫现象。

安装电气设备

1. 将上二级开关停电闭锁、挂牌。
2. 接线前，检查巷道风流中瓦斯浓度是否符合要求。
3. 进行停电、验电、放电、接地线，然后接线。

试运转

1. 检查控制信号装置是否齐全、灵敏可靠，附属设备是否符合要求。
2. 确认符合要求后进行试运转。
3. 试运转期间，机电工长、队长必须在现场，及时处理试运转过程中出现的问题。
4. 安装调试完毕，要确保掘进机电控部分、液压部分等安全可靠、无失爆，各种保护齐全有效，润滑油脂加注到位，整机性能优良。

作业结束

清理现场

作业要求

1. 现场文明施工符合安全生产标准化的相关要求。
2. 向相关科室递交书面申请，申请掘进机验收，验收合格后，综掘机方可投入使用。

⚠ 与起吊工作无关的人员不得在起吊现场，至少应离开起吊地点5m以上。

2.29 拆除掘进机施工作业流程

准备工作

- **施工地点准备**

作业要求

1. 准备拆除地点，必须是顶帮支护完整，无冒顶和片帮危险的地点。
2. 准备好装设备所需车。
3. 检查运输沿途轨道、绞车等安全设施，杜绝隐患。

- **工器具准备**

1. 按照施工要求准备好工器具。
2. 拆除地点打设专用起吊点。

拆除作业

- **拆除电气设备**

作业要求

1. 将设备上一级电源可靠断电，闭锁开关并上锁，停电停转，挂醒目的停电标志牌，并安排专人看护，防止误送电，停电牌上写“有人工作，不准送电”的醒目大字，只有挂牌者才有权摘牌。
2. 停电后处理前，必须检查瓦斯、验电、放电、封地线，坚持“谁停电，谁送电；谁挂牌，谁摘牌”的原则，严禁预约停送电。

- **拆除机械部件**

1. 按照顺序拆辅助部分→截割部→铲板→泵站→溜槽→油箱→操作台→后支撑→履带→本体部。
2. 使用导链装卸大型设备时，必须选用与被吊物品重量相适应的吨位的导链。
3. 吊装大型设备时，至少两人进行，一人操作，一人观察监督，发现问题立即停止起吊作业。
4. 起吊时，必须对周围作业环境先行检查，将现场障碍物等有碍于起吊作业的物品清除。
5. 链条与被吊物品必须连接可靠，不得滑移，设备重心不得偏移。
6. 导链起吊受力后，物品刚被吊起时，要对物品的稳定性进行检查，发现重心不稳时要及时放下物品，进行纠正。
7. 与起吊工作无关的人员不得在起吊现场，至少应离开起吊地点5m以上。
8. 操作人员要对所吊物品进行认真观察，人员要躲开物品可能侧翻、旋转、倾倒造成事故的方位。

- **装车运输**

1. 设备装车时，不得超载、超出车沿、偏载，重心要落在四个轮对中间，防止车盘或矿车侧翻、倾倒。
2. 矿车装载设备后，两端不得妨碍连接环、连接楖的正常使用，不得出现矿车不能联楖、环现象。
3. 大型设备运输经过的各岗位，必须对大型设备的捆绑、固定、轨道情况进行安全确认，发现问题后及时处理，无问题后，方可继续运输。

作业结束

- **清理现场**

作业要求

现场文明施工符合安全生产标准化的相关要求。

⚠ 与起吊工作无关的人员不得在起吊现场，至少应离开起吊地点5m以上。

2.30 安装绞车施工作业流程

准备工作

地面准备

作业要求

1.根据现场情况，选择绞车型号和钢丝绳型号、长度。

2.将绞车、钢丝绳装车，并运至施工地点。

施工地点准备

1.安装前，先确认施工地点支护完好可靠。

2.按照施工要求准备好工机具，并按要求打设专用起吊点。

施工作业

安装绞车、钢丝绳

作业要求

1.按顺序安绞车底座、打地锚、浇筑底座及地锚、安装绞车、安装绞车绳。

2.安装前先把绞车安装位置底板的浮矸清理干净，浮矸清至底板实矸后打地锚。如浮矸太厚可以不清理至底板，但必须用混凝土对绞车底座按标准进行浇筑。

3.安装绞车底座必须平行于轨道，稳固绞车的地锚或地脚螺栓露出部分应能拧双帽，拧紧后螺栓头露出螺母1～3个螺距。

4.绞车底座锚固完工后用水泥一次性浇灌到位，锚杆必须打到实处且锚杆固定于实矸内的深度不小于1.5m，若发现地锚锚固力不符合要求，要查明原因及时采取措施，如采用水泥浇筑的形势将地锚固定，使锚固力达到要求。

安装电气设备

1.铺设电缆，将开关放置指定位置。

2.上二级开关停电闭锁、挂牌。

3.接线前，检查巷道风流中瓦斯浓度是否符合要求。

4.进行停电、验电、放电、接地线，然后接线。

试运转

1.检查控制信号装置、各种防护装置、安全设施是否齐全、灵敏可靠。

2.确认符合要求后进行试运转。绞车各部位转动灵活，紧固件牢固可靠。

3.试运转期间，机电工长、队长必须在现场，及时处理试运转过程中出现的问题。

作业结束

清理现场

作业要求

1.现场文明施工符合安全生产标准化的相关要求。

2.向相关科室递交书面申请，申请验收绞车，验收合格后，绞车投入使用。

2.31 拆除绞车施工作业流程

准备工作

- 施工地点准备
- 工器具准备

作业要求

1.拆除地点必须对巷道支护情况进行确认，有问题必须处理后再施工。

2.准备好装设备所需车及工器具。

3.检查运输沿途轨道、绞车等安全设施，杜绝隐患。

4.拆除地点打设专用起吊点。

拆除作业

- 拆除绞车绳
- 拆除绞车电源线
- 拆除绞车地锚螺丝

作业要求

1.检测周围10m范围内瓦斯浓度。

2.将绞车滚筒上钢丝绳放开回收。

3.严格执行停电程序：停电、验电、放电、装设接地线、挂停电标志。不在视野范围内的需设专人看守。

4.拆除地点附近30m巷道顶板支护必须安全可靠。

5.卸掉绞车地锚螺丝。

作业结束

- 起吊、运转绞车

作业要求

1.选用导链规格型号应满足要求。

2.吊装时，至少两人进行，一人操作，一人观察监督，发现问题立即停止起吊作业。对周围作业环境先行检查，清除现场障碍物。

3.链条与被吊物品必须连接可靠，不得滑移，设备重心不得偏移。

4.导链起吊受力后，物品刚被吊起时，要对物品的稳定性进行检查，重心不稳时要及时纠正。

5.与起吊工作无关的人员不得在起吊现场，至少应离开起吊地点5m以上。

6.操作人员要对所吊物品进行认真观察，人员要躲开物品可能侧翻、旋转、倾倒造成事故的方位。

- 回收材料、清理现场

1.拆卸时，拆下的销、轴、卡、螺栓等小的零部件要分类装入专用的麻袋中专人保管，避免丢失。

2.设备装车必须平稳，重心落在矿车或车盘中央。

3.设备与车盘之间要垫上皮带、木板等物，增大摩擦力，禁止铁对铁直接接触。

2.32　安装掘锚护一体机施工作业流程

准备工作

地面、井下准备

作业要求

1. 将掘锚护一体机解体，按照安装顺序装车入井。
2. 将设备卸车，并转运至施工地点。

施工地点准备

1. 准备安装地点，必须是顶帮支护完整，无冒顶和片帮危险的地点。
2. 按照施工要求准备好工器具。
3. 安装地点打设专用起吊点。

安装作业

安装机械部件

作业要求

1. 设备首次组装、试运行，必须有厂家在现场指导，服从厂家技术指导。
2. 按照顺序安装主机、截割、锚支、运输、牵引系统等设备，设备拆卸、组装必须按说明书执行。
3. 使用导链装卸大型设备时，必须选用与被吊物品重量相适应的吨位的导链。
4. 吊卸大型设备时，至少两人进行，一人操作，一人观察监督，发现问题立即停止起吊作业。
5. 起吊时，必须对周围作业环境先行检查，将现场障碍物等有碍于起吊作业的物品清除。
6. 链条与被吊物品必须连接可靠，不得滑移，设备重心不得偏移。
7. 导链起吊受力后，物品刚被吊起时，要对物品的稳定性进行检查，发现重心不稳时要及时放下物品，进行纠正。
8. 与起吊工作无关的人员不得在起吊现场，至少应离开起吊地点 5m 以上。
9. 操作人员要对所吊物品进行认真观察分析，人员要躲开物品可能侧翻、旋转、倾倒造成事故的方向。

安装电气设备

1. 将上二级开关停电闭锁、挂牌、上锁。
2. 接线前，检查巷道风流中瓦斯浓度是否符合要求。
3. 进行停电、验电、放电、打短路接地线，然后接线。

试运转

1. 开机前，必须检查机器附近（尤其在截割臂前后）有无人员和障碍物，确认安全后，应先发出清晰的开机信号方可开机，电机空载 2 ~ 3 min，无问题后才能转入正常运行状态。
2. 开机应坚持先送水后送电，先断电后断水，严禁无水或水压不足开机。
3. 开机前，必须对掘锚机进行全面检查，发现问题及时处理。①各部位螺栓是否齐全、紧固。②各部油位和润滑脂是否合乎规定要求。③电缆和水管是否完好无损。④各操作按钮是否灵活可靠。

作业结束

清理现场

作业要求

1. 现场文明施工符合安全生产标准化的相关要求。
2. 向相关科室递交书面申请，申请掘锚护一体机验收，验收合格后投入使用。

⚠ 与起吊工作无关的人员不得在起吊现场，至少应离开起吊地点 5m 以上。

2.33 拆除掘锚护一体机施工作业流程

准备工作

- **施工地点准备**

作业要求

1.准备拆除地点，必须是顶帮支护完整，无冒顶和片帮危险的地点。

2.准备好装设备所需车。

3.检查运输沿途轨道、绞车等安全设施，杜绝隐患。

- **工器具准备**

1.按照施工要求准备好工器具。

2.拆除地点打设专用起吊点。

拆除作业

- **拆除电气设备**

作业要求

1.将设备上一级电源可靠断电，闭锁开关并上锁，停电停转，挂醒目的停电标志牌，并安排专人看护，防止误送电，停电牌上写“有人工作，不准送电”的醒目大字，只有挂牌者才有权摘牌。

2.停电后处理前，必须检查瓦斯、验电、放电、封地线，坚持“谁停电，谁送电；谁挂牌，谁摘牌”的原则，严禁预约停送电。

- **拆除机械部件**

1.按照顺序拆除主机、锚支、运输系统等设备。

2.使用导链装卸大型设备时，必须选用与被吊物品重量相适应的吨位的导链。

3.吊装大型设备时，至少两人进行，一人操作，一人观察监督，发现问题立即停止起吊作业。

4.起吊时，必须对周围作业环境先行检查，将现场障碍物等有碍于起吊作业的物品清除。

5.链条与被吊物品必须连接可靠，不得滑移，设备重心不得偏移。

6.导链起吊受力后，物品刚被吊起时，要对物品的稳定性进行检查，发现重心不稳时要及时放下物品，进行纠正。

7.与起吊工作无关的人员不得在起吊现场，至少应离开起吊地点5m以上。

8.操作人员要对所吊物品进行认真观察分析，人员要躲开物品可能侧翻、旋转、倾倒造成事故的方位。

- **装车运输**

1.设备装车时，不得超载、超出车沿、偏载，重心要落在四个轮对中间，防止车盘或矿车侧翻、倾倒。

2.矿车装载设备后，两端不得有碍于连接环、连接橛的正常使用，不得出现矿车不能联橛、环现象。

3.大型设备运输经过的各岗位，必须对大型设备的捆绑、固定、轨道情况进行安全确认，发现问题后及时处理，无问题后，方可继续运输。

作业结束

- **清理现场**

作业要求

现场文明施工符合安全生产标准化的相关要求。

⚠ 与起吊工作无关的人员不得在起吊现场，至少应离开起吊地点5m以上。

2.34　安装挖斗式装载机施工作业流程

准备工作 → 地面准备 → 施工地点准备

作业要求

1. 在地面将挖斗式装载机解体，按安装顺序装车入井，将拆开的液压油管接头包好以免进入灰尘。
2. 将各部件按顺序卸车，并运至施工地点。
3. 安装前，先确认施工地点支护完好可靠，并按要求打设专用起吊点。

施工作业 → 安装装载机 → 安装电气设备 → 试运转

安装装载机——作业要求

1. 挖斗式装载机组装必须有专人统一指挥，技术人员现场指导。
2. 按照顺序安装机架与中间槽→履带行走部及驾驶平台→工作机构→运输槽尾槽→集料槽→双链刮板机构。
3. 所有零部件应安装齐全，不得出现缺丝少垫现象。

安装电气设备

1. 将上级开关电源停电闭锁、挂牌。
2. 接线前，检查巷道风流中瓦斯浓度是否符合要求。
3. 进行停电、验电、放电、挂短路接地线，然后接线。

试运转

1. 检查控制信号装置是否齐全、灵敏可靠，附属设备是否符合要求。
2. 确认符合要求后打开电源开关进行试运转。
3. 试运转期间，机电工长、队长必须在现场，及时处理试运转过程中出现的问题。
4. 安装调试完毕，要确保挖斗式装载机电控部分、液压部分等安全可靠、无失爆，各种保护齐全有效，润滑油脂加注到位，整机性能优良。

作业结束 → 整理文明施工

作业要求

1. 现场文明施工符合安全生产标准化的相关要求。
2. 向相关科室递交书面申请，申请装载机验收，验收合格后，装载机方可投入使用。

⚠ 严禁带电作业。

2.35 拆除挖斗式装载机施工作业流程

准备工作 → **施工地点准备**

作业要求

1. 拆除前，先检查施工地点支护，只有当支护完好可靠时方可作业。
2. 在施工地点按要求打设专用起吊点。

施工作业 → **回撤装载机**

作业要求

1. 装载机回撤时，必须统一指挥，配合进行，安排专人进行安全监护。
2. 巷道中障碍物要提前清理干净，高度、宽度要满足回撤要求。
3. 回撤到预定拆卸地点后，要对机身附着的煤岩粉进行清理，防止拆卸过程中煤岩粉污染设备零部件。

拆除电气设备

1. 将设备上级电源可靠断电，闭锁开关并上锁，停电停转，挂醒目的停电标志牌，并安排专人看护，防止误送电。
2. 停电后处理前，必须检查瓦斯、验电、放电、封地线，坚持“谁停电，谁送电；谁挂牌，谁摘牌”的原则，严禁预约停送电。
3. 拆除电源开关，将电源线、开关正规码放。

拆除机械部分

1. 按照顺序拆除铲斗、主机、履带等设备。
2. 使用导链装卸大型设备时，必须选用与被吊物品重量相适应的吨位的导链。
3. 吊装大型设备时，至少两人进行，一人操作，一人观察监督，发现问题立即停止作业。
4. 起吊时，必须对周围作业环境先行检查，将现场障碍物等有碍于起吊作业的物品清除。
5. 导链起吊受力后，物品刚被吊起时，要对物品的稳定性进行检查，发现重心不稳时要及时放下物品，进行纠正。

装车运输

1. 设备装车时，不得超载、超出车沿、偏载，重心要落在四个轮对中间，防止车盘或矿车侧翻、倾倒。
2. 大型设备运输经过的各岗位，必须对大型设备的捆绑、固定、轨道情况进行安全确认，发现问题后及时处理，无问题后，方可继续运输。

⚠ 与起吊工作无关的人员，至少应离开起吊地点5m以上。

作业结束 → **整理文明施工**

作业要求

现场文明施工符合安全生产标准化的相关要求。

2.36　安装侧卸式装载机施工作业流程

准备工作

地面、井下准备

作业要求

1. 将侧卸式装载机解体，按照安装顺序装车入井。
2. 将侧卸式装载机配件卸车，并转运至施工地点。

施工地点准备

1. 准备安装地点，必须是顶帮支护完整，无冒顶和片帮危险的地点。
2. 按照施工要求准备好工器具。
3. 安装地点打设专用起吊点。

安装作业

安装机械部件

作业要求

1. 按照顺序安装履带、主机、铲斗等设备。
2. 使用导链装卸大型设备时，必须选用与被吊物品重量相适应的吨位的导链。
3. 吊卸大型设备时，至少两人进行，一人操作，一人观察监督，发现问题立即停止起吊作业。
4. 起吊时，必须对周围作业环境先行检查，将现场障碍物等有碍于起吊作业的物品清除。
5. 链条与被吊物品必须连接可靠，不得滑移，设备重心不得偏移。
6. 导链起吊受力后，物品刚被吊起时，要对物品的稳定性进行检查，发现重心不稳时要及时放下物品，进行纠正。
7. 与起吊工作无关的人员不得在起吊现场，至少应离开起吊地点 5m 以上。
8. 操作人员要对所吊物品进行认真观察分析，人员要躲开物品可能侧翻、旋转、倾倒造成事故的方位。

安装电气设备

1. 将上级开关电源停电闭锁、挂牌、上锁。
2. 接线前，检查巷道风流中瓦斯浓度是否符合要求。
3. 进行停电、验电、放电、打短路接地线，然后接线。

试运转

1. 检查控制信号装置是否齐全、灵敏可靠，附属设备是否符合要求。
2. 确认符合要求后进行试运转。
3. 试运转期间，机电队长必须在现场，及时处理试运转过程中出现的问题。

作业结束

整理文明施工

作业要求

1. 现场文明施工符合安全生产标准化的相关要求。
2. 向相关科室递交书面申请，申请侧卸式装载机验收，验收合格，办理使用许可证后，投入使用。

⚠ 与起吊工作无关的人员，至少应离开起吊地点 5m 以上。

2.37 拆除侧卸式装载机施工作业流程

准备工作

施工地点准备

作业要求

1. 准备拆除地点，必须是顶帮支护完整，无冒顶和片帮危险的地点。
2. 准备好装设备所需车。
3. 检查运输沿途轨道、绞车等安全设施，杜绝隐患。

工器具准备

1. 按照施工要求准备好工器具。
2. 拆除地点打设专用起吊点。

拆除作业

拆除电气设备

作业要求

1. 将设备上级电源可靠断电，闭锁开关并上锁，停电停转，挂醒目的停电标志牌，并安排专人看护，防止误送电，停电牌上写“有人工作，不准送电”的醒目大字，只有挂牌者才有权摘牌。
2. 停电后处理前，必须检查瓦斯、验电、放电、封地线，坚持“谁停电，谁送电；谁挂牌，谁摘牌”的原则，严禁预约停送电。

拆除机械部件

1. 按照顺序拆除铲斗、主机、履带等设备。
2. 使用导链装卸大型设备时，必须选用与被吊物品重量相适应的吨位的导链。
3. 吊装大型设备时，至少两人进行，一人操作，一人观察监督，发现问题立即停止起吊作业。
4. 起吊时，必须对周围作业环境先行检查，将现场障碍物等有碍于起吊作业的物品清除。
5. 链条与被吊物品必须连接可靠，不得滑移，设备重心不得偏移。
6. 导链起吊受力后，物品刚被吊起时，要对物品的稳定性进行检查，发现重心不稳时要及时放下物品，进行纠正。
7. 操作人员要对所吊物品进行认真观察分析，人员要躲开物品可能侧翻、旋转、倾倒的方位。

装车运输

1. 设备装入车盘或矿车时，不得超载、超出车沿、偏载，重心要落在四个轮对中间，防止车盘或矿车侧翻、倾倒。
2. 矿车装载设备后，两端不得有碍于连接环、连接楖的正常使用，不得出现矿车不能连楖、环现象。
3. 大型设备运输经过的各岗位，必须对大型设备的捆绑、固定、轨道情况进行安全确认，发现问题后及时处理，无问题后，方可继续运输。

⚠ 与起吊工作无关的人员，至少应离开起吊地点5m以上。

作业结束

整理文明施工

作业要求

现场文明施工符合安全生产标准化的相关要求。

2.38 延长刮板输送机施工作业流程

准备工作 → 作业环境检查 → 平整巷道 → 准备工具

作业要求

1.检查作业场所支护是否良好，无冒顶、片帮危险。

2.将巷道底板整理平整、无活煤活矸。

3.将延迟刮板输送机使用的工具，如手拉葫芦、撬棍和相应的工具等准备好。

装岩施工 → 掐链条 → 安装中部槽、链条 → 机尾固定

作业要求

1.掐、接链条前，必须先将卡链器卡牢，班组长必须安排动作熟练且有经验的工人或由班组长进行点动按钮和掐、接链条。

2.掐链时，必须有一人操作，一人监护。点动按钮的人员要看清掐、接链条人员的动作，两人相互配合，且现场必须有一名电工在刮板机头附近的馈电开关处进行监护，出现异常情况时，立即拉下馈电开关的手把。

3.现场的人员必须远离链条受力方向。

4.将适当长度的中间槽装上，装中间槽时要把底链塞入中间槽下面的导向槽内。

5.操作完毕，切断刮板输送机电源，将开关打到零位，闭锁上锁。

6.机尾两侧打设地锚配合链条固定牢固。

⚠ 正常运行时，司机应避开刮板输送机运行方向，以免断链伤人。

作业结束 → 试运转 → 清理现场

作业要求

1.打开电源开关，试运转。

2.工作面刮板输送机延长后要保证机头与上一级刮板输送机或带式输送机搭接合理，卸载方便。

3.清理现场，做到工完、料净、场地清。

2.39 延长带式输送机施工作业流程

准备工作 → **施工前准备**

作业要求

1.施工前检查施工地点巷道支护情况，确保支护完好，并做好“敲帮问顶”工作。

2.准备好施工时使用的工器具等。

施工作业 → **延长带式输送机** → **调试运转**

延长带式输送机 作业要求

1.延长带式输送机时，先开动张紧绞车放松输送带，停电闭锁开关电源，拆开输送带接口，拆开靠近机尾的中间架。

2.用千斤顶和牵引链（或电动绞车）把机尾移至预定位置，安装中间架，将新加的输送带与原输送带接口用钉扣机钉牢，卡紧成为一体。

3.打开电源开关，开动张紧绞车储存或张紧输送带，输送带延长后将千斤顶收回。

调试运转

1.首先将胶带张紧，观察胶带的松紧、飘带或跑偏等，进行调整，直到符合要求。

2.确认符合要求后进行试运转。输送带张紧力适当，保证输送带不打滑；带式输送机各部位转动灵活，紧固件牢固可靠。

3.试运转期间，机电工长、队长必须在现场，及时处理试运转过程中出现的问题。

⚠ 带式输送机钉口期间，必须停电闭锁电源开关。

作业结束 → **整理文明施工**

作业要求

现场文明施工符合安全生产标准化的相关要求。

2.40 掘进设备检修施工作业流程

准备工作

- 准备工具配件
- 作业现场安全确认

作业要求

1.作业人员必须明确检修任务，熟悉作业内容、停电范围、设备带电情况和安全措施要求。

2.工器具齐全、绝缘用品按要求试验并可靠完好。

3.作业地点起吊装置、支护方式稳定可靠。

检修作业

- 停电
- 检修
- 送电

作业要求

1.停电前做好联系确认，满足停电条件后，方可进行停电操作。

2.检测周围10m范围内瓦斯浓度，只有瓦斯浓度低于0.5%时，方可开盖检修。

3.操作高压设备需戴绝缘手套，穿绝缘靴。

4.严格按照操作规程内容操作。

5.严格执行停电程序：停电、验电、放电、装设接地线、挂停电标志。不在视野范围内的需设专人看守。

6.严格按检修标准，检修设备。

7.检查设备防爆性能，杜绝设备失爆。

8.拆除接地线，清点工具，检修完成。

9.联系相关人员，确认安全后恢复供电。

作业结束

- 质量验收
- 设备恢复运行
- 回收材料，清理现场

作业要求

1.按照检修标准严格验收，确保检修质量。

2.设备恢复运转，各项功能、参数正常。

3.设备正常运转后，回收材料，清理现场，确保文明生产。

⚠ 必须严格执行停送电管理制度。

3 机电专业施工作业流程

3.1 井下电气设备检修施工作业流程

检修准备

- 制定贯彻安全措施，进行停电审批、工作票审批
- 准备检修器具、绝缘用品
- 作业现场安全确认

作业要求

1.安全措施、工作票应符合作业实际并按规定审批签字。

2.作业人员必须明确检修任务，熟悉作业内容、停电范围、设备带电情况和安全措施要求。

3.工器具齐全、绝缘用品按要求试验并可靠完好。

4.起吊装置、支护方式稳定可靠

检修作业

- 停电
- 检修
- 送电

作业要求

1.停电前做好联系确认，符合停电条件后，方可进行停电操作。

2.只有检测其巷道风流中甲烷浓度低于1%时，方可开盖检修。

3.操作高压设备需穿戴经试验合格的绝缘用具。

4.严格按照操作票内容操作。

5.严格执行停电程序：停电、验电、放电、装设接地线、挂停电标志。不在视野范围内的需设专人看守。

6.严格按检修标准，检修设备。

7.检查设备防爆性能，杜绝设备失爆。

8.拆除接地线，清点工具，检修完成。

9.联系相关人员，确认安全后恢复供电。

⚠ 警示：注意进线开关、联络开关存在反送电危险。

检修收尾

- 质量验收
- 设备恢复运行
- 回收材料，清理现场

作业要求

1.按照检修标准严格验收，确保检修质量。

2.设备恢复运转，各项功能、参数正常。

3.设备正常运转后，回收材料，清理现场，确保文明生产。

3.2 井下电气设备安装施工作业流程

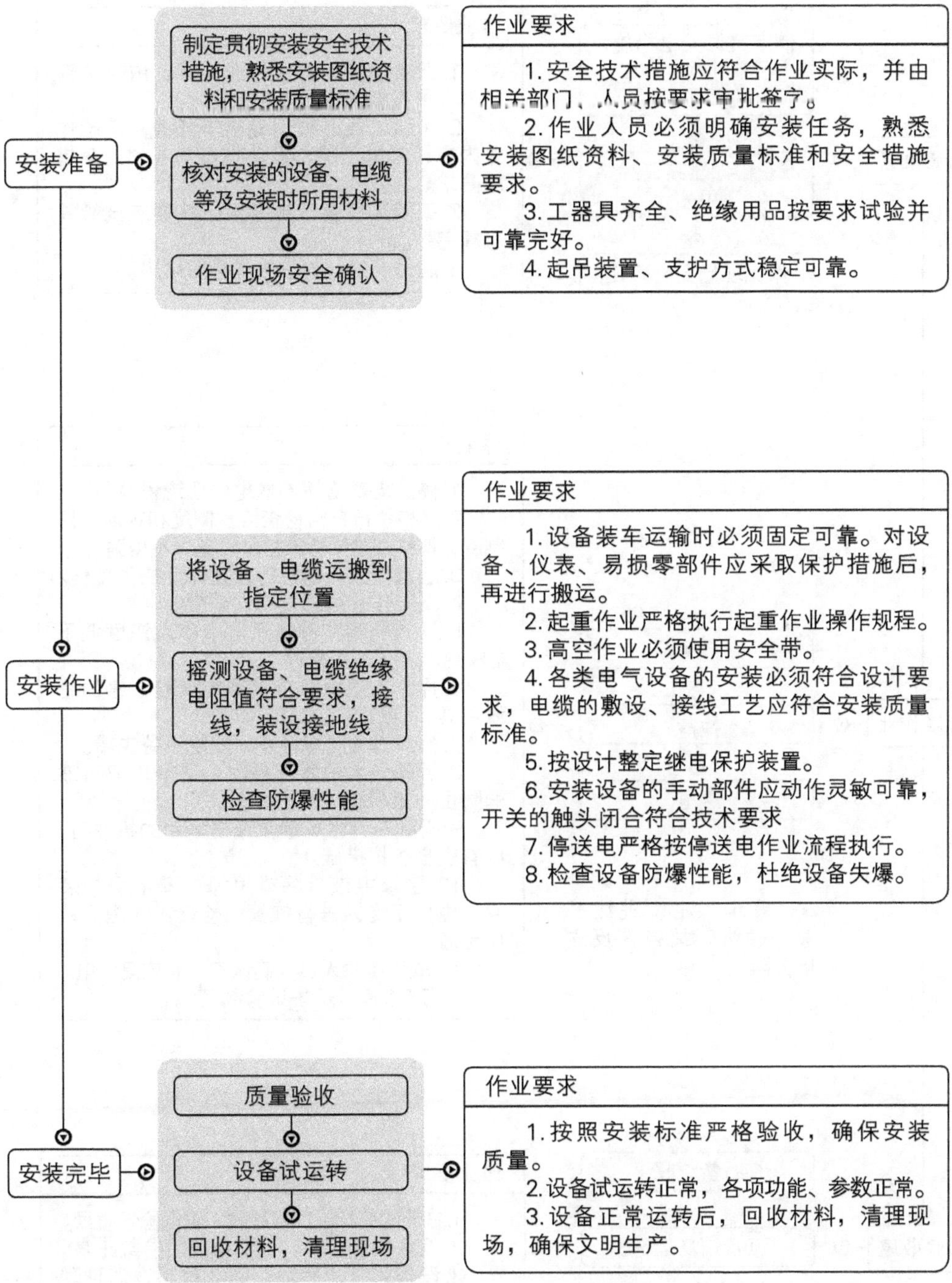

⚠ 警示：注意进线开关、联络开关存在反送电危险。

3.3 主要提升机检修施工作业流程

检修准备

- 制定贯彻安全措施，进行停电审批、工作票审批
- 准备检修器具、绝缘用品
- 作业现场安全确认

作业要求

1. 安全措施应符合作业实际，由相关部门、人员按要求审批签字。
2. 作业人员必须明确检修任务，熟悉作业内容、停电范围、设备带电情况和安全措施要求。
3. 工器具齐全、绝缘用品按要求试验并可靠完好。
4. 起吊装置、支护方式稳定可靠。

检修作业

- 停电
- 检修
- 送电

⚠ 警示：注意进线开关、联络开关存在反送电危险。

作业要求

1. 停送电严格按停送电作业流程执行。
2. 严格执行日常检查维护制度和定期检修制度，严格按检修标准检修设备，不得漏检。
3. 起重作业严格执行起重作业操作规程。
4. 高空作业必须使用安全带。
5. 只有检测其巷道风流中甲烷浓度低于1% 时，方可开盖检修。
6. 操作高压设备需穿戴经试验合格的绝缘用具。
7. 检查设备防爆性能，杜绝设备失爆。
8. 拆卸较大的零部件时，必须采取可靠的防止坠落和翻滚的措施。
9. 拆卸有弹性、偏重或易滚动的机件时，应有安全防护措施。
10. 检修中被拆除或甩掉的安全保护装置，由指定专人进行恢复、检查，并确保动作可靠。
11. 联系相关人员，确认安全后恢复供电。
12. 严格执行保护试验制度。

检修收尾

- 质量验收
- 设备恢复运行
- 回收材料，清理现场

作业要求

1. 按照检修标准严格验收，确保检修质量。
2. 设备恢复运转，各项功能、参数正常。
3. 设备正常运转后，回收材料，清理现场，确保文明生产。

3.4 主要通风机检修施工作业流程

检修准备

制定贯彻安全措施，进行停电审批、工作票审批

准备检修器具、绝缘用品

作业现场安全确认

作业要求

1. 安全措施应符合作业实际，由相关部门、人员按要求审批签字。
2. 作业人员必须明确检修任务，熟悉作业内容、停电范围、设备带电情况和安全措施要求。
3. 工器具齐全、绝缘用品按要求试验并可靠完好。
4. 起吊装置、支护方式稳定可靠。

检修作业

停电

检修

送电

⚠ 警示：注意进线开关、联络开关存在反送电危险。

作业要求

1. 停送电严格按停送电作业流程执行。
2. 严格执行日常检查维护制度和定期检修制度，严格按检修标准检修设备，不得漏检。
3. 起重作业严格执行起重作业操作规程。
4. 高空作业必须使用安全带。
5. 只有检测其巷道风流中甲烷浓度低于1%时，方可开盖检修。
6. 操作高压设备需穿戴经试验合格的绝缘用具。
7. 检查设备防爆性能，杜绝设备失爆。
8. 拆卸较大的零部件时，必须采取可靠的防止坠落和翻滚的措施。
9. 拆卸有弹性、偏重或易滚动的机件时，应有安全防护措施。
10. 检修中被拆除或甩掉的安全保护装置，由指定专人进行恢复、检查，并确保动作可靠。
11. 联系相关人员，确认安全后恢复供电。
12. 严格执行保护试验制度。

检修收尾

质量验收

设备恢复运行

回收材料，清理现场

作业要求

1. 按照检修标准严格验收，确保检修质量。
2. 设备恢复运转，各项功能、参数正常。
3. 设备正常运转后，回收材料，清理现场，确保文明生产。

3.5 带式输送机检修施工作业流程

检修准备

- 制定贯彻安全措施，进行停电审批、工作票审批
- 准备检修器具、绝缘用品
- 作业现场安全确认

作业要求

1. 安全措施应符合作业实际，由相关部门、人员按要求审批签字。
2. 作业人员必须明确检修任务，熟悉作业内容、停电范围、设备带电情况和安全措施要求。
3. 工器具齐全、绝缘用品按要求试验并可靠完好。
4. 起吊装置、支护方式稳定可靠。

检修作业

- 停电
- 检修
- 送电

作业要求

1. 停送电严格按停送电作业流程执行。
2. 严格执行日常检查维护制度和定期检修制度，严格按检修标准检修设备，不得漏检。
3. 起重作业严格执行起重作业操作规程。
4. 高空作业必须使用安全带。
5. 只有检测其巷道风流中甲烷浓度低于1%时，方可开盖检修。
6. 操作高压设备需穿戴经试验合格的绝缘用具。
7. 检查设备防爆性能，杜绝设备失爆。
8. 拆卸较大的零部件时，必须采取可靠的防止坠落和翻滚的措施。
9. 拆卸有弹性、偏重或易滚动的机件时，应有安全防护措施。
10. 检修中被拆除或甩掉的安全保护装置，由指定专人进行恢复、检查，并确保动作可靠。
11. 联系相关人员，确认安全后恢复供电。
12. 严格执行保护试验制度。

⚠ 警示：注意进线开关、联络开关存在反送电危险。

检修收尾

- 质量验收
- 设备恢复运行
- 回收材料，清理现场

作业要求

1. 按照检修标准严格验收，确保检修质量。
2. 设备恢复运转，各项功能、参数正常。
3. 设备正常运转后，回收材料，清理现场，确保文明生产。

3.6 井筒装备检修施工作业流程

检修准备

- 制定贯彻安全措施，培训机械维修、高窑作业等基础作业知识
- 准备检修器具、防坠绳、保险带等
- 作业现场安全确认

作业要求

1. 安全措施应符合作业实际，由相关部门、人员按要求审批签字。
2. 作业人员必须明确检修任务，熟悉施工程序、质量要求、安全注意事项和安全措施要求。
3. 施工负责人和安全员负责检查所用的工具、设备、器材必须齐全可靠，安全带及工具上的防坠绳必须合格。
4. 由施工负责人与井上下信号工、把钩工和绞车司机联系好，确定提升速度、施工内容、时间和联络信号。

检修作业

- 站岗警戒
- 检修
- 撤除警戒

作业要求

1. 上、下井口必须站岗警戒，10m范围内不准有无关人员。
2. 施工人员必须佩戴安全带和安全帽。
3. 施工所需用的工具、量具必须用绳拴牢。
4. 施工所需的零件、配件、器材要放置牢靠，小型零件应装箱放在罐笼（箕斗）顶部，以防坠落。
5. 使用多层吊盘进行施工时，层间距应大于1.8m，每层底边应有高度大于100mm的边缘并装有护栏，最上层应设保护伞。

检修收尾

- 质量验收
- 回收材料，清理现场
- 设备恢复运行

作业要求

1. 按照检修标准严格验收，确保检修质量。
2. 清理施工现场，清点工具、材料、配件等。
3. 配合司机、信号工、把钩工将提升系统空运行一个循环，正常后才能恢复运行。

3.7 井口、井底车场安全设施检修施工作业流程

检修准备

制定贯彻安全措施，培训机械维修、高空作业等基础作业知识

准备检修器具、防坠绳、保险带等

作业现场安全确认

作业要求

1. 安全措施应符合作业实际，由相关部门、人员按要求审批签字。

2. 作业人员必须明确检修任务，熟悉施工程序、质量要求、安全注意事项和安全措施要求。

3. 施工负责人和安全员负责检查所用的工具、设备、器材必须齐全可靠，安全带及工具上的防坠绳必须合格。

4. 由施工负责人与井上下信号工、把钩工和绞车司机联系好，确定提升速度、施工内容、时间和联络信号。

检修作业

站岗警戒

检修

撤除警戒

作业要求

1. 上、下井口必须站岗警戒，10m范围内不准有无关人员。

2. 施工人员必须佩戴安全带和安全帽。

3. 施工所需用的工具、量具必须用绳拴牢。施工所需的零件、配件、器材要放置牢靠。

4. 起重作业严格执行起重作业操作规程。

5. 高空作业必须使用安全带。

6. 检修中被临时拆除或甩掉的安全保护装置，由指定专人进行恢复、检查，并确保动作可靠。

7. 停送电严格按停送电作业流程执行。

检修收尾

质量验收

回收材料，清理现场

设备恢复运行

作业要求

1. 按照检修标准严格验收，确保检修质量。

2. 清理施工现场，清点工具、材料、配件等。

3. 配合司机、信号工、把钩工将提升系统空运行一个循环，正常后才能恢复运行。

3.8 立井罐笼、箕斗检修施工作业流程

检修准备

- 制定贯彻安全措施，培训机械维修、高空作业等基础作业知识
- 准备检修器具、防坠绳、保险带等
- 作业现场安全确认

作业要求

1. 安全措施应符合作业实际，由相关部门、人员按要求审批签字。
2. 作业人员必须明确检修任务，熟悉施工程序、质量要求、安全注意事项和安全措施要求。
3. 施工负责人和安全员负责检查所用的工具、设备、器材必须齐全可靠，安全带及工具上的防坠绳必须合格。
4. 由施工负责人与井上下信号工、把钩工和绞车司机联系好，确定施工内容、时间和联络信号。

检修作业

- 站岗警戒
- 检修
- 撤除警戒

作业要求

1. 上、下井口必须站岗警戒，10m 范围内不准有无关人员。
2. 施工人员必须佩戴安全带和安全帽。
3. 施工所需用的工具、量具必须用绳拴牢。施工所需的零件、配件、器材要放置牢靠，小型零件应装箱放在罐笼（箕斗）顶部，以防坠落。检查罐道和各部件间隙或清除间隙中污物时，应采用工具，不能直接用手。
4. 检查井筒装备时，只允许从上往下检查（包括天轮平台和井架），并随时清扫浮在罐道梁上的碎石、木块和其他杂物。
5. 施工时，应注意配合，工具应拴防坠绳，传递工具及零部件时要手递手，等对方拿稳后再松手，严禁投掷。

检修收尾

- 质量验收
- 回收材料，清理现场
- 设备恢复运行

作业要求

1. 按照检修标准严格验收，确保检修质量。
2. 清理施工现场，清点工具、材料、配件等。
3. 配合司机、信号工、把钩工将提升系统空运行一个循环，正常后才能恢复运行。

3.9 主排水泵检修施工作业流程

检修准备

制定贯彻安全措施，进行停电审批、工作票审批 → 准备检修器具、绝缘用品 → 作业现场安全确认

作业要求

1. 安全措施应符合作业实际，由相关部门、人员按要求审批签字。
2. 作业人员必须明确检修任务，熟悉作业内容、停电范围、设备带电情况和安全措施要求。
3. 工器具齐全、绝缘用品按要求试验并可靠完好。
4. 起吊装置、支护方式稳定可靠

检修作业

停电 → 检修 → 送电

作业要求

1. 停送电严格按停送电作业流程执行。
2. 按规定的日、周、月检内容按时进行维护检修，不得漏检。
3. 起重作业严格执行起重作业操作规程。
4. 高空作业必须使用安全带。
5. 只有检测其巷道风流中甲烷浓度低于1%时，方可开盖检修。
6. 操作高压设备需穿戴经试验合格的绝缘用具。
7. 检查设备防爆性能，杜绝设备失爆。
8. 拆卸较大的零部件时，必须采取可靠的防止坠落和翻滚的措施。
9. 拆卸有弹性、偏重或易滚动的机件时，应有安全防护措施。
10. 检修中被拆除或甩掉的安全保护装置，由指定专人进行恢复、检查，并确保动作可靠。
11. 联系相关人员，确认安全后恢复供电。
12. 严格执行保护试验制度。

检修收尾

质量验收 → 设备恢复运行 → 回收材料，清理现场

作业要求

1. 按照检修标准严格验收，确保检修质量。
2. 设备恢复运转，各项功能、参数正常。
3. 设备正常运转后，回收材料，清理现场，确保文明生产。

3.10　主提升机更换钢丝绳施工作业流程

准备工作

编制审批更换钢丝绳安全技术措施，并对全体作业人员进行贯彻

把钢丝绳、制作绳头用的工具、绳卡、滑轮、链子等准备齐全

作业现场安全确认

作业要求

1.更换钢丝绳安全技术措施应符合作业实际，并由相关部门、人员按要求审批签字，贯彻到每一位作业人员。

2.作业人员必须熟悉施工程序、质量要求、安全注意事项和安全措施要求。

3.工器具齐全完好。

4.起吊装置、支护方式稳定可靠。

施工过程

将旧绳从滚筒拖出，去掉滚筒上固定绳卡

将新绳头用绳卡子固定在滚筒上，往滚筒上缠绕新绳

制作钢丝绳连接装置，调绳

作业要求

1.必须有专人负责现场的统一指挥，并安排一名安全负责人全面负责现场的安全质量工作。

2.所有参加施工人员，必须穿戴整齐劳保用品，持证上岗。严禁喝酒和带病人员参加施工。

3.工作前，施工负责人必须对所用的绳卡子、滑轮和链子等工具和各种材料进行详细检查；同时必须对周围环境及借用物件如轨道完好情况进行详细检查，确认无问题后方可使用。

4.规定绞车速度不得超过1m/s。轨道坡头位置必须安排专人站岗，负责阻拦行人，严禁任何人在绳道范围内停留或行走。拖绳人员必须戴帆布手套防止钢丝绳断丝伤人。

5.绞车滚筒缠绳时，安排专人负责在滚筒前排绳，排绳人员要站在安全位置上。

施工完毕

质量验收

回收材料，清理现场

主提升机恢复运行

作业要求

1.按照完好标准严格验收，确保工程质量。

2.清理施工现场，清点工具、材料、配件等。

3.配合司机、信号工、把钩工将提升系统挂空罐运行一个循环，正常后才能恢复运行。

3.11 主要通风机倒风机作业流程

准备工作

- 编制审批并贯彻主要通风机倒风机安全技术措施
- 倒风机前对备用主要通风机进行全面检查，并进行试运转
- 作业现场安全确认

作业要求

1.主要通风机倒风机安全技术措施应符合作业实际，并由相关部门、人员按要求审批签字，贯彻到每一位作业人员。

2.作业人员必须熟悉施工程序、质量要求、安全注意事项和安全措施要求。

3.倒风机的前一天，由矿相关部门负责召开相关单位参加的专题会议，重点对主要通风机倒换时间、注意事项和安全通风等工作协调安排。

4.倒风机前，井下采掘工作面所有施工单位安排电工切断所有动力电源，并组织本单位职工撤到进风侧巷道内。

倒风机过程

- 停主要通风机，关风门
- 打开备用通风机风门，启动备用通风机
- 观察风机运行情况

作业要求

1.倒风机由总工程师担任总指挥，机电矿长和总指挥在调度室负责统一协调；机电副总、机电科长、主管科长、主管技术员在现场指挥。由机电科长担任现场总指挥。

2.由主管工（段）长将倒风机工作进行分工，责任到人。

3.矿安全管理部门、通风部门必须派专人到现场参加倒风机作业。

4.倒风机操作步骤及安全确认严格按《倒风机操作程序及安全确认表》执行。

5.倒风机后主要通风机司机观察电压、电流、风机振动等参数，发现如风机振动不正常或电压电流不正常等异常情况，切换回主要通风机。

6.若10min内不能启动备用主要通风机，立即切换回主要通风机，并立即组织人员处理故障。

7.井下停风时间超过10min时，启动《主要通风机停止运转事故应急预案》。

倒风机完毕

- 风机启动后，必须对风机运行情况巡回检查
- 风机运行正常，井下生产单位恢复生产
- 技术人员搜集技术资料，存档

作业要求

1.严格按标准进行巡回检查。

2.待风机运转正常后，由矿相关部门通知各施工单位现场跟班人员恢复生产。

3.技术人员将检查维护记录、试运转记录、倒风机措施及贯彻记录等技术资料搜集齐全，并存档。

3.12 轴流式主要通风机反风作业流程

准备工作

编制、审批、贯彻反风安全技术措施 → 反风前对备用主要通风机进行全面检查 → 作业现场安全确认

作业要求

1.反风安全技术措施应符合作业实际，并由相关部门、人员按要求审批签字，贯彻到每一位作业人员。

2.作业人员必须熟悉施工程序、质量要求、安全注意事项和安全措施要求。

3.反风的前一天，对待启动的通风机进行检查，确认具备安全运行条件；由矿相关部门负责召开相关单位参加的专题会议，重点对反风时间、注意事项等工作协调安排。

4.反风前，井下采掘工作面所有施工单位安排电工切断所有动力电源，并组织本单位职工撤到进风侧巷道内。

反风过程

停主要通风机，关风门 → 打开反风通风机风门，启动反风通风机 → 反风完毕切换回主要通风机

作业要求

1.反风由总工程师担任总指挥，其他分管副矿长配合总指挥统一协调各单位行动；机电副总、机电科长、主管科长、主管技术员在现场指挥。由机电科长担任现场总指挥。

2.由主管工（段）长将反风工作进行分工，责任到人。

3.矿安全管理部门、通风部门必须派专人到现场参加倒风机。

4.反风操作步骤及安全确认严格按《反风操作程序及安全确认表》执行。

5.反风后通风机司机观察电压、电流、风机振动等参数，发现如风机振动不正常或电压电流不正常等异常情况，切换回主要通风机。

6.若10min内不能启动备用主要通风机，立即切换回主要通风机，并立即组织人员处理故障。

7.井下停风时间超过10min时，启动《主要通风机停止运转事故应急预案》。

正常通风

风机启动后，必须对风机运行情况巡回检查 → 风机运行正常，井下生产单位恢复生产 → 技术人员搜集技术资料，存档

作业要求

1.严格按标准进行巡回检查。

2.待风机运转正常后，由矿相关部门通知各施工单位现场跟班人员恢复生产。

3.反风完毕将备用主要通风机恢复原状。

4.技术人员将检查维护记录、试运转记录、倒风机措施及贯彻记录等技术资料搜集齐全，并存档。

3.13 离心式主要通风机反风作业流程

准备工作

编制、审批、贯彻反风安全技术措施 → 反风前对备用主要通风机进行全面检查 → 作业现场安全确认

作业要求

1. 反风安全技术措施应符合作业实际，并由相关部门、人员按要求审批签字，贯彻到每一位作业人员。
2. 作业人员必须熟悉施工程序、质量要求、安全注意事项和安全措施要求。
3. 反风的前一天，对待启动的通风机进行检查，确认具备安全运行条件；由矿相关部门负责召开相关单位参加的专题会议，重点对反风时间、注意事项等工作协调安排。
4. 反风前，井下采掘工作面所有施工单位安排电工切断所有动力电源，并组织本单位职工撤到进风侧巷道内。

反风过程

停主要通风机，关风门 → 打开备用通风机风门，启动备用通风机 → 反风完毕切换回主要通风机

作业要求

1. 反风由总工程师担任总指挥，其他分管副矿长配合总指挥统一协调各单位行动；机电副总、机电科长、主管科长、主管技术员在现场指挥。由机电科长担任现场总指挥。
2. 由主管工（段）长将反风工作进行分工，责任到人。
3. 矿安全管理部门、通风部门必须派专人到现场参加倒风机。
4. 反风操作步骤及安全确认严格按《反风操作程序及安全确认表》执行。
5. 反风后通风机司机观察电压、电流、风机振动等参数，发现如风机振动不正常或电压电流不正常等异常情况，切换回主要通风机。
6. 若10min内不能启动备用主要通风机，立即切换回主要通风机，并立即组织人员处理故障。
7. 井下停风时间超过10min时，启动《主要通风机停止运转事故应急预案》。

反风完毕

风机启动后，必须对风机运行情况巡回检查 → 风机运行正常，井下生产单位恢复生产 → 技术人员搜集技术资料，存档

作业要求

1. 严格按标准进行巡回检查。
2. 待风机运转正常后，由矿相关部门通知各施工单位现场跟班人员恢复生产。
3. 反风完毕将备用主要通风机恢复原状。
4. 技术人员将检查维护记录、试运转记录、倒风机措施及贯彻记录等技术资料搜集齐全，并存档。

3.14 强力带式输送机更换输送带施工作业流程

准备工作

编制审批更换输送带安全技术措施，并对全体作业人员进行贯彻 → 把输送带、夹板、硫化器、硫化胶等准备齐全 → 作业现场安全确认

作业要求

1.更换输送带安全技术措施应符合作业实际，并由相关部门、人员按要求审批签字，贯彻到每一位作业人员。

2.作业人员必须熟悉施工程序、质量要求、安全注意事项和安全措施要求。

3.将全部输送带硫化完毕，剩最后1道口，然后将硫化好的输送带折叠好或铺展开。

4.工器具齐全完好。

施工过程

将新输送带头与旧输送带固定，并将旧输送带断开 → 启动带式输送机，抽出旧输送带，上新输送带 → 新输送带硫化，试运转

作业要求

1.必须有专人负责现场的统一指挥，并安排一名安全负责人全面负责现场的安全质量工作。

2.所有参加施工人员，必须穿戴整齐劳保用品，持证上岗。严禁喝酒和带病人员参加施工。

3.所使用工具必须齐全完好，使用前经过安全负责人检查，严禁带病使用。

4.施工前，带式输送机必须停电闭锁，需要启动带式输送机时，巷道中严禁进行其他作业，人员必须躲避在附近安全地点。

5.上新输送带过程中，输送带不得跑偏，一旦跑偏必须立即停止作业，采取措施处理。

6.必须提前约定好紧急停车信号，司机发现有异响、接收到停车信号或其他异常情况时，必须紧急停车。

施工完毕

质量验收 → 回收材料，清理现场 → 带式输送机恢复运行

作业要求

1.按照完好标准严格验收，确保工程质量。

2.清理施工现场，清点工具、材料、配件等。

3.配合司机将带式输送机运行一个循环，正常后才能恢复运行。

3.15 钢丝绳芯输送带硫化施工作业流程

准备工作

- 编制审批钢丝绳芯输送带硫化安全技术措施，并对作业人员进行贯彻
- 夹板、硫化器、硫化胶、汽油、灭火器等准备齐全
- 作业现场安全确认

作业要求

1. 钢丝绳芯输送带硫化安全技术措施应符合作业实际，并由相关部门、人员按要求审批签字，贯彻到每一位作业人员。

2. 作业人员必须熟悉施工程序、质量要求、安全注意事项和安全措施要求。

3. 施工地点至少配备有2个以上经检验合格的灭火器和2个盛满10L水的水桶。

4. 施工地点必须有充足的水源及可靠的洒水设施，必须铺设一趟能覆盖施工地点前后不少于20m的通水软管。

施工过程

- 打磨加工部，搭硫化平台和作业平台
- 复盖胶、芯胶、加工部等清洗并涂胶浆，并铺设好硫化器、输送带等
- 接通电源开始硫化，温度达到150℃时恒温45min然后停电，等待自然冷却后拆除硫化器

作业要求

1. 必须有专人负责现场的统一指挥，并安排一名安全负责人全面负责现场的安全质量工作。

2. 所有参加施工人员，必须穿戴整齐劳保用品，持证上岗。严禁喝酒和带病人员参加施工。

3. 所使用工具必须齐全完好，使用前经过安全负责人检查，严禁带病使用。

4. 施工前，带式输送机必须停电闭锁。

5. 硫化器使用前，必须对加热板、控制箱、水带、水泵等硫化设备进行详细检查，确认设备完好。

6. 硫化时要选择巷道支护完好、没有积水或淋水的地方，必须保持周围环境干燥、卫生。

7. 在切除钢丝绳芯上的胶时，不能损伤钢丝，打磨钢丝绳芯时应注意钢丝砂轮的回转方向，最大限度地打磨掉钢丝上的胶皮，且不能损伤钢丝。

8. 在清洗物料时，停止所有作业，巷道内不得有任何形式的明火。

施工完毕

- 质量验收
- 带式输送机恢复运行
- 回收材料，清理现场

作业要求

1. 按照完好标准严格验收，确保工程质量。

2. 硫化机分解后严格检查接头质量，如发现有两个以上气泡，或有较大气泡及面积较大海绵现象，应重新硫化，严禁强行使用。

3. 清理施工现场，清点工具、材料、配件等。

3.16　普通输送带接头制作施工作业流程

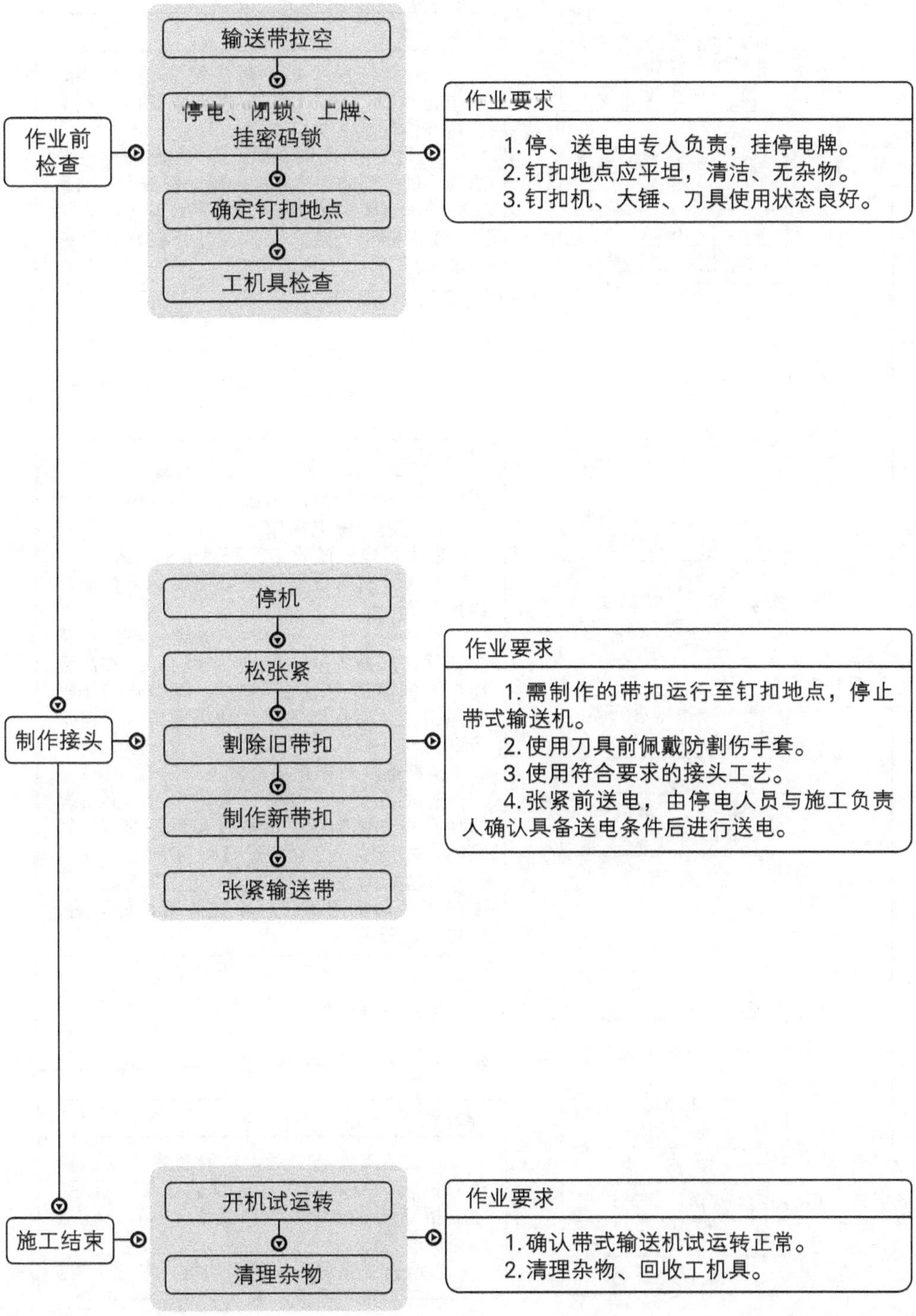

3.17 煤矿井下电气设备高压预防性试验作业流程

试验前准备

- 制定贯彻安全措施，进行停电审批、工作票审批
- 准备试验器具、绝缘用品
- 作业现场安全确认

作业要求

1.安全措施、工作票应符合作业实际，并由相关部门、人员按要求审批签字，贯彻到每一位作业人员。

2.试验人员必须熟悉试验内容和安全注意事项，试验前必须了解被试验设备情况，熟悉有关技术资料，采取安全合理的试验方案。

3.工器具齐全、绝缘用品按要求试验并可靠完好。

试验作业

- 按停送电步骤停电
- 对试验地点瓦斯浓度进行实时监测
- 严格按措施进行试验，放电时确认停电
- 试验完毕恢复供电，拆线时注意反送电

作业要求

1.停电前做好联系确认，满足停电条件后，方可进行停电操作。

2.进行电气试验工作不得少于二人。

3.操作高压设备需穿戴经试验合格的绝缘用具。

4.做井下电气试验时，电源线不应使用塑料线，瓦斯浓度应保持在1%以下；在高瓦斯矿井的掘进头、采煤巷道，要有专用局部通风机，并有瓦斯检查员现场值班，方可进行试验。

5.严格执行停送电程序。

6.做高压电气设备停电试验时，必须严格执行操作票制度，慎重核实设备编号、线路后，才能按规定程序进行倒闸操作。

7.检验继电保护和仪表的工作人员，不准进行任何倒闸操作，但在值班员许可后，可拉、合开关。

⚠ 警示：注意进线开关、联络开关存在反送电危险。

试验完毕

- 质量验收
- 回收材料，清理现场
- 设备恢复运行

作业要求

1.试验工作结束后，试验负责人应认真核对试验项目和记录，当试验结果无误后，才能拆除试验接线，清点工具、材料，恢复设备原有接线。

2.设备恢复运行，各项功能、参数正常。

3.18 停送电作业流程（高压）

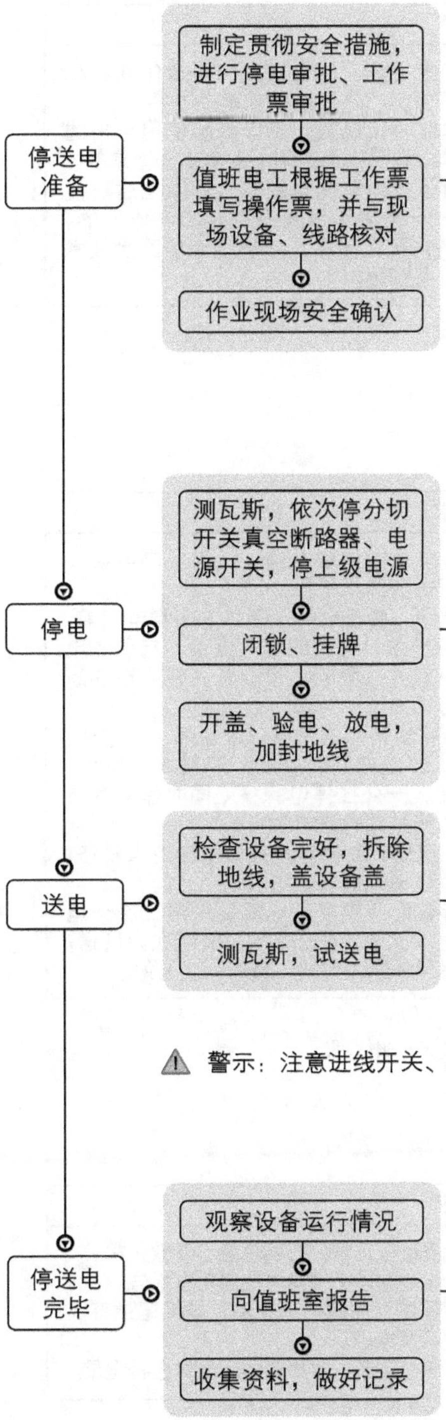

作业要求

1.安全措施、工作票应符合作业实际，并由相关部门、人员按要求审批签字，贯彻到每一位作业人员。

2.作业人员必须正确佩戴和使用合格的保安用具，熟悉停电范围、安全措施要求等。

3.对于单回路供电、停电影响范围较大、停电后可能带来较大安全隐患以及高空施工等作业的，必须有具体施工步骤，并制定专项安全技术措施和应急预案。

作业要求

1.停电前做好联系确认，满足停电条件后，方可进行停电操作。

2.检修高压线路、高压设备或其他情况需要停电或送电时，必须严格执行停送电制度，严格执行“谁停电、谁送电”规定。

3.操作高压设备需穿戴经试验合格的绝缘用具。

4.严格按照操作票内容操作。

5.确认真空断路器隔离开关到位。

6.机电设备保护必须齐全、可靠、动作灵敏，防爆电气设备的防爆性能必须符合要求。

7.停电线路上有多个单位进行作业时，必须制定安全协议，指定1人统一负责，所有单位工作完成后该单位负责人到集合点集合，确认到齐后由总负责人送电。

8.停送电时应认真填写操作票，工作时必须两人进行，一人操作，一人监护。

⚠ 警示：注意进线开关、联络开关存在反送电危险。

作业要求

1.设备运行正常，各项功能、参数正常。

2.停送电完毕必须向单位值班室报告。

3.必须建立停送电记录本，详细记录每次停送电过程及原因。

4.停送电完毕，收集资料，做好各种记录。

3.19 停送电作业流程（低压）

停送电准备

- 制定贯彻安全措施，进行停电审批
- 根据停送电审批单与现场设备、线路核对
- 作业现场安全确认

作业要求

1. 安全措施、停电审批应符合作业实际并由相关部门、人员按要求审批签字。
2. 作业人员必须正确佩戴和使用合格的保安用具，熟悉停电范围、安全措施要求等。
3. 对于停电影响范围较大、停电后可能带来较大安全隐患以及高空施工等作业的，必须有具体施工步骤，并制定专项安全技术措施和应急预案。

停电

- 测瓦斯，依次停分切开关真空断路器、电源开关，停上级电源
- 闭锁、挂牌、上明锁
- 开盖、验电、放电，加封地线

送电

- 检查设备完好，拆除地线，盖设备盖
- 测瓦斯，试送电

作业要求

1. 停电前做好联系确认，满足停电条件后，方可进行停电操作。
2. 检修、搬迁电气设备、电缆盒电线前，必须从所检修、搬迁的电气设备、电缆盒电线的上一级开关切断电源。开关把手在切断电源时必须闭锁、挂牌、上明锁。
3. 严格执行“谁停电、谁挂牌、谁作业、谁摘牌、谁送电”的制度，严禁本人停电，他人作业或一处挂停电牌多处同时作业的违章行为。严禁约时送电。
4. 停电后，在停电开关处安排专人看守，严禁其他任何人擅自送电。
5. 所有设备恢复送电都要采用三次送电制，且每次间隔不少于30s，前两次为试送，试送电采用瞬送的方式，最后一次合好。

⚠ 警示：注意进线开关、联络开关存在反送电危险。

停送电完毕

- 观察设备运行情况
- 向值班室报告
- 收集资料，做好记录

作业要求

1. 设备运行正常，各项功能、参数正常。
2. 停送电完毕必须向单位值班室报告。
3. 必须建立停送电记录本，详细记录每次停送电过程及原因。
4. 停送电完毕，收集资料，做好各种记录。

3.20 联合排水试验作业流程

试验前准备

制定贯彻安全措施，进行负荷审批，报上一级供电部门批准 → 试验前对供电系统、排水系统进行全面检查维护 → 作业现场安全确认

作业要求

1. 安全措施应符合作业实际，并由相关部门、人员按要求审批签字，贯彻到每一位作业人员。

2. 试验人员必须熟悉试验内容和安全注意事项，试验前必须了解各水平泵房供电开关、线路及水泵、闸阀、排水管路情况。

3. 工作器具齐全、绝缘用品按要求试验并可靠完好。

试验作业

停在用水泵 → 依次启动工作泵、备用泵 → 全部水泵启动后，根据水位情况陆续停泵

作业要求

1. 试验前与上一级供电部门联系，确认供电无问题后方可开始试验。

2. 联合排水试验由机电矿长担任总指挥，机电副总配合，在调度室负责统一协调；机电科长、主管技术员在现场指挥。

3. 试验时，试验负责人必须安排电工检查供电线路温度变化，特别是高压电缆中间接线盒温度变化，如果发现问题必须立即向现场试验负责人汇报，试验负责人有权立即停止本次试验。

4. 试验时，试验人员如果发现任何影响本次试验的不安全因素，都必须立即向现场试验负责人汇报，同时停止试验，组织人员处理。等问题处理好后，方可继续进行试验。

5. 试验过程中，一旦出现大面积停电等事故，必须立即启动《矿井大面积停电救援预案》，并严格执行。

试验完毕

巡查供电系统及排水系统 → 泵房恢复正常排水 → 技术人员搜集技术资料，存档

作业要求

1. 试验工作结束后，电工、修理工再次检查各线路、设备、仪表、管路及其附件，看有无异常情况，并做好记录。

2. 泵房恢复正常排水，司机按规定进行巡回检查。

3. 技术人员将检查维护记录、试验记录、措施及贯彻记录等技术资料搜集齐全，并存档。

3.21 强排泵房启动作业流程

启动前准备

- 制定贯彻安全措施，进行负荷审批，报上一级供电部门批准
- 启动前对供电系统、排水系统进行全面检查
- 作业现场安全确认

作业要求

1. 安全措施应符合作业实际，并由相关部门、人员按要求审批签字，贯彻到每一位作业人员。
2. 作业人员必须熟悉泵房设备设施情况，熟悉启动作业流程、安全注意事项和安全措施要求。
3. 电工详细检查供电线路及供电设备完好情况；修理工检查潜水泵阀门等运转灵活情况。

启动作业

- 启动水泵电动机
- 打开出水阀门
- 依次启动其他潜水泵

作业要求

1. 试验前与上一级供电部门联系，确认供电无问题后方可开始试验。
2. 启动高压电气设备前，必须戴好绝缘手套、穿好绝缘靴或站在绝缘台上。
3. 水泵运行电流稳定后方可缓慢打开出水阀门。
4. 如果需要重新启动，须在停泵10min后进行，以防电机内温升过高。如再次启动需间隔1 ~ 2h，水泵应尽量避免频繁启动。
5. 水泵启动时闸阀不宜关死，可稍打开一些，等启动后再打开。
6. 紧急情况下停泵时先切断电动机电源，让电动机停止运行，再关闭水泵出水阀门。

启动完毕

- 启动后，必须对水泵运行情况巡回检查
- 设备正常运行
- 按规定填写各种记录

作业要求

1. 司机严格按规定进行巡回检查。
2. 按规定填写运行日志、巡回检查等各种记录。
3. 运行过程中发生设备故障及人身安全的情况要立即停泵，并向区队值班人员汇报。

3.22　中央泵房排水作业流程

准备工作

观察水仓水位 → 设备巡检 → 作业现场安全确认

作业要求

1. 检查确认巷道顶板完好，满足作业条件。
2. 检查确认水泵、电机及其他辅助设备完好。
3. 检查水泵启动设备完好。

启动水泵

灌水 → 启动水泵电动机 → 启动水泵

作业要求

1. 各紧固件及防松装置应齐全、无松动。
2. 各发热部件的温度不超限（水泵轴承温度不超过75℃，电机温度不超过120℃）。
3. 盘根松紧要适度，漏水符合要求。
4. 电动机、水泵无异味、无异常响声或异常震动。
5. 电流不超规定值，电压波动不超过额定值的5%。
6. 压力表指示正常。
7. 工作泵和备用泵应交替运行，以防潮湿。
8. 对于不经常运行的水泵或水泵升井大修的电动机应每定期空载运行。

停止水泵

关闭闸阀 → 切断电动机的电源 → 填写记录

作业要求

1. 水仓水位达到低水位报警界限时，及时停泵。
2. 停泵时要首先关闭闸阀，再停泵。
3. 紧急停泵时先切断电动机电源，让电动机停止运行，再关闭水泵出水阀门。

3.23 立井防坠器试验作业流程

试验前准备

- 制定贯彻安全措施，培训机械维修、高空作业等基础作业知识
- 试验前对立井提升机、防坠器等进行全面检查维护
- 作业现场安全确认

作业要求

1. 安全措施应符合作业实际，并由相关部门、人员按要求审批签字，贯彻到每一位作业人员。

2. 试验人员必须熟悉试验步骤、质量要求、安全注意事项和安全措施要求。

3. 试验人员所用的工具、设备、器材必须齐全可靠，安全带及工具上的防坠绳必须合格。

试验作业

- 站岗警戒
- 试验
- 撤除警戒

作业要求

1. 上、下井口必须站岗警戒，10m范围内不准有无关人员。

2. 试验具有一定的危险性，现场必须要有专人指挥，各相关人员要有明确分工，受指挥人员统一指挥。

3. 上罐笼顶部人员必须系好安全带，所有试验人员必须戴安全帽。

4. 试验前必须拆除过卷和过放保护，试验完成后立即恢复。

5. 试验时，试验人员如果发现任何影响本次试验的不安全因素，都必须立即向现场试验负责人汇报，同时停止试验，组织人员处理。等问题处理好后，方可继续进行试验。

试验完毕

- 对提升机、防坠器等进行全面检查维护
- 提升机恢复正常运行
- 技术人员搜集技术资料，存档

作业要求

1. 试验工作结束后，修理工再次对防坠器、提升机等进行检查，看有无异常情况，并认真填写试验记录。

2. 提升机恢复正常运行，司机按规定进行巡回检查。

3. 技术人员将检查维护记录、试验记录、措施及贯彻记录等技术资料搜集齐全，并存档。

3.24 缓冲托罐装置试验作业流程

试验前准备

- 制定贯彻安全措施，培训机械维修、高空作业等基础作业知识
- 试验前对缓冲托罐装置进行全面检查维护
- 作业现场安全确认

作业要求

1.安全措施应符合作业实际，并由相关部门、人员按要求审批签字，贯彻到每一位作业人员。

2.试验人员必须熟悉试验步骤、质量要求、安全注意事项和安全措施要求。

3.试验人员所用的工具、设备、器材必须齐全可靠，安全带及工具上的防坠绳必须合格。

试验作业

- 站岗警戒
- 试验
- 撤除警戒

作业要求

1.上、下井口必须站岗警戒，10m范围内不准有无关人员。

2.试验具有一定的危险性，现场必须要有专人指挥，各相关人员要有明确分工，受指挥人员统一指挥。

3.上罐笼顶部人员必须系好安全带，所有试验人员必须戴安全帽。

4.试验前必须拆除过卷和过放保护，试验完成后立即恢复。

5.试验时，试验人员如果发现任何影响本次试验的不安全因素，都必须立即向现场试验负责人汇报，同时停止试验，组织人员处理。等问题处理好后，方可继续进行试验。

试验完毕

- 对缓冲托罐装置进行全面检查维护
- 提升机恢复正常运行
- 技术人员搜集技术资料，存档

作业要求

1.试验工作结束后，修理工再次对缓冲托罐装置、罐笼进行检查，看有无异常情况，并认真填写试验记录。

2.提升机恢复正常运行，司机按规定进行巡回检查。

3.技术人员将检查维护记录、试验记录、措施及贯彻记录等技术资料搜集齐全，并存档。

4 运输专业施工作业流程

4.1 斜巷轨道运输作业流程

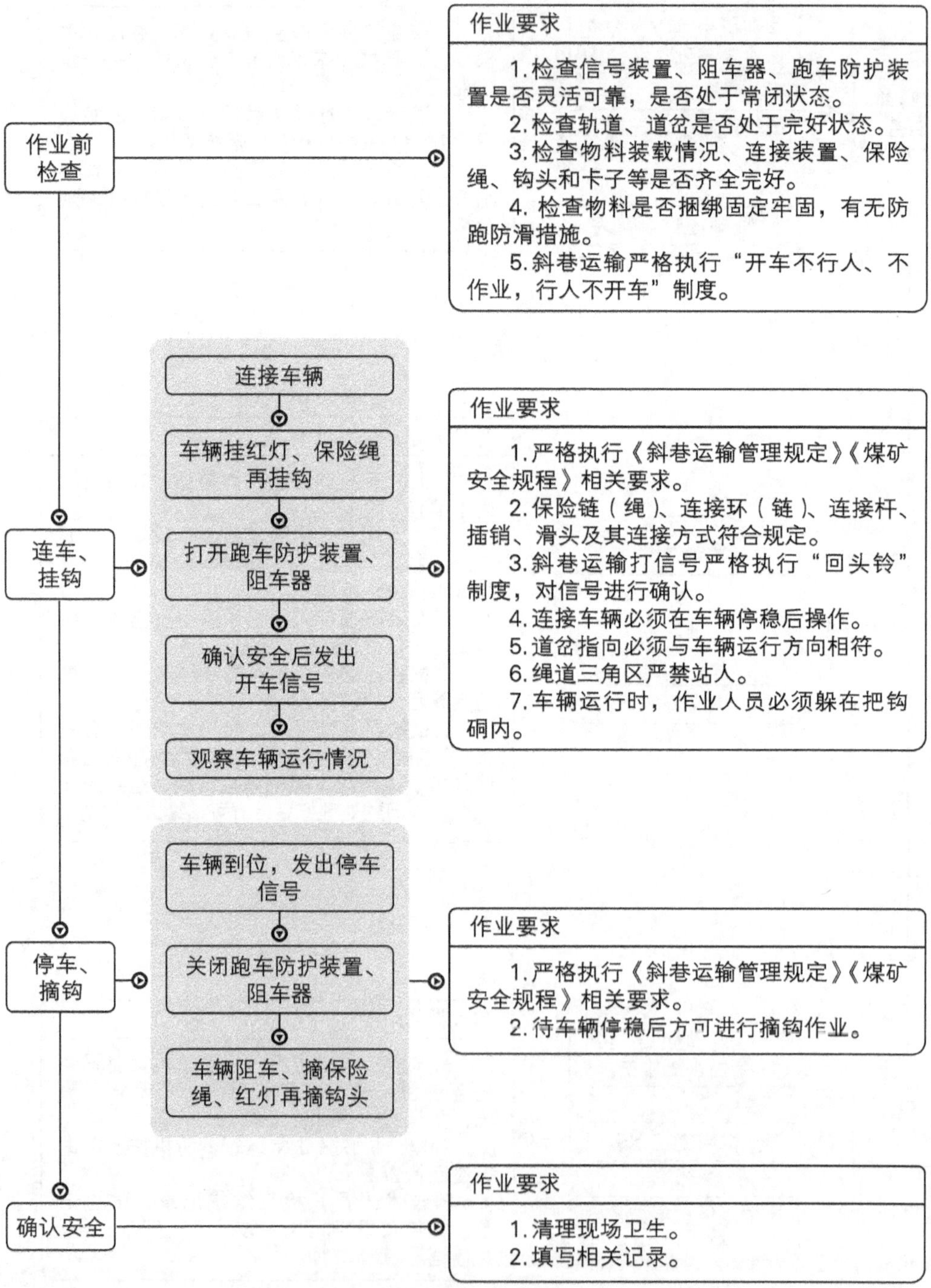

4.2 平巷轨道运输作业流程

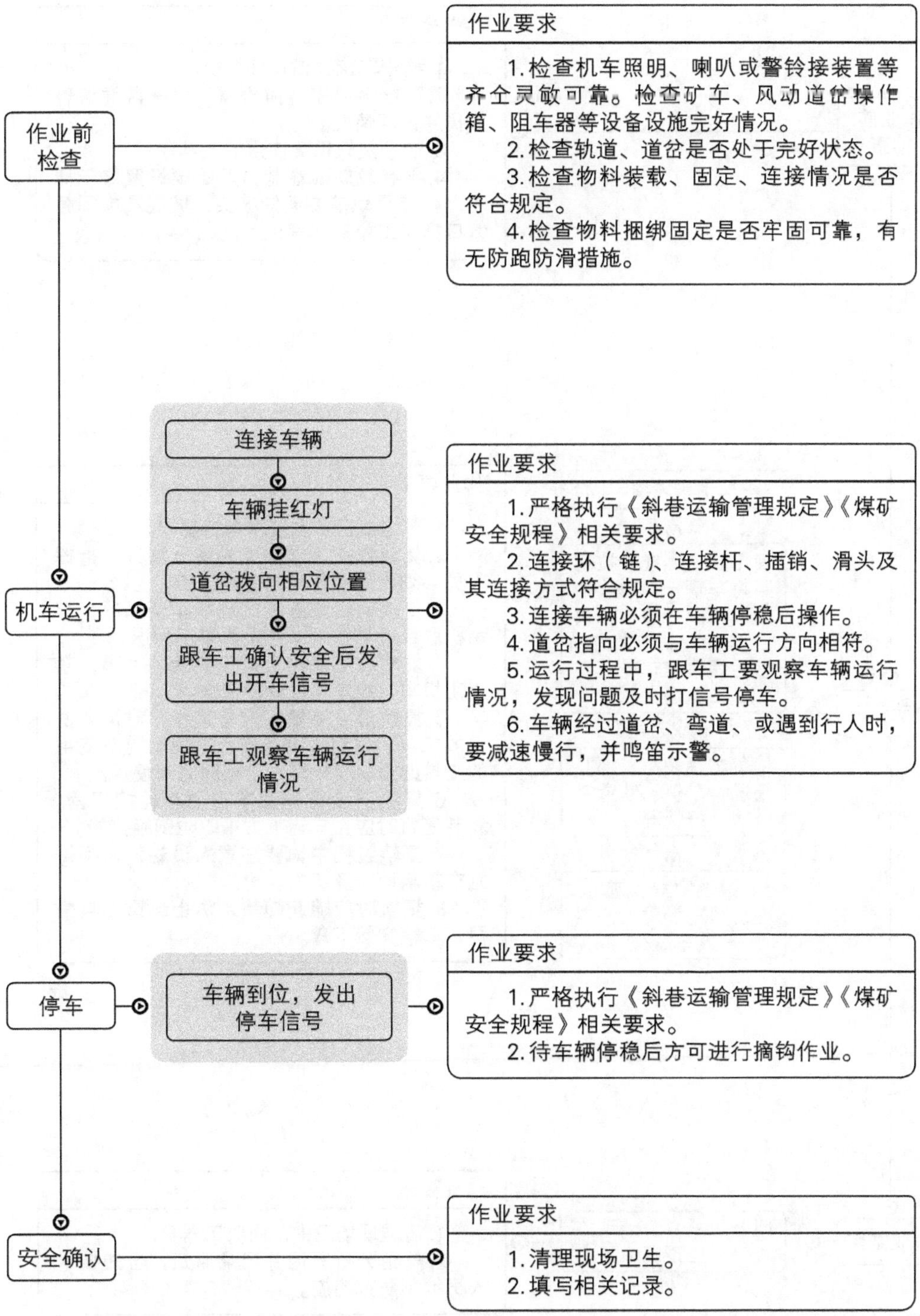

4.3 车辆掉道复轨施工作业流程

作业前检查

作业要求

1. 检查车辆掉道现场情况。
2. 汇报调度室、值班室、机车调度值班人员并说明情况。
3. 准备复轨需要使用的工具等。
4. 平巷复轨前在巷道两端要设置警示标志；斜巷复轨前要通知坡头、坡底及中间各偏口把钩工警戒，禁止人员进入。

复轨作业

将车辆车轮掩牢固 → 使用起道器或手拉葫芦将车辆一端碰头抬起，用撬杠拨移碰头至车轮在轨道上方，然后缓慢使车轮落在轨道上 → 检查车辆装车、绑扎情况，车辆、轨道完好情况 → 汇报调度室、值班室、机车调度，恢复通车运行

作业要求

1. 严格执行安全技术措施要求。
2. 复轨作业必须由专人统一指挥，指挥人员必须为班组长或跟班区队长。
3. 复轨前必须查看好现场车辆情况，与司机联系好禁止开车，设置警示标识。
4. 复轨时应使用上道工具就地上道，禁止用机车、绞车强拉硬拽上道。
5. 复轨前必须做好准备工作，对需要使用的工具、材料等准备齐全，使用前对使用的工具必须认真检查，合格时方可使用。
6. 复轨前应将掉道车辆的车轮掩牢固。斜巷复轨时应在车辆下方采取防跑罐措施。
7. 复轨过程中，要注意人员站位，不得站在车辆两侧及下方。
8. 复轨时应随起随垫，防止起重工具失灵，车辆突然下落。

作业结束

回收工器具、清理施工现场

作业要求

1. 清理现场卫生、回收工器具。
2. 总结分析原因并记录清楚，告知技术人员编制防范措施。

4.4 轨道铺设施工作业流程

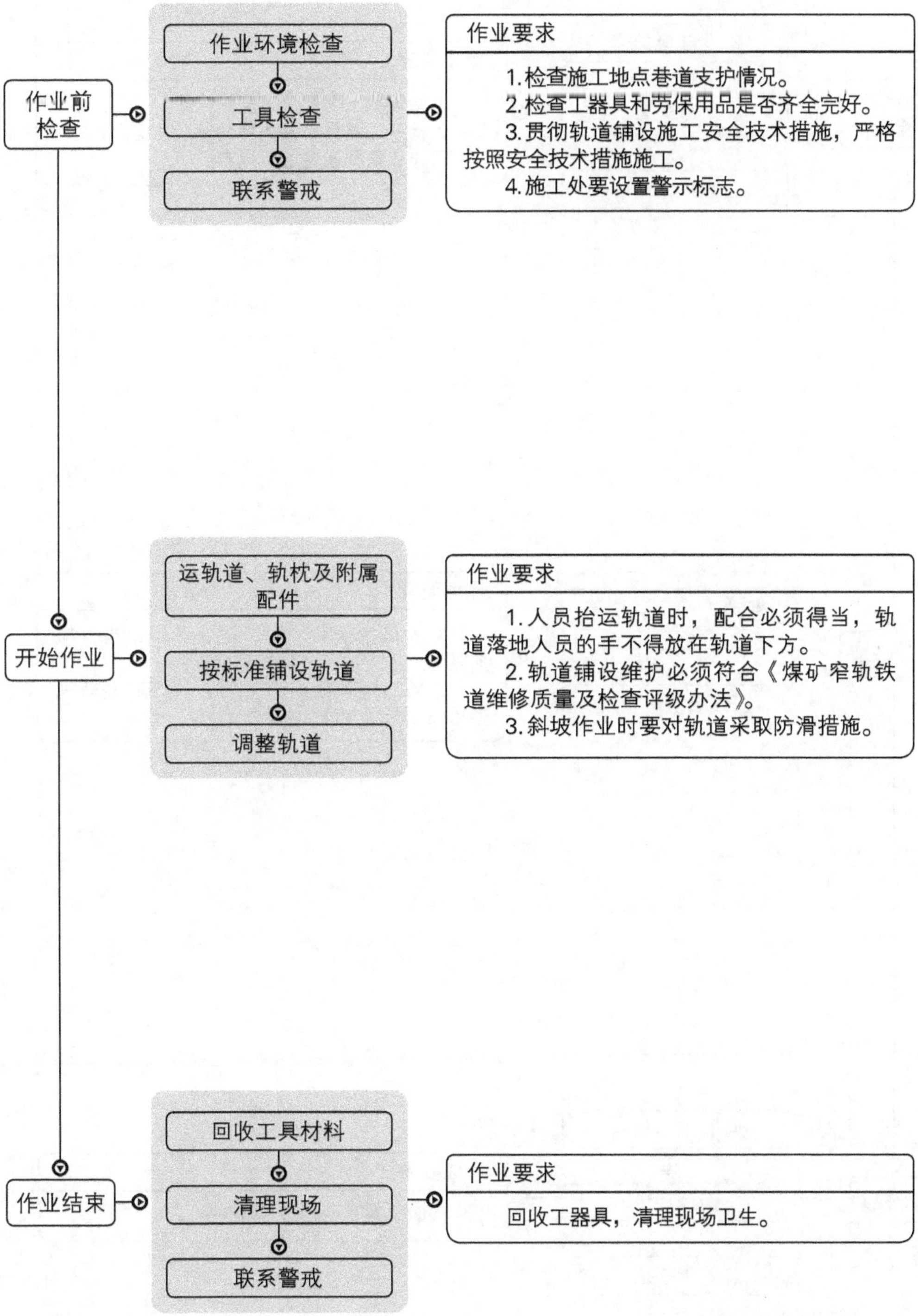

4.5 轨道检修施工作业流程

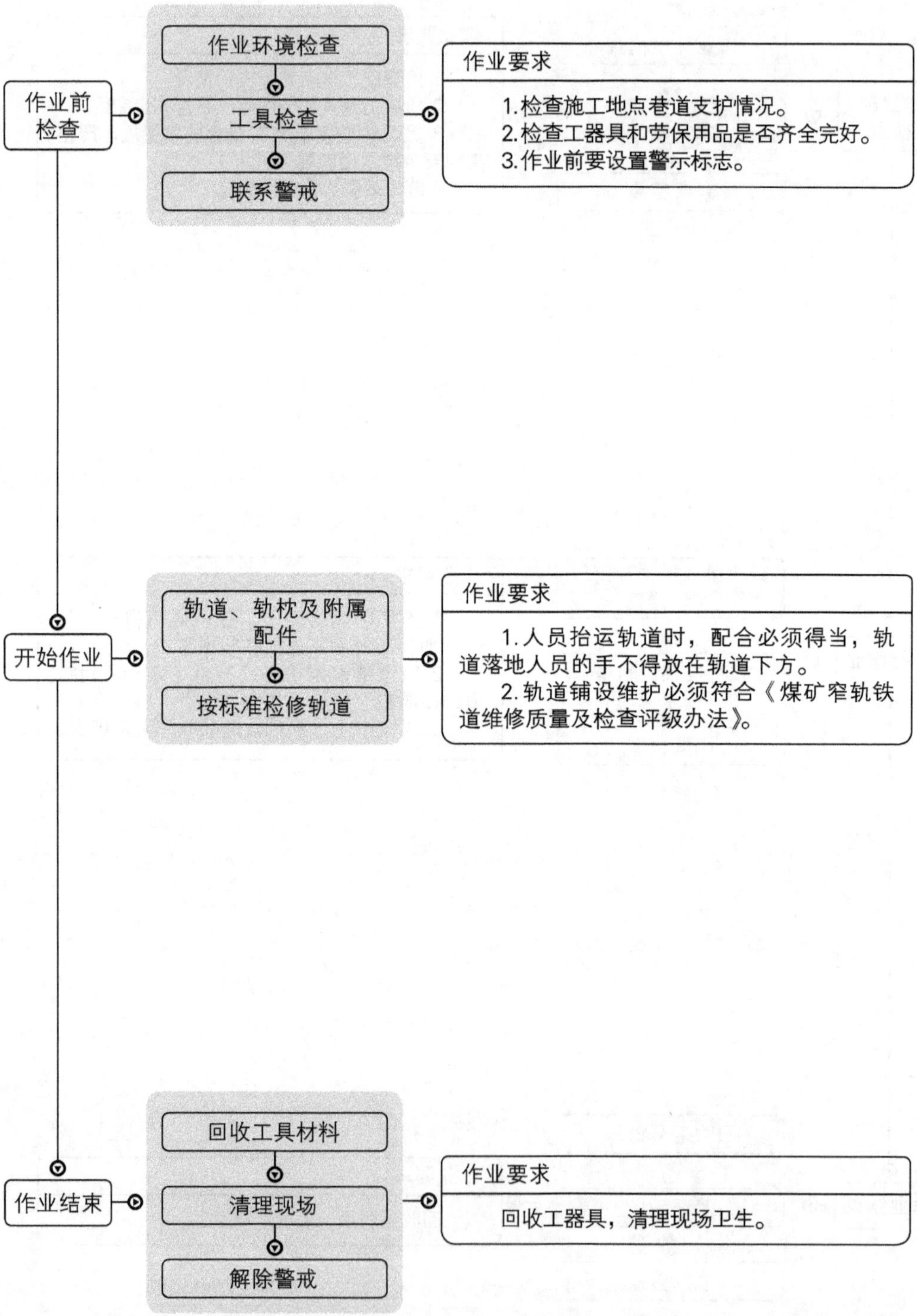

4.6　矸石山卸载架延伸施工作业流程

作业前检查

- 检查作业环境
- 检查工器具、劳保用品
- 做好危险预知

作业要求

1. 检查作业地点周围有无影响操作的物品及设施。
2. 清理施工现场，以防人工搬运材料时被绊倒，同时要小心地滑。
3. 施工负责人提前对检修使用的工具进行检查，确保检修所使用的物品质量达标。佩戴劳保用品，确保齐全、完好。
4. 做好岗前风险预知预控，及时发现各类风险隐患。

开始作业

- 施工前准备
- 延伸卸载架
- 施工完毕

作业要求

1. 施工前，检查回柱车是否固定牢固，地锚螺栓是否牢固可靠。
2. 检查信号装置是否完好，是否清晰可靠。
3. 班组长及以上人员现场巡查，纠正不规范、不安全行为。
4. 两人以上作业，应指定一名负责人。吊运作业，应安排专人指挥。
5. 拉架子时，轨道上不得有人（架子下方20m范围内）。
6. 施工过程中，根据需要延伸的距离，提前做好培土工作，打好固定地基。
7. 施工时使用的易燃易爆物品，要与电焊、气割等明火作业保持10m以上距离。
8. 设备检修质量应符合机电设备完好标准。
9. 试车完毕，做好深度指示器调整工作，调整电控系统箕斗停车位置，确保安全可靠。

作业结束

- 质量验收
- 设备试运行
- 回收工器具，清理施工产生的杂物

作业要求

1. 认真验收施工质量，确保施工质量达标。
2. 联系确认设备达到试运行条件。
3. 组织设备试运行，确保设备正常运转，各项功能、参数正常。
4. 设备正常运转后，组织回收工器具，清理施工产生的杂物。

4.7 翻罐笼检修施工作业流程

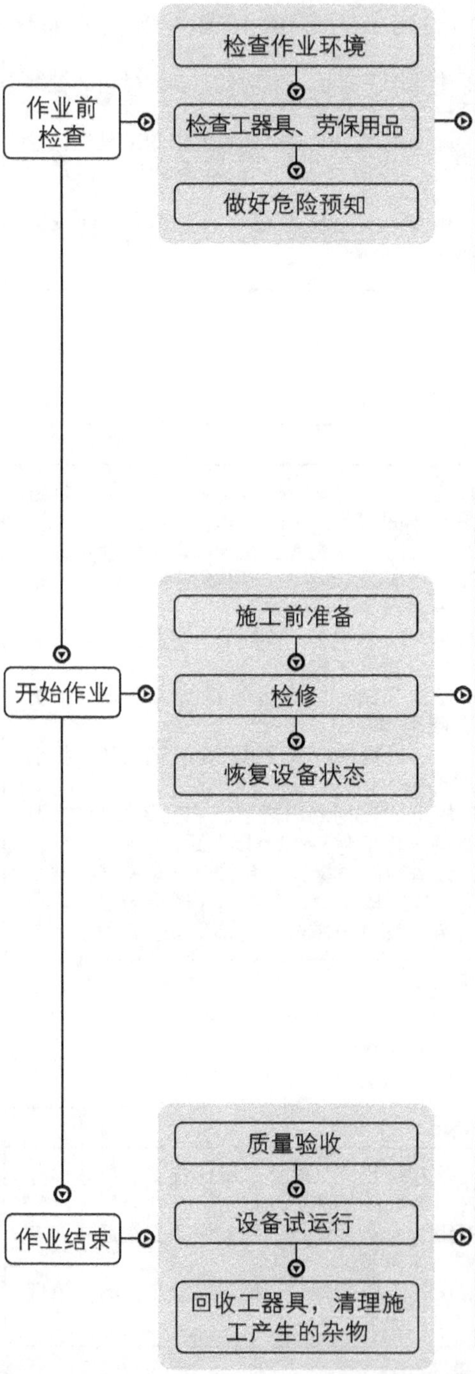

作业要求

1.检查作业地点周围有无影响操作的物品及设施。

2.清理施工现场，以防人工搬运材料时被绊倒，同时要小心地滑。

3.施工负责人提前对检修使用的工具进行检查，确保检修所使用的物品质量达标。佩戴劳保用品，确保齐全、完好。

4.做好岗前风险预知预控，及时发现各类风险隐患。

作业要求

1.停送电前做好联系确认，确认满足停送电条件后，方可操作。

2.设备检修前需确认，液压系统已无压力。

3.班组长及以上人员现场巡查，纠正不规范、不安全行为。

4.两人以上作业，应指定一名负责人。

5.吊运作业，应安排专人指挥。

6.检修时使用的黄油、液压油等易燃易物品，要与电焊、气割等明火作业保持10m以上距离。

7.设备检修质量应符合机电设备完好标准。试运行完毕，停机、关闭电源。

作业要求

1.认真验收施工质量，确保施工质量达标。

2.联系确认设备达到试运行条件。

3.组织设备试运行，确保设备正常运转，各项功能、参数正常。

4.设备正常运转后，组织回收工器具，清理施工产生的杂物。

4.8　蓄电池电机车维修作业流程

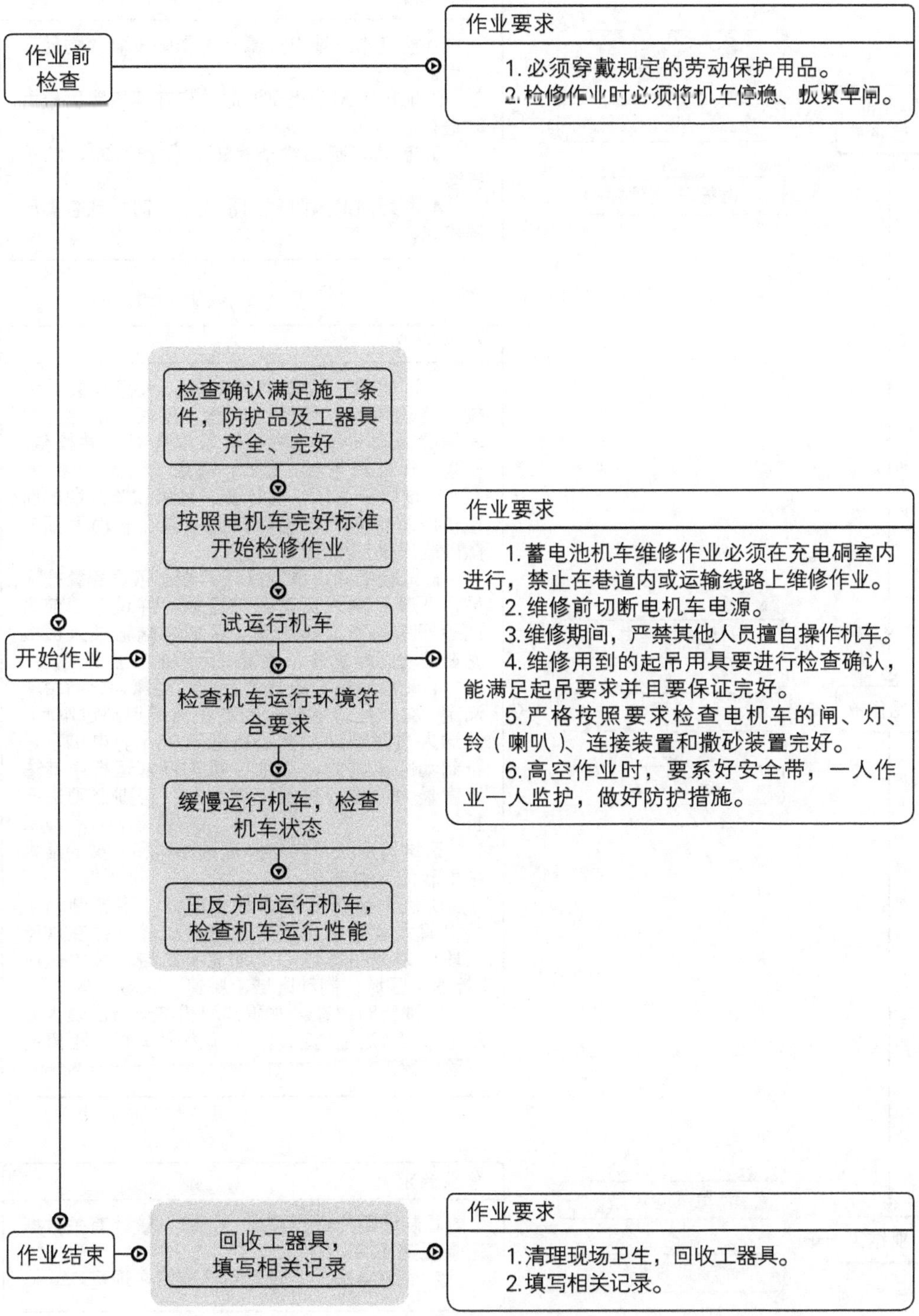

4.9 电机车制动距离试验作业流程

作业前检查

检查试验环境 → 检查设备、设施 → 做好危险预知

作业要求

1. 检查作业地点周围有无影响试验的物品及设施。

2. 电机车制动距离试验，应在环境湿度最大时进行。

3. 电机车制动性能良好，保护可靠，防护齐全。

4. 做好岗前风险预知预控，及时排除各类风险隐患。

开始作业

试验前准备 → 试验规范 → 试验方法

作业要求

1. 试验前，提前把计时器、人行车配重沙袋、修理用具、量具、仪器、仪表、配件、复轨器具及其他安全防护装置准备好，并检查、校验，保证其齐全、灵敏、有效。

2. 试验前必须认真检查、检修试验区段的轨道，以及机车、车辆等，但不得在轨面上预先撒砂或作类似处理。

3. 试验期间，试验区域两端必须设置警戒人员，严禁无关人员进入该区域，并设置“前方试验严禁通行”标志牌。区域两端警戒人员应站在试验区域之外，并留有足够的安全距离。

4. 新投用机车应当测定制动距离，之后每年测定1次。运送物料时制动距离不得超过40m；运送人员时制动距离不得超过20m。电机车进行制动距离试验，必须在机车日常运行中巷道坡度最大的地段进行下坡制动，否则必须进行折算。

5. 试验应按日常实际运送物料和人员的最大牵引载荷分别进行。

6. 机车运行方向为从里向外（下坡制动），即沿着大巷水沟水流方向进行试验，并在试验区段内划分机车启动（加速）区域、最大速度（等速）区域、制动区域（减速）区域。

7. 试验时要在各水平选取机车运行的最大坡度（坡度4‰）。直线区段作为列车制动距离的试验区段。

作业结束

填写试验记录 → 清理现场

作业要求

1. 制动距离进行测量，记录、统计有关数据记录规范正确。

2. 试验完毕，工器具不得遗留在现场。

4.10 斜巷安全设施检修施工作业流程

作业前检查

检查作业环境 → 检查工器具、劳保用品 → 做好危险预知

作业要求

1.作业地点周围无影响操作的物品及设施。

2.清理施工现场，以防人工搬运材料时被绊倒，同时要小心地滑。

3.施工负责人提前对检修使用的工具进行检查，确保检修所使用的物品质量达标。佩戴劳保用品，确保齐全、完好。

4.做好岗前风险预知预控，及时发现各类风险隐患。

开始作业

施工前准备 → 检修 → 检修结束

作业要求

1.检修前，做好停电工作，提升机停止运行。

2.斜巷检修严格执行“行人不开车，开车不行人、不作业”制度。

3.班组长及以上人员现场巡查，纠正不规范、不安全行为。

4.两人以上作业，应指定一名负责人。

5.吊运作业，应安排专人指挥。

6.搬运作业时，施工人员必须集中精力、站稳、抓牢，必须佩戴防滑手套；行走期间注意脚下，防止滑倒。

7.高空作业时，必须佩戴安全带。高空作业所用的工具等，应用绳索捆扎牢靠，小型工具应装在工具袋内吊运，并摆放在牢靠处，以防坠落伤人，严禁抛掷。

8.检修结束后，应恢复设备状态，确保安全运行。

作业结束

回收工具、材料 → 清理现场

作业要求

1.设备正常运转后，清理施工产生的杂物。

2.组织回收工器具，工器具不得遗留在现场。

4.11 架空乘人装置检修施工作业流程

作业前检查：检查作业环境 → 检查工器具、劳保用品 → 做好危险预知

作业要求

1. 检查施工环境，确保施工环境安全。
2. 检查工器具和劳保用品，确保齐全、完好。
3. 做好岗前危险预知，及时排除施工隐患。

开始作业：联系确认 → 设备停运 → 检修施工 → 恢复设备

作业要求

1. 停送电前做好联系确认，确认满足停送电条件后，方可操作。
2. 操作高压设备需戴绝缘手套，穿绝缘靴。
3. 严格执行“三票制度”和电气检修二级停电制度，机械检修执行一级停电制度。
4. 严格执行停送电程序，做好停电、验电、放电、打设短路接地线、挂警戒牌，不在视野范围内的需设专人看守。
5. 施工前检测周围10m范围内瓦斯浓度，只有瓦斯浓度低于0.5%时，方可施工。
6. 严格按照设备检修标准及安全技术措施进行施工。
7. 检修期间杜绝违章作业。
8. 监督每一步施工，确保施工质量达标。

作业结束：质量验收 → 送电运行 → 回收工器具，清理施工产生的杂物

作业要求

1. 认真验收施工质量，确保施工质量达标。
2. 联系确认设备达到试运行条件。
3. 组织设备试运行，确保设备正常运转，各项功能、参数正常。
4. 设备正常运转后，组织回收工器具，清理施工产生的杂物。
5. 填写相关记录。

4.12　大件运输作业流程

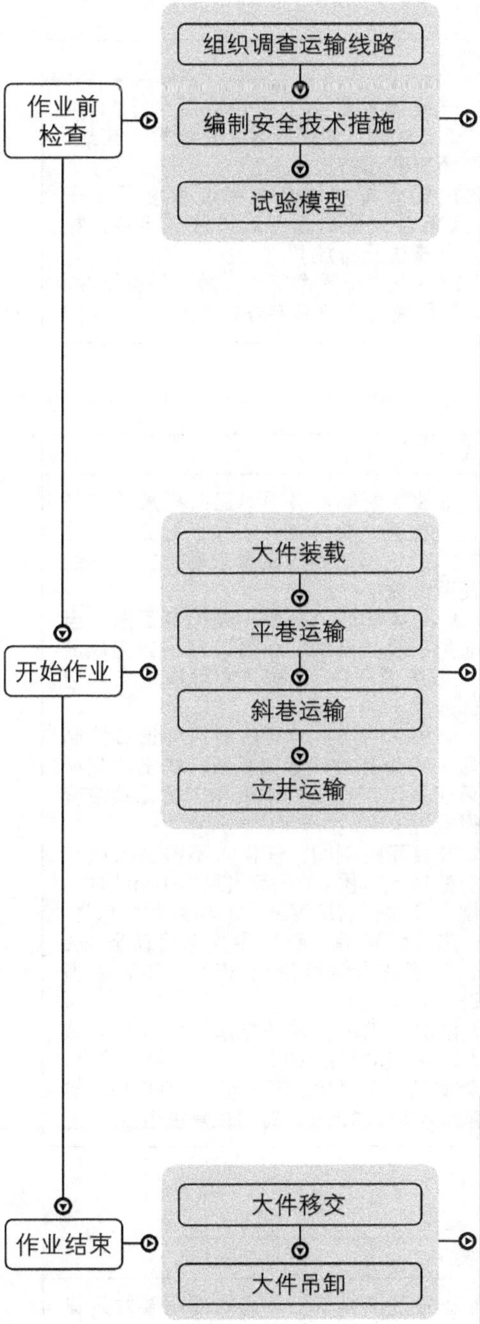

作业要求

1. 回运大件前要对整个运输线路进行调查，确保大件能够工常回运。

2. 运输大件必须编制专项安全技术措施。

3. 根据大件的外形尺寸制作模型，回运大件前先回运模型进行试验。

4. 大件运输使用的车辆、设备的装载、捆绑固定要符合上级文件要求。

作业要求

1. 大件装载用到的起吊用具要满足起吊要求，保证完好。

2. 大件运输使用的车盘、矿车必须完好，捆绑必须牢固可靠。应根据不同的设备、物料采取不同的固定方法。

3. 运输大型设备、物料时，其整体重心要落在两股钢轨之间及矿车或车盘两轴之间的区域中心，装载重心尽可能降低。

4. 大件平巷运输过程中要慢速运行，需要人力推车时要与调度站联系好，经过允许后方可进行人力推车。巷道坡度大于7‰时，严禁人力推车。

5. 大件斜坡运输时，要提前与司机联系好，慢速运输。斜巷内严禁有人。

6. 立井运输时，要根据本矿的实际制定吊运安全技术措施，严格按措施施工。

7. 大件运输过程中，经过的每个岗位都必须对大件的捆绑固定状态进行确认，发现问题及时处理。

8. 大件运输过程中如发生掉道事故，严格按照《车辆掉道复轨施工作业流程》处理。

作业要求

1. 大件运输到指定位置后移交给使用单位，使用单位对大件进行验收，验收完毕后在移交单上签字确认。

2. 大件吊卸使用的起吊用具要保证完好，起吊能力满足使用要求。

3. 大件吊卸时，人员要站在安全位置，严谨站在大件下方，起吊过程中大件要随起随垫。

5 通风专业施工作业流程

5.1 一般排放瓦斯施工作业流程

排放瓦斯准备

- 制定贯彻安全措施
- 准备排放瓦斯工具
- 作业现场安全确认

作业要求

1. 一般排放瓦斯（甲烷浓度大于1.0%且小于3.0%的）由矿领导（总指挥）带班，通风区负责现场排放。
2. 按现场排放混合处甲烷浓度不大于1.5%及混合处的风量算取排放送风量，按不超过此量进行排放。
3. 对作业人员贯彻落实，做到限量排放。
4. 工器具齐全可靠完好。

排放瓦斯作业

- 排放前停电、撤人、设岗
- 排放期间控制瓦斯、二氧化碳、氧气浓度
- 排放后安全确认

作业要求

1. 排放瓦斯前，必须对瓦斯排放的准备工作进行检查，确认准备工作已经完成，停电、撤人、设岗达到规定要求后，方可下达排放瓦斯命令。
2. 启动局部通风机必须先检查瓦斯，当局部通风机及其开关地点附近10m以内风流中甲烷浓度低于0.5%时，方可指定专人启动局部通风机。
3. 排放瓦斯应在全风压通风巷道口控制排放量，逐步排放积聚的瓦斯，排出的瓦斯与全风压风流混合处的甲烷和二氧化碳浓度均不得超过1.5%。严禁“一风吹”。
4. 排放瓦斯期间，任何人不得进入风筒出口有效风流范围(距风筒出风口10m以内，且甲烷、二氧化碳浓度低于1%)外的区域。
5. 排放结束后，巷道甲烷浓度降到1%以下，二氧化碳浓度降到1.5%以下，人员方可进入。
6. 排放结束后，现场总指挥对排放区域及其影响区域的瓦斯浓度再次组织全面检查，确认巷道风流中甲烷浓度不超过1.0%和二氧化碳浓度不超过1.5%，方可恢复供电。

排放瓦斯收尾

- 做好排放瓦斯记录工作
- 回收材料，清理现场

作业要求

1. 排放瓦斯结束后，通防部门要做好排放瓦斯记录。
2. 回收材料，清理现场，确保文明生产。

5.2 启封密闭排放瓦斯施工作业流程

启封密闭排放瓦斯准备

- 制定贯彻安全措施
- 准备排放瓦斯工具
- 作业现场安全确认

作业要求

1. 启封密闭排放瓦斯必须由救护队执行，矿领导（总指挥）带班。
2. 安全措施符合作业实际并由相关部门、人员按要求审批签字。
3. 对作业人员贯彻措施，熟悉安全措施的要求。
4. 工器具齐全可靠完好。

启封密闭排放瓦斯作业

- 排放前停电、撤人、设岗
- 启封密闭墙
- 排放期间控制瓦斯、二氧化碳、氧气浓度
- 排放后安全确认

作业要求

1. 排放瓦斯前，必须对瓦斯排放的准备工作进行检查，确认准备工作已经完成，停电、撤人、设岗达到规定要求后，方可下达排放瓦斯命令。
2. 启动局部通风机必须先检查瓦斯，当局部通风机及其开关地点附近10m以内风流中甲烷浓度低于0.5%时，方可指定专人启动局部通风机。
3. 启封密闭前必须首先检查密闭墙前瓦斯和其他有害气体浓度。启封密闭时，始终将风筒口对准预敲打墙体位置，用铜锤、铜撬棍选中下部墙体开一小口，同时边浇水边拆墙，观察密闭墙内瓦斯情况，在保证密闭开口处甲烷浓度不超过3.0%，逐渐将小口扩大，直至将整个密闭墙拆掉。
4. 排放瓦斯应在全风压通风巷道口控制排放瓦斯量，逐步排放积聚的瓦斯，排出的瓦斯与全风压风流混合处的甲烷和二氧化碳浓度均不得超过1.5%。严禁“一风吹”。
5. 排放瓦斯期间，任何人不得进入风筒出口有效风流范围(距风筒出风口10m以内，甲烷、二氧化碳浓度低于1%)外的区域。
6. 排放结束后，巷道甲烷浓度降到1%以下，二氧化碳浓度降到1.5%以下，氧气浓度符合要求，并稳定30 min以上，非救护队人员方可进入。
7. 排放结束后，现场总指挥对排放区域及其影响区域的瓦斯浓度再次组织全面检查，确认巷道风流中甲烷浓度不超过1.0%和二氧化碳浓度不超过1.5%，报告地面总指挥并获得批准后方可恢复供电。
8. 排放瓦斯应一次完成全部排放完成，不能一次排完时，必须立即封闭未排放区域，密闭位置应在距风筒出风口5m以内；补充巷道排水、巷道修复的专项措施，经矿总工程师审批后执行。巷道排水或巷道修复完成后，由救护队排放剩余部分巷道瓦斯。

启封密闭排放瓦斯收尾

- 做好排放瓦斯记录工作
- 回收材料，清理现场

作业要求

1. 排放瓦斯结束后，通防部门要做好排放瓦斯记录。
2. 回收材料，清理现场，确保文明生产。

5.3 巷道贯通施工作业流程

巷道贯通准备

制定贯彻安全措施 → 准备贯通事项 → 作业现场安全确认

作业要求

1. 安全措施符合作业实际并由相关部门、人员按要求审批签字。
2. 剩余贯通距离综掘50m，炮掘20m时（突出煤层50m），停止被贯通巷道的一切作业活动，并打设栅栏，悬挂警示标志。

巷道贯通作业

贯通人员到位 → 贯通作业 → 贯通改系

作业要求

1. 贯通距离剩余10m时（突出煤层50m），生产单位负责一次性探透。
2. 贯通距离剩余5m时，通风区必须指派管理人员现场跟班统一指挥，直至巷道贯通。
3. 贯通前，通风区跟班管理人员、测风工、通风设施工不到现场，严禁进行爆破贯通作业。
4. 贯通期间，执行好停电、撤人、警戒。
5. 跟班管理人员负责全面指挥工作，参加调改风的人员必须听从指挥。贯通时矿领导现场跟班。
6. 贯通后，生产单位必须停止因贯通受影响作业地点的一切工作，通风区立即负责调整好通风系统，只有待工作面风流稳定、无瓦斯超限和局部积聚时，经通风区跟班领导同意后，方可恢复其他一切工作。

巷道贯通收尾

质量验收 → 贯通记录完善 → 回收材料，清理现场

作业要求

1. 检查确认贯通后的风量安全可靠。
2. 通风系统调整完毕后，通风区跟班管理人员负责安排人员对所受到影响地点的通风、瓦斯等情况进行一次全面检查，发现有风量不足的地方必须及时进行调整。
3. 回收材料，清理现场，确保文明生产。

5.4 调改风施工作业流程

调改风准备

- 制定贯彻安全措施
- 通风设施工携带作业工具
- 作业现场安全确认

作业要求

1. 安全措施符合作业实际并由相关部门、人员按要求审批签字。
2. 调改风前一天调度室备案，生产单位配电修工，安排管理人员跟班协同通风区做好调改风。
3. 作业人员熟悉作业内容安全措施要求。
4. 工器具齐全、可靠、完好。

调改风作业

- 调改风前停电、撤人、设岗
- 调改风作业
- 风量测定、瓦斯测定

作业要求

1. 调改风前，通风区跟班管理人员、测风工、通风设施工，生产单位跟班管理人员、电修工到现场后方可开始进行调改风作业。
2. 调改风期间，执行好停电、撤人、警戒。
3. 通风区跟班管理人员负责全面的指挥工作，参加调改风的人员必须听从指挥。
4. 测风工负责测风工作；通风设施工负责构筑和拆除通风设施；瓦斯检查工负责持续检查调改风地区瓦斯浓度，瓦斯涌出异常，立即向跟班领导和通风区、调度室值班领导汇报。
5. 调改风期间，严禁与调改风无关的人员进入，只有风流稳定、风量正常、无有毒有害气体超限后，经通风区指挥同意，人员才可进入调改风地区。

调改风收尾

- 调风系统验收
- 恢复生产作业
- 回收材料，清理现场

作业要求

1. 调改风后，通风区安排测风人员全面测定一次调改风地区风量并检查各密闭墙前瓦斯情况，同时检查该采区的各地区风量，发现风量或瓦斯异常，立即汇报并处理。
2. 瓦斯检查工每班检查该调改风地区瓦斯、通风设施等情况，发现瓦斯异常、通风设施损坏，立即汇报。
3. 设备正常运转后，回收材料，清理现场，确保文明生产。

5.5 过老巷施工作业流程

过老巷准备

制定贯彻安全措施 → 准备过老巷事项 → 作业现场安全确认

作业要求

1. 安全措施符合作业实际并由相关部门、人员按要求审批签字。

2. 距老巷20m时，生产单位必须坚持“有疑必探，先探后掘”的原则，探5m进3m，至少保持2m的超前探距。

3. 距老巷5m时，生产单位安排一次探透，瓦斯检查工负责检查老巷有害气体。

过老巷作业

刨透老巷 → 测定老巷有害气体 → 确定安全后过老巷

作业要求

1. 与老巷相透剩余最后2m时，只能用风镐或手镐刨透，边刨边洒水。

2. 透老巷后，生产单位必须立即停止一切工作，通风区安排人员用长胶管检查老巷内氧气、一氧化碳、有毒有害气体情况，只有待揭露的老巷风流稳定、无有毒有害气体超限和无局部瓦斯积聚时，经通风区跟班领导同意后，生产单位方可恢复其他工作。

3. 若甲烷浓度超过1%、一氧化碳超过0.0024%或其他有害气体超过规定，必须立即停止一切工作，切断电源、撤出人员，并汇报区值班和矿调度室，采取措施。

4. 通风区跟班管理人员负责全面指挥工作，参加透老巷人员必须听从指挥。

过老巷收尾

过老巷后对老巷的处理

作业要求

1. 若老巷已冒实，生产单位将与老巷相透的两帮全部洒水浇透并灌浆封严；若老巷没有冒实，打开老巷至少5m，通风区负责在透口处建设两道永久密闭墙，生产单位负责喷浆。

2. 过老巷地区瓦斯检查工每班检查老巷附近有害气体。

5.6　接风筒施工作业流程

接风筒准备

- 制定、贯彻安全措施
- 现场提前准备好风筒
- 作业现场安全确认

作业要求

1. 按时参加班前会，及时贯彻措施，听取值班人员和班队长布置工作，带齐工具，以免发生差错。

2. 所用工具要经常检修并妥善保管，携带利刃工具时，必须在利刃端加保护套，以防伤害他人或发生意外事故。

接风筒作业

- 吊好风筒
- 打开风量调节装置
- 接风筒
- 关闭风量调节装置

作业要求

1. 把需要接的风筒提前吊好，确认风筒跟所需接的风筒长度一致。

2. 生产单位停止作业。

3. 瓦斯检查工做好瓦斯检查工作。

4. 接风筒作业地区悬挂便携式甲烷检测报警仪。

5. 需要踩带式输送机作业时，生产单位必须切断带式输送机的供电开关。

6. 接风筒作业结束后，及时关闭风量调节装置，瓦斯检查工做好瓦斯检查工作。

接风筒收尾

- 风筒质量验收
- 确认风机正常运行
- 回收材料，清理现场

作业要求

1. 风筒吊挂必须符合平、顺、直的标准要求，逢环必挂，做到“两靠一直”（靠顶、靠帮、吊挂平直）。煤巷和半煤岩巷风筒出风口距工作面不得超过5m，岩巷距工作面不得超过10m。备用风筒必须存放整齐并实行挂牌管理。

2. 风筒接口必须严密，软质风筒接头要有反压边，硬质风筒接头要加衬垫，上紧螺丝。

3. 回收材料，清理现场，确保文明生产。

5.7 “三人连锁”爆破施工作业流程

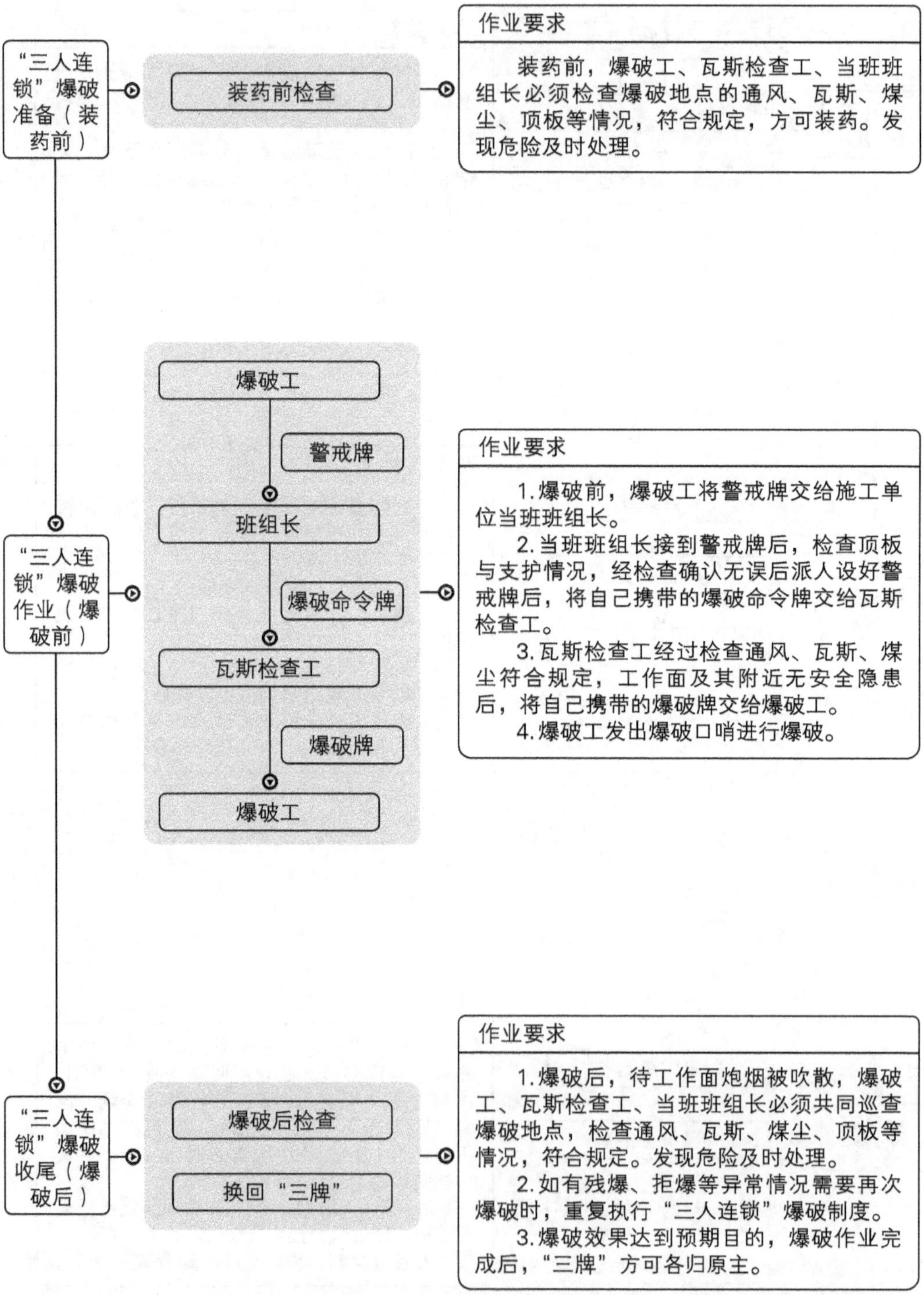

5.8 爆炸物品运输施工作业流程

爆炸物品运输准备（到矿）

- 现场交接爆炸物品，签字确认准确无误
- 爆炸物品装入专用矿车井加锁
- 作业现场安全确认

作业要求

1.爆炸物品运输工负责在地面井口将炸药或电雷管装入专用矿车内，并加锁。

2.炸药和电雷管必须分开运输，不得装在同一矿车内运输。

3.运输整箱电雷管时，雷管箱应平放，不得侧放或立放，箱底必须垫绝缘软垫。

4.爆炸物品装矿车时必须轻拿、轻放，不得撞击和碰撞。

爆炸物品运输作业（运输）

- 矿车进入罐笼
- 罐笼运送矿车
- 矿车出罐笼
- 矿车在井下运送

作业要求

1.炸药和电雷管必须分别运送。

2.必须事先通知绞车司机和井上下把钩工。

3.运送炸药时爆炸物品堆放高度不得超过罐笼高度的2/3。如果将装有炸药或电雷管的专用车辆直接推入罐笼内运送时，爆炸物品在矿车内的堆放高度不得超过矿车边缘。

4.在装有爆炸物品的罐笼或吊桶内，除爆炸物品运输工外不得有其他人员。

5.罐笼升降速度，运送爆炸物品时不得超过4m/s。司机在启动和停上绞车时，不得使罐笼或吊桶发生震动。

6.交接班、人员上下井的时间内严禁运送爆炸物品。

7.禁止将爆炸物品存放在井口房、井底车场或其他巷道内。

8.炸药和电雷管不得在同一列车内运输。如用同一列车运输，装有炸药和电雷管的车辆之间，以及炸药和电雷管的车辆同机车之间，都必须用空车隔开，隔开长度不得小于3m。

9.爆炸物品必须由井下爆炸物品库负责人或经专门培训的专人护送，跟车人员、护送人员和装卸人员应坐在尾车内，严禁其他人员乘车。

10.列车的行驶速度不得超过2m/s，装有爆炸物品的列车不得同时运送其他物品或工具，严禁用刮板输送机、带式输送机等运输爆炸物品。

爆炸物品运输收尾（入库）

- 爆炸物品搬运入库
- 清点上账签字盖章

作业要求

1.爆炸物品运至井下爆破物品库后，必须立即自矿车内卸出并运至库房内，不准在矿车内长期存放。卸车时必须两人配合，一人站在矿车内搬运，一人站在矿车外接放。

2.爆炸物品卸车后必须立即运至爆炸物品库内，搬运时必须轻拿轻放，炸药和雷管必须分别放在库房的硐室或壁槽内，并存放整齐。

3.爆炸物品运至库房后，必须同爆炸物品保管员当面清点数量并上账，同时由爆炸物品运输工签字或盖章。

5.9 构筑风门施工作业流程

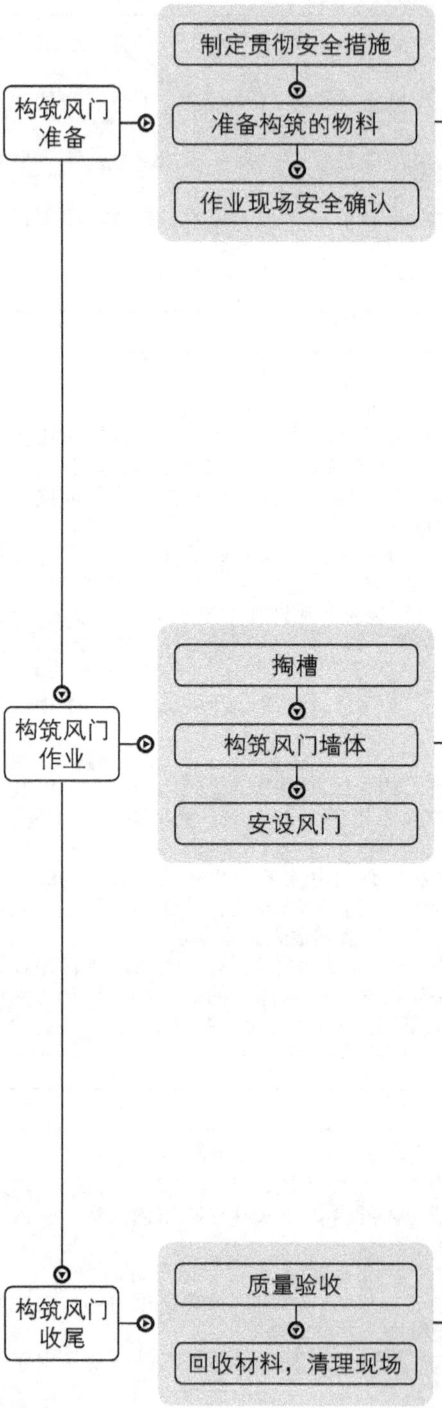

作业要求

1.施工人员对施工地点、类别、规格、质量、数量和要采取的安全措施必须清楚。

2.按照班组长布置的工作任务，带齐所用工具，并将利刃工具装入保护套内。

3.根据巷道实际情况和有关规定要求选择好施工地点。施工地点前后5m范围内巷道支护完好，无杂物、积水、淤泥。根据施工地点巷道的断面和材质要求准备好砖、土、水泥、沙子等材料。

作业要求

1.每组风门不少于2道，通车风门间距不小于1列车长度，行人风门间距不小于5m，进回风之间的风门要设置反向风门，其数量不少于2道，通车风门前要设置防撞装置，并能正常使用，风门墙上设有规格、字体统一的设施管理牌。风门安设地点、质量必须符合规定要求。

2.先将巷道底部掏槽砌平，然后立好门框，让门扇启开迎风流方向，门轴与门框要向顺风方向倾斜，倾斜角度以85° 左右为宜。建墙地点的两帮和顶、底板处必须掏槽，掏槽要求与密闭墙相同。

3.砌筑永久风门，墙体厚度不小于0.5m(防突风门应不小于0.8 m)，要严密不漏风，砌筑风门墙时必须挂线，墙面要平整，无裂缝、重缝和空缝。墙体建好之后，用水泥沙浆进行勾缝，用水泥沙浆填实掏槽处间隙，防止漏风。风门墙体砌筑好后进行上门，并对门框包边沿口、加衬垫、堵漏风，要求四周接触严密，门扇平整不漏风，门扇与门框不歪扭，最后还要在底板水沟安设挡风设施，通车风门要设底坎，电缆、管子孔要堵严。

4.风门挂门扇后，要进行试验检查，要求门扇开关灵活，风门能自动关闭，严密不漏风，不得有扫地刮道现象。

5.封顶时必须从两边向中间砌，最后用灰浆填严。

6.局部通风风筒穿过风门墙体时，应在墙上安装与胶质风筒直径匹配的硬质风筒。

作业要求

1.验收风门墙体平整度、厚度、掏槽深度是否符合要求，门框包边沿口，风门灵活、自动关闭、连锁有效。

2.风门上设有规格、字体统一的设施管理牌。

3.全部建好之后，把剩余物料清理干净，做到人走料净。

5.10 拆除风门(风墙)施工作业流程

拆除风门准备

- 制定贯彻安全措施
- 准备拆除作业的工具
- 作业现场安全确认

作业要求

1. 安全措施应符合作业实际并由相关部门、人员按要求审批签字。
2. 作业人员熟悉作业内容和安全措施要求。
3. 工器具齐全并可靠完好。

拆除风门作业

- “敲帮问顶”
- 从上到下，依次拆除

作业要求

1. 施工前必须首先“敲帮问顶”，检查巷道完好情况，如巷道不完好，有顶板开裂、冒顶、掉渣、片帮等危险情况时，必须首先进行处理，确保巷道完好无危险情况后方可施工。
2. 拆除墙体应从上到下，依次拆除。严禁从墙体中间或下部开始拆除，使墙体整体垮塌。

拆除风门收尾

- 回收物料
- 清理现场

作业要求

1. 全部拆除完毕以后，回收可使用的物料，将废物料清理干净，做到人走料净。
2. 严格执行“开车不行人，行人不开车”的规定。

5.11 构筑风墙施工作业流程

构筑风墙准备

- 制定贯彻安全措施
- 准备构筑的物料
- 作业现场安全确认

作业要求

1.施工人员对施工地点、类别、规格、质量、数量和要采取的安全措施必须清楚。

2.按照班组长布置的工作任务，带齐所用工具，并将利刃工具装入保护套内。

3.根据巷道实际情况和有关规定要求选择好施工地点。施工地点前后5m范围内巷道支护完好，无杂物、积水、淤泥。根据施工地点巷道的断面和材质要求准备好砖、土、水泥、沙子等材料。

构筑风墙作业

- 掏槽
- 构筑风墙

作业要求

1.对建风墙地点两帮和顶、底板掏槽，要求见实帮实底。掏槽宽度应大于墙体厚度，并保证施工方便；煤巷掏槽深度不小于0.5m，岩巷刨掉活动岩石，并与煤岩体接实，要求见实帮实底。在掏槽过程中要注意安全，必要时要架设临时支护。

2.砌筑砖石风墙采用链式砌法，不应出现重缝。要求墙面平整，无空缝。

3.垒墙时，如果底部是碎石子，须先用稀灰浆充缝，再铺一层灰浆然后砌砖。

4.封顶时必须从两边向中间砌，最后用灰浆填严。

5.墙体建好之后，用水泥沙浆进行勾缝，用水泥沙浆填实掏槽处间隙，抹有不小于0.1m的裙边。

6.留设调节窗，大小由测风工根据生产的需要调节。

构筑风墙收尾

- 质量验收
- 回收材料，清理现场

作业要求

1.验收墙体平整度、厚度、掏槽深度是否符合要求，灌浆是否饱满。

2.风墙上设有规格、字体统一的设施管理牌。

3.全部建好之后，把剩余物料清理干净，做到人走料净。

5.12　构筑临时密闭墙施工作业流程

构筑临时密闭墙准备

- 制定贯彻安全措施
- 准备构筑的物料
- 作业现场安全确认

作业要求

1. 施工人员对施工地点、类别、规格、质量、数量和要采取的安全措施必须清楚。

2. 按照班组长布置的工作任务，带齐所用工具，并将利刃工具装入保护套内。

3. 根据巷道实际情况和有关规定要求选择好施工地点。施工地点前后5m范围内巷道支护完好，无杂物、积水、淤泥。根据施工地点巷道的断面和材质要求准备好木点柱、木板、风筒布、锚网、水泥、混合料等材料。

构筑临时密闭墙作业

- 打设木点柱
- 构筑临时密闭

作业要求

1. 施工前必须首先“敲帮问顶”，检查巷道完好情况，如巷道不完好，有顶板开裂、冒顶、掉渣、片帮等危险情况时，必须首先进行处理，确保巷道完好无危险情况后方可施工。

2. 通往临时密闭墙内的管道、铁路、金属网、电缆等必须断开，防止杂散电流传至密闭墙内。

3. 至少打设三根点柱，点柱必须见实底，点柱上部使用三角木楔子打紧。

4. 使用木板打设构筑，木板之间鱼鳞搭接，搭接完成后将风筒布敷设于临时密闭墙。

5. 采用挂网喷浆法对临时密闭墙进行密封处理。

构筑临时密闭墙收尾

- 质量验收
- 回收材料，清理现场

作业要求

1. 验收临时密闭墙质量是否符合要求。

2. 临时密闭墙上设有规格、字体统一的设施管理牌。

3. 最后在密闭墙外打设正规栅栏，悬挂警示牌板。

4. 全部建好之后，把剩余物料清理干净，做到人走料净。

5.13 构筑永久密闭墙施工作业流程

构筑永久密闭墙准备

- 制定贯彻安全措施
- 准备构筑的物料
- 作业现场安全确认

作业要求

1.施工人员对施工地点、类别、规格、质量、数量和要采取的安全措施必须清楚。

2.按照班组长布置的工作任务，带齐所用工具，并将利刃工具装入保护套内。

3.根据巷道实际情况和有关规定要求选择好施工地点。施工地点前后5m范围内巷道支护完好，无杂物、积水、淤泥。根据施工地点巷道的断面和材质要求准备好砖、土、水泥、沙子等材料。

构筑永久密闭墙作业

- 掏槽
- 构筑永久密闭墙

作业要求

1.施工前必须首先“敲帮问顶”，检查巷道完好情况，如巷道不完好，有顶板开裂、冒顶、掉渣、片帮等危险情况时，必须首先进行处理，确保巷道完好无危险情况后方可施工。

2.对建墙地点两帮和顶、底板掏槽，要求见实帮实底。掏槽宽度应大于墙体厚度，并保证施工方便；煤巷掏槽深度不小于0.5m，岩巷刨掉活动岩石，并与煤岩体接实，要求见实帮实底。在掏槽过程中要注意安全，必要时要架设临时支护。

3.砌筑砖石密闭时，不应出现重缝。墙体厚度不小于0.5m，墙面平整，无空缝。所有导电体不应进入密闭（正常的瓦斯抽采管路应采取绝缘措施进行处理），有水的地点要留设反水池或反水管，按规定留设观测孔，孔口要设置开启灵活的阀门。砌筑墙体需要摆脚手架时，摆架要牢固可靠，注意安全。

4.砌筑好墙体后，要抹有不小于0.1m的裙边，并对整个墙面用水泥勾缝。

构筑永久密闭墙收尾

- 质量验收
- 回收材料，清理现场

作业要求

1.验收墙体平整度、厚度、掏槽深度、裙边是否符合要求，灌浆是否饱满。

2.最后在密闭墙外打设正规栅栏，悬挂警示牌板。

3.密闭墙上设有规格、字体统一的设施管理牌。

4.全部建好之后，把剩余物料清理干净，做到人走料净。

5.14 构筑防火密闭墙施工作业流程

构筑防火密闭墙准备

制定贯彻安全措施 → 准备构筑的物料 → 作业现场安全确认

作业要求

1. 施工人员对施工地点、类别、规格、质量、数量和要采取的安全措施必须清楚。

2. 按照班组长布置的工作任务，带齐所用工具，并将利刃工具装入保护套内。

3. 根据巷道实际情况和有关规定要求选择好施工地点。施工地点前后5m范围内巷道支护完好，无杂物、积水、淤泥。根据施工地点巷道的断面和材质要求准备好砖、土、水泥、沙子等材料。

构筑防火密闭墙作业

掏槽 → 构筑永久密闭墙

作业要求

1. 施工前必须首先“敲帮问顶”，检查巷道完好情况，如巷道不完好，有顶板开裂、冒顶、掉渣、片帮等危险情况时，必须首先进行处理，确保巷道完好无危险情况后方可施工。

2. 每组防火密闭墙为2道，两道防火密闭墙间距不小于1m，风门安设地点、质量必须符合规定要求。

3. 对建墙地点两帮和顶、底板掏槽，煤巷掏槽深度不小于0.5m，岩巷刨掉活动岩石，并与煤岩体接实，要求见实帮实底；掏槽宽度应大于墙体厚度，并保证施工方便。

4. 砌筑砖石密闭时，通常采用链式砌法，不应出现重缝。要求墙体厚度不小于0.5m、无空缝。所有导电体不应进入密闭（正常的瓦斯抽采管路应采取绝缘措施进行处理），有水的地点要留设反水池或反水管，并且还要留设观测孔、措施孔、注浆孔，孔口要设置开启灵活的阀门。

5. 分别对砌筑好的防火密闭墙抹有不小于0.1m的裙边，并对整个墙面用水泥抹面。

6. 两道防火墙中间使用黄土或其他充填材料进行充填封闭。

构筑防火密闭墙收尾

质量验收 → 回收材料，清理现场

作业要求

1. 验收墙体平整度、厚度、掏槽深度、裙边是否符合要求，灌浆是否饱满，两墙中间填充是否充满。

2. 最后在密闭墙外打设正规栅栏，悬挂警示牌板。

3. 防火墙上设有规格、字体统一的设施管理牌。

4. 全部建好之后，把剩余物料清理干净，做到人走料净。

5.15 启封密闭施工作业流程

启封密闭准备

- 制定贯彻安全措施
- 准备启封的工具
- 作业现场安全确认

作业要求

1. 安全措施符合作业实际并由相关部门、人员按要求审批签字。
2. 作业人员熟悉作业内容安全措施要求。
3. 工器具齐全可靠完好。

启封密闭作业

- “敲帮问顶”
- 从上到下，依次拆除
- 启封密闭排放瓦斯施工作业流程

作业要求

1. 施工前必须首先“敲帮问顶”，检查巷道完好情况，如巷道不完好，有顶板开裂、冒顶、掉渣、片帮等危险情况时，必须首先进行处理，确保巷道完好无危险情况后方可施工。
2. 启封密闭前必须首先检查密闭墙前瓦斯和其他有害气体浓度。启封密闭时，始终将风筒口对准预敲打墙体位置，用铜锤、铜撬棍选中下部墙体开一小口，同时边浇水边拆墙，观察密闭墙内瓦斯情况，在保证密闭开口处瓦斯不超过3.0%，逐渐将小口扩大，直至将整个密闭墙拆掉。
3. 启封拆除墙体应从上到下，依次拆除。严禁从墙体中间或下部开始拆除，使墙体整体垮塌。

启封密闭收尾

- 回收物料
- 清理现场

作业要求

1. 全部启封完毕以后，回收可使用的物料，将废物料清理干净，做到人走料净。
2. 严格执行“开车不行人，行人不开车”的规定。

5.16　突出矿井瓦斯涌出量测定流程

瓦斯涌出量测定准备

- 成立矿井瓦斯涌出量测定领导小组
- 制定矿井瓦斯涌出量测定方案
- 对参加测定人员进行集中培训

作业要求

1.成立矿井瓦斯涌出量测定领导小组，负责指挥瓦斯涌出量测定工作。

2.依据《煤矿安全规程》、《矿井瓦斯等级鉴定规范》（AQ 1025—2006）作为测定的依据和标准。

3.参加瓦斯涌出量测定的人员学习光学瓦斯检测仪器和机械式风表的操作步骤、测定期间、注意事项等。

瓦斯涌出量测定作业

- 测定人员携带好仪器仪表
- 开展测定工作
- 测定数据收集与整理

作业要求

1.每班测定时使用的仪器（每组）：CFJ10型中速风表1台、CJG10型光学瓦检仪1台、便携式瓦斯检测报警仪1台、秒表1个、温度计1个、卷尺1把。所有仪器必须提前校验合格后方可使用。

2.由通风矿长组织召开会议，明确瓦斯涌出量测定工作的目的和意义，提出瓦斯涌出量测定工作的相关要求，收集相关的资料、图纸，确认矿井生产系统及生产正常，然后开展测定工作。

3.测定工作时间安排在测定月的上、中、下旬各取一天，每天每班分别进行数据测定。间隔不少于7天。

4.根据矿实际生产作业地区制定测点。

5.对测点的风量、风流中瓦斯和二氧化碳浓度及风排瓦斯量进行测定。

6.在每一个测定日内，分早、中、晚三班分别进行测定工作。每一个参数每个班次必须测定3次，取其平均值作为本班次的测定结果；然后取三班的平均值作为当天的测定结果。

7.在测定月的上、中、下三旬进行测定的三天中，选取瓦斯涌出量最大的一天，确定矿井的绝对瓦斯涌出量，并计算矿井的相对涌出量，作为瓦斯涌出量测定的依据。

8.每一测定班的测定时间应选在生产正常时刻，并尽可能在同一时刻进行测定工作。

瓦斯涌出量测定收尾

- 编制审批报送

作业要求

按照集团公司要求，及时编制、审批、上报矿井瓦斯涌出量测定报告。

5.17 矿井反风作业流程

反风准备

成立反风组织机构并确定职责 → 编制矿井反风计划及安全措施 → 召开反风会议

作业要求

1.成立矿井反风领导小组并确定各小组职责，负责指挥矿井反风演习工作。

2.依据《煤矿安全规程》作为矿井反风的依据和标准。

3.反风领导小组参加反风会议，并形成会议纪要，明确反风职责及注意事项，共同沟通协调各方面事项，确保反风工作安全顺利进行。

反风作业

无关人员全部升井 → 切断井下所有电源 → 反风人员全部到位 → 开始反风 → 听取汇报并收集反风数据 → 停止反风 → 送电及排放瓦斯 → 普查地区

作业要求

1.各单位做好上一班升入井人员统计并汇报调度室，确保人员全部升井。

2.运输区、安全管理部负责主副井口，入井反风人员凭票入井。

3.救护队员、医护人员到达井底调度站待命，并向指挥部汇报。

4.机电区负责切断井下所有电源，并向指挥部汇报。

5.反风小组到位，然后开始测定风量及瓦斯情况，完毕后向指挥部汇报。

6.指挥部只有确认夜班人员除参加反风人员均已升井，早班反风人员均已全部就位，电源已按措施要求切断，反风前的一切工作（包括主要通风机反风操作准备工作）准备就绪后，方可下达反风命令，矿井开始反风。

7.反风指挥部开始收集井上、下汇报，并统计分析反风数据。

8.反风指挥部根据反风效果，下达停止反风的命令。

9.井下全风压巷道风流瓦斯检查汇报正常后，指挥部向中央变电所下达向各采区变电所送风机电源的命令（只准送风机电源，待排完瓦斯后再送动力电源），各采区变电所按指令依次送风机电源，井下反风小组开始依次排放各掘进工作面瓦斯。各单位负责对所属地区的安全监控电源送电。

10.排放瓦斯完毕，反风人员全面普查均无问题后向指挥部汇报，经指挥部同意后各地区方可恢复动力电源。反风人员和救护队员必须经指挥部同意后方可升井。

反风收尾

编制审批报送

作业要求

按照集团公司要求，及时编制、审批、上报矿井反风总结报告。

5.18　地面注氮施工作业流程

注氮准备

制定贯彻安全措施 → 检查供风系统是否正常 → 作业现场安全确认

作业要求

1.安全措施应符合作业实际并由相关部门、人员按要求审批签字并对施工作业人员进行贯彻学习。

2.作业人员熟悉作业内容、供风情况、注氮浓度情况、出气压力及流量情况。

注氮作业

开启供风阀门 → 开启注氮机 → 开启送气阀门

作业要求

1.开启注氮机前先开启供风阀门，观察供风压力，待压力达到0.4MPa时，开启注氮机。

2.注氮机运行后，先开启注氮机放气阀门，待机器仪表上注氮浓度达到97%以上时，再开启送气阀门。

3.注氮机运行过程中，要每小时对注氮机运行情况进行检查，发现注氮压力及流量发生明显变化时，及时停止注氮，查找原因。

注氮收尾

关闭送气阀门 → 关闭注氮机 → 关闭供风阀门

作业要求

按照要求依次关闭送气阀门→关闭注氮机→关闭供风阀门→关闭电源。

5.19 地面注浆施工作业流程

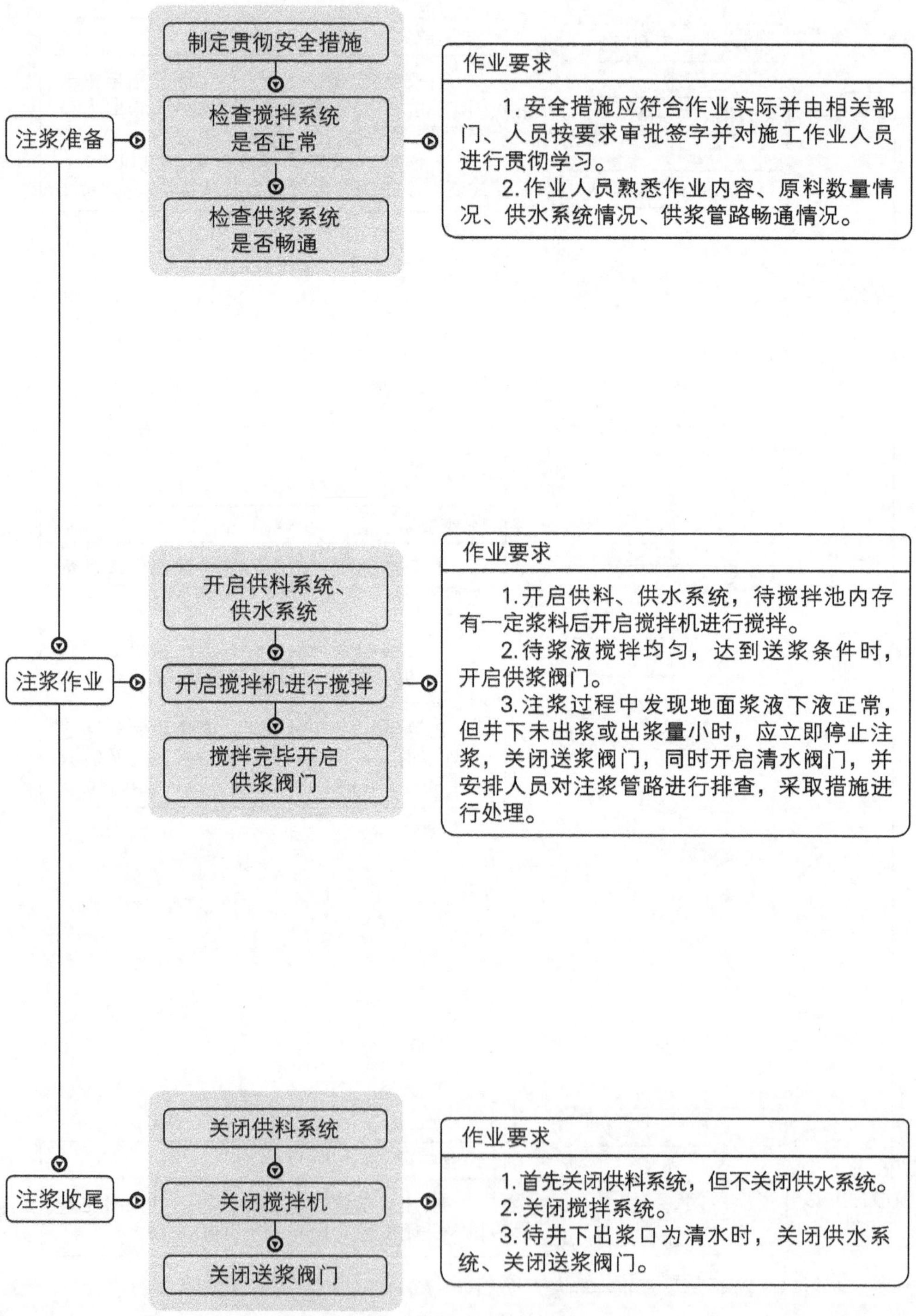

5.20　隔爆水棚安装施工作业流程

隔爆水棚安装准备

- 制定贯彻安全措施
- 进行施工现场安全确认

作业要求

1. 安全措施应符合作业实际并由相关部门、人员按要求审批签字并对施工作业人员进行贯彻学习。
2. 作业人员熟悉作业内容、现场顶板情况、安全装备情况。

隔爆水棚安装作业

- 隔爆水棚支架固定
- 隔爆水槽（袋）安设
- 隔爆水槽（袋）充水

作业要求

1. 隔爆棚支架安装完毕后，对支架固定情况进行检查，保证支架固定牢固、可靠。
2. 隔爆水槽（袋）安设完毕后，对隔爆槽（袋）安设情况进行检查，每个隔爆槽（袋）是否安设好。
3. 对隔爆水槽（袋）进行充水操作，保证每个隔爆水槽（袋）的水量符合规程要求。

隔爆水棚安装收尾

- 清理未使用的支架和隔爆水槽（袋）
- 收拾工具

作业要求

打扫现场，保证现场标准化。

5.21 隔爆水棚拆除施工作业流程

隔爆水棚拆除准备

- 制定贯彻安全措施
- 进行施工现场安全确认

作业要求

1.安全措施应符合作业实际并由相关部门、人员按要求审批签字并对施工作业人员进行贯彻学习。

2.作业人员熟悉作业内容、现场顶板情况、安全装备情况。

隔爆水棚拆除作业

- 放水拆除水槽（袋）
- 拆除支架

作业要求

1.将水槽（袋）内水放净后，将水槽（袋）拆除。

2.将支架拆除摆好。

隔爆水棚拆除收尾

- 将拆除的支架和水槽（袋）装好升井
- 地面维护

作业要求

打扫现场，保证现场标准化。

5.22　安全监控分站安装施工作业流程

监控分站安装准备

- 安装分站申请
- 安装分站准备工作
- 检查作业地点环境

作业要求

1. 施工单位向安全监控业务部门提交《安全监控设备安装申请单》，安全监控设备种类、数量、位置及敷设缆线路线、断电区域明确，符合规定；安全监控装置布置图和断电控制图清晰、准确。

2. 准备刀子、钳子、螺丝刀等工具。

3. 分站在地面测试、调校合格，试运行 24 ~ 48h。

4. 准备分站、缆线、接线盒、分站架子、万用表、便携式甲烷检测报警仪等。

5. 所需设备、材料提前运至施工地点。

6. 检查作业地点通风及有毒有害气体情况以及作业地点巷道支护情况。

监控分站安装作业

- 安置分站
- 连接设备
- 埋设接地线
- 吊挂电缆
- 通电测试

作业要求

1. 安放分站架子，分站、备用电源安放在分站架子上。分站设置在便于人员观察、调试、检验及支护良好、无淋水的进风巷道中；分站架子高度不小于 300mm。

2. 接通电源箱和分站电源，接通后备电源，甲烷风电闭锁线从分站引至被控开关处，联系施工单位接通控制线。安全监控设备的供电电源取自被控开关的电源侧，严禁接在被控开关的负荷侧，条件允许尽可能提供专用供电电源；后备电源供电时间不小于 4h。

3. 埋设接地针，使用连接线将分站与接地针连接起来。 接地线接地电阻值不得超过2Ω。连接线采用截面积不小于25mm^2的铜线，或截面积不小于50 mm^2的镀锌铁线，或厚度不小于 4mm，截面积不小于 50mm^2的扁钢；接地针用直径不小于 22mm，长度为 1 m的钢管制成，钢管上钻 10 个直径不小于 5mm的透孔，垂直埋入底板，垂直埋深不得小于 0.75m。

4. 按照《安全监控设备安装申请单》要求，敷设分站电源及信号缆线。监测缆线与动力缆线分挂在巷道两侧，受条件限制的可敷设在同一侧，敷设在同一侧时监测缆线与动力缆线应保持（井筒内 0.3 m，巷道内 0.1 m）的距离，且位于动力缆线上方。

5. 通电前检查线路、设备连接情况，接通分站电源与供电电源，并送电。通电后与矿生产指挥中心联系，排查设备异常情况。

监控分站安装收尾

- 质量验收
- 工具回收

作业要求

1. 整理设备、缆线，完善各类标识，清理现场，回收工器具。

2. 向矿生产指挥中心汇报工作完成情况，并填写记录。

5.23 安全监控传感器安设施工作业流程

监控传感器安设准备

提交申请 → 准备工具、材料 → 检查作业环境

作业要求

1. 施工单位向安全监控业务部门提交《安全监控设备安装申请单》，矿总工程师批准，并签发；安全监控设备种类、数量、位置及敷设缆线路线、断电区域明确，符合规定；安全监控装置布置图和断电控制图清晰、准确。

2. 准备便携式瓦斯检测报警仪、万用表、验电笔、刀子、钳子、螺丝刀等工具。

3. 准备传感器、缆线、接线盒等。传感器测试、调校合格，地面试运行 24 ~ 48h。

4. 检查作业地点通风及有毒有害气体情况。

5. 检查作业地点巷道支护情况。

监控传感器安设作业

敷设缆线 → 安装传感器 → 连通分站 → 通电测试 → 调校传感器

作业要求

1. 根据《安全监控设备安装申请单》的要求敷设缆线。 敷设的监测缆线有适当弛度。

2. 根据《安全监控设备安装申请单》要求安装相应传感器。甲烷、温度、一氧化碳等传感器垂直悬挂，距顶板（梁）不得大于 300mm，距巷道侧壁不小于 200mm；风速传感器设置在前后 10m 内，无分支风流、无杂物，能准确计算风量的巷道中；风门开关、设备开停、烟雾、负压传感器设置在能准确显示监测点实际状态的位置；模拟量传感器设置在能正确反映被测物理量的位置；开关量传感器设置在反映监测状态的位置。

3. 登高作业使用登高梯，系安全带。

4. 缆线敷设结束后，接通传感器与分站之间的缆线。缆线间、缆线设备间连接无断路、短路。

5. 通电检查传感器工作状态，与地面监控中心站联系，确认传感器正常工作。

6. 对传感器的零点、显示值、报警点、断电点、复电点、控制逻辑等进行调校。传感器的零点、显示值、报警点、断电点、复电点、控制逻辑等符合《安全监控设备安装申请单》要求，数据准确，使用正常。

监控传感器安设收尾

传感器安装记录工作 → 回收材料，清理现场

作业要求

1. 整理设备、缆线，完善各类标识，清理现场，回收工器具。

2. 向矿生产指挥中心汇报工作完成情况，并填写传感器安装记录。

5.24　安全监控设备拆除施工作业流程

监控设备拆除准备

- 拆除申请
- 准备工具
- 检查作业环境

作业要求

1.由安全监控业务部门报批《安全监控设备拆除申请单》，矿总工程师批准，说明拆除安全监控设备的地点、种类、数量、相关缆线等。

2.准备便携式甲烷检测报警仪、螺丝刀、钳子、活扳手、万用表、验电笔及专用工具。

3.检查作业地点通风及有毒有害气体情况、巷道支护情况。

监控设备拆除作业

- 拆除作业

作业要求

1.向井下变电所配电工提交《安全监控设备拆除申请单》，签字确认后停电。办理停电手续，按规定顺序停电，拆除监控设备，回收整理缆线，通知监控室值班员取消拆除设备定义。

2.由责任区域的电工先断电，拆除电源箱。

3.安全监测工拆除传感器、分站。

4.安全监测工回收缆线。

监控设备拆除收尾

- 填写记录
- 整理工具

作业要求

1.汇报工作内容真实，填写记录规范。

2.整理工具，清洁现场。

5.25 安全监控通信缆线敷设施工作业流程

监控缆线敷设准备

- 准备工具、材料
- 检查作业环境

作业要求

1. 根据《安全监控设备安装申请单》选定敷设监控缆线路线，计算所需缆线长度和电缆钩数量。
2. 准备刀子、钳子、螺丝刀、梯子、万用表、光缆容接机、OTDR 光时域反射仪、便携式甲烷检测报警仪、红光源等工具。
3. 检查作业地点通风及有毒有害气体情况及巷道支护情况。

监控缆线敷设作业

- 敷设监控线缆
- 对接缆线
- 工艺检查
- 吊挂电缆
- 通电测试

作业要求

1. 按照选定的路线放线，敷设电缆吊挂钩，缆线敷设要有适当的弛度，电缆钩为铁制或塑形电缆钩，上端距地面1.8m，间距3 m。缆线通过通风设施（挡风墙、风门、风窗等）时，利用电缆孔过缆线。
2. 将已敷设的缆线之间、缆线与设备之间用接线盒、接线腔连接起来，缆线之间、缆线与设备相连接时，选取合适密封圈，将喇叭嘴、金属圈、密封圈依次穿入缆线，把缆线头伸入接线腔，缆线护套伸入器壁5 ~ 15mm，接头压线压紧、压实。
3. 先预热光缆容接机，做光缆对接头，利用光缆容接机按光缆颜色进行对接，并在接线盒内盘好固定。
4. 使用万用表检查缆线的连接质量。
5. 对敷设的缆线进行吊挂。监测缆线与动力缆线分挂在巷道两侧，受条件限制的可敷设在同一侧，敷设在同一侧时监测缆线与动力电缆保持0.1 m的距离，且位于动力电缆上方；固定缆线使用缆线钩悬挂，临时移设缆线用绑扎带或其他柔性材料悬挂，悬挂点的间距不大于3m。
6. 根据用途接通分站、传感器等，通电测试线缆敷设质量。

监控缆线敷设收尾

- 质量验收
- 回收材料，清理现场

作业要求

1. 整理缆线，完善各类标识，清理现场，回收工器具。
2. 向矿生产指挥中心汇报缆线敷设情况。
3. 记录清晰、规范，内容翔实。

5.26　安全监控缆线巡查维护作业流程

监控缆线维护准备

- 准备工具、材料
- 检查作业环境

作业要求

1.准备刀子、钳子、螺丝刀、万用表、便携式甲烷检测报警仪等工具。

2.检查作业地点通风及有毒有害气体浓度情况。

3.检查作业地点巷道支护情况。

监控缆线维护作业

- 线缆维护
- 接收盒维护

作业要求

1.巡回检查负责区域缆线，及时处理存在问题。监测缆线与动力电缆分挂在巷道两侧，受条件限制的可敷设在同一侧，敷设在同一侧时监测缆线与动力电缆间距 0. 1m以上，位于动力电缆上方。

2.检查维护吊挂缆线。固定缆线使用电缆钩悬挂，临时移设缆线用绑扎带或其他柔性材料悬挂，悬挂点间距不大于3 m 。

3.检查维护缆线标识。缆线挂牌规范管理，分类标识齐全。

4.检查接线盒整体无裂纹，铁制接线盒外观无锈蚀；接线螺栓和螺母无损伤，接线构件齐全；接线盒内导线无短路、断路。

监控缆线维护收尾

- 收尾工作

作业要求

1.填写记录，记录清晰、规范。

2.向矿生产指挥中心汇报，汇报内容翔实。

5.27 甲烷传感器断电测试和调校作业流程

甲烷传感器调校准备

提交传感器调校申请单 → 准备工具 → 检查作业环境

作业要求

1. 向矿生产指挥中心提出调校申请，编制《安全监控系统调校申请单》，经安监、通风、机电、生产指挥中心等部门审核，矿总工程师批准。申请单明确调校时间、范围及路线。

2. 准备所需要的标准气样、减压阀、气体流量计、橡胶软管、空气样、调校记录本、调校管理卡（标签）、便携式甲烷检测报警仪等。

3. 检查作业地点通风及有毒有害气体、巷道支护情况。

甲烷传感器调校作业

检查传感器外观 → 调整零位 → 调整灵敏度 → 检查控制逻辑

作业要求

1. 检查传感器外观，清理表面及外罩上积尘。

2. 将空气样用橡胶软管连接到传感器气室，调节流量计控制阀把流量调节到传感器说明书规定值。调校时，使用空气样调校零点，通空气样时传感器显示值为 0 ~ 0.03% 合格，若通气后传感器未在 0 ~ 0.03% 范围内，进行调零。

3. 校准气瓶流量计出口用橡胶软管连接至传感器气室。打开气瓶阀门缓慢通入标准气样，在显示值缓慢上升的过程中，观察断电值、报警值是否符合要求，注意声、光报警和实际断电情况。调节流量计控制阀将流量控制到传感器说明书规定的流量，使其测量值稳定显示，持续时间大于 90s，若2次调校超差更换传感器，预热后按上述步骤重新调校。

4. 在调校过程中，若传感器零点、显示值、报警点、断电点、复电点、控制逻辑、断电范围等与设计值不符时，则联系相关单位进行完善。

甲烷传感器调校收尾

收尾工作

作业要求

1. 调校完成后，更换传感器调校管理卡（标签），管理卡上填写调校人、调校日期。

2. 填写传感器调校记录和甲烷电闭锁试验记录，记录准确、清晰。

5.28 安全监控中心站运行维护作业流程

监控中心站维护准备 → 准备工具 → 整理环境 → 检查供电

作业要求

1.准备刀子、钳子、螺丝刀、万用表、逻辑笔等工具。

2.检查监测监控中心站机房工作环境，擦拭设备。检查监测监控中心站机房是否干净整洁，设备布置是否合理，空调是否正常工作，室内温度是否在规定范围内。

3.检查双回路供电系统、不间断电源、接地和防雷装置。检查双回路供电是否稳定、可靠，在线不间断电源UPS是否正常，供电时间不小于4h；接地和防雷装置是否完好，接地电阻不超过4Ω。

监控中心站维护作业 → 维护硬件 → 维护软件 → 维护校验装置

作业要求

1.检查传输接口、主机、网络交换机、录音电话、打印机、服务器和配套设备等硬件设施。检查硬件设施是否完好齐全，24h连续运行正常。

2.检查主机及系统联网主机双机备份功能。主机在发生故障时，备机是否能在5min内投入运行。

3.检查设备标识牌、光纤、缆线标签。检查设备标志牌，光纤、缆线标签是否规范。

4.检查防火墙等网络设备，检查防火墙等网络设备是否符合规定。

5.检查手动遥控断电/复电功能、操作权限管理、操作记录功能是否可靠。

6.检查安全监控系统功能。检查安全监控系统功能是否完善，数据、报表、图形是否齐全、准确，数据存储周期是否符合规定，数据库是否安全稳定，系统查询、数据调用相应时间是否在5s以内，巡检周期是否在20s以内。

7.检查测点定义。测点定义是否正确规范，各类安全监控数据是否准确可靠，报表、曲线数据是否符合要求，各类数据是否齐全。

8.检查甲烷传感器测定器、稳定电源、示波器、频率计、信号发生器、万用表、流量计、声级计、甲烷标校气样等是否正常。

9.检查甲烷标准气体配气装置、气相色谱仪或红外分析仪等（未配置的，此项不在内）是否正常。

监控中心站维护收尾 → 收尾工作

作业要求

1.填写记录，记录准确清晰。

2.向监测监控室汇报工作完成情况，汇报准确，内容翔实。

5.29 安全监控传感器运行维护作业流程

监控传感器维护准备 → 准备工具 → 检查作业环境

作业要求

1.准备刀子、钳子、螺丝刀、万用表、遥控器、便携式甲烷检测报警仪等工具。

2.检查作业地点通风及有毒、有害气体浓度情况、巷道支护情况。有毒有害气体浓度符合规定，巷道支护完好，无漏顶、无片帮，作业环境无杂物、无淤泥、无积水。

监控传感器维护作业 → 维护传感器 → 测试瓦斯电、风电闭锁

作业要求

1.检查传感器外观，传感器进气口、隔爆罩、显示屏及声光报警完好。

2.检查传感器工作状态，传感器的报警值、断电值、复电值等设置符合规定，传感器的数据或状态准确传输到地面主机。

3.检查传感器吊挂及传感器调校管理卡，各类传感器悬挂符合标准，监控正常。

4.检查传感器的种类：甲烷、温度、负压、风速、一氧化碳等模拟量传感器；风门开关、设备开停、烟雾等开关量传感器。使用便携式甲烷检测报警仪与甲烷传感器对照，当两者误差在 ±0. 1% 以上时，先以读数较大者为准，采取安全措施，并在 8h 内将两种仪器调准。

5.采煤工作面：通入标准气样（1.5% ~ 2.0%）检查甲烷电闭锁；设置故障，检查故障闭锁功能；掘进工作面：通入标准气样（1.5% ~ 2.0%）检查甲烷电闭锁；通过局部通风机自动切换试验检查风电闭锁；检查甲烷风电及故障闭锁功能；现场设备断电/复电控制功能完善，灵敏可靠；现场设备故障闭锁及甲烷风电闭锁功能完善，灵敏可靠。

监控传感器维护收尾 → 收尾工作

作业要求

1.填写记录，记录清晰、规范。

2.向矿生产指挥中心汇报、汇报内容翔实。

5.30　安全监控传感器更换施工作业流程

监控传感器更换准备

准备工器具、材料 → 检查作业环境

作业要求

1.准备螺丝刀、钳子、活扳手及专用工具、万用表、传感器、验电笔等；随身携带便携式瓦斯检测报警仪。传感器按产品使用说明书的要求测试、调校合格，试运行24～48h方能入井。

2.检查作业地点通风及有毒有害气体浓度，巷道支护情况。通风良好；有毒有害气体浓度不超限，符合相关规定；巷道支护完好，无漏顶、无片帮；作业环境无杂物、无淤泥、无积水。

监控传感器更换作业

更换传感器 → 通电测试 → 参数设定 → 确认通信

作业要求

1.出现以下情况之一时，需要及时更换传感器：出现传感器显示不准确、无故出现报警和传输不正常等故障；传感器经过调校误差仍超过规定值时；无法维修的传感器；传感器在井下使用超过规定；低浓度甲烷传感器经大于4%的甲烷气体冲击后。

2.更换传感器时：从分站处断开传感器电源，并通知矿生产指挥中心；从航空插头处断开传感器；在航空插座处接通新传感器；按规定吊挂传感器。

3.工作现场及传感器监控范围内的有毒有害气检查由瓦斯检查工负责。

4.传感器更换完成后，接通分站处断开的缆线。

5.通电检查传感器工作状态，并与矿生产指挥中心联系，确认传感器正常工作，传感器的数据或状态准确传输到地面主机。

6.设置传感器、分站、主机的监控参数，传感器、分站、主机的监控参数设置相匹配。

7.参数设定完成后，安全监测工与矿生产指挥中心值班员联系确认传感器控制逻辑，若不正确，则进行排查。

监控传感器更换收尾

收尾工作

作业要求

1.整理设备、缆线，完善各类标识，清理现场，回收工器具。

2.向矿生产指挥中心汇报工作完成情况。

3.填写设备故障处理记录，记录清晰、规范，内容翔实。

5.31 安全监控系统故障处理施工作业流程

监控系统故障处理准备

准备工具、材料 → 检查作业环境

作业要求

1.准备螺丝刀、钳子、活扳手、万用表、验电笔、瓦斯报警仪、分站、分站主板及专用工具等。

2.检查作业地点通风及有毒有害气体、巷道支护情况。通风良好；有毒有害气体浓度不超限，符合相关规定；巷道支护完好，无漏顶、无片帮；作业环境无杂物、无淤泥、无积水。

监控系统故障处理作业

检查分站电源 → 检查分站主板 → 更换分站 → 参数设定 → 确认通信

作业要求

1.检查电源箱电源插口处的电压，若不正常，则更换电源箱。

2.切断分站电源；采用替换法，用新主板换掉旧主板；送电后，观察检查分站内主板是否工作正常。

3.若分站内主板工作仍不正常，则更换整个分站，后备电源供电时间不小于4h。

4.安全监控设备的供电电源取自被控开关的电源侧，严禁接在被控开关的负荷侧，条件允许尽可能提供专用供电电源。

5.设置分站工作参数，分站工作参数设置正确，符合要求。

6.与矿生产指挥中心联系确认分站工作正常，若不正常则进行故障排查处理。

查找线路故障 → 线路故障处理 → 通电测试

1.逐段查找分站、电源、传感器之间的缆线路段，查明缆线故障路段。

2.发现电源故障，由机电部门或单位电工拆除电源，处理缆线故障；监测传感器至分站故障时，按操作规程和标准进行处理；遇到断线、数据报警，中断信号查明原因进行处理。及时向使用单位说明故障原因和注意事项，并汇报监控值班员。故障处理及时，时间不超过8h，超过时间应及时汇报监控值班员，由值班员向矿调度室汇报。

3.通电前检查线路、设备连接是否正常；通电后与地面联系，排查设备异常情况。

监控系统故障处理收尾

收尾工作

作业要求

1.整理设备、缆线，完善各类标识，清理现场，回收工器具。

2.向矿生产指挥中心汇报。

3.填写设备故障处理记录，记录清晰、规范，内容翔实。

5.32　瓦斯抽采主管路安装拆除施工作业流程

瓦斯抽采主管路拆装准备

- 制定贯彻安全措施，审批停止抽采工作票
- 准备工具、瓦斯检查监测设备
- 作业现场安全确认

作业要求

1. 安全措施、工作票应符合作业实际并由相关部门、人员按要求审批签字并对施工作业人员进行贯彻学习。
2. 作业人员熟悉作业内容、停止抽采影响范围和安全措施要求。
3. 工器具齐全、现场瓦斯监测和人工检查按要求部署。
4. 起吊装置、支护方式稳定、连接严密。

瓦斯抽采主管路拆装作业

- 停止抽采
- 拆、装主管路
- 恢复抽采

作业要求

1. 停止抽采前做好联系确认，影响区域内进行安全确认，符合要求方可进行停止抽采操作。
2. 检测施工区域瓦斯浓度，只有瓦斯浓度低于1%时，方可拆、装支管路。
3. 管路拆口后及时安装挡板或者阀门，避免钻孔瓦斯沿管路涌出。
4. 严格按照安全技术措施操作。
5. 落实好瓦斯监测和人工检查瓦斯措施，避免瓦斯超限作业。
6. 吊装管路时确保吊挂点牢固可靠，管路下方严禁站立人员。
7. 拆（装）结束及时恢复抽采。

⚠ 注意拆（装）管路前排空管路内积存瓦斯。

瓦斯抽采主管路拆装收尾

- 质量验收
- 恢复抽采
- 回收材料，清理现场

作业要求

1. 按照作业标准严格验收，确保作业质量。
2. 恢复瓦斯抽采后，对管路连接进行气密性检查，防止漏气、积水，确保抽采系统运行正常。
3. 支管路拆（装）作业结束，回收材料，清理现场，确保文明生产。

5.33 瓦斯抽采支管路安装拆除施工作业流程

瓦斯抽采支管路拆装准备

制定贯彻安全措施，进行停泵、停抽工作票审批

准备工具、瓦斯检查监测设备

作业现场安全确认

作业要求

1.安全措施、工作票应符合作业实际并由相关部门、人员按要求审批签字并对施工作业人员进行贯彻学习。

2.作业人员熟悉作业内容、停止抽采影响范围和安全措施要求。

3.工器具齐全、现场瓦斯监测和人工检查按要求部署。

4.起吊装置、支护方式稳定、连接严密。

瓦斯抽采支管路拆装作业

停止抽采

拆装支管路

恢复抽采

作业要求

1.停止抽采前做好联系确认，影响区域内进行安全确认，符合要求方可进行停止抽采操作。

2.检测施工区域瓦斯浓度，只有瓦斯浓度低于1%时，方可拆、装支管路。

3.管路拆口后及时安装挡板或者阀门，避免管路空抽或管道内瓦斯涌出。

4.严格按照安全技术措施操作。

5.落实好瓦斯监测和人工检查瓦斯措施，避免瓦斯超限作业。

6.逐个拆（装），避免多个支管路同时作业引起瓦斯超限。

7.拆（装）结束及时恢复抽采。

⚠ 注意拆（装）支管路作业地点及停止抽采瓦斯区域加强瓦斯检查。

瓦斯抽采支管路拆装收尾

质量验收

恢复抽采

回收材料，清理现场

作业要求

1.按照作业标准严格验收，确保作业质量。

2.恢复瓦斯抽采后，对支管路连接进行气密性检查，防止漏气、积水，确保抽采系统运行正常。

3.支管路拆（装）作业结束，回收材料，清理现场，确保文明生产。

5.34 钻探施工作业流程

钻探施工准备

制定贯彻安全措施 → 对施工现场作业环境进行安全确认 → 对钻探设备进行安全确认

作业要求

1.安全措施应符合作业实际并由相关部门、人员按要求审批签字并对施工作业人员进行贯彻学习。

2.作业人员到达施工现场后，对施工地点巷道支护情况、避灾路线情况进行安全确认。

3.对施工地点钻探设备完好情况进行安全确认。

钻探施工作业

钻进过程中异常情况的收集 → 异常情况的处理

作业要求

1.钻探施工前要在孔口悬挂便携式甲烷检测报警仪，并时刻观测瓦斯变化情况。

2.施工过程中瓦斯涌出量较大时，要在孔口加设边打边抽装置，防止瓦斯涌出造成瓦斯超限。

3.施工过程中如发生喷孔现象，不要拔出钻杆，提高抽采负压，将孔内瓦斯释放到安全数值，汇报值班室和调度室，等待下一步指令。

钻探施工收尾

下入孔口管 → 使用“两堵一注”进行封孔注浆

作业要求

按要求将“两堵一注”装置与孔口管一起下入孔内，下入完毕后使用专用注浆泵进行注浆，待注浆压力达到设计要求时，停止注浆。

5.35 区域综合防突措施施工作业流程

区域综合防突措施施工准备

- 设计预测钻孔
- 掘进岩石工程巷道

作业要求

1.预测钻孔应当在瓦斯地质图或者防突措施竣工图上标注。

2.如果钻孔布置有困难时，需要掘进岩石工程巷道。

区域综合防突措施施工作业

- 区域突出危险性预测
- 区域防突措施
- 区域防突措施效果检验
- 区域验证

作业要求

1.区域预测一般根据煤层瓦斯参数结合瓦斯地质分析的方法进行，也可以采用其他经试验证实有效的方法。

2.区域防突措施是指在突出煤层进行采掘前，对突出危险区煤层较大范围采取的防突措施。区域防突措施包括开采保护层和预抽煤层瓦斯两类。

3.开采保护层的保护效果检验主要采用残余瓦斯压力、残余瓦斯含量及其他经试验证实有效的指标和方法。采用预抽煤层瓦斯区域防突措施的，必须对区域防突措施效果进行检验，检验指标优先采用残余瓦斯含量指标，根据现场条件也可采用残余瓦斯压力或者其他经试验证实有效的指标和方法进行检验。

4.区域预测为无突出危险区或者区域措施效果检验有效时，采掘过程中还应当对无突出危险区进行区域验证，并保留完整的工程设计、施工和验证的原始资料。

区域综合防突措施施工收尾

- 安全防护措施
- 正常采掘作业

作业要求

在突出煤层中进行采掘作业时，必须采取避难硐室、反向风门、压风自救装置、隔离式自救器、远距离爆破等安全防护措施。

5.36　局部综合防突措施施工作业流程

局部综合防突措施施工准备

- 编制工作面局部防突设计
- 编制工作面局部防突措施

作业要求

突出煤层每个煤巷采掘工作面都必须编制防突设计和防突措施并报煤矿总工程师批准。实施过程中当煤层赋存条件发生变化时，应当作出补充或修改。

局部综合防突措施施工作业

- 工作面突出危险性预测
- 工作面防突措施
- 工作面防突措施效果检验

作业要求

1.突出矿井应当针对各煤层的特点和条件试验确定工作面预测的敏感指标和临界值，并作为判定工作面突出危险性的主要依据。试验应当由具有煤与瓦斯突出鉴定资质的机构进行，在试验前和应用前应当由煤矿企业技术负责人批准。

2.工作面防突措施是针对经工作面预测有突出危险的煤层实施的局部防突措施，其有效作用范围一般仅限于当前工作面周围的较小范围。

3.工作面防突措施效果检验必须包括以下两部分内容：

（1）检查所实施的工作面防突措施是否达到了设计要求和满足有关规章、标准等规定，并了解、收集工作面及实施措施的相关情况、突出预兆等（包括喷孔、顶钻等），作为措施效果检验报告的内容之一，用于综合分析、判断。

（2）检验各项指标的测定情况及主要数据。

局部综合防突措施施工收尾

- 安全防护措施
- 正常采掘作业

作业要求

在突出煤层中进行采掘作业时，必须采取避难硐室、反向风门、压风自救装置、隔离式自救器、远距离爆破等安全防护措施。

5.37 井巷揭煤施工作业流程

井巷揭煤施工准备

- 地质分析
- 前探钻孔探煤

作业要求

1. 井巷揭开突出煤层前，必须掌握煤层层位、赋存参数、地质构造等情况。

2. 在揭煤工作面掘进至煤层最小法向距离10m之前，应当至少施工两个穿透煤层全厚且进入顶（底）板不小于0.5m的前探取芯钻孔，并详细记录岩芯资料，掌握煤层赋存条件、地质构造等。

井巷揭煤施工作业

- 区域预测
- 区域措施效果检验
- 区域验证、工作面预测
- 揭煤验证
- 煤层段掘进工作面预测

作业要求

1. 穿层钻孔预抽井巷揭煤区域煤层瓦斯区域防突措施的钻孔应当在揭煤工作面距煤层最小法向距离7m以前实施，并用穿层钻孔至少控制以下范围的煤层：石门和立井、斜井揭煤处巷道轮廓线外12m（急倾斜煤层底部或下帮6m），同时还应当保证控制范围的外边缘到巷道轮廓线（包括预计前方揭煤段巷道的轮廓线）的最小距离不小于5m。

2. 对巷道揭煤区域进行的区域验证应当采用巷道揭煤工作面突出危险性预测方法进行。

3. 经工作面预测或措施效果检验为无突出危险工作面时，应当采用物探或者钻探手段边探边掘至距突出煤层法向距离不小于2m处。

4. 采用巷道揭煤工作面预测方法进行揭煤验证。

5. 揭煤巷道全部或者部分在煤层中掘进期间，应当按照煤巷掘进工作面的要求连续进行工作面预测。

井巷揭煤施工收尾

- 安全防护措施
- 远距离爆破揭穿煤层

作业要求

井巷揭穿突出煤层时，必须采取避难硐室、反向风门、压风自救装置、隔离式自救器、远距离爆破等安全防护措施。

6　地测防治水施工作业流程

6.1　水文探测钻孔施工作业流程

施工前检查：周围环境检查 → 钻探设备检查 → 人员自身检查

作业要求

1. 检查钻场支护、瓦斯浓度、消防器材、排水系统、供水系统及通信系统，确保钻场周围环境具备施工条件。
2. 核对是否使用专用探放水钻机及钻孔方位线、倾角。
3. 检查专用钻机的压柱、操作手把位置、减压阀、溢流阀、油箱截止阀开合状况。
4. 检查高压软管破损、固定状况、泵站油位、液压油的污染和老化程度。
5. 打开压力水阀门，检查压力水水压、水量是否满足施工要求。
6. 施工人员是否佩戴齐劳保用品，领口、袖口是否扎紧，岗位证是否佩戴齐全。
7. 钻机试运转，检查油管、接头是否漏油，钻机声音是否正常，给进、起拔动作是否顺畅。检查油箱油面是否在限定位置以上，观察压力表是否在规定的技术参数内工作。

开孔、固管：稳钻 → 开孔、下管 → 固管、扫孔 → 耐压试验

作业要求

1. 根据测量给的方位线，调整钻机方位。
2. 空转3～5min，确认运转正常平稳，系统压力不宜过大。
3. 采用双层注管法施工承压止水套管，即先注好孔口管，尽可能下在无水段，因此外层套管长度一般较短；再下承压套管，套管下置深度符合设计要求，孔口用法兰盘与孔口套管连接。
4. 检查孔口管丝扣，拧上接箍，用管钳相互配合下管。孔口套管和承压套管的接头用棉丝密封，防止漏水。
5. 封固套管时，先把套管牢固地固定在钻孔内，可用泥浆泵，将按规定配制好的水泥浆送入套管壁外的钻孔内并达到设计要求。
6. 待水泥浆按设计时间凝固后，进行扫孔，扫孔深度进入岩石0.5m。
7. 安排专业技术人员现场进行耐压试验验收。
8. 采用注浆泵进行套管耐压试验，用清水试验，压力值不小于设计值且稳压时间不小于30min，以套管不松动、孔口周围不漏水，即为合格；否则必须重新注浆。
9. 按规定安装高压水闸阀及钻孔防喷导流泄压装置。

钻进、分析：钻进 → 起钻 → 分析、验收

作业要求

1. 下钻，打开压力水，启动钻机钻进。
2. 钻进至设计位置起钻。
3. 停钻时，将钻具提离孔底一定距离，防止岩粉沉积埋钻，关闭压力水，将操作台手把闭锁。
4. 观测水量、水温、水压及现场实际情况进行分析。
5. 组织相关单位进行钻孔测斜，钻孔总长度及终孔层位进行现场验收。

封孔：分析、验收 → 回收施工工器具和施工材料

作业要求

1. 按设计要求压入配制好的水泥浆，压力达到设计终压时，且钻孔内及四周不得渗水，达到设计封孔要求。
2. 钻孔终孔封孔8h后，方可拆除法兰盘和高压水闸阀，拆除后及时清理干净，以备复用。

⚠ 打钻过程中，揭露煤层时存在瓦斯及有毒、有害气体超限风险。

6.2 探放水钻孔施工作业流程

施工前检查：周围环境检查 → 钻探设备检查 → 人员自身检查

作业要求

1.检查钻场支护、瓦斯浓度、消防器材、排水系统、供水系统及通信系统，确保钻场周围环境具备施工条件。

2.核对是否使用专用探放水钻机及钻孔方位线、倾角。

3.检查专用钻机的压柱、操作手把位置及减压阀、溢流阀、油箱截止阀开合状况。

4.检查高压软管破损、固定状况，泵站油位，检查液压油的污染和老化程度。

5.打开压力水阀门，检查压力水水压、水量是否满足施工要求。

6.施工人员是否佩戴齐劳保用品，领口、袖口是否扎紧，岗位证是否佩戴齐全。

7.钻机试运转，检查油管、接头是否漏油，钻机声音是否正常，给进、起拔动作是否顺畅。检查油箱油面是否在限定位置以上，观察压力表是否在规定的技术参数内工作。

开孔、固管：稳钻 → 开孔、下管 → 固管、扫孔 → 试压

作业要求

1.根据测量给的方位线，调整钻机方位。

2.空转3 ~ 5min，确认运转正常平稳，系统压力不宜过大。

3.采用双层注管法施工承压止水套管，即先注好孔口管，尽可能下在无水段，因此外层套管长度一般较短；再下承压套管，套管下置深度符合设计要求，孔口用法兰盘与孔口套管连接。

4.检查孔口管丝扣，拧上接箍，用管钳相互配合下管。孔口套管和承压套管的接头用棉丝密封，防止漏水。

5.封固套管时，先把套管牢固地固定在钻孔内，可用泥浆泵，将按规定配制好的水泥浆送入套管壁外的钻孔内并达到设计要求。

6.待水泥浆按设计时间凝固后，进行扫孔，扫过原孔深0.5m。

7.安排专业技术人员现场进行耐压试验验收。

8.采用注浆泵进行套管耐压试验，用清水试验，压力值不小于设计值且稳压时间不小于30min，以套管不松动、孔口周围不漏水为合格；否则必须重新注浆。

9.安装高压水闸阀及钻孔防喷导流泄压装置。

钻进、放水：钻进 → 起钻拔杆 → 放水 → 验证、验收

作业要求

1.下钻，打开压力水，启动钻机钻进。

2.钻进至设计位置起钻。

3.停钻时，将钻具提离孔底一定距离，防止岩粉沉积埋钻，关闭压力水，将操作台手把闭锁。

4.准备排水系统进行放水。

5.观测压力，进行放水验证。

6.组织相关单位进行钻孔测斜和钻孔总长度及终孔层位现场验收。

封孔：注浆封孔 → 回收施工工器具和施工材料

作业要求

1.按设计要求压入配制好的水泥浆，压力达到设计终压时，且钻孔内及四周不得渗水，达到设计封孔要求。

2.钻孔终孔封孔8h后，方可拆除法兰盘和高压水闸阀，拆除后及时清理干净，以备复用。

⚠ 打钻过程中，揭露煤层时存在瓦斯及有毒、有害气体超限风险。

6.3　底板加固钻孔施工作业流程

施工前检查：周围环境检查 → 钻探设备检查 → 人员自身检查

作业要求

1. 检查钻场支护、瓦斯浓度、消防器材、排水系统、供水系统及通信系统，确保钻场周围环境具备施工条件。
2. 核对是否使用专用探放水钻机及钻孔方位线、倾角。
3. 检查专用钻机的压柱、操作手把位置及减压阀、溢流阀、油箱截止阀开合状况。
4. 检查高压软管破损、固定状况，泵站油位，检查液压油的污染和老化程度。
5. 打开压力水阀门，检查压力水水压、水量是否满足施工要求。
6. 施工人员是否佩戴齐劳保用品，领口、袖口是否扎紧，岗位证是否佩戴齐全。
7. 钻机试运转，检查油管、接头是否漏油，钻机声音是否正常，给进、起拔动作是否顺畅。检查油箱油面是否在限定位置以上，观察压力表是否在规定的技术参数内工作。

开孔、固管：稳钻 → 开孔、下管 → 固管、扫孔 → 试压

作业要求

1. 根据测量给的方位线，调整钻机方位。
2. 空转 3 ~ 5min，确认运转正常平稳，系统压力不宜过大。
3. 采用双层注管法施工承压止水套管，即先注好孔口管，尽可能下在无水段，因此外层套管长度一般较短；再下承压套管，套管下置深度符合设计要求，孔口用法兰盘与孔口套管连接。
4. 检查孔口管丝扣，拧上接箍，用管钳相互配合下管。孔口套管和承压套管的接头用棉丝密封，防止漏水。
5. 封固套管时，先把套管牢固地固定在钻孔内，可用泥浆泵，将按规定配制好的水泥浆送入套管壁外的钻孔内并达到设计要求。
6. 待水泥浆按设计时间凝固后，进行扫孔，扫过原孔深 0.5m。
7. 安排专业技术人员现场进行耐压试验验收。
8. 采用注浆泵进行套管耐压试验，用清水试验，压力值不小于设计值且稳压时间不小于 30min，以套管不松动、孔口周围不漏水为合格；否则必须重新注浆。
9. 安装高压水闸阀及钻孔防喷导流泄压装置。

钻进注浆：钻进 → 起钻 → 注浆

作业要求

1. 下钻，打开压力水，启动钻机钻进。钻进至设计位置或根据现场实际岩粉或出水情况进行分析。
2. 停钻时，将钻具提离孔底一定距离，防止岩粉沉积埋钻，关闭压力水，将操作台手把闭锁。达到钻探目的，起钻。
3. 组织相关单位进行钻孔测斜和钻孔总长度及终孔层位现场验收。
4. 利用地面注浆站按设计要求进行注浆。
5. 安装注浆三通，检查进浆阀、泄压阀是否开关灵活，注浆三通是否通畅、牢固。

封孔：注浆封孔 → 回收施工工器具和施工材料

作业要求

1. 按设计要求压入配制好的水泥浆，压力达到设计终压时，且钻孔内及四周不得渗水，达到设计封孔要求。
2. 钻孔终孔封孔 8h 后，方可拆除法兰盘和高压水闸阀，拆除后及时清理干净，以备复用。

⚠ 打钻过程中，揭露煤层时存在瓦斯及有毒、有害气体超限风险。

6.4 地面区域治理井下验证钻孔施工作业

施工前检查

周围环境检查 → 钻探设备检查 → 人员自身检查

作业要求

1. 检查钻场支护、瓦斯浓度、消防器材、排水系统、供水系统及通信系统，确保钻场周围环境具备施工条件。
2. 核对是否使用专用探放水钻机及钻孔方位线、倾角。
3. 检查专用钻机的压柱、操作手把位置及减压阀、溢流阀、油箱截止阀开合状况。
4. 检查高压软管破损、固定状况，泵站油位，检查液压油的污染和老化程度。
5. 打开压力水阀门，检查压力水水压、水量是否满足施工要求。
6. 施工人员是否佩戴齐劳保用品，领口、袖口是否扎紧，岗位证是否佩戴齐全。
7. 钻机试运转，检查油管、接头是否漏油，钻机声音是否正常，给进、起拔动作是否顺畅。检查油箱油面是否在限定位置以上，观察压力表是否在规定的技术参数内工作。

开孔、固管

稳钻 → 开孔、下管 → 固管、扫孔 → 试压

作业要求

1. 根据测量给的方位线，调整钻机方位。
2. 空转3 ~ 5min，确认运转正常平稳，系统压力不宜过大。
3. 采用双层注管法施工承压止水套管，即先注好孔口管，尽可能下在无水段，因此外层套管长度一般较短；再下承压套管，套管下置深度符合设计要求，孔口用法兰盘与孔口套管连接。
4. 检查孔口管丝扣，拧上接箍，用管钳相互配合下管。孔口套管和承压套管的接头用棉丝密封，防止漏水。
5. 封固套管时，先把套管牢固地固定在钻孔内，可用泥浆泵，将按规定配制好的水泥浆送入套管壁外的钻孔内并达到设计要求。
6. 待水泥浆按设计时间凝固后，进行扫孔，扫过原孔深0.5m。
7. 安排专业技术人员现场进行耐压试验验收。
8. 采用注浆泵进行套管耐压试验，用清水试验，压力值不小于设计值且稳压时间不小于30min，以套管不松动、孔口周围不漏水，为合格；否则必须重新注浆。
9. 安装高压水闸阀及钻孔防喷导流泄压装置。

钻进、分析

钻进 → 取芯钻进 → 分析、验收

作业要求

1. 下钻，打开压力水，启动钻机钻进；钻进至含水层时若出水，按设计要求进行注浆隔离。
2. 安装注浆三通，检查进浆阀、泄压阀是否开关灵活，注浆三通是否通畅牢固。
3. 按设计要求到取芯钻进位置时，进行取芯钻进，取出来的岩芯按要求摆放好，便于分析。
4. 钻进至设计位置起钻；停钻时，将钻具提离孔底一定距离，防止岩粉沉积埋钻，关闭压力水，将操作台手把闭锁，达到钻探目的，起钻。
5. 观测水量、水温、水压和岩芯并且进行分析。
6. 组织相关单位进行测斜和钻孔总长度及终孔层位现场验收。

封孔

注浆封孔 → 回收施工工器具和施工材料

作业要求

1. 按设计要求压入配制好的水泥浆，压力达到设计终压时，且钻孔内及四周不得渗水，达到设计封孔要求。
2. 钻孔终孔封孔8h后，方可拆除法兰盘和高压水闸阀，拆除后及时清理干净，以备复用。

⚠ 打钻过程中，揭露煤层时存在瓦斯及有毒、有害气体超限风险。

6.5　超前探测钻孔施工作业流程

施工前检查：周围环境检查 → 钻探设备检查 → 人员自身检查

作业要求

1.检查钻场支护、瓦斯浓度、消防器材、排水系统、供水系统及通信系统，确保钻场周围环境具备施工条件。

2.核对是否使用专用探放水钻机及钻孔方位线、倾角。

3.检查专用钻机的压柱、操作手把位置及减压阀、溢流阀、油箱截止阀开合状况。

4.检查高压软管破损、固定状况，泵站油位，检查液压油的污染和老化程度。

5.打开压力水阀门，检查压力水水压、水量是否满足施工要求。

6.施工人员是否佩戴齐劳保用品，领口、袖口是否扎紧，岗位证是否佩戴齐全。

7.钻机试运转，检查油管、接头是否漏油，钻机声音是否正常，给进、起拔动作是否顺畅。检查油箱油面是否在限定位置以上，观察压力表是否在规定的技术参数内工作。

开孔、固管：稳钻 → 开孔、下管 → 固管、扫孔 → 试压

作业要求

1.根据测量给的方位线，调整钻机方位。

2.空转3 ~ 5min，确认运转正常平稳，系统压力不宜过大。

3.采用双层注管法施工承压止水套管，即先注好孔口管，尽可能下在无水段，因此外层套管长度一般较短；再下承压套管，套管下置深度符合设计要求，孔口用法兰盘与孔口套管连接。

4.检查孔口管丝扣，拧上接箍，用管钳相互配合下管。孔口套管和承压套管的接头用棉丝密封，防止漏水。

5.封固套管时，先把套管牢固地固定在钻孔内，可用泥浆泵，将按规定配制好的水泥浆送入套管壁外的钻孔内并达到设计要求。

6.待水泥浆按设计时间凝固后，进行扫孔，扫过原孔深0.5m。

7.安排专业技术人员现场进行耐压试验验收。

8.采用注浆泵进行套管耐压试验，用清水试验，压力值不小于设计值且稳压时间不小于30min，以套管不松动、孔口周围不漏水为合格；否则必须重新注浆。

9.安装高压水闸阀及钻孔防喷导流泄压装置。

钻进：钻进、起钻 → 分析、验收

作业要求

1.下钻，打开压力水，启动钻机钻进。

2.钻进至设计位置起钻。

3.停钻时，将钻具提离孔底一定距离，防止岩粉沉积埋钻，关闭压力水，将操作台手把闭锁。

4.观测水量、水温、水压、水质及钻孔情况并进行分析。

5.组织相关单位进行钻孔测斜和钻孔总长度及终孔层位现场验收。

封孔：注浆封孔 → 回收施工工器具和施工材料

作业要求

1.按设计要求压入配制好的水泥浆，压力达到设计终压时，且钻孔内及四周不得渗水，达到设计封孔要求。

2.钻孔终孔封孔8h后，方可拆除法兰盘和高压水闸阀，拆除后及时清理干净，以备复用。

⚠ 打钻过程中，揭露煤层时存在瓦斯及有毒、有害气体超限风险。

6.6 探构造钻孔施工作业流程

施工前检查

- 周围环境检查
- 钻探设备检查
- 人员自身检查

作业要求

1.检查钻场支护、瓦斯浓度、消防器材、排水系统、供水系统及通信系统，确保钻场周围环境具备施工条件。

2.核对是否使用专用钻机及钻孔方位线、倾角。

3.检查专用钻机的压柱、操作手把位置及减压阀、溢流阀、油箱截止阀开合状况。

4.检查高压软管破损、固定状况，泵站油位，检查液压油的污染和老化程度。

5.打开压力水阀门，检查压力水水压、水量是否满足施工要求。

6.钻机试运转，检查油管、接头是否漏油，钻机声音是否正常，给进、起拔动作是否顺畅。检查油箱油面是否在限定位置以上，观察压力表是否在规定的技术参数内工作。

7.施工人员是否佩戴齐劳保用品，领口、袖口是否扎紧，岗位证是否佩戴齐全。

开孔、钻进

- 稳钻
- 开孔
- 钻进
- 见标志层

作业要求

1.根据测量给的方位线，调整钻机方位。

2.空转3 ~ 5min，确认运转正常平稳，系统压力不宜过大。

3.按设计要求调整角度，开孔钻进。

4.启闭开关时，注意力要集中，做到手不离按钮，眼不离钻机。

5.软硬岩石互层时，要减小孔底压力，待钻头全部进入下层岩石时，再正常钻进。

6.钻进过程中，见软、见空、见水和变层，要立即停钻，丈量残尺并记录其深度和孔内变化情况。

7.见到标志层后要及时收集水文地质资料并按要求摆放管理，便于以后分析。

8.在水文地质条件不清楚的区域进行构造探查，应按探放水钻孔要求进行探查。

分析、验收

- 分析、起钻
- 验收

作业要求

1.钻进至设计位置。

2.停钻时，将钻具提离孔底一定距离，防止岩粉沉积埋钻，关闭压力水，将操作台手把闭锁。

3.根据现场实际情况和岩（煤）粉进行分析。

4.达到钻探目的，起钻。

5.组织相关单位进行测斜和钻孔总长度及终孔层位现场验收。

⚠ 打钻过程中，揭露煤层时存在瓦斯及有毒、有害气体超限风险。

6.7 探煤层钻孔施工作业流程

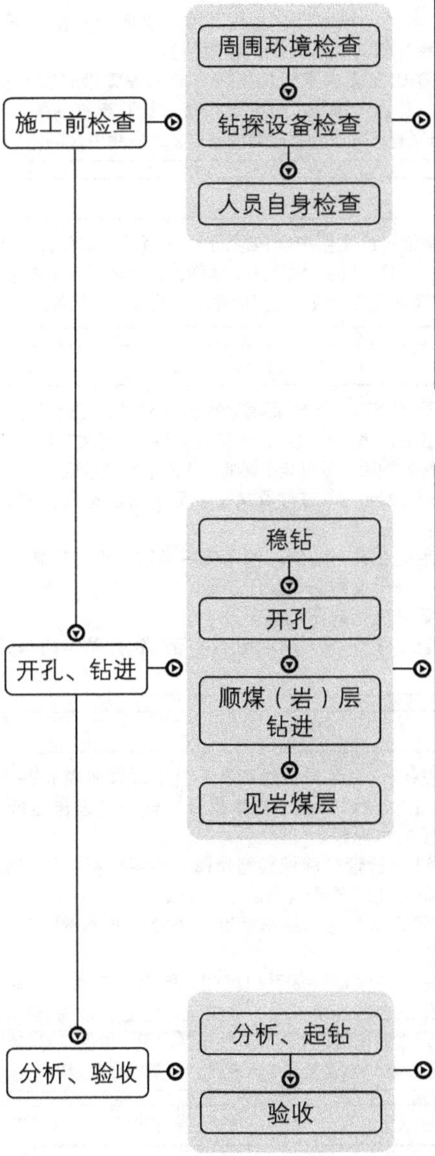

作业要求

1.检查钻场支护、瓦斯浓度、消防器材、排水系统、供水系统及通信系统，确保钻场周围环境具备施工条件。

2.核对是否使用专用探放水钻机及钻孔方位线、倾角。

3.检查专用钻机的压柱、操作手把位置及减压阀、溢流阀、油箱截止阀开合状况。

4.检查高压软管破损、固定状况，泵站油位，检查液压油的污染和老化程度。

5.打开压力水阀门，检查压力水水压、水量是否满足施工要求。

6.钻机试运转，检查油管、接头是否漏油，钻机声音是否正常，给进、起拔动作是否顺畅。检查油箱油面是否在限定位置以上，观察压力表是否在规定的技术参数内工作。

7.施工人员是否佩戴齐劳保用品，领口、袖口是否扎紧，岗位证是否佩戴齐全。

作业要求

1.根据测量给的方位线，调整钻机方位。

2.空转3～5min，确认运转正常平稳，系统压力不宜过大。

3.按设计要求调整角度，开孔钻进。

4.启闭开关时，注意力要集中，做到手不离按钮，眼不离钻机。

5.软硬岩石互层时，要减小孔底压力，待钻头全部进入下层岩石时，再正常钻进。

6.钻进过程中，见软、见空、见水和变层，要立即停钻，丈量残尺并记录其深度和孔内变化情况。

7.见到标志层后要及时收集水文地质资料并按要求摆放管理，便于以后分析。

作业要求

1.钻进至设计位置。

2.停钻时，将钻具提离孔底一定距离，防止岩粉沉积埋钻，关闭压力水，将操作台手把闭锁。

3.根据现场实际情况和煤（岩）粉进行分析。

4.达到钻探目的，起钻。

5.组织相关单位进行测斜和钻孔总长度及终孔层位现场验收。

⚠ 打钻过程中，揭露煤层时存在瓦斯及有毒、有害气体超限风险。

6.8 煤层底板注浆加固作业流程

注浆加固层位的确定

工作面概况 → 工作面底板岩层水文地质分析 → 加固层位的确定

作业要求

1.工作面概况主要说明采煤工作面位置、工作面技术参数、煤层赋存特征、顶底板岩性、煤层底板标高、工作面地面标高及与本工作面相关生产系统的基本情况等。

2.说明煤层底板直接充水含水层、间接充水含水层的岩性、强度、厚度、节理裂隙发育程度、含水性、导水性、水头高度、水压、补给水源、补给强度、补给与季节的关系及其与煤层之间的相对位置。

3.岩层厚度应大于由于矿山压力向底板传播所形成的破碎带厚度。目前采用的方法有理论计算法、巷道观测法、钻孔透视法、钻孔电视法等。

4.加固层位的选择：海相泥岩、太原组上段薄层灰岩、太原组中段隔水层。

注浆加固方案的确定

注浆加固方案设计 → 注浆加固方案措施

作业要求

工作面底板注浆加固方案设计的主要内容包括:工作面概况、工作面底板岩层水文地质分析、钻场布置、钻孔结构、钻孔施工顺序、钻孔施工技术要求、注浆系统、注浆方式、注浆材料、注浆参数、注浆顺序和注浆技术措施等。

注浆孔施工

钻场布置、钻孔布置；钻孔施工技术要求

作业要求

1.根据底板水文地质预测预报成果，针对探测到的低阻区位置，结合工作面巷道布置特点，合理安排钻场位置。考虑到注浆工作有可能和工作面生产同时作业，钻场位置应选择顶板较完整的地段，尽可能不影响工作面中的设备运行。

2.合理设计钻孔的位置和数目，均匀布置钻孔。尽量增加钻孔揭露含水层的面积，确保注浆效果。

3.必须严格按照设计标定的钻孔方位线、倾角使用专用钻机进行施工。

4.为确保施工人员安全，必须使用防喷反压装置。

5.安设孔口管后必须按要求进行耐压试验。

6.施工过程中要注意防止钻孔偏斜，制定切实可行的钻孔防斜措施并认真执行。

⚠ 打钻过程中，揭露煤层时存在瓦斯及有毒、有害气体超限风险。

注浆

注浆系统 → 注浆施工技术要求

作业要求

1.注浆系统由地面制浆系统、注浆泵、送料孔、井下注浆管路和井下注浆孔组成。地面制浆系统由水泥添加器、搅拌机及其他辅助设施组成，可以按技术要求配制一定密度的水泥浆。

2.注浆前要对注浆管路进行检查，确保管路畅通。注浆过程中要根据注浆压力和跑浆情况，及时调整注浆泵泵量和浆液的密度。

3.要严格注浆顺序、注浆方式、注浆结束标准，不经批准不得擅自改变或随意停止注浆。

4.当达到注浆结束标准后，应及时关闭孔口阀门，卸下孔口高压胶管。注浆结束后，要及时将管路和混合器冲洗干净，以免沉淀堵塞，以备再用。

5.注浆孔口附近必须设专用直通电话，不得与其他电话串用，以便及时与地面注浆站联系。对钻孔水位（压）和涌水量要派专人观测，观测结果要及时汇报。

注浆效果检查

物探检查 → 综合水动态分析

作业要求

1.在注浆改造之前先进行物探，有针对性地布孔，注浆之后再进行物探检查对比，从而检查注浆改造的效果，多采用直流电法和瞬变电磁法，最好两种方法同时使用，效果会更佳。

2.根据打钻、注浆前后的地下水观测数据，绘制历时曲线图，用距出水点较近的出水点、观测孔资料等进行综合对比分析，能够对注浆改造效果做出定性评价或大致定量评价。

6.9 钻机安装作业流程

起吊钻机

检查顶板情况 → 检查操作空间 → 检查工器具及防护用品

作业要求

1.起吊前，检查起吊地点周围20m范围内的安全环境。

2.起吊人员必须观察好周围环境，站在安全处操作，并有专人监护，其他人员远离起吊点。

3.起吊前必须对手动葫芦进行全面检查，手动葫芦各部件应完好无损。

4.操作人员登高作业达到1.5m时，必须佩戴安全带，两脚站稳。

调整方位

测量人员标定钻孔方位 → 对准钻孔方位，合理确定钻机与孔口距离

作业要求

1.按照测量人员标定的钻孔方位调整钻机。

2.施工具有承压水的钻孔时，钻机安装的位置与孔口之间的距离应适当加大。

固定钻机

严格按照操作规程及作业规程进行作业

作业要求

1.按方向线将钻机对准钻孔位置，摆正钻机架，整平底板，设置地梁机台木，用水泥打基础应先埋设地基，底固螺丝固定或卧入底板一定深度，用锚杆作为底固螺丝，孔内应灌满水泥，机座、机台木与底固螺丝连成一体，机座与螺帽加弹簧垫圈拧紧。

2.钻机要安放平稳，不平时机台木下可用木料垫平，按四压两戗固定。

3.钻机及其动力设备等都必须安装平稳、牢固。在容易积水处施工时，设备要适当垫高，并备泵排水，以防水淹。

4.在斜巷中安装钻机，应铺设基台木和台板，并用扒钉牢固地连接成一体，且打一排密集的点柱，使整个基台稳固，防止钻机下滑，上山施工时防止迎头浮矸落下伤人。

接电、试运转

按要求审批停电计划 → 设备开关停电、闭锁、挂牌上密码锁 → 恢复开关或设备完好 → 检查立轴的方位倾角，用手盘车试转并检查电机的正反转情况

作业要求

1.检查油管路是否畅通。

2.钻机运行平稳，各操纵手把灵活、定位准确可靠。

3.立轴的倾角、方位符合设计要求。

4.检查电源电压是否与电机的额定电压相符，电缆无漏电现象等。

5.停止电源开关，闭锁、挂牌，接入电源。

6.电源接好后，先试转，检查电机的正反转及运转情况。

7.钻场的动力设备应与风机连锁，确保停风必须停电。

施工完毕

严格按照设备完好标准进行验收 → 回收施工工器具和施工材料

作业要求

1.设备及开关符合机电设备完好标准。

2.现场文明施工动态达标，符合标准化要求。

⚠ 起吊钻机时，注意人员站位。

6.10 钻机拆卸作业流程

施工前检查

检查顶板情况 → 检查操作空间 → 检查工器具及防护用品 → 检查待检修设备或开关附近瓦斯浓度符合要求

作业要求

1. 顶板无明显下沉、无活矸、无活煤块，并无网兜开裂现象。
2. 操作空间能够满足设备正常开盖和工器具正常使用，同时确保人员退路畅通。
3. 作业工器具及防护用品齐全完好，能够满足作业要求。
4. 锤击作业及电气设备检修作业地点周围20m范围内瓦斯浓度小于0.5%。

甩电

设备停电、机械闭锁 → 设备开关停电、闭锁、挂牌、上密码锁

作业要求

1. 检修机械设备时，必须将控制本台设备的启动开关停电，并闭锁、加锁、挂“有人工作、严禁送电”警示牌。
2. 检修电气设备时，在来电方向、所有驱动装置电源方向必须严格执行二级停电，且谁检修在两级停电开关上挂谁的停电检修牌，同时在二级停电的开关闭锁杆上分别挂机械锁，检修人携带钥匙（密码）。

拆卸钻机

严格按照操作规程及作业规程进行作业

⚠ 起吊钻机时，注意人员站位。

作业要求

1. 钻机拆卸人员必须熟悉钻机原理，后装的先拆，先装的后拆，拆卸高处部件时，踏板呈水平位置，牢固可靠。
2. 先拆卸钻杆，关闭水辫供水阀门，卸下水辫，拆卸钻杆。
3. 待钻杆全部分离完毕后，取下水辫，切断动力电源。
4. 将操作台与泵站、动力头、动力头马达、推进油缸的连接油管拆除。
5. 拧开动力头与底托盘的连接螺丝，拔出动力头固定销，将动力头与底托盘分离。
6. 松开机架与立柱框架连接拉杆的固定螺丝，松开上支撑座与机架连接螺丝，将机架与立柱框架分离。
7. 将立柱框架两侧的液压支柱泄压，使其与顶板分离。
8. 拆除钻机时必须做好各部件及零件的保护工作，必须确保已经切断泵站动力电源后方可对操作台进行拆卸。

施工完毕

回收施工工器具和施工材料

作业要求

1. 卸开的油管接口处必须用堵头堵住，严防污物进入管内。
2. 将清点后的钻机零部件、工具及配套设备等装箱，不能装箱的大件也要捆绑好，不得丢失任何器件。
3. 现场文明施工动态达标，符合标准化要求。

6.11　水文在线监测系统安装作业流程

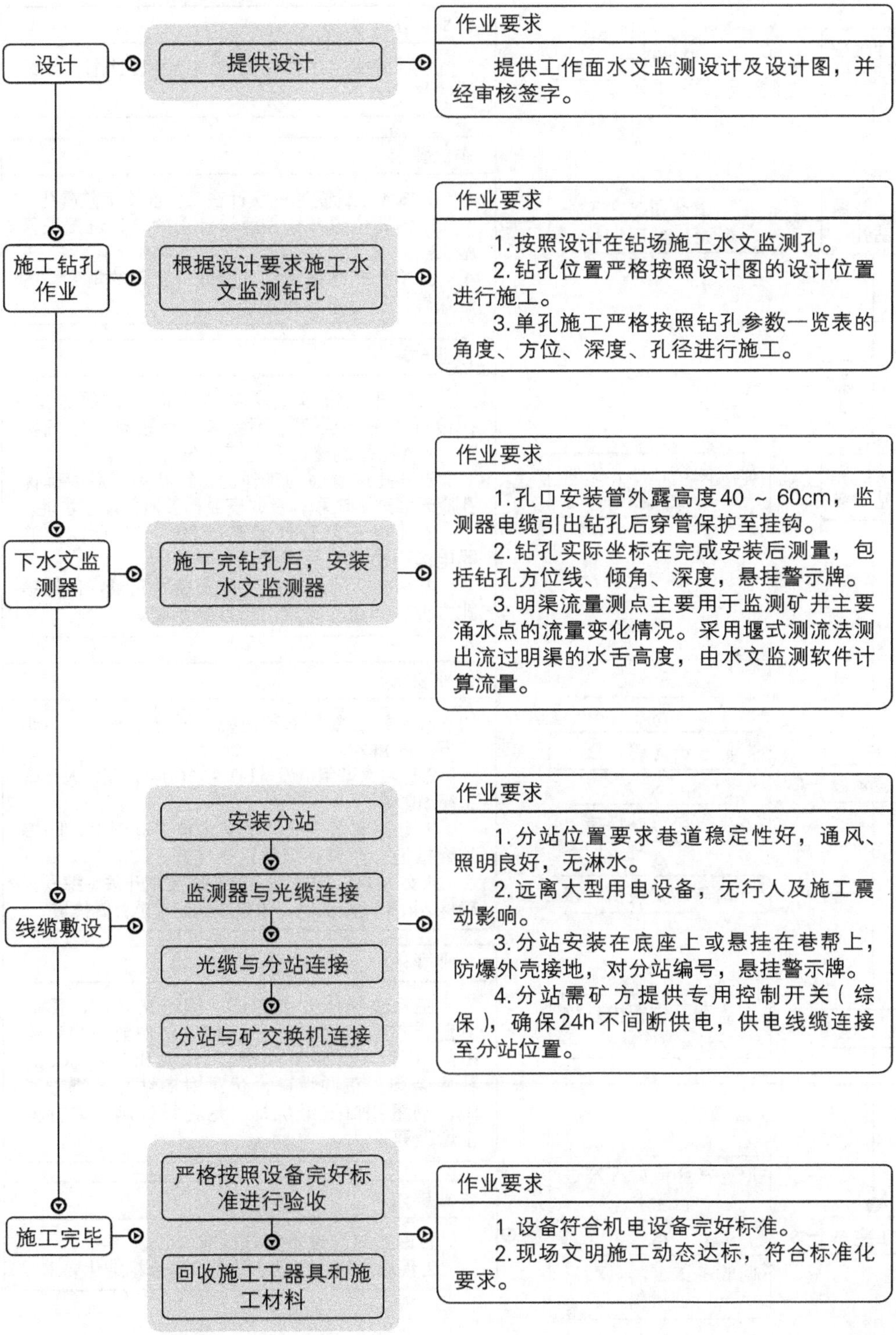

6.12 微震在线监测系统安装作业流程

流程	作业步骤	作业要求
设计院提供设计	提供设计	设计院提供工作面微震设计及设计图，并经审核签字。
施工微震钻孔	根据设计要求在工作面施工微震钻孔	1.按照设计院给的设计在工作面施工微震孔。 2.钻孔位置严格按照设计图的设计位置进行施工。 3.单孔严格按照钻孔参数一览表的角度、方位深度、孔径进行施工。
检波器和分站安装	施工完钻孔后，安装检波器	1.钻孔方位垂直于巷道面向工作面方向，在设计位置不合适、不易施工地段可左右偏移3 ~ 5m进行调整，深度满足设计要求。 2.开孔位置面向工作面，钻孔完成后要确保孔底无煤岩泥淤积，及时安装检波器并灌注水泥。 3.孔口安装管外露高度20 ~ 30cm，检波器电缆引出钻孔后穿管保护至挂钩。 4.钻孔实际坐标在完成安装后测量，包括钻孔方位、倾角、深度，悬挂警示牌。
线缆敷设	安装分站 → 检波器光缆连接 → 光缆与分站连接 → 分站与矿交换机连接	1.分站位置要求巷道稳定性好，通风、照明良好，无淋水。 2.远离大型用电设备50 ~ 100m，无行人及施工震动影响。 3.分站安装在底座上或悬挂在巷帮上，防爆外壳接地，对分站编号，悬挂警示牌。 4.分站需矿方提供微震专用控制开关（综保），确保24h不间断供电，供电线缆连接至分站位置。
校正炮	在监测区进行校正炮爆破作业	在系统整体安装完成、运行正常后，需矿方配合在监测区进行校正炮爆破作业，校正炮6 ~ 10个，孔深3 ~ 5m，药量600 ~ 900g，孔底装药，正向爆破，记录对应钻孔的爆破时间，测量孔口三维坐标，钻孔设计满足矿井安全爆破要求。
施工完毕	严格按照完好标准进行验收 → 回收施工工器具和施工材料	1.设备符合设备完好标准。 2.现场文明施工动态达标，符合标准化要求。

6.13 区域治理施工作业流程

踏勘、设计审批编制评审 → 现场调查 → 编制设计、措施 → 组织人员评审

作业要求

1.合理布置钻孔，查明区内煤层底板隐伏含（导）水构造的发育情况。

2.对预留防水煤柱附近的断层破碎地带进行注浆加固。

3.通过地质钻探、注浆加固，必要时进行水文地质试验等手段，消除影响开采煤层开采的水害隐患，为尽快合理安全开发利用煤炭资源提供安全保障。

钻前准备 → 根据设计及现场情况平衡钻场事宜和选择钻探设备

作业要求

选取钻探设备：钻机、泥浆泵、泥浆净化除砂器、注浆泵、螺杆钻具、无磁钻铤、Baker Hughes MWD无线随钻测井系统、高速涡流制浆机、备用发电机组。

水平（顺层）钻进 → 直孔段钻进 → 下管固井 → 造斜段钻进 → 下管固井、止水检查 → 水平（顺层）钻进

作业要求

1.表层钻进：表层为回填层，开孔钻透回填层2m后下入套管护壁。

2.一开：钻进入基岩5m；测孔斜角、方位角后下入技术套管；采用水泥固井，固井水泥浆返出孔口；水泥候凝72h后继续钻进。

3.二开：钻入目标层位，下入工作套管；采用水泥封固套管底脚200m；凝固72h后检查固孔质量；固井质量合格后，进行三开工作施工。

4.三开：钻进目的层顺层钻进至靶点。

5.直孔段施工主要要求保证钻孔垂直，因此，应适当降低钻压；造斜段及顺层钻进段施工主要要求控制钻头轨迹，因此，钻压施压大小应配合定向需要。

6.直孔段钻进钻井液配制以防塌、防漏为目的，使用常规泥浆。定向段、顺层段钻进钻井液配制以防塌、增黏为目的，防止垮塌，提升岩屑上返能力，达到安全钻进的目的，并要防止阻塞裂隙影响后续注浆效果。因此采用无固相化学泥浆钻井液。

7.清孔：钻孔遇见钻井液泄漏时，按设计要求采取措施进行堵漏或注浆。

8.注浆采用孔口连续注浆法。由注浆泵通过套管预留的接头直接向孔内压入水泥浆。浆液先稀后稠，浆液比重按设计要求进行配制。注浆材料一般情况下选用水泥，如遇裂隙发育、注浆量大的情况下，由矿方决定是否采取注骨料或使用粉煤灰等作为辅助注浆材料。

9.注浆过程中要做好注浆记录，按设计要求进行观测并记录泵压、泵量、水泥浆比重，调节泵量、水泥浆比重时应加密观测一次。

10.录井：岩屑录井、钻时录井、钻井液录井。

11.简易水文观测、钻孔轨迹监测。

12.下套管、固管、拔管。

封孔 → 分支验收 → 注浆

作业要求

1.组织人员进行现场验收。

2.每一分支孔钻进结束后如果在终孔时不漏失，应对钻孔进行水泥浆封闭。封孔水泥浆应从孔底返至下一分支造斜点，并在造斜点处用高标号水泥做水泥塞。

3.封孔注水泥浆应采用下入光钻杆分段注浆方法进行，即每注入一定高度水泥浆后起拔相应高度的钻具，每次注入一般不超过100m。从水泥浆注返出井底钻杆口后即必须活动钻具直到钻具全部进入套管或起出井口。

6.14 瞬变电磁法施工作业流程

工程立项 → 确定施工单位

作业要求

1.根据年度防治水工作计划与措施、生产实际情况确定井下物探工程项目及应采取瞬变电磁法物探手段。

2.根据计划，编制施工技术要求。需要外委的项目，通过招标确定项目实施单位。

物探设计及审查 → 资料收集 → 编制瞬变电磁法设计 → 设计审查

作业要求

1.根据井下物探的需要，收集相关基础资料，作为物探工程设计的基础。

2.根据物探区域基础资料及采用的物探方法，编制井下瞬变电磁物探设计。

3.根据实施项目的具体情况，确定设计审查的层级及人员，组织对井下物探设计进行审查。

准备工作 → 仪器设备等准备；井下现场条件准备

作业要求

1.项目施工单位，对仪器设备等进行准备调试，做好入井作业前的一切准备工作。

2.煤矿对井下现场作业的施工条件进行准备。

3.根据探测需要，在所需要测的巷道标记探测点，标记应标记在显眼位置，距离应测量准确。探测巷道中往往有测量控制点，施工人员应记录好附近探测点与测量控制点的距离，以便做距离校正。

4.探测前应准备好探测仪器设备，并在地面做相关测试，以保证仪器稳定可用。及时了解矿方相关资料，熟悉探测环境，做好方案设计。

现场实施 → 根据通过审查的井下物探设计，开展井下物探施工工作

作业要求

1.顶板岩石稳定，无安全隐患；顶板支护措施对探测影响尽量小；巷道有足够空间布置瞬变电磁线圈；施工期间巷道内应切断电源。

2.瞬变电磁法极易受强低阻体的影响，所以在巷道中应做好如下记录：巷道中支护条件及支护密度；巷道中堆有铁器的位置及大概数量；因空间原因线圈无法完全展开的位置；巷道底板有积水或顶板有淋水、滴水的位置；断层的位置；其他不明影响条件的记录。

3.瞬变电磁探测时应根据需要设计不同的探测角度，如顶板探测角度为45°、30°、15°，顺层、底板探测角度为15°、30°、45°、60°。在做顶板45°、30°探测时，务必把线圈整体抬起，以靠近顶板；在做底板45°、60°探测时，应注意底板铁轨等铁器的影响。即观测场强最大值方向，把观测到的数据记入已设计好的表格内。

资料处理、解释及成果验收 → 资料处理 → 资料解释 → 成果验收

作业要求

1. 根据井下现场采集的物探资料，结合现有的地质资料，对获取的所有的资料进行处理、解释，形成井下物探最终成果。

2. 根据实施项目的具体情况，组织对井下物探最终成果进行审查验收。

对异常区进行验证 → 存在异常进行钻探验证

作业要求

解释无异常正常生产，存在可能富水的异常区进行钻探验证。

反馈验证结果 → 反馈施工单位

作业要求

将收集的物探探测范围内采掘工作面、钻探等揭露的地质、水文地质资料及时反馈物探施工单位。

6.15 视电阻率垂向测深法施工作业流程

工程立项 → 确定施工单位

作业要求

1. 根据年度防治水工作计划与措施、生产实际情况确定井下物探工程项目及应采取视电阻率垂向测深法物探手段。

2. 根据计划，编制施工技术要求。需要外委的项目，通过招标确定项目实施单位。

物探设计及审查 → 资料收集 → 编制视电阻率垂向测深设计 → 设计审查

作业要求

1. 根据井下物探的需要，收集相关基础资料，作为物探工程设计的基础。

2. 根据物探区域基础资料及采用的物探方法，编制井下视电阻率垂向测深法物探设计。

3. 根据实施项目的具体情况，确定设计审查的层级及人员，组织对井下物探设计进行审查。

准备工作 → 仪器设备等准备；井下现场条件准备

作业要求

1. 项目施工单位，对仪器设备等进行准备调试，做好入井作业前的一切准备工作。

2. 煤矿对井下现场作业的施工条件进行准备。

3. 建议电法超前探测现场采用64个电极，1号电极置于迎头，按照2.5m极距沿巷道后方布置。条件不允许时可以将1号电极向后延，但其距离迎头必须小于10m。

4. 电法超前探测时，1、2、3、4、5和6号电极起到关键作用，必须确保每个电极有较大的供电电流，同时确保每个电极与底板完整岩体接触，以保证电位衰减趋势明显，提高信噪比；必要时，须要求对1、2、3、4、5和6号电极位置施工钻孔，孔深30cm，填充黄泥，再将电极插入。

现场实施 → 根据通过审查的井下物探设计，开展井下物探施工工作

作业要求

1. 电法数据采集时，要仔细分析所采集数据的有效性，要分别从电流和电位两个角度出发。尽量在不解编数据的情况下，查看数据有效性，因为其原始数据信号相对较为准确；解编后的数据有时容易造成误解或表达不完全。

2. 工作面底板电法探测要求：现场施工与方案设计保持一致；各站布置时考虑与测点之间的关系；各站布置时测线最少重叠50m；电极保持耦合性良好，必要时施工电极眼；记录好仪器站位置、积水区域、淋水区域、N极位置、B极位置及各电极号与附近测点的对应关系；资料解释时进行三级电测深并与反演资料进行对比解释。在远离金属导体的地方，环面始终面向发射机方位，即观测场强最大值方向，把观测到的数据记入已设计好的表格内。

资料处理、解释及成果验收

资料处理 → 资料解释 → 成果验收

作业要求

1.根据井下现场采集的物探资料，结合现有的地质资料，对获取的所有的资料进行处理、解释，形成井下物探最终成果。

2.根据实施项目的具体情况，组织对井下物探最终成果进行审查验收。

对异常区进行验证

存在异常进行钻探验证

作业要求

解释无异常正常生产，存在可能富水的异常区进行钻探验证。

反馈验证结果

反馈施工单位

作业要求

将收集的物探探测范围内采掘工作面、钻探等揭露的地质、水文地质资料及时反馈物探施工单位。

6.16 坑道无线电波透视法施工作业流程

工程立项 → 确定施工单位

作业要求

1. 根据年度防治水工作计划与措施、生产实际情况确定井下物探工程项目及应采取坑道无线电波透视法物探手段。

2. 根据计划，编制施工技术要求。需要外委的项目，通过招标确定项目实施单位。

物探设计及审查 → 资料收集 → 编制坑道无线电波透视法设计 → 设计审查

作业要求

1. 根据井下物探的需要，收集相关基础资料，作为物探工程设计的基础。

2. 根据物探区域基础资料及采用的物探方法，编制井下物探设计。

3. 根据实施项目的具体情况，确定设计审查的层级及人员，组织对井下物探设计进行审查。

准备工作 → 仪器设备等准备；井下现场条件准备

作业要求

1. 项目施工单位，对仪器设备等进行准备调试，做好入井作业前的一切准备工作。

2. 煤矿对井下现场作业的施工条件进行准备。

3. 首先对坑透工作面中的干扰体进行调查，了解坑透工作面中的电缆、金属管道、电气设备，主要人工导体的分布及巷道高度、支护材料、瓦斯浓度等情况，并针对干扰体制定出一套有效的抗干扰措施。其次要对工作面内已经揭露的地质体进行调查。如调查工作面内已揭露的地质构造、水文地质条件等，在分析坑透资料时可参考已知的地质因素。

现场实施 → 根据通过审查的井下物探设计，开展井下物探施工工作

作业要求

1. 井下实际操作人员根据现场情况而定。

2. 在透视工作之前，先选择地质条件正常，无干扰和干扰因素少的地段，布置发射点进行透视条件试验，以求取该发射机的电磁波在工作面的初始场强值和最大穿透距离及煤层的吸收系数。

3. 透视工作时，把发射机框形天线与巷道平行，悬挂成四边形，接收机环形天线直立（注意接收机应放置在远离金属导体的地方），环面始终面向发射机方位，即观测场强最大值方向，把观测到的数据记入表格内。

资料处理、解释及成果验收 → 资料处理 → 资料解释 → 成果验收

作业要求

1.根据井下现场采集的物探资料，结合现有的地质资料，对获取的所有的资料进行处理、解释，形成井下物探最终成果。

2.根据实施项目的具体情况，组织对井下物探最终成果进行审查验收。

对异常区进行验证 → 存在异常进行钻探验证

作业要求

解释无异常正常生产，存在可能富水的异常区进行钻探验证。

反馈验证结果 → 反馈施工单位

作业要求

将收集的物探探测范围内采掘工作面、钻探等揭露的地质、水文地质资料及时反馈物探施工单位。

6.17 远距离不同水平巷道贯通测量导线施工作业流程

准备工作

- 井巷贯通工程概况
- 贯通测量方案的选定
- 贯通测量方法
- 贯通测量误差预计

作业要求

1. 根据井巷贯通测量精度和施工工程的要求，进行井巷贯通点的误差预计。
2. 按设计要求制定测设方案，选择测量仪器和工具，确定观测方法及限差要求。
3. 绘制贯通测量导线设计图，比例尺应不小于1 ∶ 2000。

导线测量

- 井上准备工具
- 井下测量
- 计算资料，台账

作业要求

1. 下井前，记录人员和司仪检查所抄写资料是否正确。
2. 前视跟司仪检查所使用经纬点是否正确。
3. 确认所在位置顶板是否完好，确认所处环境是否存在安全隐患。
4. 严格按照“操作票”内容操作。
5. 前视登高作业时候检查登高作业台是否安全，登高环境是否具备。

贯通总结

- 计算贯通误差
- 进行精度分析
- 编写贯通总结

作业要求

1. 贯通实际偏差值必须满足贯通精度要求。
2. 贯通各项闭合差满足测量规程要求。

6.18　钻孔测井施工作业流程

钻孔测井设计

- 资料收集
- 编制钻孔测井设计
- 设计审查

作业要求

1. 研究施工区及临区的测井、地质、水文、地面物探、钻探等有关资料。
2. 根据施工区域基础资料及采用的测井方法，编制钻孔设计。
3. 根据实施项目的具体情况，确定设计审查的层级及人员，组织对钻孔测井设计进行审查。

准备工作

- 仪器设备等准备
- 对仪器设备进行调试

作业要求

1. 应根据任务要求和施工条件选配测井仪器、测试仪表和器材。
2. 仪器分井下设备和地面设备两部分。井下设备主要有脉冲信号发生器、探管、伽马探管、电池筒、扶正器、打捞头。地面设备主要有压力传感器、信号收发主机、信号天线、司钻显示仪。
3. 各种仪器设备均须按说明书和本标准的要求进行调校、测试。

现场实施

- 根据通过审查的钻孔测井设计，开展钻孔测井施工工作
- 随钻测量

作业要求

1. 地面设备全部安装到位，井下设备连接成串，连接电脑设置工作模式，进行地面测试，正常后，连接电池筒。将仪器放到井内无磁里，无磁下接螺杆，上接方钻杆，进行井口测试，正常后下钻钻到底后开始正常钻进。
2. 仪器在井下自动测量好数据后，井下脉冲工作，引起泥浆压力波动，从而将信号通过流动的泥浆传至地面，安装在泥浆管线上的压力传感器在感受到压力波动后将其转化为电信号，通过信号收发转到定向房间内的电脑上，电脑此时根据信号解码成数据，定向人员根据测量数据来决定定向钻进或者复合钻进，并将决定通过信号收发器发射到司钻显示仪，司钻就可以根据命令来执行操作。
3. 一般根据所钻遇地层的伽马幅值来判断钻头距离目的层的远近，当伽马幅值低时，地层岩性为灰岩，伽马幅值较高时，钻头接近煤层。所以，可根据随钻伽马测量数据，判断钻头在水平段的钻进情况，在即将钻出目的层时，校正定向数据，及时调整井眼轨迹，并保持钻头在目的层中运行。
4. 监测孔眼轨迹的变化，当有超限迹象时，及时采用MWD无线随钻测斜仪和螺杆定向钻具进行校正。

提交成果

- 提供顶角和方位角数据及钻孔准确位移数据表
- 随钻伽马数据表
- 钻孔位置示意图

作业要求

1. 统计整理随钻伽马数据、顶角、方位角数据及钻孔准确位移数据。
2. 根据统计整理的数据进行钻孔轨迹上图。
3. 根据钻孔测井资料，结合现有的地质资料，对获取的所有的资料进行处理、解释，形成钻孔测井成果。

6.19 钻孔测斜施工作业流程

准备工作 → 仪器设备等准备 → 对仪器设备进行调试

作业要求

1. 应根据任务要求和施工条件选配测斜仪器。
2. 使用前须将同步机和探管等测斜仪器充满电。
3. 仪器使用前须进行检测，可将探管置于某一特殊角，如倾角0°（探管水平放置），方位角0°（探管指北），检查测量结果是否与实际角度相符。
4. 准备好必备的工具，如：通信线、勾头扳手、记录本、记录笔等。

现场测斜 → 根据钻孔设计，开展钻孔测斜施工工作

作业要求

1. 打开探管后堵头，用通信线连接探管与同步机，依次打开探管开关（灯亮）和同步机开关（屏幕显示“欢迎使用YHQ-X(C)全方位钻孔测斜仪”）。注意：探管和同步机连接时，探管电源未打开，则同步机不能正常工作。
2. 第一个钻孔测量时，先按“复位”键，再按“同步”键，屏幕显示“正在同步 请等待！孔号 000”；约 10s后，屏幕显示“已同步！”；6s后显示“请按采样，测点 0000，孔号 000，时间 00:00:00”，同步机和探管同时开始工作。此时拔掉探管电缆插头，给探管装上后堵头，与钻杆连接送入钻孔进行测量。
3. 第二个钻孔及以后钻孔测量时，先按“复位”键，再按“多孔”键，屏幕显示“正在同步请等待！孔号 00 ×”（×表示钻孔编号），后续操作同上。但注意：按“复位”键，再按“同步”键或“多孔”键，须等待 10s后，如果屏幕未显示“已同步！”，则再重复一次同步过程，按“复位”键，再按“同步”键或“多孔”键，直到出现“已同步！”，才可断开连线进行测量。
4. 探管连接到钻杆上送入钻孔，到达欲测点后，在屏幕显示“请按采样”时，按下“采样”键测量，屏幕显示“采样勿动”，采样期间需保持探管静止，同时记录下测点号和钻孔深度。屏幕“采样勿动”消失并显示“请按采样”，即本次采样完成。之后将探管移动至下一测点进行测量，直至完成钻孔所有测点。严禁在“禁止采样”时按“采样”键测量。注意：探管在测量过程中须保持状态稳定，即采样期间不能移动钻杆，等屏幕“采样勿动”消失后方可移动探管，否则影响测量结果。
5. 钻孔测量完成后，取出探管，用通信线将探管与同步机相连。按同步机“复位”键，再按“通信”键，屏幕依次显示“探管通信 探管对号”“对号成功”“传送数据 请等待！”“通信完成”。
6. 按同步机“复位”键，再按“结果”键，屏幕依次显示每个测点的“孔号××测点 ××”“倾角：”“方位角：”，显示间隔 8s，直至所有数据显示完毕，屏幕左上角显示“读完！”。也可长按“结果”键，快速显示采样点的数据。多孔测量时，可通过按“复位”键及重复按“显示”键，选择欲查看的钻孔号，再按“结果”键，查看对应钻孔的数据。
7. 采集完成后，关闭仪器，取出探管，将仪器、探管带到井上。

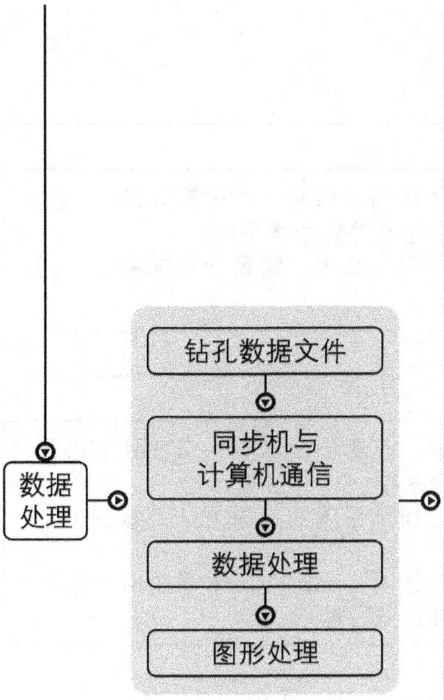

作业要求

1.连接仪器和探管，读取探管中的数据。

2.主界面上点击“文件”→“新建”，弹出新建数据文件界面。文件保存路径可选择，文件名默认为生成时间（可修改），点击保存即可。

3.同步机（关机状态）与计算机连接，点击测量系统主界面上“数据通信”按钮，弹出数据通信界面；打开同步机电源，依次按“复位”“微机”键，屏幕显示“与计算机通信”，通信结束显示“通信完成”。通信结果显示在数据列表区，点击“保存”按钮。进行多孔测量时，软件会自动拆分多孔数据，拆分后的钻孔数据文件命名规则为：原文件名＋钻孔编号(.XLS)。对“数据通信”完成已保存的或已打开的数据文件进行编辑，可输入深度、补充或修改数据。

4.软件绘图时，支持两种坐标系：标准坐标和设计方向坐标。标准坐标：X轴向北，Y轴向西，Z轴垂直向上；设计方向坐标：X轴为钻孔设计方向，Y轴为X轴逆时针旋转90°，Z轴垂直向上。Y轴表示左右偏移，Z轴表示上下偏移；点击主界面“坐标选择”快捷键→坐标系选择，弹出坐标系选择界面，默认选择标准坐标系。计算出绘图所需的X、Y、Z坐标偏移值。

5.数据处理完后，可点击主界面“图形”菜单下“正视图”“俯视图”“侧视图”“三维轨迹图”菜单，或点击主界面上的快捷菜单，以不同方式查看当前钻孔的正视图、俯视图、侧视图、三维轨迹图，三维图形，可使用鼠标左、右键拖动，中键滚轮缩放。平面投影图，可用鼠标右键拖动移动整体图形，左键拖动缩放局部图形，按下左键向右下方拖动，选中欲放大区域进行放大，相反方向拖动进行缩小。点击主界面“图形”→“图形另存为”，弹出文件保存对话框，点击“保存”。可将轨迹图保存为图片格式。

6.20 槽波地震勘探施工作业流程

工程立项 → 确定施工单位

作业要求

1. 根据年度防治水工作计划与措施、生产实际情况确定井下物探工程项目及应采取槽波地震勘探手段。
2. 根据计划，编制施工技术要求。需要外委的项目，通过招标确定项目实施单位。

方案制定 → 现场调研 → 拟定槽波地震勘探方案 → 方案审查

作业要求

1. 根据井下物探的需要，收集相关基础资料及井下现场勘察，作为物探工程设计的基础。
2. 根据物探区域基础资料及采用的物探方法，编制井下槽波地震勘探方案。
3. 根据实施项目的具体情况，确定设计审查的层级及人员，组织对槽波地震勘探方案进行审查。

准备工作 → 仪器设备等准备 → 井下现场条件准备 → 挂牌

作业要求

1. 项目施工单位，对仪器设备等进行准备调试，做好入井作业前的一切准备工作。
2. 煤矿对井下现场作业的施工条件进行准备。
3. 根据施工方案，提前准备好标识牌，分为炮孔和检波孔两种标识牌。
4. 根据施工方将标识牌挂在相应位置。

现场实施 → 打孔 → 安装、测试 → 数据采集 → 拒爆、残爆

作业要求

1. 根据方案，施工人员在相应标识牌位置 0.3m 范围内打孔。检波孔使用指定钻头施工，钻头由施工单位提供，孔深 2m。炮孔按煤矿爆破作业规程打孔，孔深 2m；检波孔与炮孔尽可能打在煤层中部，如受现场条件限制，可在上下左右 0.5m范围内移动。如遇塌孔或岩石区，难以成孔，可适当增大调整范围。所有钻孔都应将煤粉排除干净，保证炸药和检波器安放到孔底。
2. 现场通风正常，风速达标，有害气体含量符合要求。顶板、底板、侧帮等周边现场防护措施完好，无危险隐患。震源附近（爆破地点），爆破期间停电、撤人。采集信号附近（检波器安放地点）施工期间，禁止有较大震动作业。
3. 通信设备安装：数据采集前，提前将通信设备安装到位，便于中心站与爆破点联系。检波器与采集站安装：组织施工人员依照施工方案，按标记位置布置检波器和仪器。检波器与采集站安装完毕后，用数据线把主机和采集站连接起来，开始测试连接状态是否完好。
4. 设备测试期间，炮工开始装药，准备爆破；测试完好后，中心站发出开始采集命令，炮工启动炮机。药量：根据施工方案规定安装炸药，药量一般为100 ~ 300g，有特殊要求或现场临时变动由施工负责人确认后方可改变。

5. 爆破：按照方案制定顺序，遵循施工安全方便原则，一次一炮，逐个爆破。警戒：根据爆破作业规程和实际工作效率需求，爆破时必须在警戒点设置警戒线。直巷爆破，100g炸药量，警戒线不少于20m；200g炸药量，警戒线不少于40m；300g炸药量，警戒线不少于60m。弯巷爆破，100g炸药量，警戒线不少于20m；200g炸药量，警戒线不少于30m；300g炸药量，警戒线不少于50m。并在爆破两侧设有专门警戒人员。封孔：炸药安装在孔底，炮泥封孔1m以上，并夯实。装药：听到上 炮响声后，即可准备下一炮，也可同时安装3~5次药量，全部爆破完后再装药。装药时，工作地点前、后15m内，不得进行与装药工作无关的工作；并将工作面内所有供电设备、照明等一律停电闭锁，等爆破结束后方可恢复供电。装药前和爆破前有下列情况之一者，不准装药、爆破。①爆破地点附近20m以内风流中瓦斯浓度达到1%时；②工作面杂物堵塞巷道断面1/3以上时；③炮眼内发现有煤岩松散等异常情况时。

6. 通电以后拒爆时，爆破工必须先取下把手或钥匙，并将爆破母线从电源上摘下，扭结成短路，再等15min以上时间，才可沿线路检查，找出拒爆的原因。

7. 处理拒爆（包括残爆）时，必须遵守下列规定：①由于连线不良造成的拒爆，可重新连线爆破；②在距离拒爆炮至少0.3m处另打同拒爆炮眼平行的新炮眼，重新装药起爆；③严禁用镐刨或从炮眼中取出原放置的起爆药卷或从起爆药卷中拉出电雷管；严禁用打眼的方法往外掏药；严禁用压风吹拒爆（残爆）炮眼；④在拒爆处理完毕以前，严禁在该地点进行与处理拒爆无关的工作；⑤处理拒爆的炮眼爆炸后，爆破工必须详细检查炸落的煤、矸，收集未爆的电雷管。

资料处理、解释及成果验收 → 资料处理 → 资料解释 → 成果验收

作业要求

1. 根据井下现场采集的物探资料，结合现有的地质资料，对获取的所有的资料进行处理、解释，形成井下物探最终成果。

2. 根据实施项目的具体情况，组织对井下物探最终成果进行审查验收。

对异常区进行验证 → 存在异常进行钻探验证

作业要求

解释无异常正常生产，存在可能富水的异常区进行钻探验证。

反馈验证结果 → 反馈施工单位

作业要求

将收集的物探探测范围内采掘工作面、钻探等揭露的地质、水文地质资料及时反馈物探施工单位。

6.21 探测陷落柱及隐伏导水构造施工作业流程

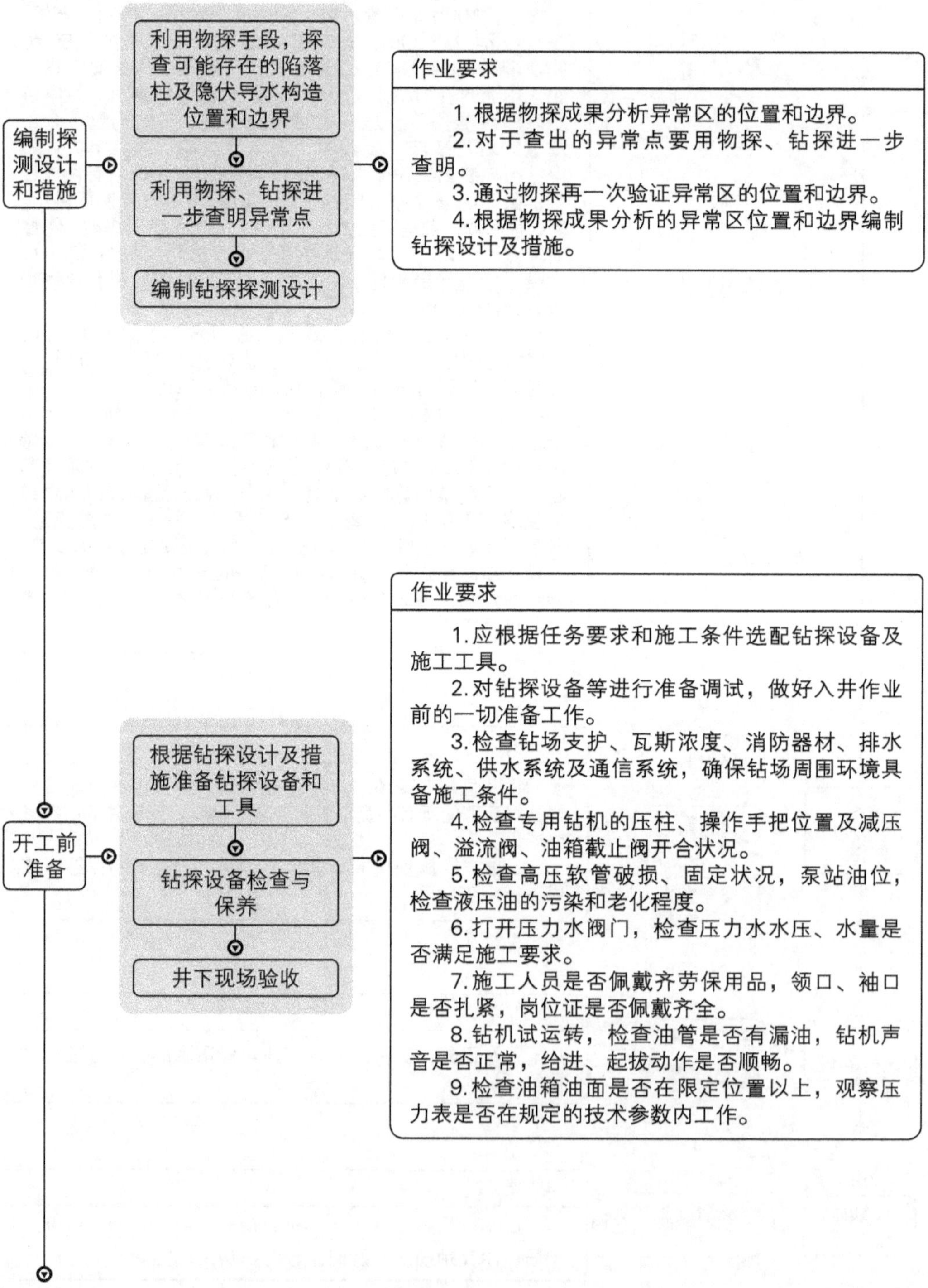

开孔、固管

稳钻 → 开孔、下管 → 固管、扫孔 → 试压

作业要求

1. 根据测量给的方位线，调整钻机方位。

2. 空转3 ~ 5min，确认运转正常平稳，系统压力不宜过大。

3. 采用双层注管法施工承压止水套管，即先注好孔口管，尽可能下在无水段，因此外层套管长度一般较短；再下承压套管，套管下置深度符合设计要求，孔口用法兰盘与孔口套管连接。

4. 检查孔口管丝扣，拧上接箍，用管钳相互配合下管。孔口套管和承压套管的接头用棉丝密封，防止漏水。

5. 封固套管时，先把套管牢固地固定在钻孔内，可用泥浆泵，将按规定配制好的水泥浆送入套管壁外的钻孔内并达到设计要求。

6. 待水泥浆按设计时间凝固后，进行扫孔，扫过原孔深0.5m。

7. 安排专业技术人员现场进行耐压试验验收。

8. 采用注浆泵进行套管耐压试验，用清水试验，压力值不小于设计值且稳压时间不小于30min，以套管不松动、孔口周围不漏水为合格；否则必须重新注浆。

9. 安装高压水闸阀及钻孔防喷导流泄压装置。

钻进、注浆

钻进 → 分析、起钻、测斜 → 注浆

作业要求

1. 对现场实际岩粉或出水情况进行分析。

2. 停钻时，将钻具提离孔底一定距离，防止岩粉沉积埋钻，关闭压力水，将操作台手把闭锁。达到钻探目的，起钻。

3. 组织相关单位进行测斜和钻孔总长度及终孔层位进行验收。

4. 利用地面注浆站按设计要求进行注浆。

5. 安装注浆三通下钻，打开压力水，启动钻机钻进。钻进至设计位置或根据现场情况，检查进浆阀、泄压阀是否开关灵活，注浆三通是否通畅、牢固。

封孔

注浆达到设计要求 → 注浆封孔

作业要求

1. 按设计要求压入配制好的水泥浆，压力达到设计终压时，且钻孔内及四周不得渗水，达到设计封孔要求。

2. 钻孔终孔封孔8h后，方可拆除法兰盘和高压水闸阀，拆除后及时清理干净，以备复用。

⚠ 打钻过程中，揭露煤层时存在瓦斯及有毒、有害气体超限风险。

第3篇

岗位操作流程

1　采煤专业岗位操作流程

1.1　超前处理工（回棚子）岗位操作流程

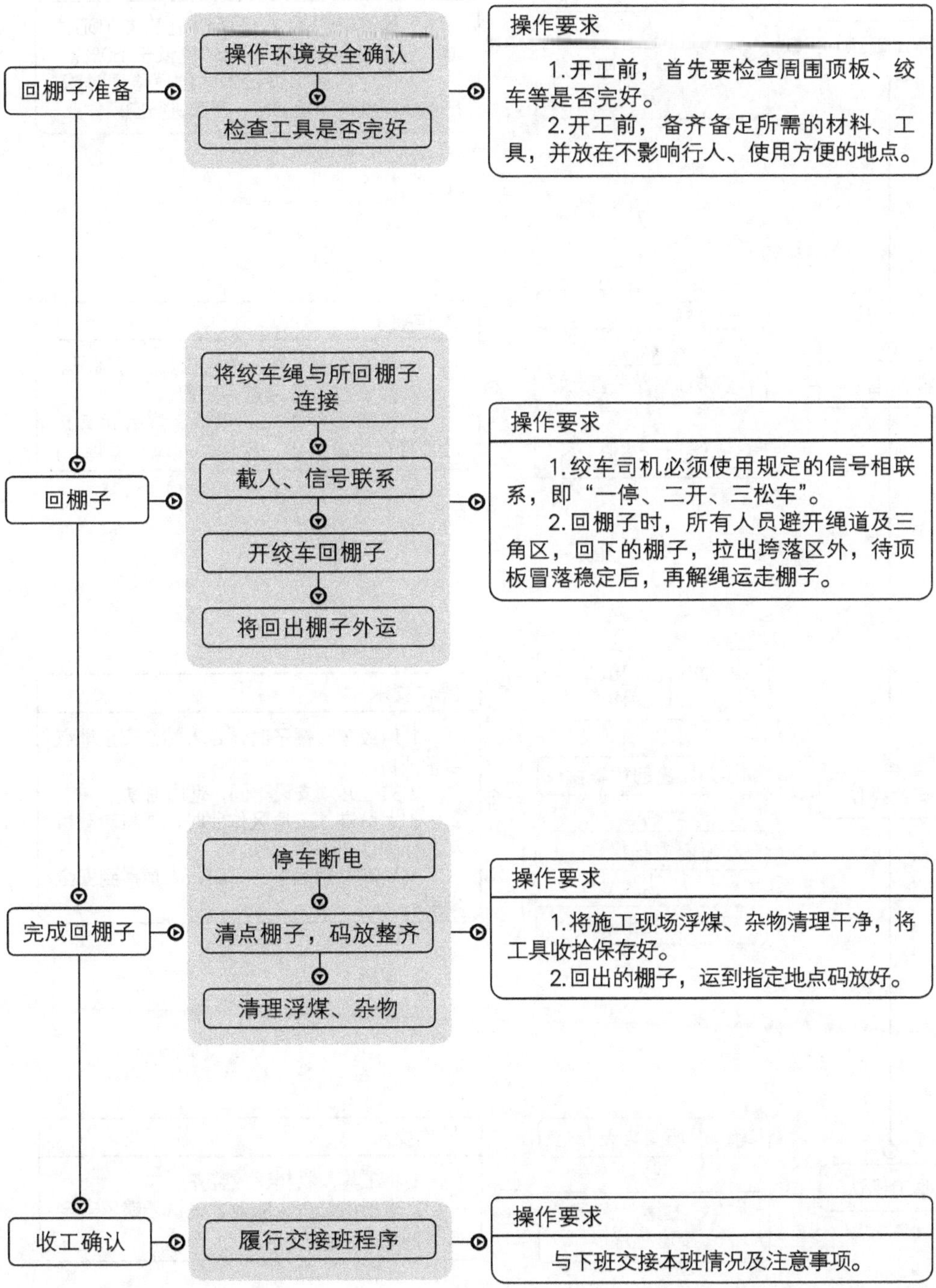

1.2 端头支护工岗位操作流程

开工确认

- 操作环境安全确认
- 作业前进行本岗位危险辨识

操作要求

1. 检查确认作业场所附近的支护无掉渣、冒顶片帮危险，瓦斯浓度低于1.0%。
2. 作业前必须进行本岗位危险源辨识，严格执行敲帮问顶制度，严禁进行空顶作业。

操作准备

- 备齐工具
- 检查液压管路是否完好
- 检查顶板、支护情况

操作要求

1. 备齐作业工具，并检查其完好情况。
2. 检查液压管路是否完好。
3. 检查工作地点的顶板、煤帮和支护是否符合质量要求，发现问题及时处理。

安全操作

- 两端头三角区支护操作
- 端头采空区回柱梁操作
- 超前支护操作
- 两端头支架操作

操作要求

1. 用绞车回棚子时，专人站在安全地点监护顶板。
2. 支柱必须支设牢固，迎山有劲。
3. 人员进入三角区作业时，要将转载机与刮板输送机停机闭锁。
4. 采煤机到上下出口时，人员撤到安全地点。

收工确认

- 确认现场安全无隐患
- 收拾好工具，履行交接班程序

操作要求

1. 将工具、物料码放整齐。
2. 班长做好班末验收，确认无遗留安全隐患问题。

1.3 工作面采支工岗位操作流程

开工确认

操作环境安全确认 → 确认顶板支护完好 → 敲帮问顶，专人观山

操作要求

1.工作人员劳动保护佩戴齐全，持证上岗，身体状态良好。

2.检查作业场所附近的支护无掉渣、冒顶片帮危险，瓦斯浓度低于1%。

3.用专用钎子找掉，专人观山，动态循环找掉。

操作准备

备齐所需材料、工具 → 检查上顶、煤壁情况 → 施工地点管线盖好

操作要求

1.开工前，备齐备足所需的材料、工具，并放在不影响行人、使用方便的地点。

2.检查好施工地点上顶、煤壁稳定情况，支柱完好状态，发现问题处理好后再工作。

3.将施工地点的各种管线用大板、旧皮带等盖好，以防砸坏，施工结束后将其重新吊挂好，不许埋压。

安全操作

挂梁升柱 → 拴好防倒绳 → 二次注液

操作要求

1. 第一次使用的单体液压支柱必须反复升降数次，排出缸内气体。

2.活柱升起，柱顶盖爪与顶梁啮合后，必须待支柱达到规定初撑力后方可关闭液枪。

3.及时拴好防倒绳，二次注液。

班末验收

清理浮煤，工具保存好 → 班长验收，合格后接班

操作要求

将浮煤清理干净，工具收拾好，向班长汇报，合格后换班。

1.4 推溜工岗位操作流程

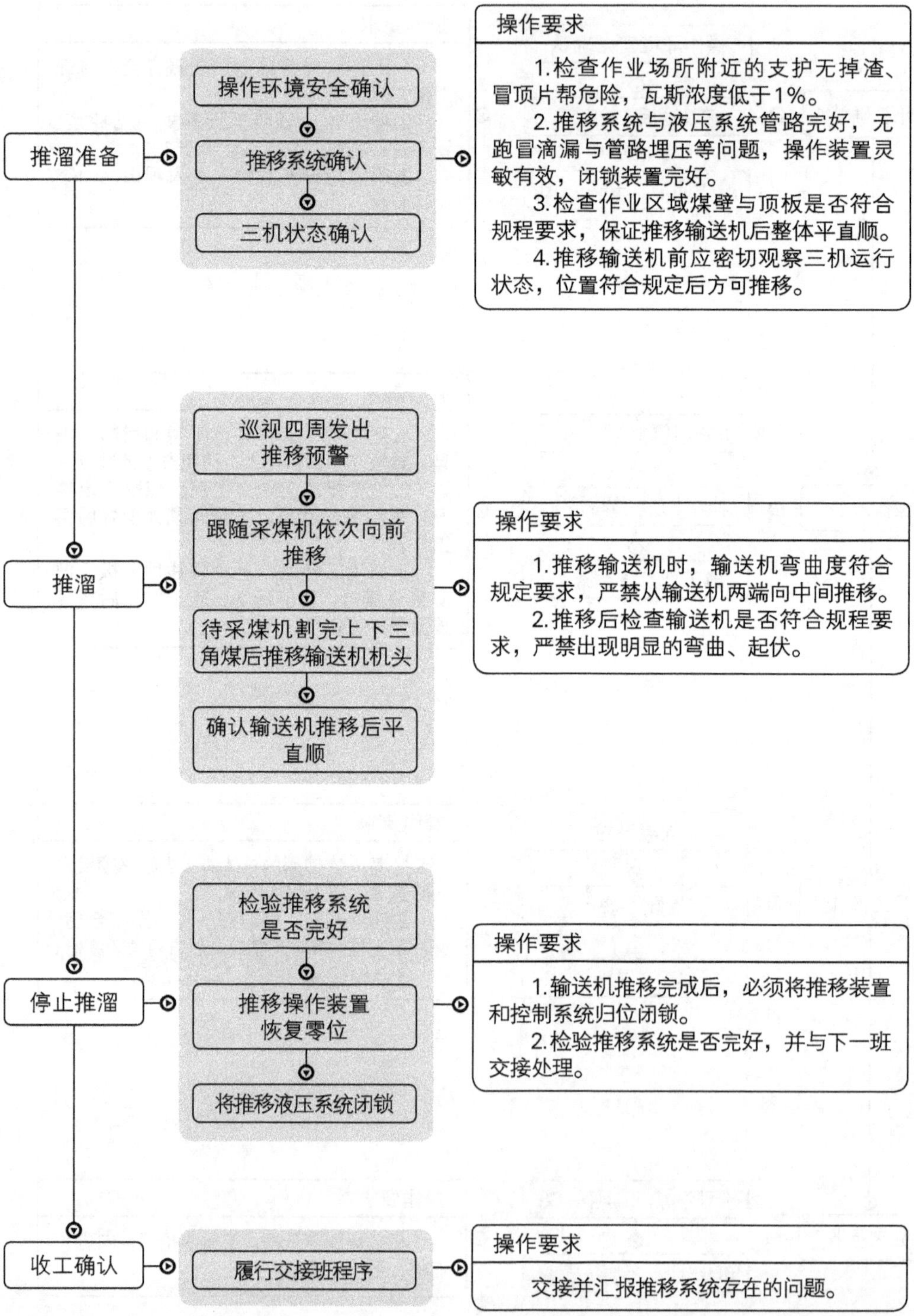

1.5　回柱工岗位操作流程

回柱准备

- 操作环境安全确认
- 检查工具是否完好

操作要求

1.开工前，首先要检查周围顶板，绞车等是否完好。

2.开工前，备齐备足所需的材料、工具，并放在不影响行人、使用方便的地点。

回柱

- 将绞车绳与所回单体柱连接
- 放液
- 截人
- 开绞车回柱
- 将回出单体柱运出，码放整齐

操作要求

1.采空区掏窝的顺序为先里后外，下出口先下帮后上帮，上出口先上帮后下帮。

2.回柱工与绞车司机必须使用规定的信号相联系，即“一停、二开、三松车”。

3.回柱工要站在所回单体液压支柱的采面侧斜上方，用放液勾放液，观山人员要站在所回单体液压支柱斜上方3m以上安全地方给放液工观山。

4.回柱时，所有人员避开绳道，回下的支柱、梁拉出垮落区外，待顶板冒落稳定后，再解绳运走柱梁。

完成回柱

- 停车断电
- 清点单体柱，码放整齐
- 清理浮煤、杂物

操作要求

1.将施工现场浮煤、杂物清理干净，将工具收拾保存好。

2.回出的支柱要及时把活柱缩回，运到新的使用地点支打好或放在规定地点码放好。

收工确认

- 履行交接班程序

操作要求

与下班交接，向接班回柱工交接本班回柱情况及注意事项。

1.6 移架工岗位操作流程

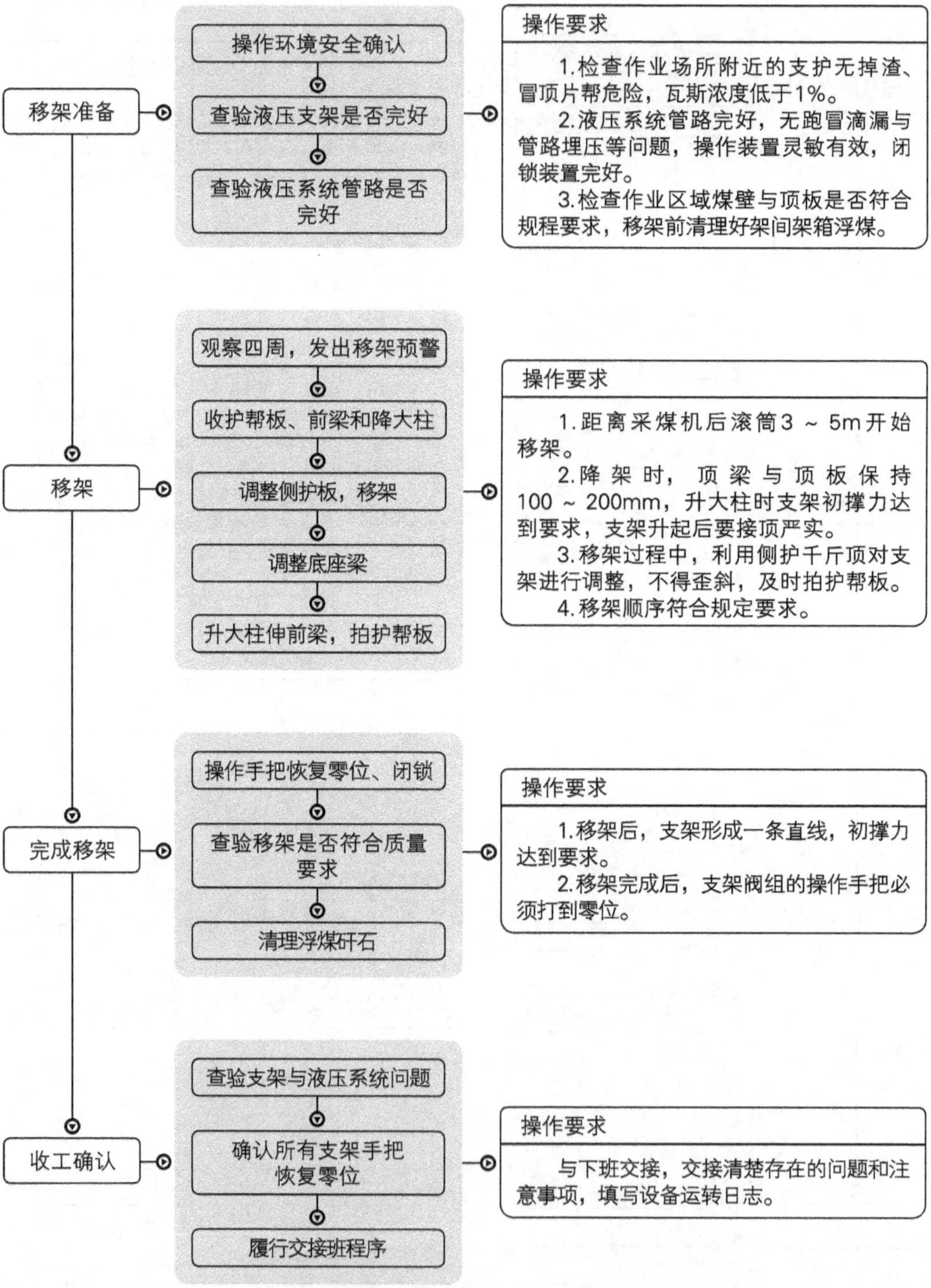

1.7 放煤工岗位操作流程

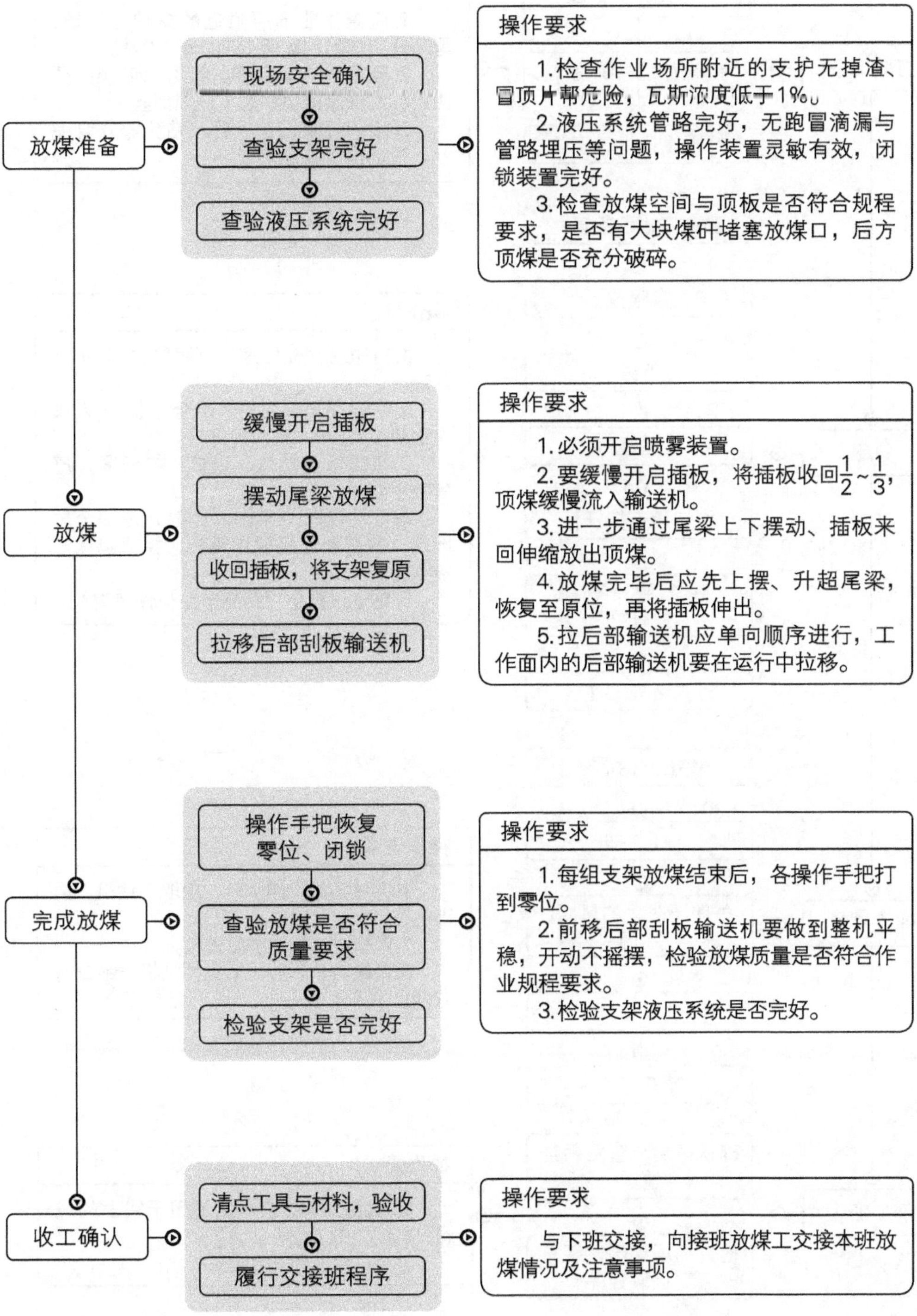

1.8 打眼工岗位操作流程

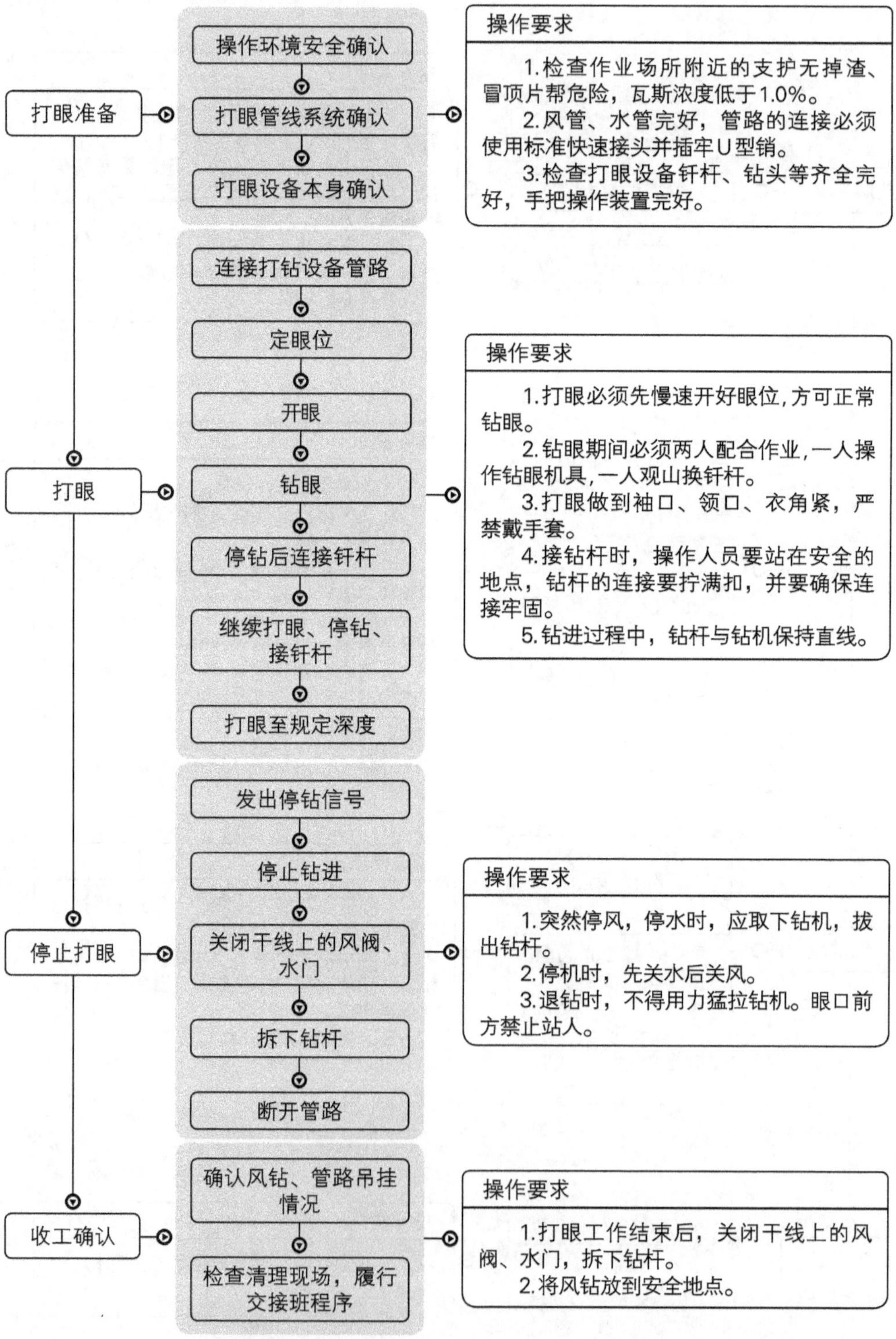

1.9　巷道维修工岗位操作流程

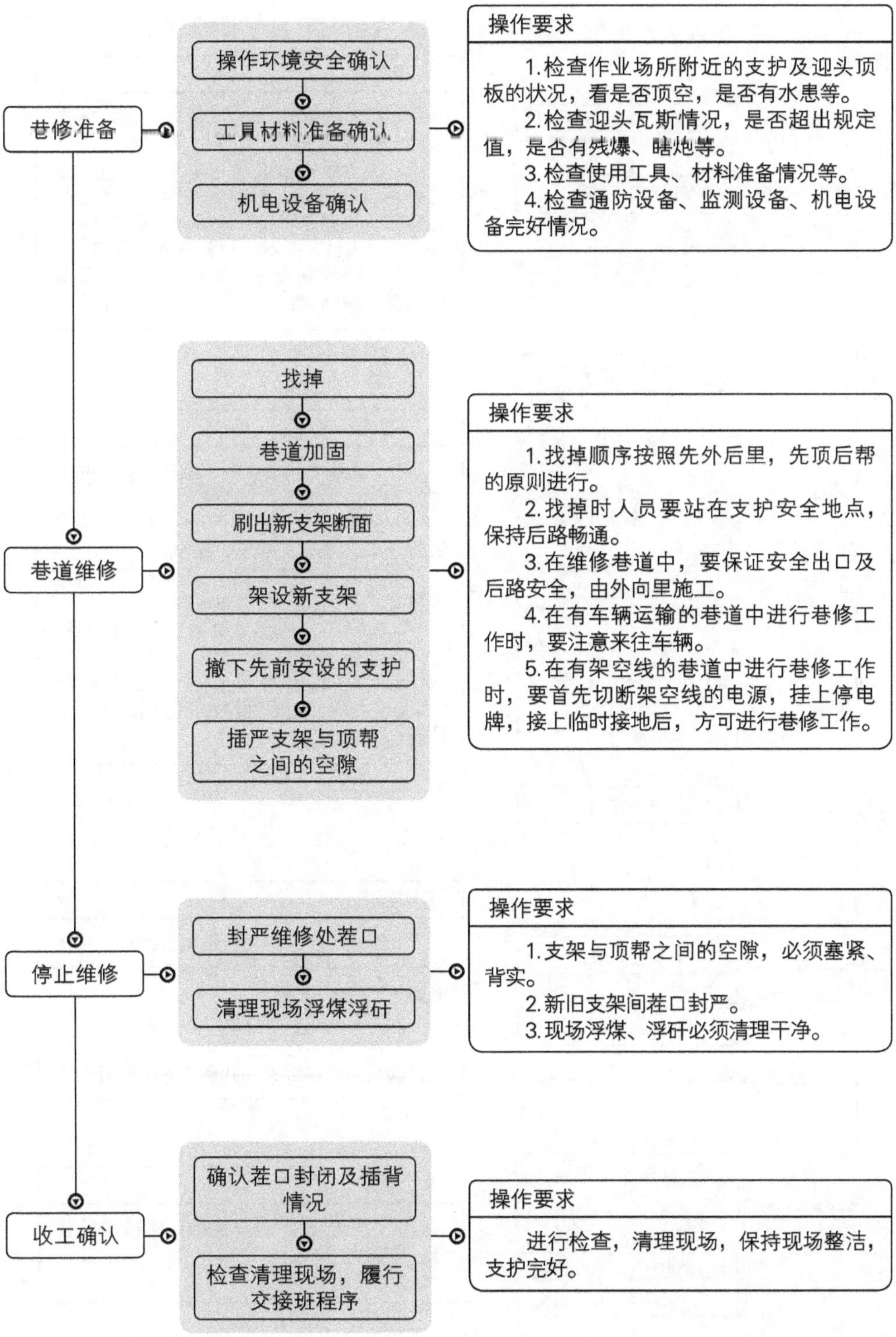

1.10　回柱绞车工岗位操作流程

操作准备

- 操作环境安全确认
- 工具材料准备确认
- 绞车设备确认

操作要求

1. 检查绞车附近的顶帮、巷道位置支护完好情况。
2. 检查绞车安装是否牢固，压柱、戗柱是否符合规定；钢丝绳在滚筒上固定是否牢固，排绳是否整齐，钢丝绳是否完好。
3. 检查使用工具、材料准备情况等。
4. 检查绞车设备各部件、闸、油量信号装置、护网完好情况。

回柱

- 正反车试转
- 松主绳
- 停车
- 绳头与需回柱连接
- 拉绳回柱
- 停车
- 下放主绳

操作要求

1. 先进行2 ~ 3次的正反车试转，并与回柱工用信号联系，试验其准确性。
2. 集中精力，听取信号，按回柱信号进行开车、停车、倒车等操作。
3. 正常情况停车时，应断电后用机械闸停车，不准打反车停车。
4. 运行时，绳道及弹射三角区内侧不准人员停留或通过。
5. 信号工始终要和回柱位置保持5 ~ 8m距离，随回柱位置推延而改变工作位置。

结束回柱

- 停车将绳盘好
- 外牵回柱绞车

操作要求

1. 回柱工作结束后，把钢丝绳全部缠在滚筒上，把开关把手打在断电位置，锁紧闭锁螺栓，切断电源。
2. 移回柱绞车时应至少2人操作。
3. 安装绞车要保证其平、正、牢。经试车，确认绞车稳固无问题后，方可使用。

收工确认

- 确认绞车开关断电打零位
- 检查清理现场，履行交接班程序

操作要求

1. 进行检查，清理现场，保持现场整洁，支护完好。
2. 收拾好工具。

1.11 综采铺网工岗位操作流程

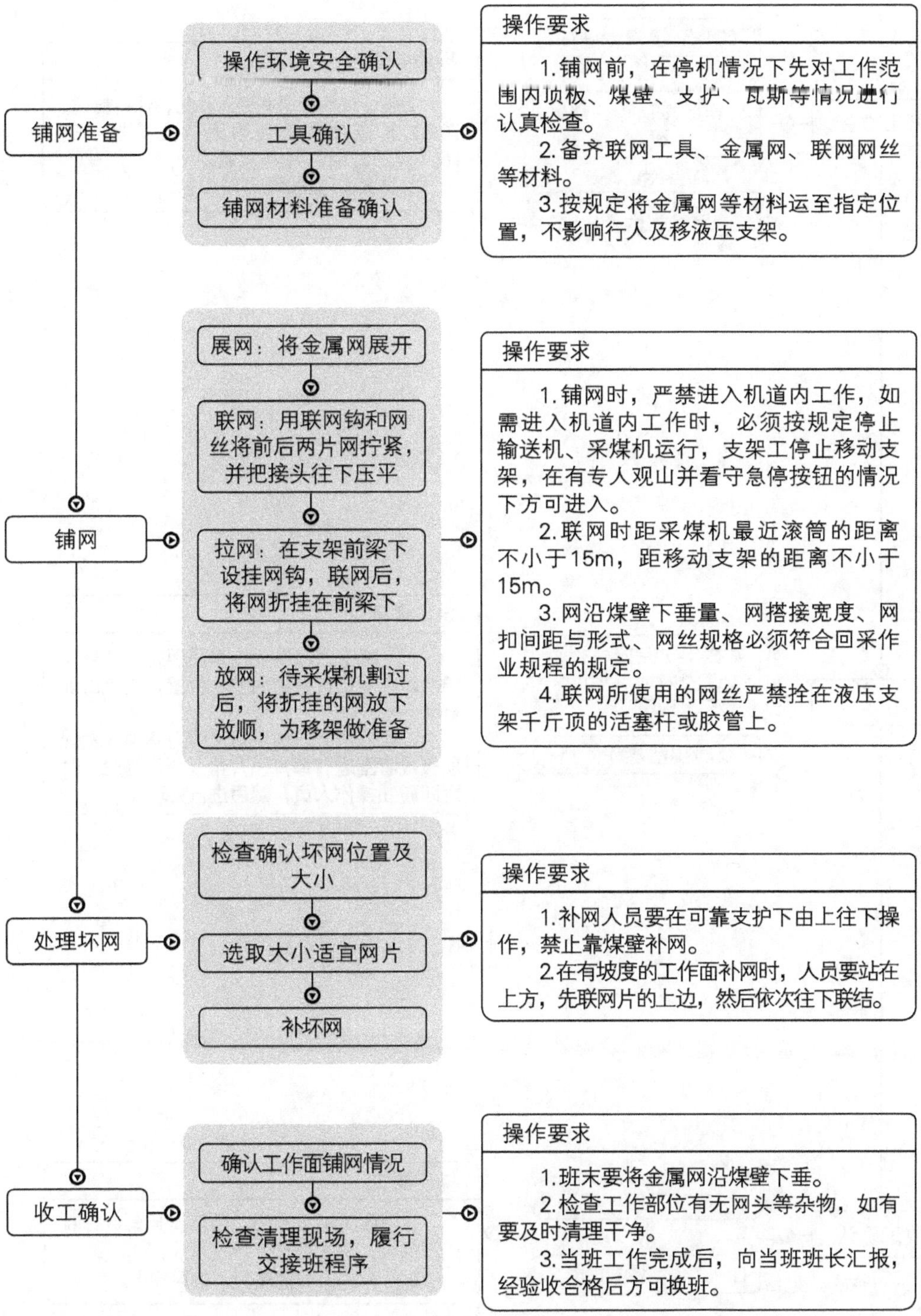

1.12 观山工岗位操作流程

开工准备

- 工作环境安全确认
- 工作区域顶板、煤壁确认
- 自身站位确认

操作要求

1.确认现场撤退路线无杂物，保持畅通。

2.检查作业场所附近的支护是否有掉，有无冒顶、片帮危险。

3.选择安全的地点观山。

开工

- 站在支护完好、视野辽阔的地点观山
- 及时提醒操作人员

操作要求

1.在施工过程中观山人员要站在视野辽阔的地点观山，并随时变化位置，防止出现盲区。

2.观山人员时刻保持注意力集中，发现顶板或者围岩有掉掉、片帮、冒顶等危险时立即通知操作人员，然后进行处理。

收工确认

- 确认工作环境
- 确认工作区域支护情况

操作要求

1.工作区域有掉掉、冒顶、片帮危险时汇报班长，进行处理。

2.待操作人员撤离后，方可撤退。

1.13　找掉工岗位操作流程

开工准备
- 作业环境安全确认
- 工具安全检查确认

操作要求

1.上岗前穿戴好劳动保护用品。

2.检查工作地点的支护是否完好，控顶距是否符合要求，发现不安全情况处理好后方可进入找掉工序。

3.专用找掉工具完好，符合规程或措施的要求。

操作施工
- 人员站位
- 先外后里
- 先顶后帮
- 清理现场
- 进行下一工序

操作要求

1.找掉工要站在后路支护完好的地点，保持后路畅通。

2.找掉范围内严禁有其他人员作业和停留。

3.找掉工应由有经验的职工担任；戴好手套，防止矸石顺杆下滑伤人。

4.找掉时先轻敲顶板，观察是否颤动，无颤动时再重敲。如有破裂或松动时应立即找下，倘若其范围较大，不能找下来时，应打好临时支柱（或超前锚杆）或撞楔。

5.用手镐找掉或刨煤时，禁止用大抡镐的方法，应采用背镐的方法，以免碰伤他人。

6.斜巷（井）上山施工找掉工要站在后路安全地点，防止煤矸滚落伤人。

收工确认
- 确认工作环境
- 工具

操作要求

1.找掉要找清找净。

2.工具放到指定地点。

1.14 采煤机司机岗位操作流程

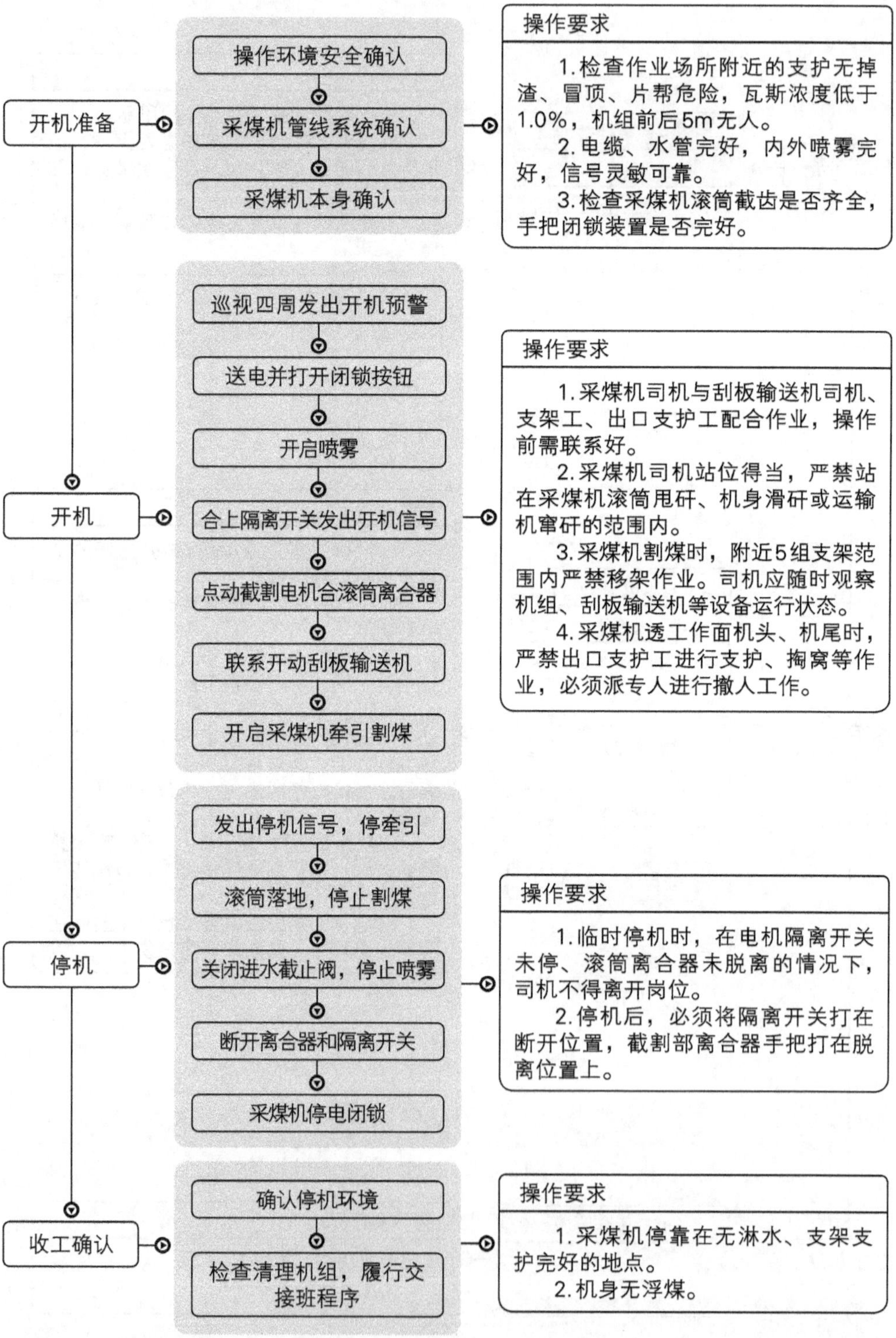

1.15　薄煤工作面钻采司机岗位操作流程

开工准备

- 操作环境安全确认
- 人员本身确认

操作要求

1.检查作业场所附近的支护无掉渣、冒顶、片帮危险。

2.工作人员精神状态良好，佩戴好劳动保护。

3.检查主钻杆与减速箱输出轴的连接。检查电缆与防尘水管的敷设，内外喷雾完好。

正常操作

主钻杆钻进

- 送电启动液压油泵
- 操作旋转开关，发出开机警报
- 启动电机，进行推采
- 钻采完毕，后退主机

操作要求

1.将主机控制组合开关送电，启动液压油泵，将主机操作台上的工作状态开关旋转至“辅助程序”位置。

2.由站在主机上靠近泵站侧的人员发出钻采信号。

3.将操作台上的工作状态开关旋转至“工作”位置，将主电机停止按钮拔出，并发出开机报警信号。

4.开动1号电机，在间隔3 ~ 5s后，再开动2号电机，之后将主机推进停止按钮拔出，按下主机推进按钮，使主机执行机构沿着指定的煤层方向向前推进钻采。

普通杆钻采进

- 摆放钻杆
- 抱紧托钻夹
- 对接风筒，后退钻机
- 吊钻杆至主机
- 对接钻杆、松托钻夹
- 钻采

1.由班长负责安排钻机司机1名，掐接螺旋钻杆的人员3名，安排操作单轨吊的人员2名。

2.主机上的工作人员使钻杆的连接头放在水平位置上，主机司机操作固定在操作台上的托钻夹分配阀抱紧钻杆。

3.在托钻夹抱紧的过程中，主机司机的操作必须是间断性的缓慢操作。

4.单轨吊逐渐下放钻杆，站在主机一左一右的工作人员手扶钻杆，将钻杆先与已经钻进的钻杆或减速箱输出轴对接。

5.主机上的操作人员密切注视托钻夹的下松情况，严禁托钻夹挤伤人员及管路。

退钻杆操作

- 操作旋转开关，发出开机警报
- 启动电机退钻
- 夹紧托钻夹夹紧钻杆
- 开动单轨吊吊走钻杆

1.班长负责安排钻机司机1名，掐接螺旋钻杆的人员3名，安排操作单轨吊的工作人员2名。

2.当需要退出的钻杆与前一节钻杆的连接卡子退至托钻夹正上方时，发出主机后退停止信号。

3.操作托钻夹间歇性缓慢夹紧，工作人员必须躲开托钻夹的行程范围，并同时观察托钻夹的夹紧情况是否合格。

4.退出的钻杆与前一节钻杆不完全脱开为宜，严禁两节钻杆完全脱开，导致所退出的钻杆落在主机底架上。

收工确认

- 确认停机环境
- 检查清理环境、回收工具，履行交接班程序

操作要求

1.主机停靠在无淋水、支架支护完好的地点。

2.机身无浮煤。

1.16 采煤班组长岗位操作流程

班前

- 接领区队安全生产工作任务
- 主持召开井上班前会
- 列队下井

操作要求

1. 在区值班室接领区队安全生产任务。
2. 按照准军事化班前会要求组织召开班前会。
3. 对当班下井员工进行点名签到，布置各项生产任务，讲解上一班存在的安全生产问题，强调本班安全注意事项。
4. 带领员工进行安全宣誓，列队下井。

班中

- 到达工作面，对工作面进行全面排查及安全确认
- 将当班情况及正规循环作业情况汇报给矿调及区调
- 严格按照规程措施及正规循环作业进行组织生产
- 根据工作面情况变化，及时调整部署

操作要求

1. 对工作面内顶板、一通三防及各处设备、设施等进行全面排查及安全确认。
2. 对排查出的问题立即安排专人进行处理。
3. 对工作面重点部位进行现场协调指挥。
4. 保证工作面达到三直两平两畅通，两出口支护达到规程措施的要求。
5. 工作面各处文明生产达标。

班末

- 完成安全生产任务后，对工作面进行验收
- 验收合格，执行交接班程序

操作要求

1. 按照安全生产标准化要求逐项对工作面及两巷进行班末验收。
2. 验收确认是否给下一班遗留安全隐患问题，如有，能立即整改的必须立即整改，如需要下一班进行整改的要逐项与下一班交接清楚。
3. 对各处设备设施运行情况向下一班班长交接清楚。

上井后工作

- 填写安全生产报单
- 填写本班组员工当天各项考核结果，并及时张贴公示

操作要求

1. 按照公司及区队相关要求进行填写，填写内容要清楚，要有理有据。
2. 考核要公平公正，确保准确无误。

1.17　生产调度员岗位操作流程

班前

- 按时到岗
- 统一着装后，进行交接班
- 进行安全生产工作交接
- 查阅交接班记录，签字

操作要求

1. 早上8:00进入调度台，准备交接班，早上7:30~8:00矿值班领导在调度台交接，此段时间不安排调度员交接班工作。

2. ①交班人确认接班人身体精神状态。②接班人确认工作环境，确认调度设备（调度机、传真机、电脑）是否完好，确认视频监控系统、人员定位系统、安全监测监控系统是否传输正常。③接班人确认重点部位的直通电话是否完好畅通，如变电站、主副井提升、井下主要水泵房、主扇等。

3. 六交清：

（1）交清当班生产任务完成情况并说明产量超欠的原因。

（2）交清各工作面出煤情况，割煤刀数，掘进开拓重点工程进度情况。

（3）交清安全生产情况及各类事故、重点工程和关键部位的变化情况。

（4）交清领导指示、上级通知通报、指令等办理及贯彻执行情况。

（5）交清正在处理及待处理工作的详细内容。

（6）交清下一班生产任务预计和可能出现的问题。

班中

- 查阅更新后采掘开生产交换图、作业规程
- 登录调度指挥系统，录入各种信息
- 继续落实上一班交接工作
- 组织调度当日安全生产工作
- 统计当班生产完成情况
- 调度记录各单位检修工作进展

操作要求

1. 落实领导下达的各专业及各类通知。

2. 网上下载会议通知、工作布置、作业计划、事故通报等纪要，贯彻落实。

3. 正常调度组织，调度各主运系统正常运转，督促各工作面按时开工，做好相关汇报记录。

4. 积极调度掌握工作面及重点工程的进度变化情况。

5. 调度班中影响安全生产的各类事项，协调指挥，恢复正常安全生产工作。

6. 应急指挥各类应急事件，启动相应应急预案，履行调度员安全职责。

7. 向集团公司调度指挥网录入安全信息（按时间点统计上传当班下井人员人数，时间为1点、5点、9点、13点、17点、21点）。

8. 调度记录井下施工单位班前、班中、班末现场安全状态。

9. 落实解决领导交办的临时任务。

10. 及时填写安全生产台账，上传统计数据（原煤产量、库存、销售、进尺）。

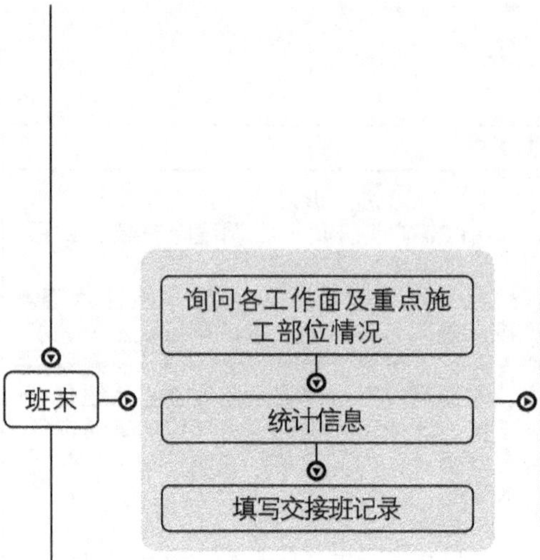

操作要求

1. 汇总基层单位报单，完善当班生产台账。
2. 询问各工作面及重点施工部位现场瓦斯、顶板、通风、供电、排水是否正常。
3. 检查统计遗留问题，做好记录。
4. 上传班末生产完成情况。
5. 填写交接班记录，检查各类交接资料。

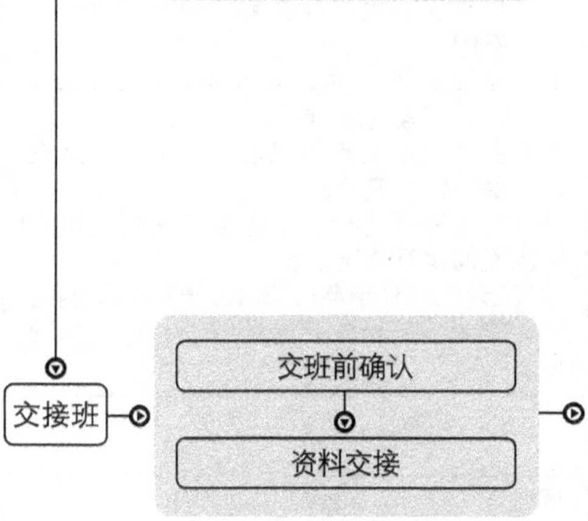

操作要求

1. 交班前，确认设备主要系统运行情况，确认调度设备（调度机、传真机、电脑）是否完好，确认视频监控系统、人员定位系统、安全监测系统是否传输正常，确认重点部位直通电话是否完好畅通。
2. 资料交接包括上级通知记录、调度记录、重点工程统计记录、各专业汇报统计记录、人员定位系统运行日志、安全监测系统运行日志、会议记录。

2　掘进专业岗位操作流程

2.1　U型支护工（架棚支护工）岗位操作流程

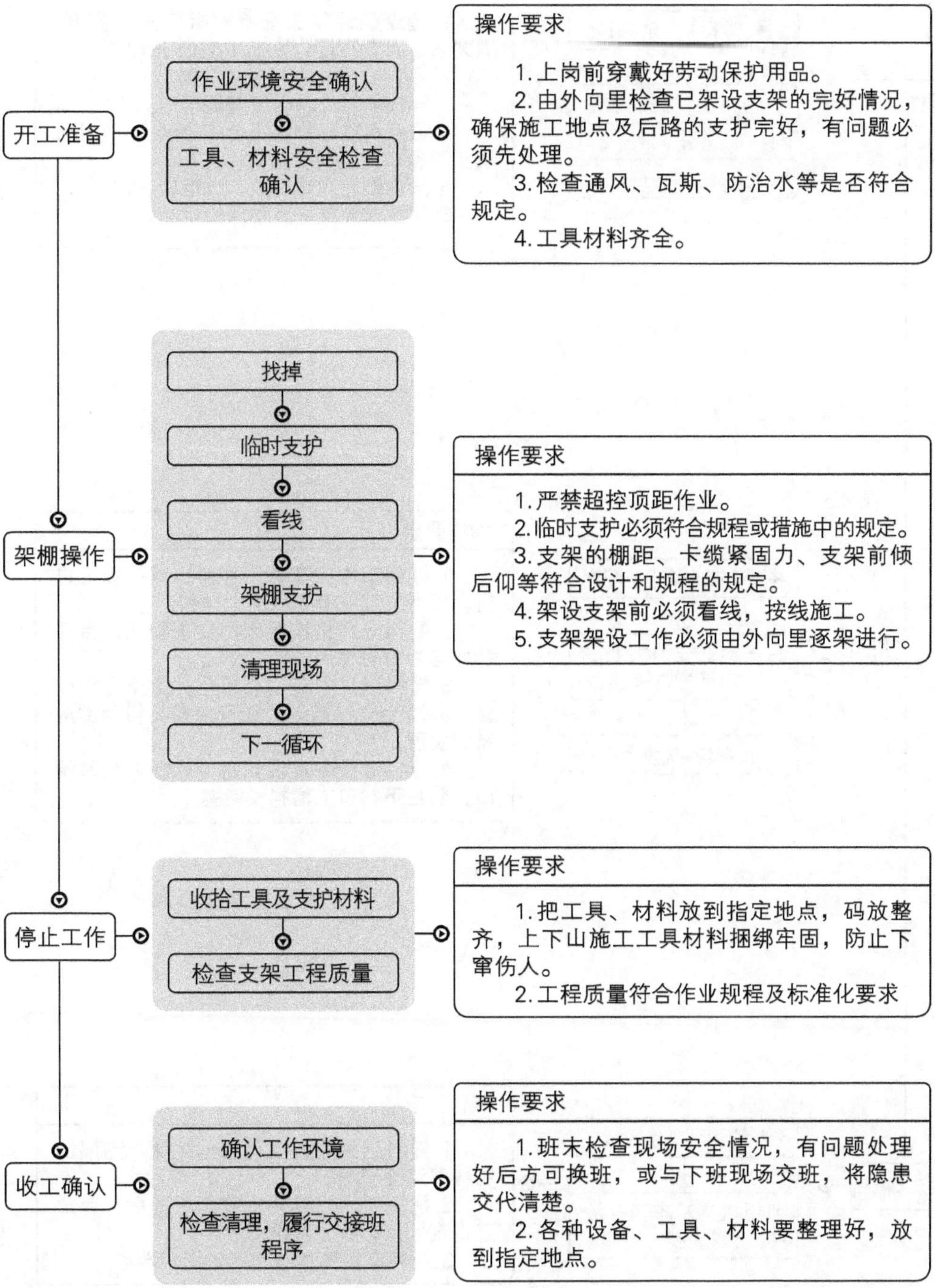

2.2 拌料工岗位操作流程

操作准备

- 操作环境安全确认
- 物料及种类确认
- 除尘设施完好确认

操作要求

1. 检查确认作业场所附近的支护完好，有无冒顶片帮危险，瓦斯浓度低于1.0%。
2. 不同材质的原料分类放置。
3. 拌料前将工作区域清理干净。
4. 将长料或异物等不合格原料及时捡出，防止下料口或输料管堵塞。
5. 除尘设施完好有效，试运转正常。
6. 作业前穿戴好劳动保护用品。

拌料操作

- 将配料按比例进行配比
- 在拌料台或铁板上进行搅拌
- 搅拌均匀后待用

操作要求

1. 拌料工作应在专用拌料台或铁板上进行，不得直接在巷道底板上拌料。
2. 配料应严格按照比例要求配比，且搅拌均匀后方可使用。
3. 拌料过程中应小心操作，避免互相磕碰，并减少物料抛洒，如有少量物料洒漏应及时清理。
4. 拌料过程中发现长料或异物要及时捡出，防止下料口或输料管堵塞。

收工确认

- 检查清理工作区域
- 所用机具及车辆存放至指定地点

操作要求

1. 拌料结束后应清理工作区域，洒漏的物料要清理干净。
2. 搅拌所用机具冲刷清理干净后，存放至指定地点，避免乱扔乱放。
3. 物料车辆停放至车场或指定地点。

2.3　打眼工岗位操作流程

操作准备

操作环境安全确认 → 凿岩机风水管路系统确认 → 凿岩设备确认 → 穿戴好劳动保护用品

操作要求

1. 检查确认作业场所附近的支护无掉渣、冒顶片帮危险；检查工作面无拒爆、残爆、残眼、虚发眼情况；瓦斯浓度低于1.0%。

2. 确认风、水管完好，风、水管使用配套的专用插销连接。

3. 确认钎子无变形弯曲或不透气、钻头无合金片（头）脱落、凿岩机各部件运转正常无缺油现象。

打眼操作

对工作面迎头进行找掉 → 检查中平(腰)线，定好眼位 → 明确每人打眼区域 → 检查风、水压力 → 安设凿岩机，接风水管 → 先开水后开风，开始打眼 → 先关风后关水，停止打眼

操作要求

1. 打眼应先开水后开风，处理故障或停钻时，要先关风后关水。

2. 钻眼时，领钎人不准戴手套，袖口必须扎紧。打眼人员要站在风锤架一侧手扶凿岩机，两腿前后站稳，任何时候严禁骑在风锤架上或正对眼口操作。

3. 开眼后，待钎子缓慢钻进20～30mm后，再给全风压钻进。钻眼时，凿岩机、钻杆与钻眼的方向要保持一致，推力均匀，防止折钎、夹钎或卡钻头。

4. 打眼过程中要随时注意工作面顶板及其他变化，发现异常应及时停止作业。

5. 打眼工必须按爆破图表要求施工，确保炮眼深度、角度等符合设计要求。

收工确认

检查打眼质量 → 将易埋钻眼用木楔塞住，做出标记 → 检查清理所有器械、工具及风水管

操作要求

1. 打好眼后，要吹净眼内粉尘，检查眼深和角度符合设计要求。

2. 打眼完毕，必须将所有器械、工具及风水管整齐存放在指定安全地点，不得乱扔乱放。

2.4 观山工岗位操作流程

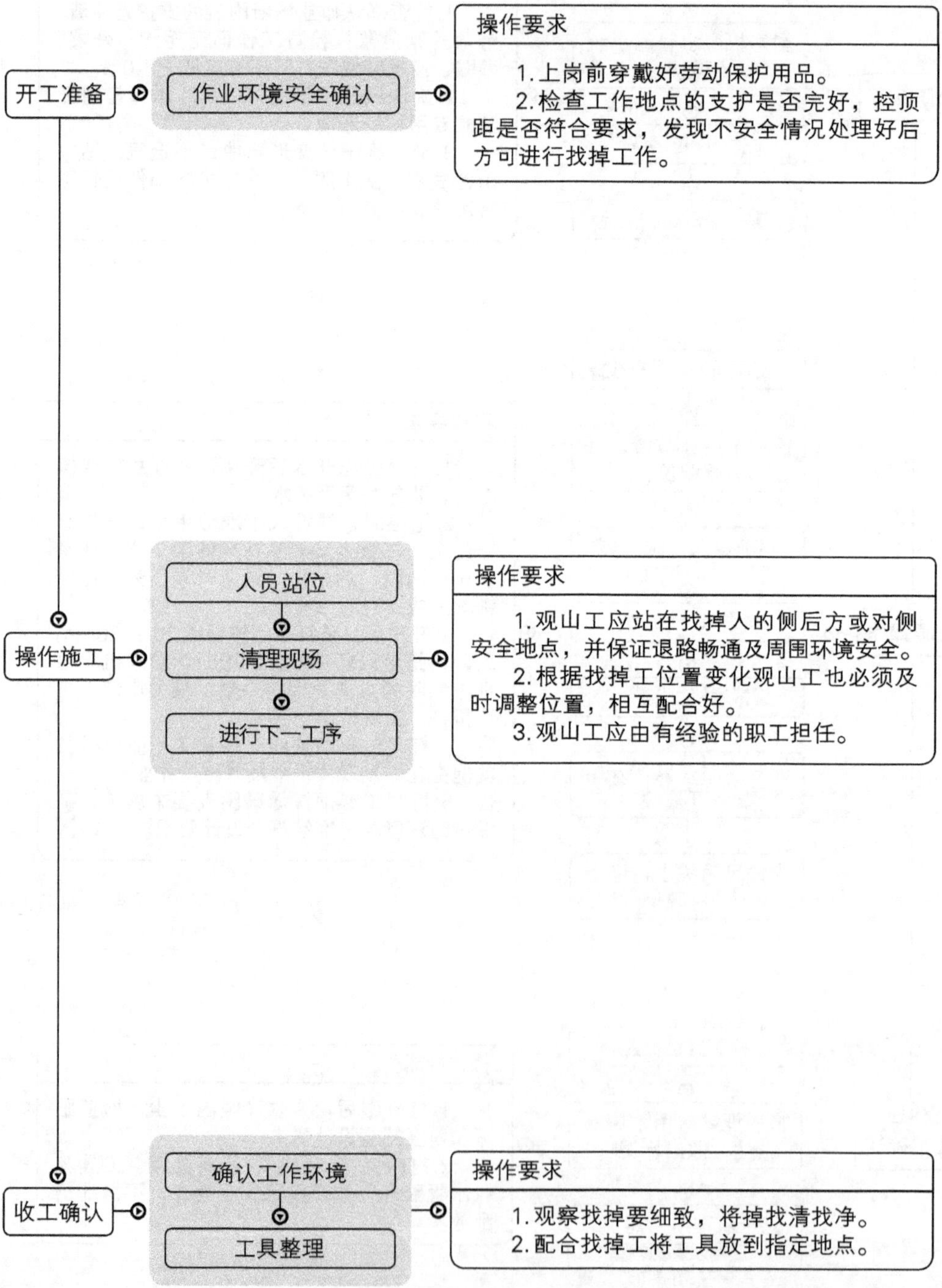

2.5　锚支（索）工岗位操作流程

开工准备

- 作业环境安全确认
- 工具、材料安全检查确认

操作要求

1.检查作业场所附近的支护、通风、防治水等符合要求。

2.打眼机具、锚杆、锚索、托盘、锚固剂、钢带等准备齐全。

3.眼孔直径、锚杆直径和树脂药卷直径的“三径”匹配符合要求。

操作施工

- 进行临时支护
- 按中平线找断面规格
- 按规程措施定眼位
- 打眼、安装药卷、搅拌
- 上网钢带（片）托盘
- 紧固锚杆，张拉预紧锚索
- 下一循环

操作要求

1.严禁超控顶距作业。

2.打锚杆眼时，应由外向里进行，同排锚杆应先打顶眼，后打帮眼。断面小的巷道打锚杆眼时，要使用长短套钎。

3.锚杆拉拔力、锚索预紧力必须符合规程要求。

4.锚杆（索）的安设角度、直径、深度、间排距等符合设计或规程要求。

5.搅拌、等待时间符合规定要求。

收工确认

- 确认工作环境
- 检查清理，履行交接班程序

操作要求

1.班末检查现场安全情况，有问题处理好后方可换班，或与下班现场交班，将隐患交代清楚。

2.各种设备、工具、材料整理好，放到指定地点。

2.6 喷浆工岗位操作流程

安全确认

操作环境安全确认 → 喷浆机及管线系统确认 → 劳动保护用品穿戴确认

操作要求

1.检查作业场所附近的支护有无掉渣、冒顶片帮危险，瓦斯浓度是否低于1.0%。

2.检查工作面控顶距离是否符合要求，发现有不安全因素需先行处理。

3.检查喷浆机及其供电、供风、输料、供水系统是否完好可靠。

4.喷浆工应穿戴好乳胶手套、防尘口罩、防护眼镜等劳动保护用品。

喷浆作业

对作业范围进行找掉 → 清理现场杂物，保护风筒管线 → 检查待喷巷道规格质量 → 冲洗受喷面 → 发出开始喷浆信号 → 开启喷枪阀门进行试喷，目测水灰比合适 → 开始喷浆 → 按先下后上，先墙后拱，先凹后凸的顺序进行喷浆 → 发出停止喷浆信号，关闭喷枪阀门

操作要求

1.提前将可能受喷浆工作影响的各种管线进行保护。

2.喷射前先检查待喷巷道的规格质量，符合设计要求后方可进行喷射。

3.巷道两帮墙基处的活矸必须清除干净，基础深度符合设计要求。

4.当设计喷厚大于100mm，应分两次喷射。若两次喷射间隔时间超过2h，应先喷水洗刷和湿润受喷面后再喷。

5.喷浆操作，应使喷头沿螺旋形轨迹运行，一圈压半圈。螺旋直径约300mm，一圈压半圈均匀缓慢移动。

6.喷浆操作过程中，任何情况下严禁喷头朝向人员。

7.喷浆操作过程中在处理管路堵塞时，喷头要朝向底板，喷浆工应用力按住喷头，前方严禁站人。

收工确认

清理作业地点回弹 → 清洗喷浆机具

操作要求

1.每次喷浆工作完成后，要及时清理回弹料，保证作业区域文明生产达标。

2.每次喷浆工作完成后，要用压风吹净喷浆机旋转体料腔及输料管内的余料，清扫机体外部粉尘。

3.每次喷浆工作完成后，要卸开喷枪头，清理水环，冲洗干净。将喷枪置于干燥、干净的安全地点。

2.7 巷道维修工岗位操作流程

巷修准备

- 操作环境安全确认
- 工具材料准备确认
- 巷道维修所用机电设备确认

操作要求

1.检查作业场所附近的支护及迎头顶板状况，是否顶空，是否有水患等。

2.检查迎头瓦斯情况，是否超出规定值，是否有残炮、瞎炮等。

3.检查使用工具、材料准备情况等。

4.检查通防设备、监测设备、机电设备的完好情况。

巷道维修

- 找掉
- 打临时支柱加固
- 刷出新支架断面
- 架设新支架
- 撤下原来安设的支护
- 插严支架与顶帮之间的空隙
- 安设牢固的撑木或拉杆

操作要求

1.找掉顺序按照先外后里，先顶后帮的原则进行。

2.找掉时人员要站在支护安全地点，保持后路畅通。

3.在维修巷道中，要保证安全出口及后路安全，由外向里施工。

4.在有车辆运输的巷道中进行巷修工作时，要注意来往车辆。

5.在有架空线的巷道中进行巷修工作时，要首先切断架空线的电源，挂上停电牌，接上临时接地后，方可进行巷修工作。

维修结束

- 封严维修处茬口
- 清理现场浮煤浮矸

操作要求

1.支架与顶帮之间的空隙，必须塞紧、背实。

2.新旧支架间茬口封严。

3.现场浮煤、浮矸必须清理干净。

收工确认

- 确认茬口封闭及插背情况
- 检查清理现场，履行交接班程序

操作要求

进行检查，清理现场，保持现场整洁，支护完好。

2.8 巷道修复机司机岗位操作流程

安全确认

- 环境确认
- 设备确认

操作要求

1.对顶板、瓦斯、照明、巷道坡度等查验。

2.对供电系统及电缆情况、履带张紧情况、管路连接及各处销轴连接情况进行检查，严禁设备带病运转。

开机

- 巡视四周发出开机预警
- 送电打开冷却水阀门
- 点动油泵电机试转
- 开启巷道修复机

操作要求

1.机器工作时，非操作人员不能靠近，以免发生事故。

2.机器行走时地面要清除大于200mm的障碍物。

3.机器行走时要及时收放电缆，收缆时要撤离电缆附近的人员；严禁挤压电缆。

4.在爆破之前，机器应停在安全地点，采取措施进行掩护。

5.操纵液压手柄时，应平稳柔和，严禁猛推猛拉，造成油压冲击，致使机器猛冲猛闯或超负载工作。

6.工作时运输槽放下紧贴底板（轨面），方可开始挖取活矸及向后输送。在运矸马达工作时，挖装机不能行走。挖装机行走时必须关闭装载机构。

7.机器工作中，必须使用冷却水（或风冷）对液压系统进行降温。

8.油箱内油温或回油温度超过规定时，必须停机冷却，并作间歇式工作，检查油温升高的原因，处理好后再开机。

停机

- 发出停机信号
- 铲斗落地，运输槽降到最低
- 关闭进水截止阀，停止喷雾
- 修复机停电闭锁

操作要求

机器在斜坡上停放时，为防止其下滑，应在履带底下垫放三角木。

收工确认

- 现场清理
- 确认现场
- 填写工作日志

操作要求

严格执行交接班制度和岗位责任制，工作完毕后详细填写工作日志。

2.9 巷修工（架棚）岗位操作流程

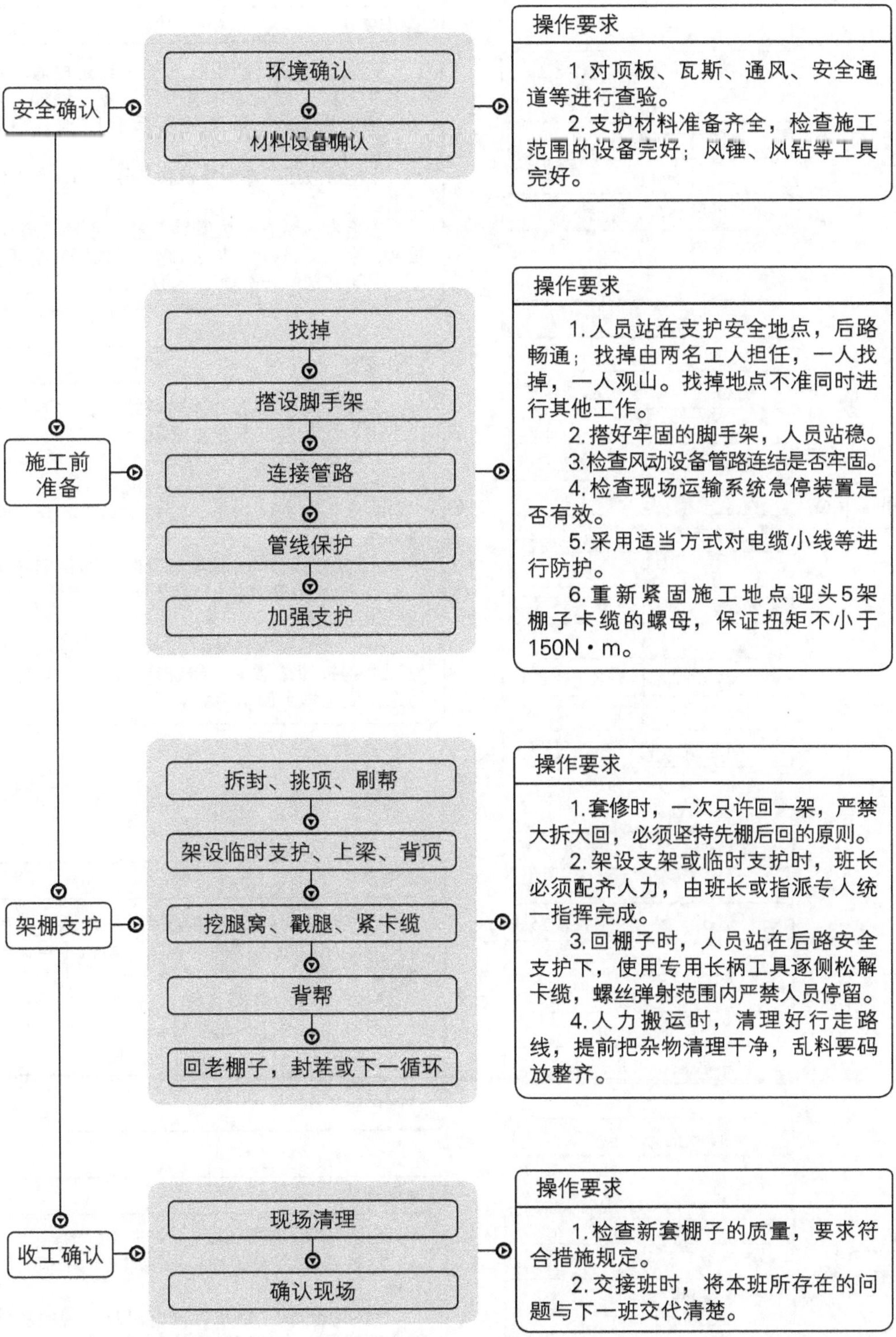

2.10 液压钻车司机岗位操作流程

开机准备

- 操作环境安全确认
- 液压钻车管线系统确认
- 液压钻车本身确认

操作要求

1.检查作业场所附近的支护有无掉渣、冒顶片帮危险，检查工作面有无拒爆、残爆、残眼、虚发眼情况，瓦斯浓度低于1.0%，前后5m无人。

2.检查液压钻车的整机和部件，确认各系统正常。

3.检查确认各部位管路、操作手柄、电缆、接头、履带、钎杆、钻头、螺栓、螺帽等全部紧固，各运转部位无杂物及卡碰现象。

开机

- 巡视四周发出开机预警
- 送电将钻车调整到凿岩位置
- 支腿落下钻车稳好，接通供水
- 将钻臂推进器放到钻孔轴线
- 凿岩机供水打开滑架开关
- 打开转钎阀，打开凿岩推进
- 推动逐步打眼阀开始打眼

操作要求

1.钻车司机与后方扶送电缆人员联系好前进后退，防止挤伤电缆或撞人。

2.钻臂工作范围内，严禁有人工作或停留。

3.凿岩时，先开水，后开机。

4.凿岩机工作时，必须先旋转钎杆定位后再冲击。

5.打眼过程中，调整钻臂时，两钻臂不能同时旋转，并且应将钻臂调到最大空间尺寸，以免发生碰撞。

6.打眼过程中，随时注意顶、帮情况。如发现顶帮掉掉或冒顶片帮迹象，应及时将钻机后退到安全地点停机待命。

停机

- 发停机信号，钻车旁边无人
- 钎杆退出，钻车停到合适处
- 钻车钻臂及支腿收起
- 停水泵，停液压泵
- 钻车开关打零位

操作要求

1.临时停机时，电机隔离开关未断开，钻臂及油缸未收缩到位的情况下，司机不得离开岗位。

2.停机后，必须将隔离开关打在断开位置，所有油缸必须收缩到位。

3.所有液压操作手柄打到零位。

4.在钻机退出时，要退到安全地点，并做好保护。

收工确认

- 确认停机环境
- 检查钻机供水管路及电缆，履行交接班程序

操作要求

1.钻车停放在无淋水、支护完好地点。

2.电缆及管路盘好，所有油缸收缩到位，不得负压。

3.对本班液压钻车运行情况及出现的故障和处理情况，向接班人员交代清楚。

2.11　找掉工岗位操作流程

找掉准备

- 操作环境安全确认
- 使用工具完好确认
- 自身站位安全确认
- 现场设备、设施、管线防护确认

操作要求

1. 检查确认自身所站位置的支护无掉渣。检查作业现场的设备、设施、管线防护完好。
2. 检查作业地点的撤退路线，保持撤退路线畅通。
3. 做好截人工作，坡度大于15°时，前方要设好护身柱。
4. 使用专用找掉钎子并保持完好。

找掉

- 观察顶帮的状态
- 找掉人员及观山人员站在安全位置
- 使用专用找掉工具找掉

操作要求

1. 找掉工作应由两名有经验的工人担任，一人找掉，一人观山，找掉地点严禁进行其他工作。
2. 找掉与观山人员必须站在支护完好的地点操作与指挥，找掉时应选好撤身步，并且确保附近及后路畅通。
3. 找掉原则：先外后里，先顶后帮，找顶板时由上帮侧往下帮侧依次进行，找巷帮时先上帮后下帮，同一帮找掉时沿柱肩至柱窝的顺序依次进行。上山施工找掉要先由下向上找出一条安全通路，然后再按照由上向下，由顶到帮的顺序开始找掉。
4. 遇到难于找下的大掉，必须先固定再处理。

收工确认

- 清理现场煤矸石
- 找掉工具存放

操作要求

1. 将现场找下来的煤矸石清理干净。
2. 将找掉工具存放到指定地点。

2.12 注浆工岗位操作流程

安全确认

- 施工人员安全确认
- 施工现场安全确认
- 注浆设备完好确认

操作要求

1.制浆和注浆工应佩戴好防护用品。

2.施工场地必须整洁干净，不得有杂物堆放，保障通道顺畅。

3.注浆设备和机具在使用时必须完好。

制浆

- 检查制浆装备
- 制浆前准备
- 制浆

操作要求

1.检查制浆设备完好。检查进料口、出料口畅通情况。

2.按照措施要求准备好制浆所需的各种材料。

3.按照规定要求进行浆液配比。

注浆

- 压水试验
- 正式注浆
- 停注

操作要求

1.注浆前，按照措施要求进行压水试验。

2.压水试验结束后，可根据单位吸水量确定本次注浆的注浆参数，选择合适的浆液配比配制浆液。

3.正式注浆，浆液通过一次搅拌器配制完毕后放入二次搅拌器，由注浆泵通过输浆管路及止浆装置注入岩层。

4.要根据注浆中的情况，随时调整浆液配比、注浆延续时间及其他注浆参数。

收尾

- 清理现场
- 提交资料

操作要求

1.每次注浆工作结束后，应冲洗输浆管路，清理制浆系统，维护注浆泵，整理注浆设备；做好现场达标工作。

2.整理注浆原始报表，送交技术人员或指定部门。

2.13　综掘机司机岗位操作流程

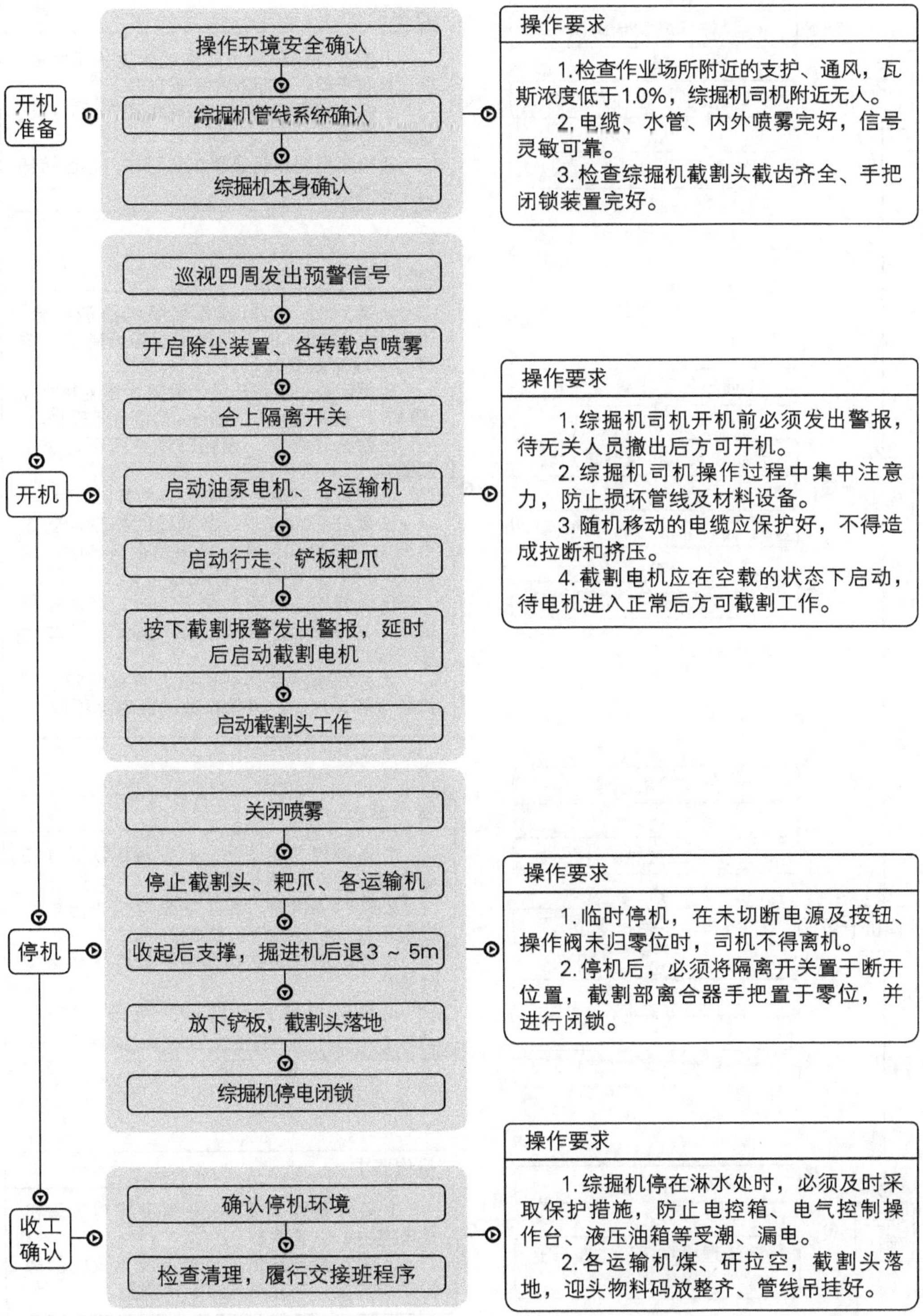

2.14 侧卸式装载机司机操作流程

开机准备

- 操作环境安全确认
- 侧卸式装载机管线系统确认
- 侧卸式装载机车本身确认

操作要求

1.检查确认作业场所附近的支护无掉渣、冒顶片帮危险，瓦斯浓度低于1.0%。
2.检查侧卸式装载机的整机和部件，确认各系统正常。
3.检查电路系统是否正常可靠，各运转部位是否有杂物。

开机作业

- 接通电源发出警示信号
- 启动油泵电机空载试运转
- 铲装作业前将铲斗放平
- 开始正常铲装作业

操作要求

1.装岩时，司机操作要手脚协调配合，不准猛冲猛撞。铲不动时不要强行硬铲，要退回一段重新铲装。
2.侧卸装岩机行走段的障碍物要及时排除干净，严禁跨越大于300mm 的硬性障碍物。
3.装岩过程中，要随时注意两帮，防止刮碰。
4.铲斗举起后，严禁其下方有人或过人。
5.装矸石过程中，必须随时检查油管是否漏油，机械部分在运转中是否有异响，发现问题及时处理好后再作业。
6.装岩时，电缆必须悬挂好，装岩机行走段的电缆必须有专人扶送和保护，防止压坏和拖拉坏。
7.必须坚持使用装岩机上所有的安全保护装置和设施，严禁擅自改动或甩掉不用。

停机

- 发出停机信号
- 退至安全位置后铲斗落地
- 各操作手柄打零位
- 按下停止按钮
- 上一级开关打零位

操作要求

1.当班施工完毕后，必须将机器退到安全位置，将铲斗落至底板。
2.临时停机时，在主油泵电机未停机的情况下，司机不得离开岗位。
3.停机后，确认操作台各操作手柄必须打零位。
4.断开机器上一级开关电源，挂牌，上锁。

收工确认

- 确认停机环境
- 检查清理机身浮矸，履行交接班程序

操作要求

1.盘好管线，按作业规程要求对装岩机及电缆进行妥善保护。
2.对本班装载机运行情况及出现的故障和处理情况，向接班人员交代清楚。

2.15　耙斗装岩机司机操作流程

开机准备

检查施工点作业环境 → 检查设备完好情况 → 检查耙斗装岩机固定情况

操作要求

1.检查作业地点通风、瓦斯情况，要符合规定要求。

2.作业区域内顶帮支护良好，无漏顶、片帮现象。

3.耙斗装岩机钢丝绳无断丝、毛刺，无严重磨损，绳卡齐全紧固，支腿支撑可靠。

4.操作手把固定销齐全操作灵活，绞车闸皮无严重磨损，刹车、照明正常。

5.耙斗装岩机机身护网齐全、安全可靠，距工作面距离符合规程要求。

6.耙斗装岩机固定牢固，无跑车危险。

开机作业

巡视四周撤出人员 → 送电并发出开机信号 → 安装耙斗装岩机操作手把 → 启动装岩机电机试运转 → 耙斗装岩机正常耙装作业 → 根据需要摘挂反绳尾轮

操作要求

1.耙斗装岩机运行范围内无人员工作、行走和停留。

2.拐弯巷道在安全地点派专人指挥。

3.每次摘挂反绳尾轮时，必须与司机先联系好，停车松绳之后进行。

4.装岩过程中，大于300mm的矸石不准装车。

5.耙岩机必须安装可靠的防护设施。

6.爆破前，耙斗要拉至溜槽上，切断电源，将操纵钮及电缆挡好，并将耙斗装岩机挡好。

7.耙装时，应注意机器运转声音，发现异常要立即停机处理。

停机

清除耙斗内余矸 → 耙斗退至车身溜槽内 → 发出停机信号 → 装岩机开关打零位闭锁 → 卸操纵手把

操作要求

1.耙岩完毕后，清除耙斗装岩机槽内的余矸。

2.应将操纵手把放在松闸位置，切断电源，打好零位。

3.卸下操纵手把，将操纵手把放置在专用位置。

收工确认

检查清理工作区域 → 清理机身浮矸，履行交接班程序

操作要求

1.耙装工作结束后，应清理耙斗装岩机四周洒漏的矸石。

2.确保机身无浮煤，对本班装岩机运行情况及出现的故障和处理情况向接班人员交代清楚。

2.16 挖掘式装载机司机岗位操作流程

开机准备

- 操作环境安全确认
- 油箱油位及管路系统确认
- 操作手柄处于中位确认

操作要求

1.检查确认作业场所附近的支护无掉渣、冒顶片帮危险，检查工作面确认无拒爆、残爆、残眼、虚发眼情况，瓦斯浓度低于1.0%。

2.检查挖掘式装载机的整机和部件，确认各系统正常。

3.检查确认各部位管路、操作手柄、电缆、接头、履带、钎杆、钻头、螺栓、螺帽等全部紧固，各运转部位无杂物及卡碰现象。

开机

- 巡视四周发出开机预警
- 送上电源，打开冷却风扇
- 打开油泵给系统供压
- 把运输槽铲板落地收拢矸石
- 用操作阀控制大臂小臂铲斗
- 用铲斗将矸石扒至运输溜槽后外运

操作要求

1.挖掘式装载机司机与后方拽电缆人员联系好，运行时，防止挤伤电缆或撞人。

2.本机工作时，非操作人员和设备都不能靠近，以免发生事故。

3.机器行走时，地面要清除大于250mm的硬物。

4.在工作过程中，一般不应将各臂运动到极限位置。

5.在工作过程中要经常留心刮板链是否正常运行，如出现刮卡现象，要及时停止运转。

停机

- 发停机信号
- 将溜槽内矸石拉空
- 挖掘式装载机移动至合适位置，扒装臂落地
- 切断油泵及风扇电源
- 切断主电源，开关打零位

操作要求

1.临时停机时，在电机隔离开关未置于零位，扒装臂及油缸未收缩到位的情况下，司机不得离开岗位。

2.机器停放时，最好使铲斗和小臂伸出轻轻碰到限位块，大臂放下至斗齿刚好碰到地面，运输槽降至最低位置，其目的是让油缸密封件卸荷，尽量延长其使用寿命。把推板收拢，以利通行。

3.爆破前，应将装载机停放至安全地点，并防护好。

4.停机后，所有油缸必须收缩到位，操作手柄打零位，将隔离开关打在断开位置。

收工确认

- 确认停机环境
- 检查挖掘式装载机及电缆，履行交接班程序

操作要求

1.挖掘式装载机停靠在无淋水、支架支护完好的地点，电缆盘好。

2.挖掘式装载机在斜坡上停放时，应符合规程措施要求。

3.对本班挖掘式装载机运行情况及出现的故障和处理情况，向接班人员交代清楚。

2.17 班组长（掘进）岗位操作流程

班前准备

领取当班生产任务 → 班前会

操作要求

1.区科布置生产任务后制订本班作业计划。

2.按标准化开好班前会，重点主要有清点本班出勤人数和确认身体精神状况，明确任务和要求，上班总结和当班安全重点及注意事项。

3.班长是本班安全生产的第一责任者。

班中

交接班 → 开工全方位巡视检查及安全确认 → 组织生产 → 巡视检查

操作要求

1.开工检查作业环境、工具，材料配件，无安全隐患后，开始组织生产。

2.坚持正规循环，带头遵章守纪，制止违章作业，不违章指挥。

3.坚持向区值班室、调度室三汇报制度。遇到特殊情况随时向本区盯岗领导、调度室等汇报。

4.随时掌握工作面生产情况，并沟通汇报调整生产任务。

5.班中现场巡回检查，督促工人严格遵守各项制度、规程措施和正确使用个人防护用品。负责监督危险作业，及时发现和消除事故隐患。

6.能够与现场操作员工进行有效沟通，并提供合理的指导。

班末确认

班末验收 → 交接班

操作要求

1.班末严格按标准验收。

2.与下班现场交接班，交接清楚，确保下班安全生产。

井上工作

填写工作台账及报表 → 其他各项工作

操作要求

1.按照公司及区队相关要求进行填写，内容要清楚。

2.考核要公平公正。

3 机电专业岗位操作流程

3.1 机电调度员岗位操作流程

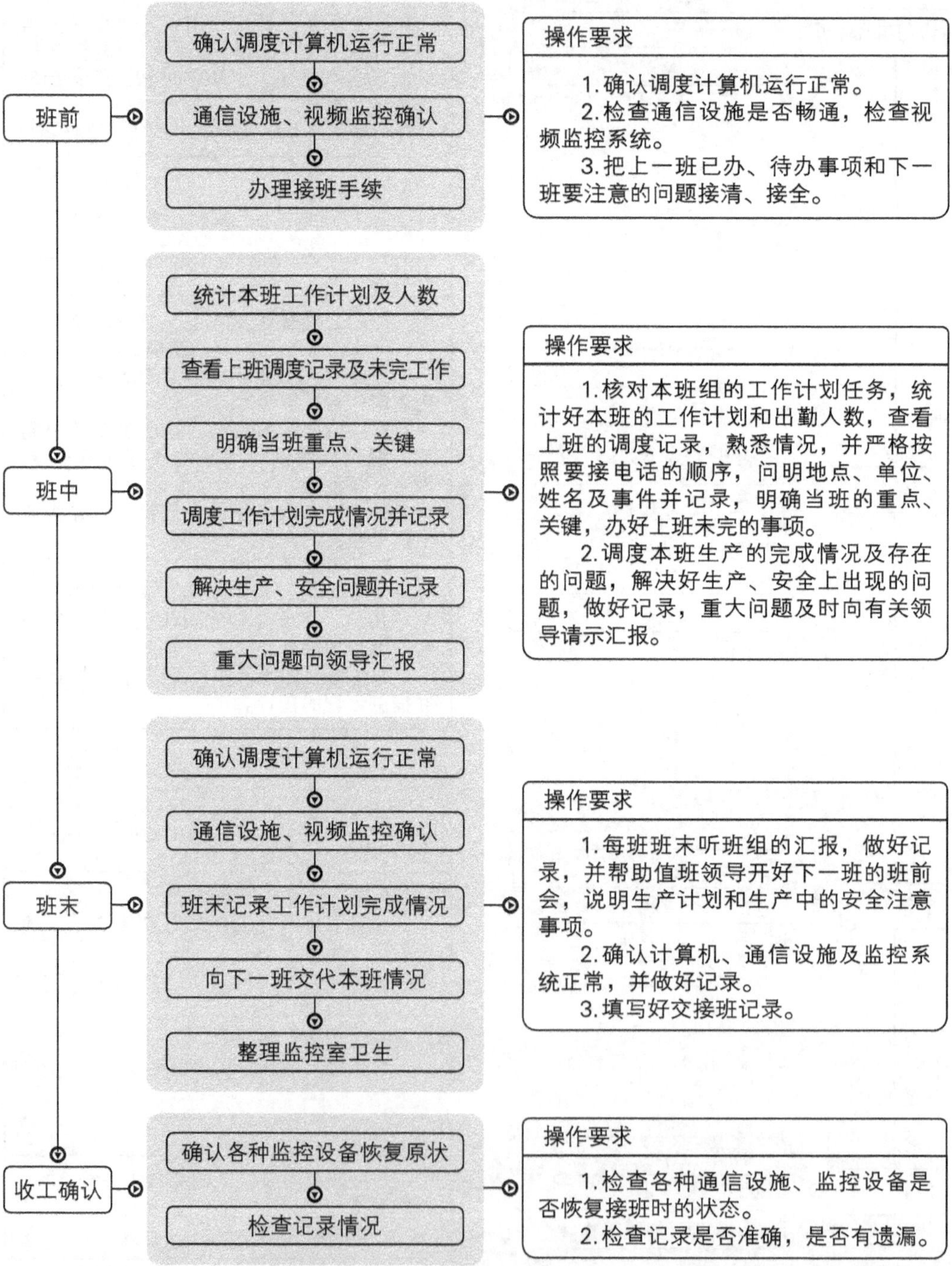

3.2 班组长（机电）岗位操作流程

准备工作

- 了解上一班生产、设备运转情况
- 接收、分析当班工作任务

操作要求

1. 详细了解当班工作内容。
2. 当班工作所需材料，工具情况。
3. 掌握工作方案、安全规范措施等。

开班工作

- 按照准军事化标准组织班前会
- 合理分配当班工作任务
- 工作中安全注意事项，防范措施
- 与上一班班组长进行交接班
- 巡视管辖各部位的设备情况
- 带领员工逐项完成工作安排
- 处理临时出现的故障问题
- 负责当班员工的安全管理工作
- 制定实施检修工作计划

操作要求

1. 确认员工到班人数，点到，确认精神状态。
2. 根据当班工作要求及员工情况合理分配工作任务。
3. 根据各项检修规范及措施，提醒员工工作中的安全注意事项，确保工作安全。
4. 对上班的工作情况进行通报并进行讲评，指出优缺点，进行安全教育。
5. 按照交接班要求严格交接班。
6. 按照工作任务，组织小班前会，规范员工进行手指口述、安全确认、隐患排查。
7. 工作中督促落实各项安全措施。
8. 按标准完成工作任务，处理故障问题。
9. 根据设备运行情况，制定合理的检修工作计划。

班末工作

- 组织员工整理工作现场、验收
- 整理汇总当班工作记录
- 与接班班组长交接当班生产情况及遗留问题
- 与接班班组长交接班

操作要求

1. 逐项对工作任务进行验收，并带领员工按标准化要求整理工作现场。
2. 详细填写工作交接日志，与接班班组长详细交代工作任务问题。
3. 与接班班组长进行正式交接班。
4. 对本班遗留的问题详细进行交接，处理所需设备、工具等都详细说明。

3.3 采煤机安装工岗位操作流程

安装准备工作

操作环境安全确认 → 检查携带工具完好 → 检查安装起吊设备设施

操作要求

1.检查作业场所附近的支护有无掉渣、冒顶、片帮等危险因素，瓦斯浓度低于1.0%，安装期间机组前后5m无关人员禁止进入。

2.对使用的工具进行完好检查，不完好不准使用。

3.对起吊点进行安全确认。

机械安装

按顺序排列部件 → 按顺序起吊部件 → 调整部件位置对轴孔穿螺丝 → 安装油泵 → 安装各部位水管、液管 → 安装左右摇臂 → 安装左右滚筒

操作要求

1.所有人员需持证上岗，严格执行各工种的安全技术操作规程。

2.安装采煤机时，不得与其他单位交叉作业。

3.安装采煤机第一部件后，在部件下侧齿条上安装楔铁一块，防止采煤机安装过程中下滑。

4.起吊重物前，坚持试吊制度；操作手拉葫芦时，必须单人操作。

5.使用手拉葫芦起吊及翻转机件时，吊物下方或倾倒滚落方向及弹链三角区严禁站人，并设专人观山，观山人位置距机件2m以上。

电气安装

安装左、右截割电机 → 安装左、右牵引电机 → 安装电控箱、电源箱 → 电机配电 → 试车调试

操作要求

1.安装调试过程中必须严格遵守停合电制度，施工必须停所操作电器上一级馈电开关，坚持谁停电谁送电制度，严禁约时送电。

2.电气设备接线时，接线工艺要符合机电设备完好标准。

3.采煤机运转时，先向上机头行驶一段，并同时观察运行及液压闸情况，然后向下慢速行驶，整机运转正常以后，施工结束。

收工确认

整理现场环境 → 整理工具，整理组装设备设施

操作要求

1.确认现场作业环境无问题，煤壁无片帮等情况。

2.收回所带的工具，完整地放回工具箱。

3.4　采煤机拆除工岗位操作流程

拆除准备工作

- 操作环境安全确认
- 检查携带工具完好有效
- 检查拆除起吊设备设施

操作要求

1.检查作业场所附近的支护有无掉渣、冒顶、片帮等危险因素，瓦斯浓度低于1.0%，拆除期间机组前后5m无关人员禁止进入，做好截人。

2.对使用的起重工具进行完好检查，不完好不准使用。

3.对起吊点进行安全确认。

电器拆除

- 电源箱电源拆除
- 各个电机电源拆除
- 拆除电控箱、电源箱
- 拆除左、右截割电机
- 拆除油泵泵箱

操作要求

1.所有人员需持证上岗，严格执行各工种的安全技术操作规程。

2.拆除采煤机时，不得与其他单位交叉作业。

3.拆除过程中必须严格遵守停合电制度，施工必须停所操作电器上一级馈电开关，坚持谁停电谁送电制度，严禁约时送电。

机械拆除

- 拆除油管、水管
- 拆除左右滚筒
- 拆除左右摇臂
- 调整部件位置拆轴拆螺丝
- 按顺序起吊部件
- 按顺序排列部件

操作要求

1.拆除采煤机第一部件后，在部件下侧齿条上安装楔铁一块，防止采煤机拆除过程中下滑。

2.起吊重物前，坚持试吊制度；操作手拉葫芦时，必须单人操作。

3.使用手拉葫芦起吊及翻转机件时，吊物下方或倾倒滚落方向及弹链三角区严禁站人，并设专人观山，观山人位置距机件2m以上。

收工确认

- 整理现场环境
- 整理工具，整理拆除设备设施

操作要求

1.确认现场作业环境无问题，煤壁无片帮掉掉情况。

2.收回所带的工具，完整地放回工具箱

3.5 采煤机检修工岗位操作流程

开工准备

- 操作环境安全确认
- 人员本身确认

操作要求

1. 检查确认作业场所附近的支护无掉渣、冒顶、片帮危险，支护可靠，采煤机附近20m以内瓦斯浓度低于1.0%。
2. 机组上无浮矸、浮煤。上下相邻相关液压支架停止作业，采煤机开关可靠停电挂牌上锁，工作面刮板输送机停机、断电、闭锁。
3. 人员精神状态良好，佩戴好劳动保护。

检修

- 开机试转
- 查验问题
- 停机处理问题
- 查验各处油量
- 检查各处螺丝紧固
- 检修截割部
- 检修牵引部
- 检修电控箱
- 检修液压系统
- 检修冷却系统
- 重载试车
- 停机

操作要求

1. 采煤机检修工与刮板输送机检修工、支架检修工联系好后再开工。
2. 采煤机运转（试转）时，司机站位得当，严禁站在滚筒甩矸、机身滑矸或运输机窜矸的范围内，附近相关支架严禁移架作业。
3. 检修采煤机前将机组开关打零位、闭锁，机组隔离开关打零位，离合器脱离。
4. 检修液压系统、冷却系统时，先卸载系统压力，防止压力液体伤人。更换液压系统、冷却系统部件时必须擦洗干净，防止杂物进入。
5. 检修截割部，更换刀齿或检查滚筒端盖需要进入煤壁作业时，必须护帮护顶，安排专人监护顶板。
6. 检修电控箱和各处电机前做好停电、验电、放电工作。
7. 紧固关键部位螺栓时应使用力矩扳手。

收工确认

- 确认停机环境
- 检查清理机组，履行交接班程序

操作要求

1. 采煤机停靠在无淋水、支架支护完好的地点。
2. 机身无浮煤。

3.6　电气试验工岗位操作流程

工作准备

- 试验环境安全确认
- 试验内容及设备情况确认
- 试验停电票确认

操作要求

1. 严格检查材料、工具的安全性能，不合格的不允许使用。
2. 佩戴绝缘手套和绝缘靴并检验是否完好。绝缘手套和绝缘靴必须定期进行试验，保证试验合格。
3. 现场设施遮拦或围栏，向外悬挂“止步 高压危险”警示牌。
4. 开工前确认员工状态良好。班前严禁喝酒，工作时精神集中。

操作过程

- 对所试验设备进行停电情况确认
- 断开设备接头，做好标记
- 将试验装置金属外壳接地
- 摇测电气设备绝缘电阻值
- 将需试验的设备与试验装置连接好
- 将调压器调至所需电压
- 断开调压器，对试验设备进行放电，记录试验数据

操作要求

1. 搬运仪器过程中必须平稳，不能磕碰试验仪器。
2. 试验装置金属外壳要可靠接地。
3. 使用明显断开的双极刀闸，并加绝缘罩。
4. 送电前，现场负责人对接线情况进行检查，检查无误后再送电。
5. 试验时使用专用高压试验线。
6. 试验前和变更试验接线时，应反复查接线，通电前调压器手把应保持在零位，合拉闸必须互相呼应传达口令，加压时重复加压数字，避免加压错误。
7. 调压器缓慢升压，升至试验设备所需电压，维持1min，缓慢将调压器回零。

操作结束

- 拆除升压设备接线并回收
- 对电气设备进行绝缘摇测
- 拆除设备外壳接地线
- 恢复被测设备接头，拆除遮拦
- 摘停电牌，按要求进行送电

操作要求

1. 试验结束，及时对试品和升压设备放电。
2. 试验结束后及时断开试验装置电源。
3. 试验结束后，试验负责人认真核对试验项目和记录，当试验结果无误后，才能拆除试验接线。

收尾工作

- 确认试验环境
- 整理试验设备，确认试验设备完好

操作要求

1. 清点工具、仪表、材料，清扫环境卫生。
2. 保证试验设备完好。

3.7 刮板输送机检修工岗位操作流程

开工准备

- 操作环境安全确认
- 人员本身确认

操作要求

1.检查确认作业场所附近的支护无掉渣、冒顶片帮危险，作业地点附近20m以内瓦斯浓度低于1.0%。

2.作业地点上下相邻溜子或皮带停止作业，在掘进机附近时掘进机停止运转，开关闭锁打零位。

3.人员精神状态良好，佩戴好劳动保护。

检修

- 开机试转
- 查验问题
- 停机处理问题
- 查验各处油量
- 检查各处螺丝紧固
- 检修机头段
- 检修中间段
- 检修机尾段
- 检修电气系统
- 检修冷却系统
- 重载试车
- 停机

操作要求

1.刮板输送机检修工与掘进机检修工、皮带检修工联系好后再开工。

2.刮板输送机运转（试转）时，司机站位得当，严禁站在机头甩矸、运输机窜矸的范围内，确保机道内无人再开机。

3.检修刮板输送机前将上级馈电开关打零位、闭锁，悬挂“有人工作，不准送电”字样的停电牌，且只有挂牌人员才能摘牌。

4.查验减速器油量时，人员站立避开液体喷射方向，先将内部气体放出再打开。

5.查验冷却系统时，先卸载系统压力，防止静压水伤人。更换冷却系统部件时必须擦洗干净，防止杂物进入。

6.各处螺丝、定位销齐全紧固，电机减速器上无浮煤浮矸，淋水时做好防护工作。

7.检修电气系统时做好停电、验电、放电工作，执行好停送电制度，确保电缆完好、多功能灯完好、设备无失爆。

8.中间段刮板齐全无弯曲变形，溜槽及连接装置完好无变形。

9.链子及连接环完好、磨损不超标、松紧适当，掐接链按照措施执行。

10.检修完毕后根据要求试车。

收工确认

- 班末验收
- 检查清理，履行交接班程序

操作要求

1.设备拉空后，开关打零位，如实填写检修记录。

2.清理干净机头前后20m范围内的浮煤，做好降尘工作。

3.8　架空线修理工岗位操作流程

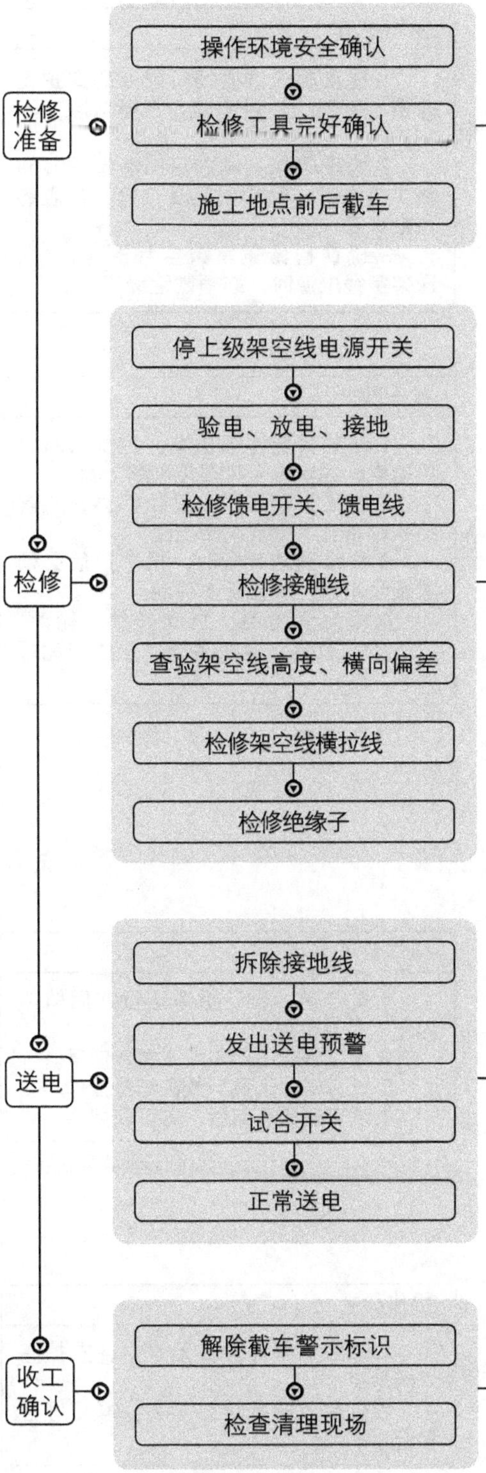

操作要求（检修准备）

1. 检查确认作业场所附近的支护无掉渣、冒顶、片帮危险，瓦斯浓度低于1.0%。
2. 检查确认接地线、绝缘手套、验电笔、停电牌齐全完好。
3. 征得本水平调度站同意，施工地点前后60m设置截车警示标识。

操作要求（检修）

1. 由双人确认待检修区域架空线上级电源开关可靠断电。
2. 停、送架空线开关电源时必须戴好绝缘手套，严格执行停送电制度。
3. 挂接地线时，先接钢轨端，后挂接触线端。
4. 接地线必须设置在电源侧。
5. 弯道工作时，人员要站在架空线外侧，防止架空线伤人。

操作要求（送电）

1. 拆除接地线时，先拆接触线端，后拆钢轨端。
2. 送电前，要指定专人查验架空线线路有无异常。
3. 试合开关无问题，正常送电。
4. 送电时，要一人操作，一人监护。

操作要求（收工确认）

1. 检查现场环境整洁，解除截车警示标识，运输线路无障碍物。
2. 向本水平调度站汇报检修完成情况。

3.9 架线电机车修理工岗位操作流程

检修准备

- 操作环境安全确认
- 检修工具完好确认
- 架空线断电确认

操作要求

1.检查确认作业场所附近的支护无掉渣、冒顶、片帮危险，瓦斯浓度低于1.0%。

2.检查确认各种起吊、搬运、装卸等工具完好，防护用品及仪器、仪表等齐全可靠。

3.确认检修硐室架空线断电，停、送架空线电源时，必须戴绝缘手套。

检修

- 检修车体、车架、缓冲装置
- 检修灯、铃、闸、撒砂
- 检修控制器、电机
- 检修受电弓、自动开关
- 检修轮对、齿轮传动装置
- 检修连接装置

操作要求

1.严禁带电检修机车，控制器断电后验电、放电方可打开控制器上盖。

2.架线机车修理工站位得当，严禁站在起吊物下方及倾倒范围内。

3.检修制动装置时，机车前后必须放置阻车器，防止机车滑动。

4.检修受电弓、自动开关、轮对、齿轮传动装置、连接装置，并达到完好标准。

试车

- 移除机车前后阻车器
- 试车人员进入司机室
- 架空线送电
- 试车
- 机车断电、制动、备用

操作要求

1.试车前，确认机车运行前后轨道内无人员及障碍物。

2.架空线送电前，发出警示信号。

3.试车时，人员严禁在车外操作。

4.试车运转正常后，方可使用。

收工确认

- 确认停车环境
- 检查清理机车，履行交接班程序

操作要求

1.架线机车停靠在无淋水、支护完好的地点。

2.机车内外整洁无杂物，填写好各种记录。

3.10　带式输送机检修工岗位操作流程（掘进）

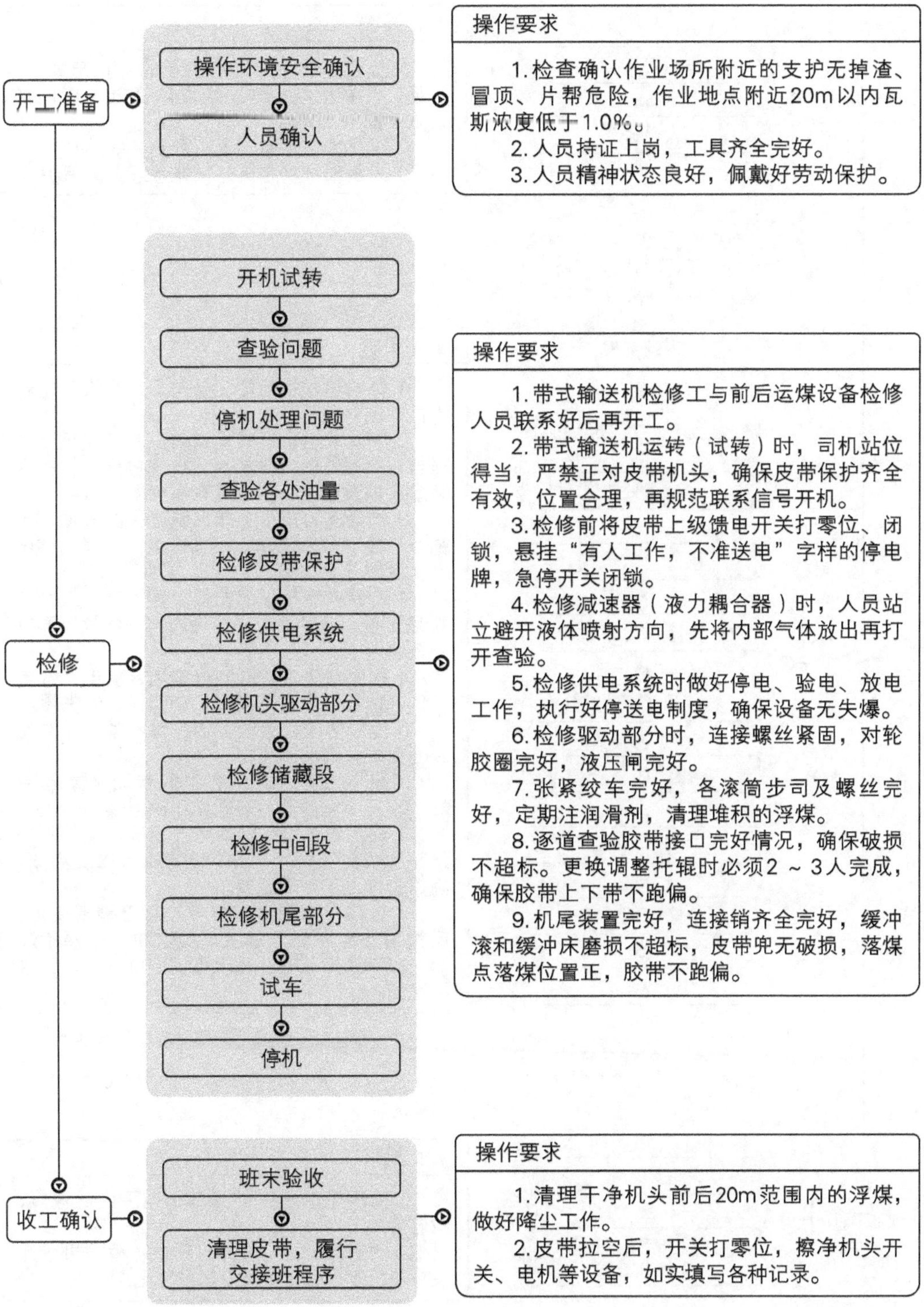

3.11 带式输送机检修工岗位操作流程

开工准备

- 操作环境安全确认
- 人员确认

操作要求

1.检查确认作业场所附近的支护无掉渣、冒顶、片帮危险，作业地点附近20m以内瓦斯浓度低于1.0%。

2.人员持证上岗，工具齐全完好。

3.人员精神状态良好，佩戴好劳动保护。

检修

- 开机试转
- 查验问题
- 停机处理问题
- 查验各处油量
- 检修皮带保护
- 检修供电系统
- 检修机头驱动部分
- 检修储藏段
- 检修中间段
- 检修机尾部分
- 重载试车
- 停机

操作要求

1.带式输送机检修工与前后运煤设备检修人员联系好后再开工。

2.带式输送机运转（试转）时，司机站位得当，严禁正对皮带机头，确保皮带保护齐全有效，位置合理，再规范联系信号开机。

3.检修前将皮带上级馈电开关打零位、闭锁，悬挂“有人工作，不准送电”字样的停电牌，急停开关闭锁。

4.检修减速器（液力耦合器）时，人员站立避开液体喷射方向，先将内部气体放出再打开查验。

5.检修供电系统时做好停电、验电、放电工作，执行好停送电制度，确保设备无失爆。

6.检修驱动部分时，连接螺丝紧固，对轮胶圈完好，液压闸完好。

7.张紧绞车完好，各滚筒步司及螺丝完好，定期注润滑剂，清理堆积的浮煤。

8.逐道查验胶带接口完好情况，确保破损不超标。更换调整托辊时必须2人以上完成，确保胶带上下带不跑偏。

9.自移机尾装置完好，胶管无破损变形，连接销齐全完好，缓冲滚和缓冲床磨损不超标，皮带兜无破损，注煤点注煤位置正，胶带不跑偏。

收工确认

- 班末验收
- 清理皮带，履行交接班程序

操作要求

1.清理干净机头前后20m范围内的浮煤，做好降尘工作。

2.皮带拉空后，开关打零位，擦净机头开关、电机等设备，如实填写各种记录。

3.12 井下变电所值班电工岗位操作流程

值研准备

- 值班环境安全确认
- 值班巡视内容情况确认
- 值班巡视记录确认

操作要求

1. 检查配电室内的支护无掉渣、冒顶、片帮危险。
2. 配电室按要求进行巡视。
3. 穿墙套管完好，封堵严实。
4. 防火门开闭灵活、锁件完好，警示标语齐全，字迹清晰。

值班

- 配电室内电气设备防爆和完好性进行检查
- 检查电气设备紧固是否齐全
- 各仪表指示是否正常
- 检查接地系统是否完好
- 漏电保护是否灵敏可靠，各项整定是否正确

操作要求

1. 检查确认变电所的运行方式。
2. 各种仪表或显示屏显示是否正常。
3. 开关有无异味、异响等异常情况。
4. 外表有无失爆现象。
5. 开关是否为合闸状态，有无报警指示。
6. 检查开关外观、电缆、接地保护是否完好。

值班结束

- 检查开关引出线装置是否合格
- 检查五小电气引出线装置是否合格
- 电缆悬挂是否符合要求，有无破损
- 电气设备清洁，通风良好

操作要求

1. 供电系统图与实际相符。
2. 电缆牌、设备牌、警示牌等标识牌内容齐全准确，字迹清晰，悬挂位置得当。
3. 变电所内干净整洁。

收工确认

- 确认值班环境
- 填好巡视记录，履行交接班制度

操作要求

1. 检修记录、试跳记录、交接班记录填写齐全。
2. 配电室内送电正常。

3.13 掘进机安装工岗位操作流程

安装准备工作

操作环境安全确认 → 检查携带工具完好有效 → 检查安装起吊设备设施

操作要求

1. 检查确认作业场所附近的支护无掉渣、冒顶、片帮等危险因素，瓦斯浓度低于1.0%，安装期间前后5m无关人员禁止进入。
2. 对使用的起重工具进行完好检查，不完好不准使用。
3. 对起吊点进行完好检查，不完好不准使用。

安装作业

安装左、右行走装置 → 安装机体 → 安装回转台 → 安装掘进机主、副铲板 → 安装后支承 → 安装操作台 → 安装油箱、油泵站 → 安装电控箱 → 安装刮板输送机 → 安装截割部、护板 → 掘进机配电 → 试车

操作要求

1. 参与施工人员必须持证上岗。
2. 多人在一起搬运掘进机件时，要服从现场管理人员的统一指挥，互相叫应。
3. 手拉葫芦的额定起重量要符合要求，禁止超载起吊。
4. 起吊重物时，必须安排有经验的人员观山，同时，观山人员位置距吊物5m，其他人员注意站位合理。
5. 禁止人员在升起的截割部下进行作业。
6. 油箱加油时，禁止人员站在油桶倾斜下方，并做好截人工作。
7. 送电前，做好绝缘摇测工作，必须坚持停送电制度，谁停电谁送电。
8. 试车前，必须确认铲板周围、截割头前方及截割臂回转范围内无人，并保证掘进机各种保护灵敏可靠、运转正常。

收工确认

整理现场环境 → 整理工具，整理组装设备设施

操作要求

1. 确认现场作业环境无问题，煤壁无片帮等情况。
2. 收回所带的工具，完整地放回工具箱，填写检修安装记录。

3.14　掘进机拆除工岗位操作流程

拆除准备工作

操作环境安全确认 → 检查携带工具完好有效 → 检查拆除起吊设备设施

操作要求

1.检查确认作业场所附近的支护无掉渣、冒顶、片帮等危险因素，瓦斯浓度低于1.0%，安装期间前后5m无关人员禁止进入。

2.对使用的起重工具进行完好检查，不完好不准使用。

3.对起吊点进行完好检查，不完好不准使用。

拆除作业

切断掘进机电源 → 拆除截割部、护板 → 拆除刮板输送机 → 拆除电控箱 → 拆除油箱、油泵站 → 拆除操作台 → 拆除后支承 → 拆除掘进机主、副铲板 → 拆除回转台 → 拆除机体 → 拆除左、右行走装置

操作要求

1.参与施工人员必须持证上岗。

2.切断电源前，必须坚持停送电制度，验电放电后，挂好停电牌。

3.多人在一起搬运掘进机件时，要服从现场管理人员的统一指挥，互相叫应。

4.手拉葫芦的额定起重量要符合要求，禁止超载起吊。

5.起吊重物时，必须安排有经验的人员观山，同时，观山人员位置距吊物5m，其他人员注意站位合理。

6.禁止人员在升起的截割部下作业。

7.使用绞车牵引机械件时，必须保证在绞车完好状态下使用。

8.拆卸液压件时，必须要对液压件进行泄压，防止伤人。

9.拆卸时，严禁手放在齿轮和其他容易转动及运动的地方。

10.所有拆卸完毕部件，必须合理码放，并根据实际情况加以固定，保证足够行人道，不得影响人员正常通行。

收工确认

整理现场环境 → 整理工具，整理拆除设备设施

操作要求

1.确认现场作业环境无问题，煤壁无片帮等情况。

2.收回所带的工具，完整地放回工具箱。

3.15 掘进机检修工岗位操作流程

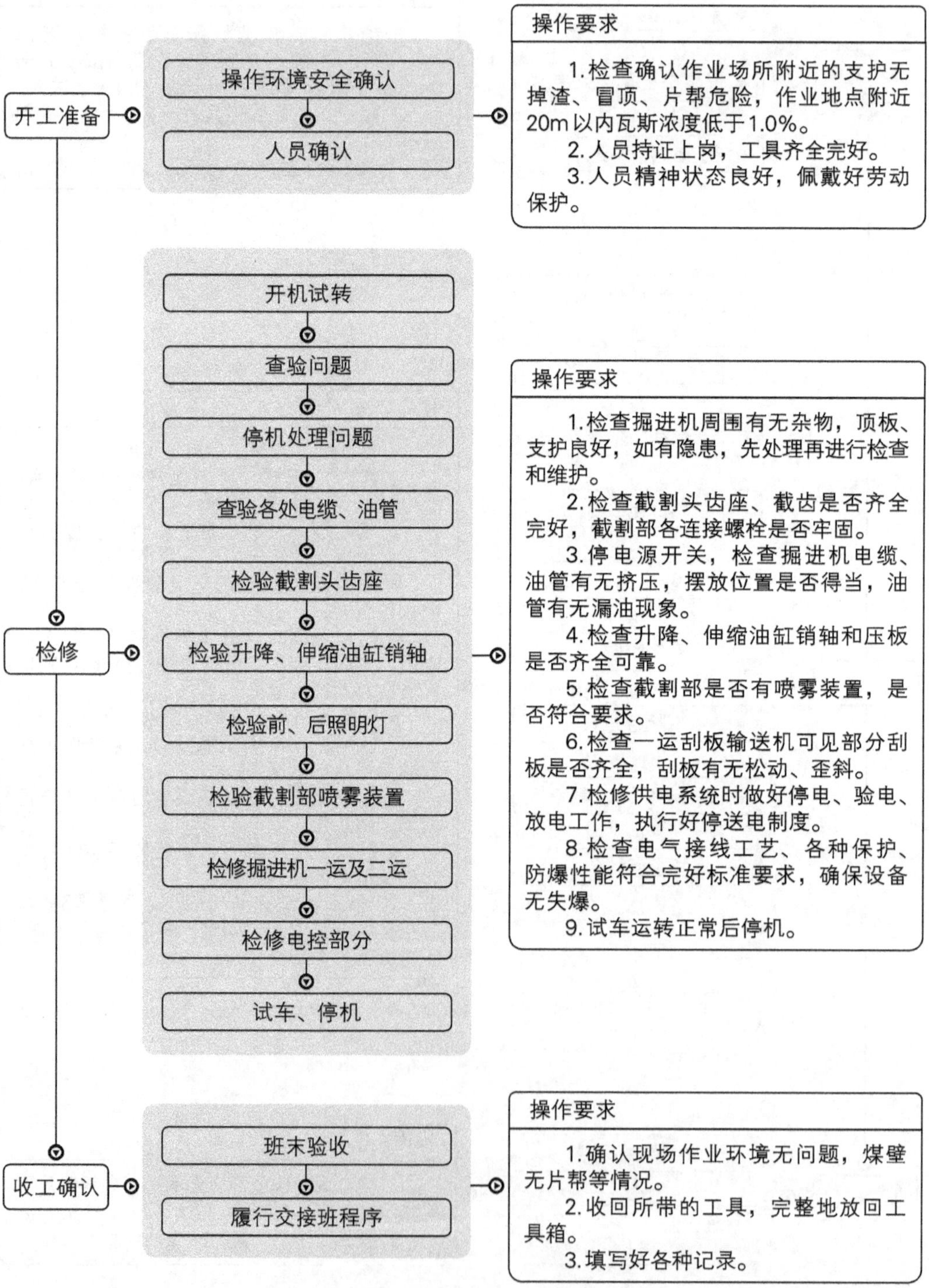

3.16 矿井维修电工岗位作业流程

工作准备

人员状态与操作环境确认 → 检修工具和材料确认 → 待检修设备停机

操作要求

1. 参与作业人员身体及精神状态良好，持证上岗。
2. 检修工具和材料齐全完好。
3. 待检修设备停止运转。先停负荷，再停电源。

作业过程

停电作业 → 执行检修内容

操作要求

1. 停止负荷运行，并进行重复确认。
2. 停待检设备电源，并进行重复确认。
3. 停上一级电源开关，并挂停电牌，进行重复确认。
4. 打开设备机械闭锁开关，拆下箱盖。
5. 进行验电、放电。
6. 按照检修标准进行检修作业。

收尾工作

确认各处接线是否牢固 → 清理内部工具及杂物 → 做完后，盖上箱盖

操作要求

1. 确认各处接线工艺、紧固情况。
2. 清理箱体内工具及杂物（铜丝、灰尘等）。
3. 箱体内放置新的干燥剂；防爆面涂抹凡士林；更换不符合要求的箱盖螺丝、垫圈、弹簧圈等。

试运转

执行送电程序 → 启动设备 → 试运转

操作要求

1. 按照与停电顺序相反的步骤送电。
2. 解除闭锁，启动设备。
3. 试运转期间无异常现象。

3.17 矿井维修钳工岗位作业流程

检修准备

- 人员状态及站位确认
- 工具及材料确认
- 操作环境安全确认

操作要求

1. 开工前确认员工精神状态。
2. 检查所用维修工具、起吊设施、绳索等应符合安全要求。
3. 在斜巷进行检修作业时，上部车场各出口处，应设警示标志。在倾角大于15°的地点检修和维修时，下方不得有人同时作业。

检修过程

- 检查所检修设备外观及各部位是否完好
- 打开机盖、油箱等设备的盖板进行检修操作
- 检查设备中的部件有无损坏，安全保护装置是否可靠
- 按照相关标准进行设备检修和维护

操作要求

1. 检查各部紧固件应齐全、紧固。油路通畅，无漏油，安全保护装置可靠，备件齐全。
2. 打开设备盖板时注意遮盖，严防落入煤尘或淋水。对拆下的零部件做好标记，拆下的部件放在安全的地方。
3. 打开设备盖板之后检查设备中的各部件应符合完好要求，确认设备安全保护装置处于安全可靠状态。
4. 按标准对设备进行检修和维护，检修做到无遗漏，无死角。

检修完毕

- 清理检修工具
- 确认各处连接是否牢固
- 检修后安装好设备

操作要求

1. 检修完毕后整理好检修工具，防止遗漏。
2. 再次紧固各连接处，保证连接牢固可靠。
3. 检修完毕后，按照相关标准安装设备。

试运转

- 恢复设备电源供电
- 设备试运转

操作要求

1. 按照相关规定严格执行停送电制度。
2. 设备试运转，观察设备在运行中是否正常。

3.18　乳化液泵站检修工岗位操作流程

操作准备

- 操作环境安全确认
- 检修工具、材料、备件确认
- 泵站运行情况确认

操作要求

1.检查泵站附近巷道支护完好，泵站附近20m内风流中瓦斯浓度小于1%。

2.检修所需工具、材料、备件齐全完好，专用工具拆装的部件必须使用专用工具。

3.向泵站司机了解泵站工作情况及存在问题。

4.更换液压件及管路前应进行除尘。

正常操作

- 开泵检查故障点
- 切断电源
- 更换液压部件及高压胶管
- 更换较重的液压部件
- 运送胶管、液压部件
- 液压件装配
- 组装密封件
- 检查液压部件及管路连接

操作要求

1.开泵前与采面人员联系好，发出开泵信号，检查故障点，发出停泵信号，处理故障。

2.检修前必须切断电源，挂上停电牌，安排专人值守。

3.确保泵站卸载无压力，严禁带压操作。

4.更换较重液压部件时，必须采取防坠落、防歪倒的安全措施。

5.胶管及液压部件的进回液口必须用专用堵头堵塞，只允许在使用地点打开。

6.液压件装配时，必须用乳化液冲洗干净，保护好零部件间的密封面。

7.组装密封件时，必须确保密封圈完好，液压件上无毛刺及锐角，安装方向正确。

8.确保液压部件使用的螺栓齐全紧固，管路快速接头处的U形销规格、质量合格并且插到位，严禁单孔使用及用其他物件代替。

收工确认

- 确认泵站完好
- 清点工具、材料、备件

操作要求

1.检修完成后，必须进行试运转，确认无问题后方可使用。

2.清点工具及剩余材料、备件和更换下来的零部件，清点后运至指定地点并妥善保管。

3.19 蓄电池电机车修理工岗位操作流程

检修准备

- 操作环境安全确认
- 检修工具完好确认
- 蓄电池机车断电确认

操作要求

1. 检查确认作业场所附近的支护无掉渣、冒顶、片帮危险，瓦斯浓度低于1.0%。
2. 检查确认各种起吊、搬运、装卸等工具完好，防护用品及仪器、仪表等齐全有效。
3. 确认蓄电池电源插销断开。

检修

- 检修车体、车架、缓冲装置
- 检修灯、铃、闸、撒砂
- 检修控制器、电机
- 检修蓄电池
- 检修轮对、齿轮传动装置
- 检修连接装置
- 检修防爆部位

操作要求

1. 严禁带电检修机车，控制器断电，验电、放电后方可打开控制器上盖。
2. 蓄电池机车修理工站位得当，严禁站在起吊物下方及倾倒范围内。
3. 检修制动装置时，机车前后必须放置阻车器，防止机车滑动。
4. 检修蓄电池时，必须穿戴胶靴、橡胶围裙、橡胶手套、护目眼镜和口罩等防护用品。

试车

- 移除机车前后阻车器
- 试车人员进入司机室
- 插上电源插销
- 试车正常运转
- 机车断电，制动备用

操作要求

1. 试车前，确认机车运行前后轨道内无人员及障碍物。
2. 插上电源插销前，发出警示信号。
3. 试车时，人员严禁在车外操作。
4. 试车运转正常后，方可使用。

收工确认

- 确认停车环境
- 检查清理机车，履行交接班程序

操作要求

1. 蓄电池机车停靠在无淋水、支护完好地点。
2. 机车内外整洁无杂物，填写好各种记录。

3.20　液压支架维修工岗位操作流程

开工准备

- 操作环境安全确认
- 维修工具及备件确认
- 采取可靠稳固措施

操作要求

1.检查确认作业场所附近的支护无掉渣、冒顶、片帮危险，瓦斯浓度低于1.0%。

2.检查维修所使用的专用工具齐全，备件充足，起吊索具安全可靠。

3.检查支架稳固措施可靠，管路连接规范，手把打零位闭锁。

液压支架维修操作

- 清理本组支架架箱浮煤
- 关闭本组进液总截止阀
- 架设临时支护，检修液压锁及关键液压管路
- 在支架上方吊挂篷布护顶，检修阀组类元件
- 搭建工作台检修支架顶部
- 运送备件
- 拆卸损坏元件
- 更换新备件

操作要求

1.维修时各工种要密切配合，必要时采煤机和刮板输送机必须闭锁。

2.在拆卸或更换安全阀、测压表及高压软管时，先关闭本组进液总截止阀，卸载无压力后进行。

3.需要更换液压锁及关键的液压管路时，必须在支架下方架设临时支护。

4.更换的元件需要支架的承载件卸载时，必须采取防坠落、防歪倒、防冒顶、防片帮的安全措施。

5.运送带有敞口备件时，进回液接口处必须用专用堵头堵塞，只允许在使用地点打开。

6.液压件装配时，必须用乳化液冲洗干净。

7.处理更换液压总管路故障时，要停止泵站运转并安排专人看守，严禁带压作业。

8.组装密封件时，检查确认密封圈完好，加工件上无锐角和毛刺，密封圈与配件及销轴的安装方向正确。

9.管路快速接头使用合格的U型销，严禁单孔使用或使用其他物件代替。

收工确认

- 清点工具、材料、备件
- 进行动作实验手把打零位

操作要求

1.清点工具及剩余材料、备件和更换下来的零部件，清点后运至指定地点并妥善保管。

2.维修完毕后，液压支架进行动作实验，确认无问题后方可使用。

3.将手把打零位，并机械闭锁。

3.21 支架安装工岗位操作流程

开工准备

- 操作环境安全确认
- 检查起吊架结构件及工具
- 检查装车情况并拆除封车

操作要求

1.检查作业环境、顶帮围岩情况、巷道支护安全情况，泵站附近20m内风流中瓦斯浓度小于1%。

2.每班开工前，对起吊架结构件顶梁、斜梁、连杆、底座等是否开焊、断裂、变形等进行检查，安装所需工具及备件齐全完好。

3.当设备运送到指定地点后，拆除封车用绳索等物件，拆除时要注意防止捆绑物有余劲伤人。

液压支架组装操作

- 将设备车运至组装车场
- 将掩护梁起吊
- 将底座与掩护梁四连杆铰接
- 将组装的掩护梁底座车拉出
- 牵拉顶梁车并起吊合适高度
- 将掩护梁底座与顶梁铰接
- 现场调试检查各部件
- 调整支架重心，封紧支架

操作要求

1.将顶梁、底座、尾梁依次运输至组装车场。

2.用绞车将掩护尾梁牵拉起吊点并起吊，将四连杆固定。

3.将底座牵拉至掩护尾梁下方，把件车前后固定好，安装四连杆铰接销轴，上齐挡板及挡销。

4.将组装好的掩护梁底座车拉出，将顶梁车牵拉到位，并起吊至规定的高度。

5.将组装好的掩护梁底座车牵入，降低顶梁并对应安装铰接销轴。

6.安装完成后，现场调试检查各部位是否正常、液压管路是否漏液、铰接销轴是否齐全到位。

7.调整支架重心，封紧支架。

液压支架安装操作

清理支架安装位置的杂物 → 下松支架并解除封车 → 操作绞车使支架滑下平板车 → 回撤安装位置采空区侧单体柱 → 缓慢启动绞车开始调架 → 调整支架并连接推拉头 → 支架接实顶板

操作要求

1. 支架安装前，清理安装位置的杂物，在支架卸车位置两边打单体柱防止支架歪斜。

2. 使用慢速绞车下松支架时，支架顶梁朝前，距安装位置5m处停止，慢速绞车牵住支架与平板车，解除封车。

3. 撤出支架下方人员，留专人在支架上方避开支架歪斜波及范围且顶板完好的位置指挥，启动绞车缓慢松绳，保持钢丝绳微微张紧，使支架滑下平板车。

4. 回撤支架安装空间内采空区侧单体柱，在切眼不影响安装的位置码放整齐，回撤点柱距离不超过规定；支架卸车前，严禁回撤煤壁侧影响调架的单体柱。

5. 切眼上下口绞车缓慢启动配合开始调架；需要用单体柱配合调架时，注液枪与单体柱阀嘴固定，远程供液，使支架前梁正对煤壁。

6. 操作支架推移千斤顶手把，使支架推拉杆前端顶在溜槽上，继续操作推移手把，使支架尾梁顶住采空区侧煤壁。

7. 支架调整到位后，连接好推拉头，接实顶板，打开侧护，初撑力不小于额定工作阻力的80%。

收工确认

检查安装质量 → 做好现场环境卫生

操作要求

1. 发现安装质量不合格，及时通知负责人处理。

2. 做好现场环境卫生，严禁乱扔乱放。

3.22 支架拆除工岗位操作流程

开工准备

- 操作环境安全确认
- 检查起吊结构件及拉运地点
- 准备撤除工具，支架重新编号

操作要求

1. 检查作业环境、顶帮、三角区的维护情况。附近20m内风流中瓦斯浓度应小于1%。
2. 每班开工前，对起吊架结构件进行检查。检查拉运路线是否畅通。
3. 准备好拆除所用工具、材料及安全保护用具，将支架重新编号。

回撤操作顺序

- 补打单体柱
- 拆接支架液管
- 降支架并拉出
- 拆前梁
- 抽出调向支架
- 打板支护
- 拉掩护支架
- 掏窝

操作要求

1. 先用单体柱直接打在液压支架的前探板上，托住被调向支架前上方的前探板。
2. 拆除与此支架相连的主进及主回液压管路，将被回支架的操纵阀与新接安装截止阀的供液管路直接连接。
3. 被降支架的操纵手把打到降架位置，由专人在5m外控制支架供液，供液前，必须将所有人员撤到被降支架5m以外；降架时派专人观山。
4. 将液压支架抽出，露出前梁销轴孔位置。
5将绞车绳头与支架固定构件连接牢固，挂牢打角滑轮，将支架调向抽出。
6. 每回撤一组液压支架，在原支架位置采空区侧沿采面方向用单体柱配合3.0m×0.18 m×0.16m大方打牢两架“一梁四柱”板棚，用来支护采空区侧顶板。
7. 顶板支护完毕，立即拉移掩护支架。距调向支架10 ~ 30m。
8. 掏窝、回柱采用人工放液与绞车回柱相结合的方法。

液压支架解体操作顺序

- 绞车拉运至解体地点
- 拆除顶梁与立柱、掩护梁销轴
- 拆除掩护梁与底座销轴

操作要求

1. 使用采面绞车将支架拉运至高度、宽度合适的地点进行解体。
2. 利用起吊索具固定在支架顶梁或掩护梁的起吊眼内，检查无误后，方可进行起吊。
3. 先拆除顶梁与掩护梁销轴，使用绞车拉开，再拆除底座与掩护梁销轴并拉开。
4. 解体后，将所有小件、管路进行回收。

液压支架装车操作顺序

- 用绞车拉运至装车平台
- 逐件装车并固定牢固

操作要求

1.同一巷道中，液压支架装车与轨道运输不准平行作业。

2.清理支架立柱及四连杆下方的淤煤、淤矸及填充物，然后将支架降到最低位置，侧护板收回锁牢。处理好的构件宽度不超过1.55m，高度不超过1.5m。

3.使用绞车将要装的支架前梁、顶梁及掩护梁、底座拖运至装车平台装车。

收工确认

- 验收、填写并保存安装资料
- 做好现场环境卫生

操作要求

1.发现安装质量不合格，及时通知负责人处理，并填写安装档案，整理存档。

2.做好现场环境卫生，严禁乱扔乱放。

3.23 主运皮带修理工岗位作业流程

作业准备

- 工作地点环境安全确认
- 检修工序确认
- 检修工具及材料确认

操作要求

1. 排查巷道顶板，确认支护完好，清理工作现场，留有足够检修空间。
2. 梳理检修操作步骤及相关安全注意事项，并确保参与检修人员掌握。
3. 重点排查验电笔、绳扣等起吊工具，确认完好可靠。

作业过程

- 联系控制中心停机，告知检修开始
- 按下带式输送机急停按钮并挂牌
- 停带式输送机控制电源
- 停带式输送机及给煤机主电源

操作要求

1. 电话联系控制中心，告知本人姓名，工作内容及预计时长。与带式输送机头及现场人员打好招呼。
2. 现场拉下就近的急停开关，在开关按钮处挂停电牌。
3. 把带动皮带控制系统的电源作停电处理并在开关处闭锁、挂停电牌。
4. 把带动带式输送机和给煤机电机的开关停电，有明显断开点，闭锁并挂牌。

作业内容

- 带式输送机主滚筒检修
- 胶带接口查验
- 给煤机及溜煤桶检修
- 带式输送机架及托辊检修
- 电控系统检修
- 做皮带安全保护试验
- 安全设施完好查验

操作要求

1. 外观无开焊无轴向窜动，包胶完好无破损，运转灵活润滑良好。
2. 接口平滑无拉伸，无褶皱，无异常磨损，利用检测装置查看接口内部钢丝绳排列状态无异常。
3. 查验有无开焊和磨损、变形、移位，并紧固封口及衬板螺栓，轴承注油。
4. 机架连接可靠无断裂，托辊灵活，无卡阻，不得掉落或缺失。
5. 高低压开关无损伤变形，门扇开关灵活，线缆接头无松动、过热。防爆设备无失爆、不完好情况，设备工作正常，接地良好。
6. 保护系统工作正常，各保护可靠。
7. 检查各类护栏、护罩无损坏，能够完全覆盖遮挡旋转部位。

收尾工作

- 确认检修完成并清理现场
- 恢复供电，消除急停，并联系控制中心皮带试运转

操作要求

1. 检修完毕，人员撤离前必须检查确认上下带不得遗留工具或材料。
2. 执行停合电制度，确认急停等各类保护恢复后，联系控制中心空载试车，皮带试运转一周。

3.24　综采维修电工岗位操作流程

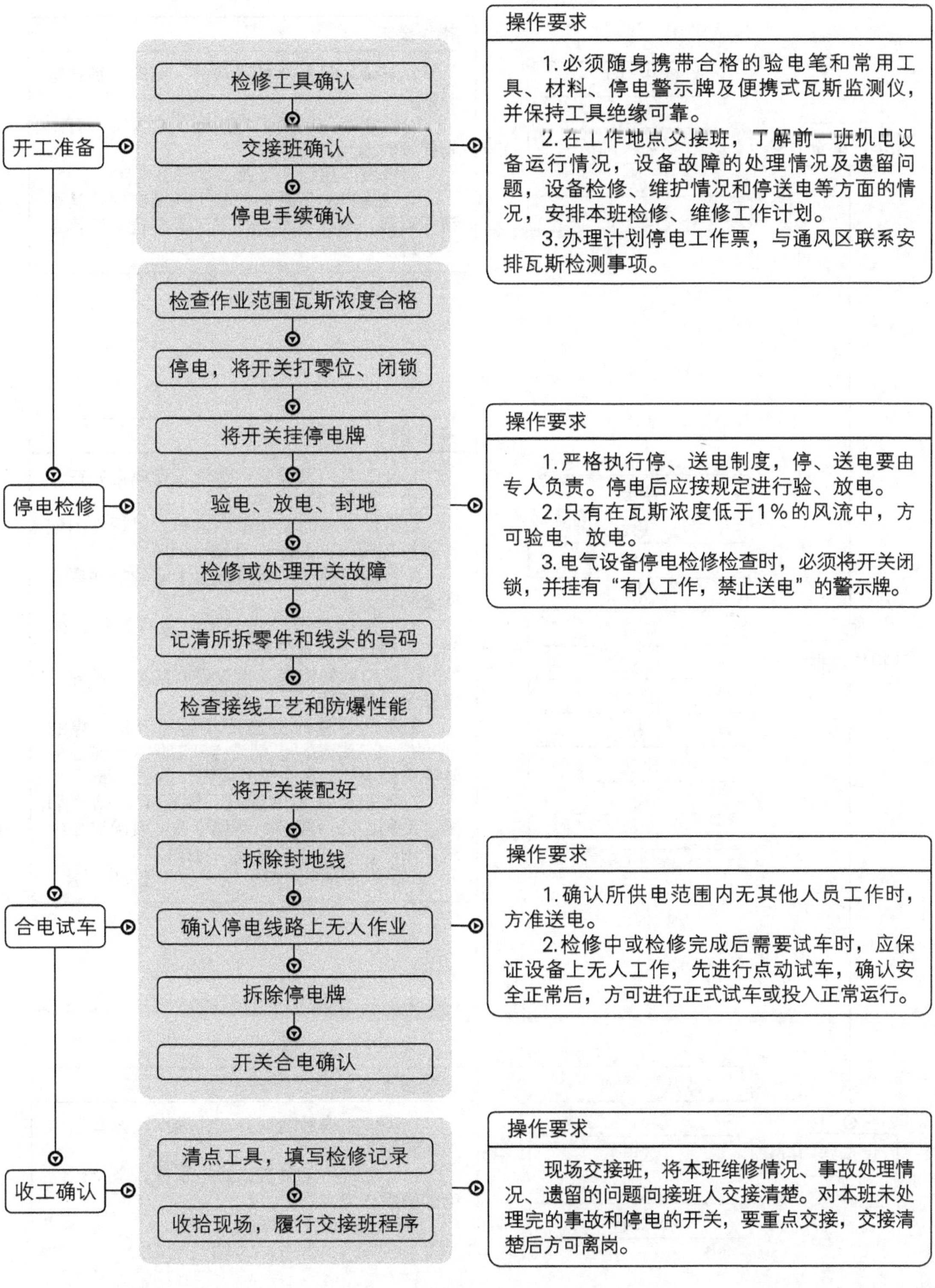

3.25 地面固定设备机械维修工岗位操作流程

工作准备

身体状况确认 → 现场环境确认 → 工具、设施安全确认

操作要求

1. 维修人员身体状况良好，劳动保护齐全有效。

2. 检查工作区域场地周围安全情况，有杂物要及时清理。

3. 检查所用钳工工具，保证齐全完好。

4. 使用电动工具前检查工具漏电保护是否动作可靠，有无接地，风动工具要检查连接是否可靠。

操作流程

停电 → 拆卸 → 清洗 → 加工 → 更换 → 装配

操作要求

1. 开工前检查设备，保证设备停电并在进行验电、放电后挂好停电牌。

2. 拆卸设备时要按顺序进行，对拆卸的配件和拆卸顺序要做好记录和标记。

3. 拆卸有弹性、偏重或者滚动的机件要有安全防护措施。

4. 拆卸轴承或淬火部件时应用铜棒或木垫，不得用大锤直接敲打。

5. 使用砂轮机等其他设备时应严格遵守设备安全操作规程。

6. 清洗部件时应当用专用清洗剂、煤油（柴油）或无铅汽油。清洗点严禁烟火，废油棉丝等应集中存放在有盖的桶内，由专人清理。

7. 装配要按顺序进行，装配前必须将切削、毛刺、油污等杂物清理干净。装配过程中禁止用手试探孔眼位置或结合面。

8. 装配轴承时应加热，轴承盖和垫圈应平整。

试运转

清理场地 → 送电 → 试运转

操作要求

1. 修理完毕后清理好工作地点和设备上的工具和杂物。

2. 合电时由总负责人统一指挥，坚持谁停电谁摘牌送电。

3. 试运转正常后停机。

3.26 乳化液泵司机岗位操作流程

开泵准备

- 操作环境安全确认
- 乳化液泵高压管路完好确认
- 乳化液泵相关设备及乳化液浓度确认

操作要求

1.检查泵站附近巷道安全状况及有无淋水情况。

2.开泵前先确认泵体、液箱、管路、安全阀等完好情况，发现问题及时处理。

3.检查使用工具是否完好可靠。

开泵

- 将泵吸液腔放气
- 打开卸载阀
- 点动电源开关，观察电机转向是否与旋转标志牌方向相同
- 泵启动后拧松高压腔压盖上的螺钉，放尽空气后拧紧，空载运行5～10min，看有无异常情况
- 关闭手动卸载阀
- 打开供液阀门进行正常供液

操作要求

1.乳化液泵司机停泵、开泵操作时，需要与采面支架工、支护工提前联系好。

2.无论是停泵还是开泵的工作期间，泵站司机均不得脱离岗位。

3.开泵后要检查设备的运转情况，卸载阀和安全阀压力情况，各接头和密封的情况等。

4.液泵司机班中加强巡视，发现有异响异味、温度超标、压力表不正常、控制阀失效、过滤器损坏、管路损坏等情况时，立即通知采面班长，并停泵进行检查处理。

停泵

- 打开手动卸载阀
- 关闭供液阀门
- 停泵
- 人员离开工作地点必须停电，并进行闭锁

操作要求

因事故停泵和收工停泵时都应首先打开手动卸载阀，使泵空载运行，然后关闭高压供液阀和泵的吸液阀，再按泵的停止按钮，将控制开关手把扳到断电位置，并切断电源。

收工确认

- 停泵后要把各控制阀打到非工作位置，开关手把扳到断电位置
- 检查清理液泵，履行交接班

操作要求

1.开关、电动机、泵体、乳化液箱要清洁干净。

2.认真执行交接班制度，向接班司机详细交代本班设备运转情况、出现的故障、存在的问题。

3.27 水泵司机（采掘）岗位操作流程

开机准备

- 操作环境安全确认 → 水泵管线系统确认 → 水泵确认

操作要求

1.注意检查工作地点顶板及支护情况，发现问题要及时汇报处理，严禁在不安全的情况下开泵。

2.检查电气设备、供电线路完好，水泵安装牢固、平稳，排水管路固定可靠。

3.检查水泵管路是否齐全可靠，出水闸阀完好。

开机

- 操作启动开关 → 启动水泵电机 → 观察水泵工作情况 → 观察水泵出水情况 → 观察水泵流量及压力 → 完成水泵启动 → 正常排水

操作要求

1.离心式水泵启动前，首先进行手指口述，对现场安全环境进行确认，确认无误后，方可开水泵。

2.司机应精力集中，注意水窝的水量变化，随时注意水泵温度是否正常，同时水泵司机不得擅自离开工作岗位。

3.保证水泵排水正常，如遇排水管路严重漏水、水泵不能正常工作时，应立即停泵处理。

停机

- 按停机按钮关闭水泵 → 将开关打零位并闭锁 → 确认无误

操作要求

1.水泵停止时，对于电泵先切断电源停泵；对于风泵，要先关闭进风阀门，然后关闭出水闸阀。

2.将启动开关手把打到零位，将开关闭锁、上锁。

3.对井下水源不干净的场所，及时加过滤装置，减少对水泵的堵塞，避免影响水泵的正常工作。

收工确认

- 确认水泵工作环境 → 检查清理水泵，履行交接班程序

操作要求

1.停机后检查设备，清理和擦净水泵上的油水和污物，保持设备清洁完好。

2.将工作情况、存在的问题认真记录，并向接班司机交代清楚。

3.28　水泵司机岗位操作流程

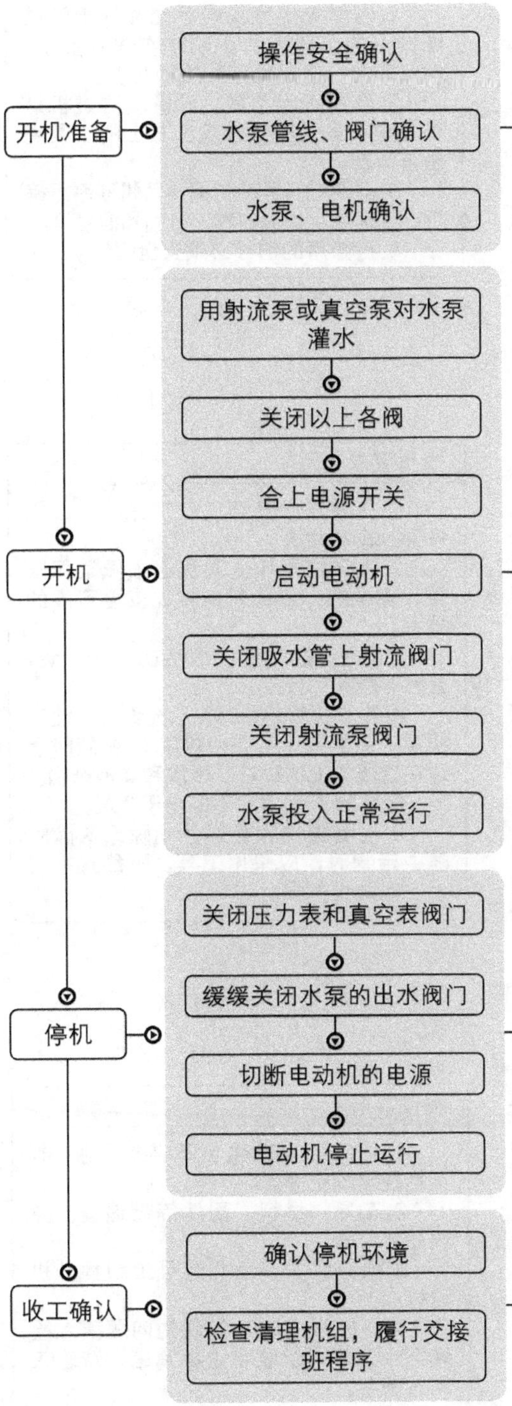

操作要求

1.联轴器间隙应符合规定，防护罩应可靠。

2.轴承润滑油油质合格，油量适当，油环转动平稳、灵活。有强迫润滑系统的油泵、泵站、管路应完好可靠。

3.吸水管路正常，吸水高度应符合规定。电控设备及电动机接地线良好。电源电压应在规定范围内。

4.盘车2～3转，泵组转动灵活无卡阻现象。盘车前必须先与现场其他人员进行联系确认，盘车后必须盖好对轮防护罩。

操作要求

1.用射流泵或真空泵对水泵进行灌引水（应优先选用射流泵），真空表指针达到与吸水井水面对应的负压值。注水法罐泵时打开泵顶放气阀和充水阀，充至放气阀全部喷水为止，然后关闭以上各阀。

2.泵组启动后，缓缓打开出水阀门，然后关闭吸水管上射流阀门，最后关闭射流泵阀门（两者顺序不可颠倒），水泵投入正常运行。

操作要求

1.确认压力表、真空表读数是否归零。

2.确认电动机电流表读数是否归零。

操作要求

1.水泵正常启动后或正常停车后，做好现场文明生产工作。

2.做好本班水泵运转记录，认真填写泵组开停的时间、累计的运行时间、运行状况等记录。

3.29 井筒查验工岗位作业流程

工作准备

- 操作环境安全确认
- 查验所需工具的安全确认
- 与信号工、提升机操作工做好联系

操作要求

1. 由作业负责人向参加井筒查验维修作业的全体人员讲明本次作业要求、作业环境、作业程序及质量要求。
2. 检查所用工具、设备、对讲机是否齐全可靠，安全带及工具上的工具绳是否牢靠。
3. 与井口信号工和提升司机联系好确定提升速度、作业内容、时间和信号等。
4. 检修用的信号必须安全可靠。

作业过程

- 联系信号，停稳罐笼或箕斗，对其本体进行查验（防坠器、滚动罐耳、吊具、罐内阻车器等）
- 乘坐罐笼或箕斗，联系信号工，提升机运转，查验井筒内的设施（罐道、罐道梁，缓冲托罐装置、平衡绳、尾绳木等）
- 对钢丝绳采用手摸、眼看、测量直径的方式进行查验
- 按上述方式对另一罐笼或箕斗进行查验

操作要求

1. 在罐笼或箕斗顶上工作时，必须设保护伞和栏杆。
2. 进行维修作业人员必须佩戴保险带和安全帽，保险带应系在安全可靠的地方。
3. 提升容器的速度一般为0.3 ~ 0.5m/s，最大不得超过2m/s。
4. 检查井筒装备时，只允许从上往下检查（包括天轮平台和井架），并随时清理在罐道梁上的碎石、木块和其他杂物。
5. 井筒查验作业不应少于2人。
6. 检查罐道和各部件间隙或清除间隙中污物时，应采用工具，不能直接用手，以防止挤伤。

收尾工作

- 清理施工现场，清点工具、材料、配件等
- 告知信号工和提升机操作工检修完毕
- 填写检修记录

操作要求

1. 井口及天轮平台不得有悬坠物，杂物要清理干净。
2. 工具、材料、配件等无遗留，并要妥善保管。
3. 检修完毕，通知信号工和提升机司机。
4. 将检修内容及发现的问题填入检修记录，填写记录字迹要清晰，查验工本人签字。

3.30　起重工（井筒吊运）岗位操作流程

吊运准备

- 操作环境安全确认
- 对吊运所需绳索具、工具确认
- 对被吊运物体安全确认
- 对井口所需天车安全确认
- 对吊运人员劳动保护安全确认
- 对吊运联系信号安全确认

操作要求

1. 确认井筒有无坠物隐患。
2. 确认吊运钢丝绳绳扣完好；确认卸扣完好；确认吊桶完好 。
3. 确认被吊物重量、体积符合吊运要求；确认被吊物无坠落危险。
4. 检查井口天车的起落钩，进行行车试运行。
5. 吊运人员必须佩戴合格的劳动保护。
6. 提前告知车房司机和信号工吊运内容和信号联系方式。

吊运开始

- 挂防坠绳，拆二层平台
- 罐底挂吊运绳
- 吊运绳和吊运物连接
- 吊运物进入井筒内
- 吊运物吊到下井口

操作要求

1. 在上井口出车侧大门与井口梁间挂好防坠安全绳并拆开出车侧二层平台。
2. 在罐底悬挂吊运绳扣并确认吊挂位置正确。
3. 利用井口天车将被吊物吊到轨道中央；用吊桶套牢被吊物并与吊运绳扣用卸扣连接好，确认卸扣使用正确。
4. 与信号工联系将被吊物缓慢牵入井筒，并确认被吊物不刮卡井筒任何物体。
5. 打开出车侧二层平台和安全门；利用井口绞车配合提升机缓慢将被吊物牵出井筒放到待用平车上；拆除与吊运物连接的吊桶和吊运绳扣；慢提罐笼使吊桶和吊运绳扣进入井筒中，上行罐笼到地面。

吊运结束

- 恢复上下井口平台
- 电气设备断电复位
- 回收材料、设备、工具
- 复位确认

操作要求

1. 恢复上下井口出车侧二层平台。
2. 上井口天车、下井口绞车设备复位后，电气开关打到零位并加闭锁。
3. 回收吊运所用的工具、绳扣和各种材料。
4. 所有拆开门子的销轴、螺栓等恢复正常。

收工确认

- 清点人员和材料工具
- 交罐恢复正常

操作要求

1. 现场班组长清点参加工作人员，材料工具全部回收完毕。
2. 现场清理干净，移交罐笼。

3.31 煤矿井下焊工岗位操作流程

开工准备

- 操作环境安全确认
- 操作设备安全确认
- 现场结构件安全确认

操作要求

1.点火作业操作者负责检查点火作业设备设施是否完好情况，气瓶和管路的气密性，灭火器、水源、防火沙、防火锹等是否完好到位，并按《操作规程》进行规范操作。

2.点火地点通风系统必须稳定可靠，点火作业地点前后20m内，必须清洗煤尘，清除可燃物。点火地点巷道内风流速度超过2m/s时，还要在下方设置遮拦火星的设施。

点火作业

- 防护用品、服装安全确认
- 按标准佩戴防护用品
- 实施点火作业

操作要求

1.点火前，必须经过救护队员检测瓦斯等气体浓度及相关安全设施合格后，现场有关人员签字，并向调度室汇报，经同意后方可开工。

2.点火前，通知调度室。施工全过程由救护队员协助施工单位管技人员监护完成烧焊作业。

3.操作时必须穿戴完好的工作服、防护眼镜或面罩、手套。

4.施工中使用电焊，要有电工负责接线及停送电。

收工确认

- 关闭点火作业设备
- 检查现场并进行安全确认

操作要求

1.点火作业完毕后，必须用水再次喷洒现场，点火作业人员与监护人员一起在现场监护1h，确认无隐患问题后方可离开，并向调度室汇报。

2.所有点火作业结束后要及时向调度室汇报。

3.32　防爆检查员岗位操作流程

工作准备

- 操作环境安全确认
- 设备系统确认
- 设备本身确认

操作要求

1. 顶板完好，设备周围无杂物。
2. 设备外壳无缺损，安装牢固，无歪斜及震动现象。
3. 设备接线工艺、防爆性能、各种保护符合要求。
4. 设备无异常声响，无过热、无异味，控制部分闭锁装置正常。
5. 所需工具备齐，瓦斯检测仪完好。

操作流程

- 切断上级电源
- 检查瓦斯
- 切断防爆设备电源并挂停电牌
- 验电、放电
- 打开防爆腔端盖及上盖
- 检查防爆性能

操作要求

1. 防爆检查前，必须切断上级电源。
2. 检查瓦斯，在其巷道风流中甲烷浓度低于1.0%，方可进行操作。
3. 开关把手在切断电源时必须闭锁，并悬挂“有人工作，不准送电”字样的警示牌。
4. 用与电源电压相适应的验电笔验电，并放电。
5. 进行防爆检查前，进行二次验电。
6. 按照防爆检查细则及相关标准进行防爆性能检查。

收尾工作

- 确认检查结果
- 盖好防爆端盖，恢复原供电方式。

操作要求

1. 符合隔爆性能的各项技术要求，方可投入使用。
2. 防爆性能遭受破坏的电气设备，必须立即处理或者更换，严禁继续使用。
3. 恢复供电方式时，严格执行停送电规程。

4 运输专业岗位操作流程

4.1 架空乘人装置司机岗位操作流程

开车准备

- 操作环境安全确认
- 通信系统安全确认
- 架空乘人装置确认

操作要求

1. 检查乘人站附近巷道支护情况。
2. 检查通信系统完好情况。
3. 检查各部位紧固件、减速机和液压站、制动闸、各项保护装置、张紧装置、钢丝绳及接头等。

开车

- 发出开机预警
- 点击启动按钮
- 观察机头驱动部位
- 查看架空乘人装置运转情况
- 查看座椅运行情况
- 查看运行速度、压力等参数

操作要求

1. 司机在开车前，必须先发出开车预警信号，以提醒沿线乘车人员注意。
2. 启动后，观察设备运行状况。
3. 查看运转情况，钢丝绳通过驱动轮时有无卡顿现象。
4. 采用固定式抱索器时，查看座椅通过驱动轮时的运行状态，无向外摆或者向内勾的情况。
5. 查看操作台上显示的运行速度、电流、电压、泵站压力、温度等参数情况。

停车

- 点击停止按钮
- 制动闸、安全闸关闭
- 架空乘人装置停止运转

操作要求

1. 停车时，司机要查看安全闸、工作闸动作情况，查看架空乘人装置制动情况。
2. 停车后，司机不得离开机头操作位置。确需离开时，必须将控制开关进行停电闭锁。

收工确认

- 填写运行记录
- 履行交接班程序

操作要求

1. 要填写运行记录，注明本班运转情况、有无故障及处理情况。
2. 执行现场交接班制度，交接设备完好情况。

4.2 卡轨车司机岗位操作流程

开机准备

- 操作环境安全确认
- 压、托绳轮，护轨轮及轨道系统确认
- 保护系统确认
- 控制、通信系统确认
- 卡轨、制动系统确认

操作要求

1.检查作业场所附近的巷道支护完好情况。

2.检查压、托绳轮是否完好，钢丝绳有无断股、断丝超标，钢丝绳在压绳轮内有没有弹出；轨道内有无影响车辆运行的杂物、车辆。

3.检查越位、超速、急停、张紧力下降保护的完好情况。

4. 检查通信信号的完好情况。

5.检查卡道器、制动器完好情况，减速器油位正常，各部件固定可靠，制动闸灵敏可靠。

开机

- 发出预警声光信号
- 控制开关送电
- 选择高速、低速挡位
- 依据信号选择前进或后退
- 启动牵引绞车

操作要求

1.司机与跟车工、运料工、交叉巷道口截人人员应相互配合工作，操作前需相互联系好。

2.开车前司机必须与截人人员联系好，确认绳道内无人后方可开车。

3.运行中司机应随时观察张紧装置重砣的状态和钢丝绳的运行状态，发现重砣有大的起伏或钢丝绳运转异常时，及时停车，查明原因。

4.司机注意力要集中，收到停车信号要及时停车。听从跟车人员的指挥，信号不清严禁开车。

5.运行中或车辆位于斜坡上时，严禁切换高低速挡位。

停机

- 收到停车信号及时按停止键、急停按钮停止运行
- 控制开关手柄打零位断电

操作要求

1.临时停机时，在控制开关未打零位（断电）前，司机不得离开岗位。

2.长时间停车时，应将控制开关手柄打零位断电闭锁。

收工确认

- 确认停机环境
- 检查清理卡轨车，履行交接班程序

操作要求

1.卡轨车应停在无淋水、巷道支护完好、没有坡度的地点。

2.司机做好班末设备检查，填写交接班记录，并清理现场作业环境。

4.3 无极绳连续牵引车司机岗位操作流程

开机准备

- 操作环境安全确认
- 压、托绳轮，护轨轮及轨道系统确认
- 保护系统确认
- 控制、通信系统确认
- 梭车及驱动系统确认

操作要求

1.检查作业场所附近的巷道支护完好情况。

2.检查压、托绳轮是否完好，钢丝绳有无断股、断丝超标，钢丝绳在压绳轮内有没有弹出；轨道内有无影响车辆运行的杂物、车辆。

3.检查越位、超速、急停、张紧力下降保护的完好情况。

4.检查通信信号的完好情况。

5.检查确认梭车撞楔块固定牢固，减速器油位正常，各部件固定可靠，制动闸灵敏可靠。

开机

- 发出预警声光信号
- 控制开关送电
- 选择高速、低速挡位
- 依据信号选择前进或后退
- 启动无极绳绞车

操作要求

1.司机与信号工、交叉巷道口截人人员配合工作，操作前需相互联系好。

2.开车前司机必须与截人人员共同确认绳道内已无人员，确认无误后方可开车。

3.运行中司机应随时观察张紧装置重砣的状态和钢丝绳的运行状态，发现重砣有大的起伏或钢丝绳运转异常时，及时停车，查明原因。

4.司机注意力要集中，收到停车信号及时停车，信号不清严禁开车。

5.在绞车运行中或车辆位于斜坡上时，严禁切换高低速挡位。

停机

- 收到停车信号及时按停止键、急停按钮停止运行
- 控制开关手柄打零位断电

操作要求

1.临时停机时，在控制开关未打零位（断电）前，司机不得离开岗位。

2.长时间停车时，应将控制开关手柄打零位断电闭锁。

收工确认

- 确认停机环境
- 检查清理无极绳绞车，履行交接班程序

操作要求

1.梭车应停在无淋水、巷道支护完好、没有坡度的地点。

2.司机做好班末设备检查，填写交接班记录，并清理现场作业环境。

4.4 调度绞车司机岗位操作流程

开车准备

- 操作环境安全确认
- 稳固和声光信号安全确认
- 绞车和绞车绳完好安全确认

操作要求

1.检查作业场所附近的巷道支护情况，周围有无杂物，绞车绳道和三角区内有无人。

2.检查安装是否平稳牢固，地锚螺丝有无松动，大底螺丝是否松动、缺失。检查控制开关、操作按钮、电机、电铃等完好情况，信号完好情况。

3. 检查闸带、护板、闸轮完好情况，各部位螺栓、销、轴等完整齐全，绞车绳完好情况。

4.保险绳应与小绞车钢丝绳断面保持一致。

开车

- 指定专人截人并负责查看运输沿线障碍情况
- 收到开车信号后，打开红灯示警，准备开车
- 控制开关合闸
- 操作制动闸和离合器

操作要求

1.按规定要求发送开、停车信号。

2.收到开车信号后，按正规操作程序操作绞车开停。

3.司机应随时注意绞车运行状态，发现绞车咬绳、爬绳时，停车处理，发现绞车绳异常跳动、负荷增大或突然松弛，应及时联系人员处理。

4.严格执行“行车不行人、行人不行车”的规定，并指定专人在巷道交叉口处截人并打开红灯。

5.车辆连接必须符合要求。

6.上、下山运输时，保险绳必须按要求使用。

停车

- 到达停车位置，发出停车信号
- 闸紧制动闸，同时松开离合闸
- 关闭示警红灯，停止截人
- 小绞车控制开关停电闭锁

操作要求

1.临时停车时，司机不得离开岗位。

2.车辆停稳后要设置防跑车装置。

3.停车时，滚筒上余绳不得少于3圈。

收工确认

- 确认停车环境，物料不影响行人
- 小绞车钢丝绳整齐缠绕在滚筒上
- 检查小绞车地锚、绳头和缠绳量等符合要求，清理现场，履行交接班程序

操作要求

1.车辆停靠在指定地点，巷道要求支护完好。

2.多层缠绕的钢丝绳最外层绳距滚筒边缘高度符合要求。

3.清理工作现场。

4.5 架线电机车司机岗位操作流程

开车准备

- 司机安全确认
- 电机车完好确认
- 运输人车、物料的确认

操作要求

1. 司机身体、精神状态良好，持证上岗。
2. 检查机车手闸、连接装置、撒砂装置、照明灯及红尾灯、集电器、车架、碰头等完好情况。
3. 开车前确认乘车人员身体任何部位没有探出车外。运输物料前要确认车辆捆绑、装载情况。

开车

- 接通电气设备
- 操作换向器手把及调速手把
- 发开车预警信号
- 按信号指令行车
- 调节控制器操作手把

操作要求

1. 换向器手把由一个位置转到另一位置，要有3s左右的间隔。
2. 司机操作时要目视前方，左手握控制器调速手把，右手握制动轮，右脚踏刹闸阀。
3. 司机要按信号指令行车，严禁闯红灯。
4. 两机车或两列车同一方向行驶时，必须保持不少于100m的距离。
5. 列车运行速度：空车及运送矸石时不超过5m/s，运送人员时不超过4m/s，运送炸药或大型设备时不超过2m/s，车场调车不超过1.5m/s。
6. 减速时，应将控制器调速手把逆时针方向逐渐转动，直至返回零位。

停车

- 到达预定位置后停车
- 控制器操作手把调至零位
- 连续均匀撒砂

操作要求

1. 列车出现故障或存在风险时，都必须立即紧急停车。
2. 紧急停车时，必须迅速将控制器手把转至零位，电闸与手闸（风闸）并用，并连续均匀地撒砂。
3. 制动时，应匀速施闸，施闸过猛易出现闸瓦将车轮抱死致使车轮在轨道上滑行的情况。

收工确认

- 填写运行记录
- 履行交接班程序

操作要求

每班工作结束后，司机需填写行车记录，检查机车完好情况，并履行交接班手续后，方可离开岗位。

4.6　蓄电池电机车司机岗位操作流程

出房准备

- 操作环境安全确认
- 机车系统检查确认

操作要求

1.检查作业场所附近的巷道支护情况，检查瓦斯浓度是否符合要求，检查现场轨道情况。

2.检查照明、撒砂、机体、手铃、线路、设备、电量、制动闸是否完好。

出房

- 司机进入驾驶室开车
- 跟车工前方调整道岔和信号
- 巷道行驶
- 过风门操作
- 工作面调车
- 摘挂车辆
- 调车操作

操作要求

1.进入驾驶室时要关好车门。

2.插电瓶插头时要注意插头的正负极方向。

3.机车司机根据机车行驶方向变换机车信号灯。

4.行驶时，注意各个岔口和弯道，做好响铃警示。

5.机车通过风门时，严禁风门同时敞开。

6.严禁车辆未停稳摘挂链，严禁在两车辆碰头间站位摘挂链。

7.机车司机必须根据调车方向更换驾驶室位置。

8.跟车人员必须站在距离车辆后方宽敞一侧领车。

9.机车司机如实填好出房记录。

入房

- 撤离工作面并通过风门
- 巷道行驶
- 领车工前方调整道岔
- 入房并填好入房记录

操作要求

1.机车通过风门时，严禁风门同时敞开。

2.行驶变换道岔和信号灯时，应及时复位。

3.机车停车后，必须将制动闸打好。

4.机车司机如实填写车头入房记录。

收工确认

- 确认机车完好情况
- 检查车头驾驶室环境卫生，并确认记录填写情况

操作要求

1.查看机车各部件完好情况及电量情况，汇报充电工。

2.机车停放位置符合要求。

3.记录填写要规范。

4.7 单轨吊车司机岗位操作流程

开车准备

- 操作环境安全确认
- 单轨吊车线路、液压管路系统确认
- 单轨吊车确认

操作要求

1. 检查作业场所附近的巷道支护情况，检查瓦斯浓度是否符合要求。
2. 检查电缆、液压管路、信号、照明完好情况，液压系统高压球阀位置，防爆电控箱电源插头正负极插接情况。
3. 检查各承载轮、导向轮和驱动轮螺丝紧固情况，驱动轮完好情况，轨道螺丝紧固情况，开机闭锁装置完好情况。

开车

- 巡视机车四周发出开车预警
- 蓄电池合电，司机将操作室钥匙打到开启位置，电控车门控开关打到合的位置，按下上电按钮
- 泵站自动开启，压力表指示正常
- 司机室同时按下牵停和照明按钮
- 允许灯闪烁，机车切换至起吊状态，操作升降手柄进行物料提升
- 踩下左脚脚踏，向前推动操作手柄
- 机车向前行驶

操作要求

1. 车前后司机室操作权均等，先操作者取得操作权。
2. 提升或者下放物料时，人员站位要合理，躲开可能倾倒的方向。
3. 起吊必须使用专用工具，先试吊。
4. 司机室右侧设有增加驱动轮夹紧力的脚踏开关，打滑时可踩下脚踏增加夹紧力。
5. 司机应随时观察机车运行时蓄电池电量和机车运行状态。
6. 运输沿线的人员要站位正确。

停车

- 发出停车信号，停止运输
- 放开左脚脚踏开关，自动减速停车
- 液压制动系统启动，闸抱死
- 司机室同时按下牵停和照明按钮
- 允许灯闪烁，机车切换至起吊状态，操作升降手柄进行物料下放
- 钥匙打到关闭，将门控开关旋至分闸位置，断开蓄电池电源
- 单轨吊车停车闭锁

操作要求

1.临时停车卸料时，司机不得离开岗位。

2.停车时，要将单轨吊车停至指定位置，不可随意停放。

3.机车停好以后要将蓄电池开关手柄和司机室钥匙存放好。

收工确认

- 确认停车环境
- 检查机车部件，清理卸料现场，履行交接班程序

操作要求

1.停靠在指定地点，巷道要求支护完好，无淋水。

2.蓄电池机车上无浮煤。

4.8 副井绞车司机岗位操作流程

开机准备

- 操作环境安全确认
- 提升机电气系统确认
- 提升机制动系统确认

操作要求

1.检查各紧固螺栓是否松动，连接件是否齐全、牢固，联轴器间隙是否符合规定，防护罩是否牢固可靠。

2.检查各种保护装置及电气闭锁完好情况，过负荷和欠电压、闸瓦间隙、错向运行保护，声光和警铃是否灵敏可靠。

3.检查制动，闸瓦、闸盘表面清洁、无油污，液压站油泵运转正常，各电磁阀动作灵活可靠、位置准确，油压系统运行正常，液压站油量正常。

开机

- 收到提升信号
- 根据提升种类选择运行方式
- 根据信号确定提升方向
- 送电并启动辅助设备
- 观察系统信号仪表是否正常
- 松开保险闸
- 操作主令控制器，启动提升机

操作要求

1.司机不得无信号开车，信号不清或有疑问时，立即用电话与主信号工联系重发信号，再进行操作。

2.提升机在启动和运行过程中，随时注意观察以下情况：

（1）电流电压各指示仪表读数符合规定；

（2）深度指示器指针位置和移动速度正确；

（3）各运转部位声响应正常；

（4）各保护装置声光显示正常；

（5）提升下放时注意钢丝绳跳动有无异常，上提时电流表有无异常摆动。

3.必须执行一人操作一人监护制度。

停机

- 主令控制器回归零位
- 工作闸点动施闸，及时减速
- 根据终点信号及时施闸停车

操作要求

1.运行中发生事故，在故障原因未查清和消除前，禁止动车。

2.因电源停电停车时，应立即断开总开关，将主令控制器手把放至零位，闸把置于施闸位置。

3.设备检修及处理事故期间，司机应严守岗位，不得擅自离开提升机房。

收工确认

- 确认停机环境
- 检查清理提升机，履行交接班程序

操作要求

1.在检修及处理事故后，司机会同检修人员认真检查验收，并做好记录，发现问题及时处理。

2.做好设备及机房内外环境卫生，并将工具、器材排列整齐并清点。

3.按有关规定，认真填写各种记录。

4.9　斜井绞车司机岗位操作流程

操作前准备

操作环境安全确认 → 提升设备安全确认 → 各种保护安全确认

操作要求

1.检查作业场所的工作环境，确认人员和设备运行环境是否安全。

2.检查提升机、液压站、电控系统、附属设施等是否完好。

3.对各种保护和闭锁进行试验，确认各种保护闭锁齐全有效（检修班试所有保护，生产班必须试急停、松绳、闸间隙、过卷等保护）。

提升绞运

与把勾人员确认可以绞运 → 收到信号，确认信号 → 合安全回路，按信号开车 → 观察各仪表指示是否正常 → 观察深度指示器，掌握各段速度 → 副司机执行好监护喊话制度 → 到位后停车

操作要求

1.提升机司机与斜井上下把钩工配合作业，操作前需联系好。

2.提升信号必须确认好，信号不清必须与把钩工联系，进行信号确认。

3.开车时确认好，开车方向与信号方向一致。

4.设备运转时确认好各仪表参数显示正常，上位机运行曲线正常。

5.根据深度指示器位置指示，根据不同斜井区段，严格按照规定速度运行。

6.监护司机严格按照制度尽好监护义务。

班中巡视

观察电机、轴承温度并记录 → 观察是否有跑、冒、滴、漏现象 → 副司机在运行时观察是否有异响 → 巡视液压站工作状态 → 观察钢丝绳运转情况

操作要求

1.每小时至少巡视一次，并做好详细记录。

2.有跑、冒、滴、漏现象的，必须立即汇报，由专业检修人员进行处理，遇到紧急情况时按照应急预案，司机可以采取现场临时处理措施。

3.开车时必须观察液压站压力显示与各电磁阀工作状态是否正常。

4.观察钢丝绳运行中摆动情况及排列情况。

收工确认

确认各开关、按钮处于停机位置 → 巡视车房各系统，履行交接班程序

操作要求

1.停车后安全回路断开，各开关、按钮处于停车位置，切断电源。

2.按照《交接班制度》履行交接班程序，填写好各种记录。

4.10 主井绞车司机岗位操作流程

开机准备

- 操作环境安全确认
- 提升机电气系统确认
- 提升机制动系统确认

操作要求

1.检查各紧固螺栓是否松动，连接件是否齐全牢固，联轴器间隙是否符合规定，防护罩是否牢固可靠。

2.检查各种保护装置及电气闭锁完好情况，过负荷和欠电压、闸瓦间隙、松绳、仓位超限、错向运行保护，声光和警铃是否灵敏可靠。

3. 检查制动，闸瓦、闸盘表面清洁无油污，液压站油泵运转正常，各电磁阀动作灵活可靠、位置准确，油压系统运行正常，液压站油量正常。

开机

- 收到提升信号
- 根据提升种类选择运行方式
- 根据信号确定提升方向
- 送电并启动辅助设备
- 观察系统信号仪表是否正常
- 松开保险闸
- 操作主令控制器，启动提升机

操作要求

1.司机不得无信号开车，信号不清或有疑问时，立即用电话与主信号工联系重发信号，再进行操作。

2.提升机在启动和运行过程中，随时注意观察以下情况：

（1）电流电压各指示仪表读数符合规定；

（2）深度指示器指针位置和移动速度正确；

（3）各运转部位声响应正常；

（4）各保护装置声光显示正常；

（5）提升下放时注意钢丝绳跳动有无异常，上提时电流表无异常摆动。

3.必须执行一人操作一人监护制度。

停机

- 主令控制器回归零位
- 工作闸点动施闸，及时减速
- 根据终点信号及时施闸停车

操作要求

1.运行中发生事故，在故障原因未查清和消除前，禁止动车。

2.因电源停电停车时，应立即断开总开关，将主令控制器手把放至零位，闸把置于施闸位置。

3.设备检修及处理事故期间，司机应严守岗位，不得擅自离开提升机房。

收工确认

- 确认停机环境
- 检查清理提升机，履行交接班程序

操作要求

1.在检修及处理事故后，司机会同检修人员认真检查验收，并做好记录，发现问题及时处理。

2.做好设备及机房内外环境卫生，并将工具、器材排列整齐并清点。

3.按有关规定，认真填写各种记录。

4.11　主井信号工岗位操作流程

开机准备

- 操作环境安全确认
- 信号设施系统确认
- 专用联络电话确认

操作要求

1.检查工作现场有无杂物，物品码放标准且不允许妨碍人员工作、行走。

2.检查主、备用信号系统是否完好。

3.检查专用联络电话等通信信号是否完好。

正常操作

- 查看信号仪表显示的参数
- 与提升机司机联系确认
- 与其他位置的信号工联系
- 发送信号
- 目视提升容器运行正常
- 提升容器到位发送停车信号

操作要求

1.信号工发送信号前，必须对信号上的各种仪表进行确认，无问题后发出信号。

2.发出开车信号后，信号工不得随意废除本信号；如有特殊情况需要改变时，必须先发送停车信号，再发送其他种类信号。

3.提升过程中要集中精力，不得从事与本职无关的工作。

4.信号发出后，不得离开信号室，并且应监视提升容器、钢丝绳及信号显示系统的运行情况，如发现异常现象，立即发出停车信号。

收工确认

- 填写有关记录
- 现场履行交接班手续

操作要求

1.认真填写各种记录。

2.严禁在提升容器运行期间交接班，提升容器到位停稳后方可交接班。

4.12 副井把钩工岗位操作流程

开机准备

操作环境安全确认 → 提升设施确认 → 满足上岗条件确认

操作要求

1.检查井口5m范围内有无杂物堆积，有无非工作人员在井口棚内逗留。

2.检查罐位、安全门、摇台、阻车器、推车机等有关设备的完好状况。

3.必须持证上岗。

正常操作

确认提升车辆完好情况 → 待罐笼到位放下摇台后，打开罐内罐挡或阻车器 → 待推车机将矿车装入罐笼后，立即合上罐挡 → 确认装车无问题后，发送提升信号

操作要求

1.升降物料时，要认真检查装车质量，不得超过规定值。

2.装车物料必须稳固，不偏载，捆绑牢靠，不准超长、超高和超宽。

3.推车时，把装罐的车辆推过阻车器后立即关闭阻车器，任何时候不得把车辆提前推过阻车器。

4.车进罐后立即合上罐挡，经检查无误，关上罐门和安全门，向信号工发出提升信号。

5.遇到罐内卡车或车在罐内掉道时，应与信号工联系后方可处理。

收工确认

填写有关记录 → 现场履行交接班手续

操作要求

1.认真填写设备运行记录。

2.严禁在提升容器运行中交接班，必须待提升容器到位停稳并打停车信号后方可交接班。

4.13 副井信号工岗位操作流程

开机准备

- 操作环境安全确认
- 信号设施确认
- 专用联络电话确认

操作要求

1.检查工作现场有无杂物，物品码放标准且不允许妨碍人员工作、行走。

2.检查主、备用信号系统是否完好。

3.检查专用联络电话等通信信号是否完好。

正常操作

- 与提升机司机联系确认
- 与把钩工密切配合
- 各处信号收集后发出提升信号
- 信号发出后目视提升容器
- 提升容器到位立即停车

操作要求

1.发出开车信号后，不得随意废除本信号，如有特殊情况需要改变时，必须先发送停车信号，再发送其他种类信号。

2.提升过程中要集中精力，专心致志，不得从事与本职无关的工作。

3.与把钩工密切配合，信号不明确时不得发送信号，确认一切正常后方可发送信号。

4.当绞车连续停运6h及以上时，必须按有关规定对所属信号通信系统进行全面检查试运，确认一切正常后方可发送提升信号。

收工确认

- 填写有关记录
- 现场履行交接班手续

操作要求

1.认真填写设备运行记录。

2.严禁在提升容器运行期间交接班，提升容器到位停稳后方可交接班。

4.14 斜井信号把钩工岗位操作流程

开工准备

- 操作环境安全确认
- 信号设施确认
- 挡车装置确认

操作要求

1. 检查作业场所附近的巷道支护情况，斜巷内应无人员作业。
2. 检查信号系统、通信电话完好情况。
3. 检查挡车器完好情况。

正常操作

- 车辆的检查确认
- 与斜井提升机司机信号联系
- 摘挂钩操作，安装保险绳
- 确认无问题后发出开车信号
- 信号发出后目视提升车辆
- 车辆到位立即发出停车信号

操作要求

1. 发送信号前，必须对所运送的车辆进行检查，内容包括捆绑情况，装载情况，车辆轮对、碰头、连接销轴、绳头、连接绳扣、保险绳的完好情况。
2. 操作人员严禁站在道心内，头部和身体严禁伸入两车之间操作。遇到摘不开、挂不上的必须用专用工具操作。
3. 发出信号后，发现车辆的运行方向与所发信号规定的方向不一致时，应立即发出停车信号，待查明原因后，再重新发出信号。
4. 运送过程中信号工要集中精力，密切观察车辆运转情况，手摸停车按钮。
5. 必须待车辆停稳后方可摘挂钩。

收工确认

- 填写各种记录
- 现场履行交接班程序

操作要求

1. 认真填写设备运行记录。
2. 严禁在绞车运行期间交接班，待车辆停稳后方可交接班。

4.15 信号把钩工（采掘）岗位操作流程

开工准备

- 操作环境安全确认
- 信号确认
- 绞车绳及斜巷沿线确认

操作要求

1.检查作业场所附近巷道的支护情况，检查瓦斯浓度是否符合要求，斜巷有无杂物、人员。

2.检查信号铃、红灯、绞车绳、绳头、保险绳的完好情况。

3.检查轨道、道嘴、挡车器是否完好。

4.车辆确认：车辆完好，捆绑结实，无超宽超高。

开机运输

- 发出开车信号
- 车辆到达道岔处发出停车信号，变道岔挡车器
- 发出松车信号
- 车辆到位后，发出停车信号，并设置防跑车装置
- 将连接装置、保险绳换车，发出拉车信号
- 车辆到位后，发出停车信号

操作要求

1.小绞车司机与信号把钩工相互配合，确保信号接收一致。

2.信号把钩工摘挂绳头时，必须在车停稳后方可摘挂，先摘保险绳再摘绳头，挂绳时，先挂绳头再挂保险绳。

3.上下部松车时，做好截人工作。

4.车辆落辙时，信号把钩工必须从上往下查看，不得在落辙车下方通过，并做好十字档，严禁生拉硬拽复位。

5.人员推车时，严禁在车辆两帮推车。

6.摘挂保险绳时，严禁站在车辆之间摘挂保险绳。

停机

- 将车辆打好眼木
- 关闭放车信号及红灯
- 现场环境清理

操作要求

1.车辆眼木打实。

2.信号铃、红灯关闭。

3.车辆存放位置符合要求。

收工确认

- 确认停机
- 检查环境、工具、设备

操作要求

1.道嘴、挡车器是否复位；

2.操作地点设备完好情况、环境卫生、工具码放情况。

4.16 运料工岗位操作流程

开工准备

- 作业环境确认
- 运料绳索的检查确认
- 对巷道两侧的管线进行检查，防止刮卡

操作要求

1.检查确认工作范围内巷道支护情况，清理作业区域杂物。

2.检查绳索的完好情况。

3.检查巷道两侧悬挂的管线，以免被撞断或挤伤。

4.严禁碰撞柱腿或整修棚子，以防冒顶。

人工装卸料

- 发出推车预警
- 人力推车运输
- 车到位，防跑车
- 进行装料或卸料
- 物料分品种、规格码放
- 清理料场

操作要求

1.推车时手不准扶在材料或车檐上，防止挤伤。

2.推车过风门时，两道风门不准同时打开。要将风门打开固定好再推车通过，过风门后应立即关好，严禁用车顶撞风门。

3.推车不准放飞车，不准将头部伸入车内，接近弯道、道岔、石门口、风门必须发出信号预警。

4.装卸料时车辆必须设置防跑车装置，防止跑车伤人。

5.二人同时装卸料时，必须互相呼应，彼此配合。多人同时装卸大料、重料时，每人要站好位置，按预定好的顺序协调装卸，工作中要相互照应，确保安全。

6.装料时，材料要按一定顺序或方向装车，并码放整齐，大料、重料要排好位置放稳后再装，注意防止重料失稳伤人。

7.材料要卸在指定地点，不许卸在积水或淋水处。

8.任何存放材料的地点都不得影响行人和通风，物料最外缘与轨道间距满足要求。

9.在倾斜工作面存放材料时，必须在材料下端设好挡板再码放材料。

10.物料要分品种、规格码放规范。

收工确认

- 确认车辆停放环境及状态
- 清理现场，履行交接班程序

操作要求

1.车辆要停放在平巷，设置防跑车装置。

2.装卸料现场无杂物。

4.17 电机车充电工岗位操作流程

开机准备

- 操作环境安全确认
- 整流器线路系统确认
- 整流器确认

操作要求

1.检查作业场所附近巷道支护情况、瓦斯浓度、氢气浓度是否符合要求。
2.检查电缆、水管、整流器插头、设备完好情况。
3.检查开关整定值是否符合要求。

开机

- 检查电瓶电解液量
- 检查电瓶插头方向及充电器
- 开关合闸
- 查验电瓶充电
- 做好记录

操作要求

1.充电工做好充电排查工作。
2.充电工查看电瓶插头正负极是否正确。
3.更换充电保险时，应使用绝缘工具将坏保险挑出，严禁使用导电工具更换保险。
4.电瓶添加电解液时，应穿戴劳动保护用品（眼镜、防护罩、防酸服、防酸靴等）。
5.充电时，先将电瓶上盖打开，然后将每组电瓶盖拧开。
6.充电电流不得大于规定值。
7.做好充电过程中的记录。
8.电解液容器统一码放好再上井，严禁遗留井下。

停机

- 关闭整流器开关并将其闭锁
- 拔下电瓶插头，盖好电瓶盖
- 清洁电瓶周围环境
- 做好记录

操作要求

1.开关是否打零位并闭锁。
2.拔电瓶插头时，应先将整流器开关电源切断。
3.使用水管将电瓶周围的残液清理干净。
4.设备码放整齐。
5.做好充电时间段记录。

收工确认

- 确认停机环境
- 检查设备情况，履行交接班程序

操作要求

1.检查设备完好情况。
2.做好交接班记录及交班汇报情况。

4.18 矿车修理工岗位操作流程

操作准备

- 操作环境确认
- 设备及工具确认

操作要求

1.检查作业场所附近巷道支护情况。

2.根据当班任务，准备好所需工具、材料、备件等，不完好的不得使用。

正常操作

- 查看车况，确定检修方法
- 矿车轮对、轴承注油
- 拆装矿车碰头、轮对
- 安装新轮对，恢复车辆
- 使用天车进行起吊作业
- 修理后的矿车进行验收

操作要求

1.检查矿车故障，确定检修部位、检修内容、检修方法和检修步骤。

2.使用专用机械设备检修矿车时，禁止人员接触转动部位。处理故障时必须在停止运转的情况下进行。

3.在拆、装矿车碰头时，应使用专用工具，碰头正面禁止站人。

4.在操作运转设备过程中，发现异声、异状等不正常现象时，应立即停止运转，检查处理。

5.使用天车进行起吊作业时，严格执行天车起吊作业规程。

6.修理后的矿车必须按标准验收，合格后方可投入使用。

收工确认

- 填写检修记录
- 清理工作场地，备件分类存放

操作要求

1.应将每次检查、检修的情况及存在的问题详细记录在检查记录本上。

2.每班工作结束后应清理工作场地，打扫环境卫生，将工具、材料、零件、备品配件分类存放整齐，切断电源并闭锁后，方可交接班。

4.19　平巷人车跟车工操作流程

操作准备

- 人车检查工作
- 检查乘车秩序
- 检查携带物品

操作要求

1.检查人车完好状况，连接插销、链环、人车连接装置、碰头等完好状况。

2.检查乘车人员身体是否露出车外，人车连接处是否站人，人车的安全防护门是否关好。

3.检查乘车人员所携带的物件是否符合安全管理规定。

跟车作业

- 尾车挂红灯
- 坐入列车尾车最后一排
- 发出开车信号

操作要求

1.跟车工必须随时携带口笛等信号器材。

2.车辆全面检查合格后，向司机发出清晰、准确的开车信号。

3.跟车工必须坐在列车尾车的最后一排，注意瞭望，发现特殊情况及时向司机发出紧急停车信号。

4.人车运行中发现异响、剧烈震动或车轮运转不正常时，要立即发出停车信号检查处理。

停车作业

- 发出停车信号
- 车辆停止运行
- 摘尾车红灯

操作要求

1.发送信号要清晰、准确，严禁用手势或口喊代替信号。

2.车辆停稳定后，方可发出上下乘车信号。

3.车辆停稳工作结束后，摘除尾车红灯。

收工确认

- 车厢清理
- 履行交接班程序

操作要求

1.车厢内的杂物清理干净。

2.列车红尾灯交送充电室及时充电。

4.20 轨道维修工岗位操作流程

操作准备

- 操作环境安全确认
- 使用工具确认

操作要求

1. 检查作业场所附近巷道支护情况。
2. 检查所用工具是否齐全、完好。

正常操作

- 通知本水平调度站作业地点
- 装卸物料，使用撬棍起道钉
- 拆除旧钢轨、道枕
- 安装新钢轨并调整钢轨
- 紧固扣件，使用大头镐捣固
- 试车、验道

操作要求

1. 施工负责人通知本水平调度，说明具体施工位置。
2. 在有机车运行的线路上施工时，施工区段的两端60m以外必须设红灯示警，并设专人防护和指挥机车的停止。机车通过施工区域时，所有工作人员必须躲在安全地点。
3. 装卸物料时必须切断架线电源。
4. 装卸钢轨时要由一人喊号，一头先起或一头先放。
5. 多人进行捣固作业时，要统一行动，不准打飞镐，不准乱打道碴、轨枕和钢轨，防止飞石伤人。
6. 使用电（气）焊时，必须由经过专业技术培训，并取得合格证的人员操作。
7. 调整轨道方向时，要由专人指挥。
8. 更换、翻修轨道及道岔工作结束后，必须试车、验道，并经验收确认无问题后方可撤离现场。

收工确认

- 清理工作现场
- 填写检修记录

操作要求

1. 每班工作结束后，应清理工作场地，将工具、材料、零件、备品配件分类存放整齐。
2. 填写记录要详细。

4.21 大巷清理工岗位操作流程

操作准备

- 作业人员自身确认
- 操作环境安全确认
- 所使用设备及工具确认

操作要求

1.检查操作人员是否佩戴好劳动保护用品。

2.检查作业场所附近巷道支护情况。

3.检查架线接地线是否完好，施工工具是否完好。

正常操作

- 通知本水平调度站
- 准备好需要用的车辆
- 切断架线电源并封地
- 揭水沟盖板，清挖水沟积煤
- 清理沿线大巷积煤
- 盖水沟盖板，拆除封地线，合架线电源
- 通知本水平调度站恢复通车

操作要求

1.施工负责人通知本水平调度，说明具体施工位置。

2.架线接地线接法：先接接地线，后接架线。

3.架线接地线拆法：先摘架线，后拆接地线。

4.清理巷道占用运输线路时，必须在线路两端60m以外的安全地点设安全防护设施或设防护人员进行监护。

5.清理集中的煤泥和乱料，应及时装车运走。矿车内所装杂物、物料高度不得超过车沿200mm，并不得超过车体宽度。

6.清理机件、木料和铁活时，必须先切断架线电源，防止触电，装车时互叫互应，分类装车，防止混装。

7.揭水沟盖板时要注意脚下，防止滑倒。盖盖板时要先将盖板一头搭到水沟沿上，再放另一头，防止砸手。

8.人力推车时，人员要站在车辆的侧后方。

收工确认

- 清理杂物、清点工具

操作要求

工作结束后，应清理工作场地的各种杂物，清点工具，不得影响车辆运输和正常行人。

4.22 翻笼司机岗位操作流程

翻车准备

翻笼防护装置安全确认 → 翻笼动力系统确认 → 翻笼辅助设施确认

操作要求

1. 检查仓口护栏与各旋转部位的保护罩等是否完好。
2. 检查电动机、减速器、制动装置等设备设施是否完好。
3. 检查确认阻车器、滚轮、滚圈、信号装置、推车机的完好情况。

翻车操作

检查矿车、轨道 → 确认翻笼下方具备翻车条件 → 试运转一圈 → 翻笼内外轨道对齐 → 打开阻车器，矿车入翻笼 → 启动翻笼翻矿车

操作要求

1. 矿车进翻笼时，必须等翻笼停稳、翻笼内外轨道对齐、打开阻车器后方可推进重车。
2. 翻车前必须与仓下口岗位人员联系，准许翻车时方可开机。
3. 设备运转时，操作人员严禁离开操作台，要监视运行状态，发现异常情况，立即停机。

停车操作

按下翻笼停止按钮 → 翻笼停止运转，停止翻车 → 打开阻车器，矿车出翻笼 → 翻完一列重车，关闭阻车器 → 翻笼停电闭锁

操作要求

1. 当翻笼转动接近一周时，按下停止按钮，利用惯性使翻笼回到正常位置，最后由闸块定位停车。
2. 停机后，必须将翻笼电机开关打零位并闭锁。
3. 矿车翻完后挂链时，必须等矿车停稳后方可操作。
4. 关闭进出口的阻车器。

收工确认

填写运行记录 → 检查清理现场环境

操作要求

1. 每班工作结束后整理工具。
2. 打扫现场环境卫生，填写工作日志。

4.23 给煤机司机岗位操作流程

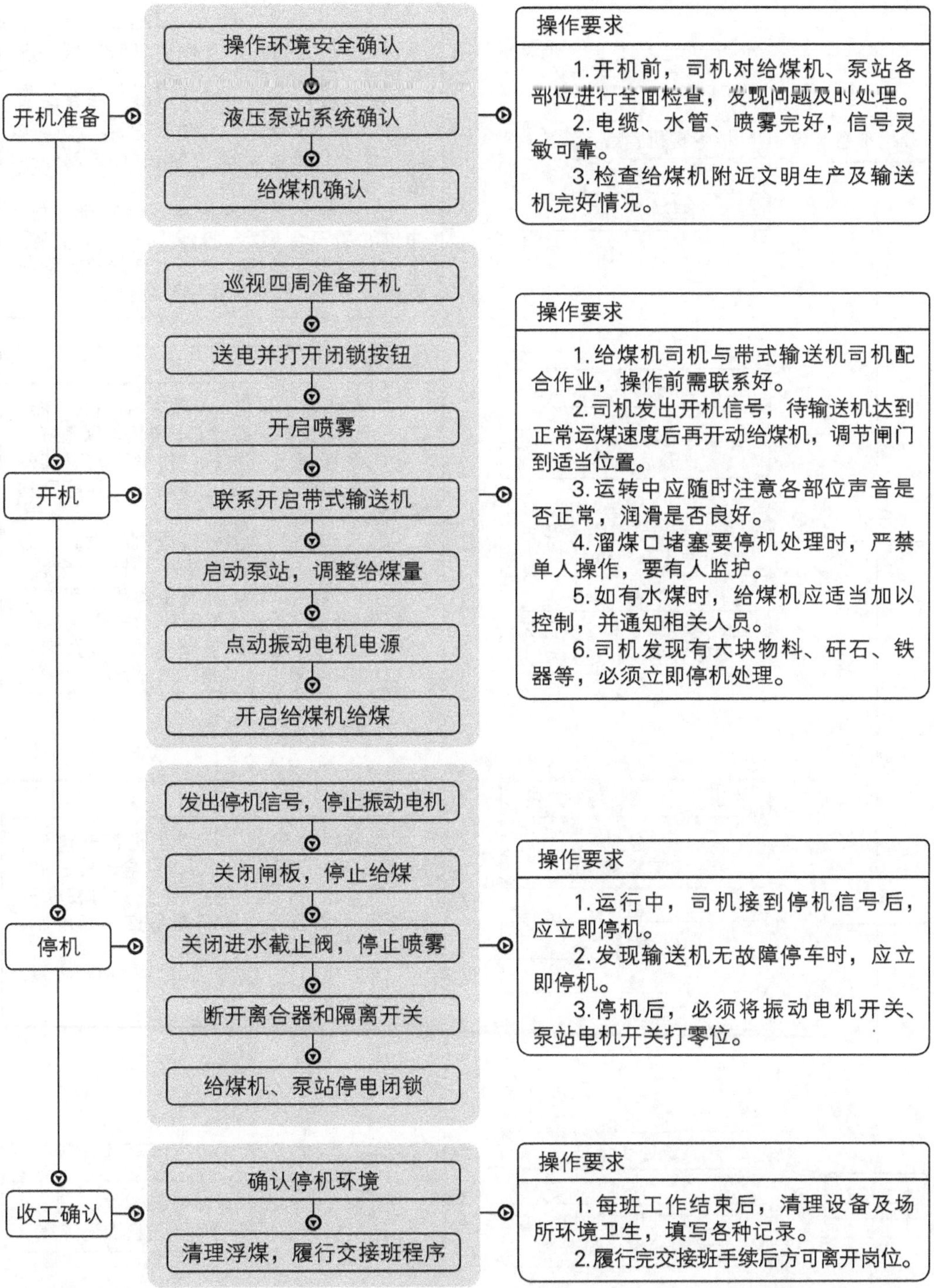

4.24 刮板输送机司机（采煤）岗位操作流程

开机准备

- 操作环境安全确认
- 刮板输送机管线系统确认
- 刮板输送机确认

操作要求

1. 持证上岗，检查作业场所顶板、煤壁情况，有无冒顶、片帮的危险。
2. 检查机头机尾负荷电缆、信号电缆完好，冷却水管完好，喷雾完好；检查照明、信号、闭锁完好，信号、闭锁动作灵敏可靠。
3. 检查刮板输送机各部件齐全完好，油位油质符合规定，安全防护装置完整，机头机尾锚固牢固，与下台转载机、刮板输送机、带式输送机搭接符合要求。

开机

- 巡视四周发出开机预警
- 开启喷雾
- 解开闭锁或合上隔离开关，发出开机信号
- 点动启动输送机2次后无问题开启刮板输送机

操作要求

1. 刮板输送机司机与采煤机司机、支架工、下出口支护工在作业时需提前联系好。
2. 刮板输送机司机站位得当，严禁站在正对机头方向，防止煤矸、木料等杂物窜出伤人。
3. 检修、处理刮板输送机故障时，必须切断电源，闭锁控制开关，挂上停电牌。
4. 运转中要随时注意电动机、减速器等各部位运转声音是否正常，发现超负荷、刮板链出槽、运转声音不正常、液力耦合器油（液）质喷出、异物等情况时及时停车。

停机

- 发出停机信号，停输送机
- 关闭喷雾截止阀
- 断开隔离开关
- 采煤机停电闭锁

操作要求

1. 临时停机时，司机不得离开岗位，待收到启动开机信号时，继续启动输送机。
2. 停机后，必须将隔离开关打在断开位置，使用远控时，按钮吊挂在无淋水、顶板完整的地方。
3. 严禁将远控按钮平放在底板、木料、开关等上面。

收工确认

- 确认停机环境
- 检查清理刮板输送机设备上堆积的煤尘和浮煤

操作要求

1. 清理工作范围内堆积的浮煤。
2. 刮板输送机传动系统设备上无浮煤。

4.25 刮板输送机司机（开掘）岗位操作流程

开机准备

操作环境安全确认 → 刮板输送机管线系统确认 → 刮板输送机确认

操作要求

1.持证上岗，检查作业场所顶板、煤壁情况，有无冒顶、片帮的危险。

2.检查机头负荷电缆、信号电缆完好，喷雾完好；检查信号是否灵敏可靠。

3.检查刮板输送机各部件齐全完好，油位油质符合规定，安全防护装置完整，机头机尾锚固牢固，与下台转载机、刮板输送机、带式输送机搭接符合要求。

开机

巡视四周发出开机预警 → 开启喷雾 → 解开闭锁或合上隔离开关，发出开机信号 → 点动启动输送机2次后无问题开启刮板输送机

操作要求

1.刮板输送机司机与掘进机司机或槽口支护工或前后输送机司机在作业时需提前联系好。

2.刮板输送机司机站位要得当，严禁站在正对机头方向，防止煤矸、木料等杂物窜出伤人。

3.检修、处理刮板输送机故障时，必须切断电源，闭锁控制开关，挂上停电牌。

4.运转中要随时注意电动机、减速器等各部件运转声音是否正常，发现超负荷、刮板链出槽、运转声音不正常、液力耦合器油（液）质喷出、异物等情况时及时停车。

5.延伸刮板输送机时，司机与掐接工配合工作，紧链适度，保证设备运行平稳。

停机

发出停机信号，停输送机 → 关闭喷雾截止阀 → 断开隔离开关 → 掘进机停电闭锁

操作要求

1.临时停机时，司机不得离开岗位，待收到启动开机信号时，继续启动输送机。

2.停机后，必须将隔离开关打在断开位置，使用远控时，按钮吊挂在无淋水、顶板完整的地方。

3.严禁将远控按钮平放在底板、木料、开关等上面。

收工确认

确认停机环境 → 检查清理刮板输送机设备上堆积的煤尘和浮煤

操作要求

1.清理工作范围内堆积的浮煤。

2.刮板输送机传动系统设备上无浮煤。

4.26 带式输送机司机（采煤）岗位操作流程

开机准备

操作环境安全确认 → 带式输送机管线系统确认 → 带式输送机完好状况确认

操作要求

1. 持证上岗。检查作业地点顶板、设备周围的支护情况及设备的运行环境。
2. 检查防护装置完好，皮带各类保护齐全，动作可靠，机头喷雾完好，信号灵敏。动力、信号、通信电缆吊挂整齐。
3. 检查输送机电机、减速器、液力耦合器、各滚筒等设施的完好情况。
4. 检查胶带输送机输送带接头完好，输送带无撕裂、伤痕，胶带无跑偏，松紧合适。

开机

巡视机头发出开机预警 → 打开闭锁合隔离开关送电 → 开启机头喷雾 → 点动2次确认无异常 → 联系下部输送机启动 → 开启输送机

操作要求

1. 输送机司机相互配合作业，操作前需联系好信号，警示人员撤离运输机运行区域及机头正对区域。
2. 启动后检查机头部位有无异响，传动系统是否平稳，滚筒转动是否灵活，有问题停机闭锁开关，挂停电牌处理。
3. 运行中严禁触摸转动部位，严禁清掏机头机尾浮煤，集中精力密切注意设备运行状况。
4. 信号不清严禁开机，运行中发现不明信号立即停机。
5. 运行中发现胶带接头损坏、大块矸石、木料等杂物，立即停车处理。

停机

发出停机信号 → 确认回复信号 → 关闭机头喷雾 → 停止输送机运行 → 输送机停电闭锁

操作要求

1. 临时停机时，在未断电情况下，司机不得离开岗位。
2. 停机后，司机将隔离开关打在断开位置。
3. 停机后，方可清理责任区域内的浮煤。
4. 缩胶带时，司机配合安装工在机头区域内的工作，完成后对储仓胶带、滚筒进行检查；听从机尾的信号后试车，无问题后正式开车。

收工确认

确认停机环境 → 检查清理机头浮煤及机电设备煤尘，履行交接班程序

操作要求

1. 拉空皮带存煤（矸）。
2. 停电闭锁开关。
3. 填写皮带运行记录。

4.27 带式输送机司机（开掘）岗位操作流程

开机准备

操作环境安全确认 → 带式输送机管线系统确认 → 带式输送机完好状况确认

操作要求

1. 持证上岗。检查作业地点顶板、设备周围的支护情况及设备的运行环境。
2. 检查防护装置完好，皮带各类保护齐全，动作可靠，机头喷雾完好，信号灵敏。动力、信号、通信电缆吊挂整齐。
3. 检查输送机电机、减速器、液力耦合器、各滚筒等设施的完好情况。
4. 检查带式输送机输送带接头完好，输送带无撕裂、伤痕，胶带无跑偏，松紧合适。

开机

巡视机头发出开机预警 → 打开闭锁合隔离开关送电 → 开启机头喷雾 → 点动2次确认无异常 → 联系下部输送机启动 → 开启输送机拉运

操作要求

1. 输送机司机相互配合作业，操作前需联系好信号，警示人员撤离运输机运行区域及机头正对区域。
2. 启动后检查机头部位有无异响，传动系统是否平稳，滚筒转动是否灵活，有问题停机闭锁开关，挂停电牌处理。
3. 运行中严禁触摸转动部位，严禁清掏机头机尾浮煤，集中精力密切注意设备运行状况。
4. 信号不清严禁开机，运行中发现不明信号立即停机。
5. 运行中发现胶带接头损坏、大块矸石、木料等杂物立即停车处理。

停机

发出停机信号 → 确认回复信号 → 关闭机头喷雾 → 停止输送机运行 → 输送机停电闭锁

操作要求

1. 临时停机时，在未断电情况下，司机不得离开岗位。
2. 停机后，司机将隔离开关打在断开位置。
3. 停机后，方可清理责任区域内的浮煤。
4. 延伸胶带时，司机配合安装工在机头区域内的工作，完成后对储仓胶带、滚筒进行检查；听从机尾的信号后试车，无问题后正式开车。

收工确认

确认停机环境 → 检查清理机头浮煤及机电设备煤尘，履行交接班程序

操作要求

1. 拉空皮带存煤（矸）。
2. 停电闭锁开关。
3. 填写皮带运行记录。

4.28 主运带式输送机司机岗位操作流程

开机准备

- 操作环境安全确认
- 带式输送机管线系统确认
- 带式输送机完好状况确认

操作要求

1. 持证上岗。检查作业地点顶板、设备周围的支护情况及设备的运行环境。
2. 检查防护装置完好，皮带各类保护齐全，动作可靠，机头喷雾完好，信号灵敏。动力、信号、通信电缆吊挂整齐。
3. 检查输送机电机、减速器、液力耦合器、各滚筒等设施的完好情况。
4. 检查带式输送机输送带接头完好，输送带无撕裂、伤痕，胶带无跑偏，松紧合适。

开机

- 巡视机头发出开机预警
- 打开闭锁合隔离开关送电
- 空载试车
- 给煤机开始给煤
- 开启喷雾
- 开启输送机

操作要求

1. 输送机司机相互配合作业，操作前需联系好信号，警示人员撤离运输机运行区域。
2. 启动后检查机头部位有无异响，传动系统是否平稳，滚筒转动是否灵活，有问题停机闭锁开关，挂停电牌处理。
3. 运行中严禁触摸转动部位，严禁清掏机头机尾浮煤，集中精力密切注意设备运行状况。
4. 信号不清严禁开机，运行中发现不明信号立即停机。
5. 操作高压设备时，必须戴绝缘手套，穿绝缘靴或站在绝缘台上。
6. 按照要求定时巡视检查。

停机

- 发出停机信号
- 确认回复信号
- 关闭机头喷雾
- 停止输送机运行
- 输送机停电闭锁

操作要求

1. 因故障或其他原因停机时，在未断开隔离开关的情况下，司机不得离开岗位。
2. 班末停机后，司机将隔离开关打在断开位置。
3. 停机后，方可清理责任区域内的浮煤。

收工确认

- 确认停机环境
- 检查清理机头浮煤及机电设备煤尘，履行交接班程序

操作要求

1. 拉空皮带存煤（矸）。
2. 停电闭锁开关。
3. 填写皮带运行记录。

4.29 井运调度员岗位操作流程

井上确认

- 操作环境安全确认
- 接班检查

操作要求

1. 到达岗位后对监控系统进行完好确认，确认各监控画面清晰有效，发现问题应及时如实逐级上报。
2. 检查调度站所有连接装置、大链、销子、摇镐、手拉葫芦等是否齐全完好。
3. 了解机车和矿车的数量及分布情况。
4. 巡视检查翻笼进出车线路、存车数量及翻笼完好情况。

班前班中汇报

- 汇报各车场车辆情况
- 汇报设备设施完好情况
- 汇报连接装置完好情况
- 汇报机车出车情况
- 汇报其他问题

操作要求

1. 负责每班工作汇报记录，负责填写各类台账。
2. 负责井上、下联系沟通。
3. 负责“上传下达”工作，随时掌握井下生产情况，协调安全生产工作，完成领导交办的其他工作。
4. 结合本班的运输任务，统筹安排，及时调配车辆运送。
5. 发生重大事故时，必须立即向上级领导及矿调度室汇报，并听从调度指挥，保证运输畅通。

班末汇报

- 汇报各车场调运情况
- 汇报车辆完好情况
- 汇报机车完好情况
- 汇报其他问题

操作要求

1. 交班前，向区调度汇报本班调运车辆情况及翻笼翻车情况。
2. 交班前，将所有连接装置进行确认，确认数量齐全完好后，进行登记汇报。
3. 汇报各类车辆完好情况，看是否有坏车需处理。
4. 汇报机车完好状态。
5. 每班工作结束后，必须填写有关记录，履行交接班手续后，方可离开岗位。

4.30 班组长（运输）岗位操作流程

班前准备

- 领取当班生产任务
- 组织班前会

操作要求

1.区科布置运输任务后，制订本班详细运输计划。

2.按标准化开好班前会，重点清点本班出勤人数，检查人员的身体精神状况，明确任务和要求，进行上一班总结和明确当班安全重点及注意事项。

班中工作

- 开工全方位巡视检查及安全确认
- 组织绞运
- 巡视检查

操作要求

1.开工检查运输环境、运输路线、设备、钢丝绳、辅助设施及工具，无安全隐患后，开始工作。

2.严格按规程措施组织绞运并截人到位，遵章守纪，制止违章作业，不违章指挥。

3.坚持向区值班室、调度室三汇报制度。遇到特殊情况随时向本区盯岗领导、调度室等汇报。

4.根据工作面生产及时调整绞运物料，确保工作面正常生产。

5.班中全面巡回检查，督促职工严格遵守各项制度、规程措施和正确使用个人防护用品。负责监督危险作业，及时发现和消除事故隐患。

6.所有物料必须按种类码放，物料码放整齐，挂牌管理。

班末确认

- 组织员工整理工作现场、验收
- 整理汇总当班工作记录
- 与接班班组长交接当班生产情况及遗留问题
- 与接班班组长进行交接班

操作要求

1.逐项对工作任务进行验收，并带领员工按标准化要求整理工作现场。

2.详细填写工作交接日志，与接班班组长详细交代工作任务问题。

3.与接班班组长进行正式交接班。

4.对本班遗留的问题详细进行交接，处理所需设备、工具等都要详细说明。

5 通风专业岗位操作流程

5.1 采煤安全检查员岗位操作流程

开工准备

- 必备知识
- 工具检查确认

操作要求

1. 掌握安全生产法律法规、“三大规程”、规章制度，认真执行安全生产指示、指令。
2. 具有良好的责任心。要腿勤、手勤、嘴勤，要上尺上线，以数据和事实为依据。
3. 携带好卷尺、线绳、量角器、便携式甲烷检测报警仪等。
4. 掌握分管区域的安全生产情况，以巡检或蹲点盯岗的方式进行检查。

工作内容

- 检查路线
- 行走路途检查
- 机电设备及运输系统
- 一通三防
- 工程质量
- 文明生产

操作要求

1. 检查路线以班前会为起点，目的地为终点。
2. 路途包括行走、乘罐、携带小件等检查。
3. 工作面设备运输设施、信号完好、可靠。
4. 一通三防设施、爆破作业等符合要求。
5. 严格按照质量标准化要求检查。
6. 在有人工作的地点发现安全隐患时，必须落实整改责任人，并有检查记录和现场责任人签字；在无人工作的地点发现隐患时，必须做出明显标记，升井后向相关管理人员下发隐患整改通知书，并负责验收。
7. 对区域检查后存在重大隐患地点先进行监督检查，之后再进行巡回检查。
8. 物料码放、文明生产等符合要求。

整理、汇总

- 填写工作日志
- 汇总分析

操作要求

1. 根据当班检查工作情况填写工作日志，并将遗留问题向值班人员汇报。填写隐患整改通知书，并通知整改责任人签收，负责验收。
2. 定期分析汇总，制定下一步安全检查重点。

5.2 电气安全检查员岗位操作流程

班前确认

- 身体安全确认
- 工具准备

操作要求

1. 确保身体状态良好。
2. 准备好各类检查表及检查仪器、仪表。

井下巡查

- 巡视井下各部位
- 检查电气人员现场操作
- 现场检查安全技术措施落实情况
- 排查隐患部位，并追踪整改情况

操作要求

1. 对作业地点、危险性大的作业场所和存在电气重大隐患地点进行监督检查，进行巡回检查。
2. 发现重大隐患应立即停止工作，撤出人员，并向值班室汇报，防止重大事故的发生。
3. 督导电气措施及相关人员职责落实。

工作总结

- 填写工作日志
- 负责组织、参加事故分析

操作要求

1. 根据当班检查工作情况填写工作日志，并将遗留问题向值班人员汇报。按规定填写隐患整改通知书，并通知整改责任者到位签收。
2. 负责组织、参加事故分析。

5.3 掘进安全检查员岗位操作流程

开工准备

必备知识 → 工具检查确认

操作要求

1. 掌握安全生产法律法规、“三大规程”、规章制度，认真执行安全生产指示、指令。
2. 具有良好的责任心。要腿勤、手勤、嘴勤，要上尺上线，以数据和事实为依据。
3. 携带好卷尺、线绳、量角器、便携式甲烷检测报警仪等。
4. 掌握分管区域的安全生产情况，以巡检或蹲点盯岗的方式进行检查。

工作内容

检查路线 → 行走路途检查 → 机电设备及运输系统 → 一通三防 → 工程质量 → 文明生产

操作要求

1. 检查路线以班前会为起点，目的地为终点。
2. 路途包括行走、乘罐、携带小件等检查。
3. 工作面设备（包括锚杆机、掘进机、钻车、运煤、运料设备等）、运输设施、信号完好、可靠。
4. “一通三防”设施、爆破作业等符合要求。
5. 严格按照质量标准化要求检查。
6. 在有人工作的地点发现安全隐患时，必须落实整改责任人，并有检查记录和现场责任人签字；无人工作的地点发现隐患时，必须做出明显标记，升井后向相关管理人员下发隐患整改通知书，并负责验收。
7. 对检查区域后存在重大隐患的地点先进行监督检查，之后再进行巡回检查。
8. 物料码放、文明生产等符合要求。

整理、汇总

填写工作日志 → 汇总分析

操作要求

1. 根据当班检查工作情况填写工作日志，并将遗留问题向值班人员汇报。填写隐患整改通知书，并通知整改责任人签收，负责验收。
2. 定期分析汇总，制定下一步安全检查重点。

5.4 探放水安全检查员岗位操作流程

班前确认

身体安全确认 → 工具准备

操作要求

1.确保身体状态良好。

2.准备好各类检查表及检查仪器、仪表。

井下巡查

巡视井下各部位 → 检查探放水人员现场操作 → 现场检查安全技术措施落实情况 → 排查隐患部位，并追踪整改

操作要求

1.对作业地点、危险性大的作业场所和存在探放水重大隐患的地点进行监督检查，对探放水作业地点进行检查。

2.发现重大隐患应立即停止工作，撤出人员，并向值班室汇报，防止重大事故的发生。

3.督导探放水措施及相关人员职责落实。

工作总结

填写工作日志 → 负责组织、参加事故分析

操作要求

1.根据当班检查工作情况填写工作日志，并将遗留问题向值班人员汇报。按规定填写隐患整改通知书，并通知整改责任人到位签收。

2.负责组织、参加事故分析。

5.5　提升运输安全检查员岗位操作流程

班前确认

- 身体安全确认
- 工具准备

操作要求

1.确保身体状态良好。

2.准备好各类检查表及检查仪器、仪表。

井下巡查

- 巡视井下各部位
- 检查提升运输人员现场操作
- 现场检查安全技术措施落实情况
- 排查隐患部位，并追踪整改

操作要求

1.对作业地点、危险性大的作业场所和存在提升运输重大隐患的地点进行监督检查，并巡回检查。

2.发现重大隐患应立即停止工作，撤出人员，并向值班室汇报，防止重大事故的发生。督导提升运输措施及相关人员职责落实。

工作总结

- 填写工作日志
- 负责组织、参加事故分析

操作要求

1.根据当班检查工作情况填写工作日志，并将遗留问题向值班人员汇报。按规定填写隐患整改通知书，并通知整改责任人到位签收。

2.负责组织、参加事故分析。

5.6　“一通三防”安全检查员岗位操作流程

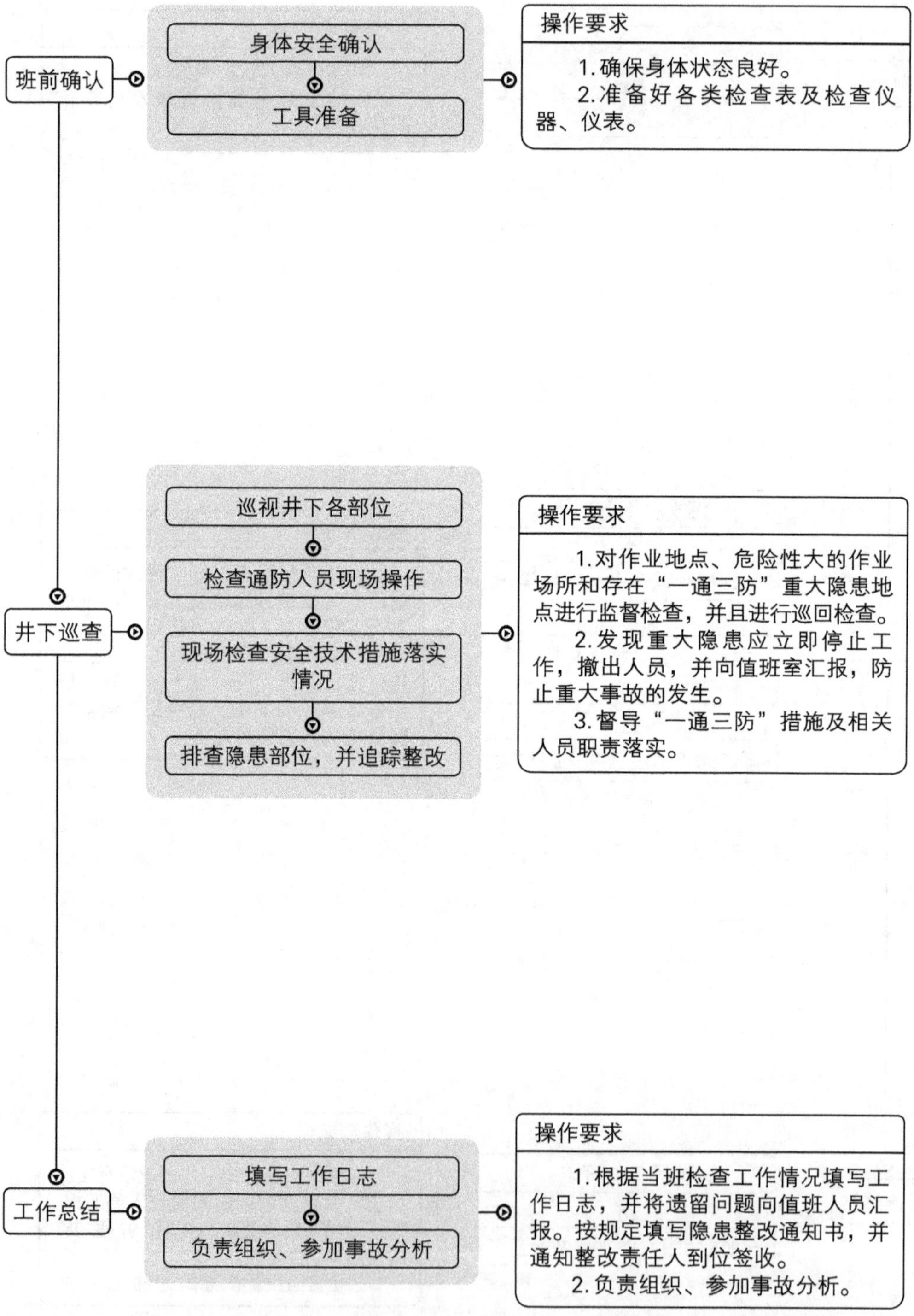

5.7 爆炸物品库库工岗位操作流程

接班

交接班 → 查看记录

操作要求

1. 持证上岗。

2. 检查核对爆炸物品账、物、卡是否相符；手持机的数字采集工作是否准确，充电是否充足；爆炸物品储存保管是否符合规程规定要求，库房内防灭火、雷管全电阻测试仪等安全检查设施是否完好；库房内无其他安全隐患。

3. 按制度接班，并做好记录。

班中管理

发放、退库 → 做好账目管理 → 做好雷管预支 → 电雷管全电阻测试 → 检查记录核对账目

操作要求

1. 发放爆炸物品前，首先核对爆破工、背药工的证件，证件必须与本人相符。

2. 发放爆炸物品同时仔细填写台账、小票，严格炸药和雷管领退手续，领退炸药要当面清点数量，炸药和雷管数量必须与支领单相符。药库必须建立总账，分库账和发药账等账目，并设专人记账，详细清点库存炸药、电雷管数量是否与账面相符，将当班发出、实际消耗、退库的炸药和电雷管数量及库存量记入爆炸物品日报上，账目必须数量准确、清晰无误、不准涂改，更改账目必须由保管员签名或盖章。账目其他事项严格遵守操作规程及管理制度规定。

3. 利用手持机对电雷管进行编号发放管理，使用方法和要求严格按使用手册中使用流程图进行，每次发放完毕后，将条码上的内容记在一个专用的记录本上，写明年、月、日、发放人姓名、爆破工姓名、雷管的段位号备查。发放电雷管时，库工将编有爆破工本人编码的电雷管当面点清数量后交给爆破工，爆破工领取炸药和雷管后在爆炸物品发放记录上签字或盖章，并及时入箱加锁。

4. 电雷管全电阻测试严格执行操作规程的规定。

5. 爆炸物品发放及入库工作完毕后，及时对库内剩余爆炸物品进行核算，检查各种记录、台账、小票，做到账、物、卡相符。

交班

完善记录、清点库存 → 交班

操作要求

1. 清点库房内雷管与炸药，核对无差错；检查手持机电池是否需要更换；带好需要上井汇报的各种账目。

2. 与接班人员按制度交接，并做好记录。

5.8 爆破材料押运工岗位操作流程

安全确认

开工条件确认

操作要求

1.确认装卸人员的身体状况是否适合装卸运输，检查是否穿有化纤衣服，是否携带烟草、点火工具。

2.检查地面卸药站附近有无易燃、易爆物品，爆炸物品运输车辆是否完好，卸药站到井口的专用轨道是否畅通，天气是否适合爆炸物品的装卸运输，矿方保卫人员是否到现场进行保卫。

正常操作

清点爆炸物品 → 交接手续 → 装车 → 押运 → 入库

操作要求

1.爆炸物品运到以后，要认真与供货押运人员就爆炸物品种类和数量做好交接手续。

2.爆炸物品入矿后，首先运到卸药站，而后装入井下运输用的矿车，装卸与搬运炸药雷管时，要轻拿轻放，不准扔、摔、碰、撞；炸药和电雷管分别装入专用矿车内，并加锁；炸药和电雷管必须分开运输。

3.爆炸物品必须由井下爆炸物品库负责人或经过专门培训的专人护送，必须执行全过程押运原则。

4.在井筒内运输爆炸材料及采用非人力运送爆炸材料时，严格遵守《煤矿安全规程》的规定。

5.人力推行爆炸材料运输车时，掌握好行进速度，确保安全。

6.爆炸材料运输车到达井下爆炸材料库后，必须立即自矿车内卸出并运至库房内，不准在矿车内长期存放。

收尾工作

交接

操作要求

1.爆炸材料入库后，押运工与库工交接清楚爆炸材料的数量、品种，双方签字盖章完成交接。

2.带好需要上井汇报的各种账目，爆炸物品运输车辆按规定存放好，做好第二天的爆炸物品运输单申请工作。

3.按规定做好班末汇报及记录。

5.9　背药工岗位操作流程

安全确认：资格确认 → 身体状况

操作要求

1. 背药工必须经过培训取得背药证，方可从事背药工作，并且必须在爆破工监护下进行背药工作。

2. 开工前，确认身体状况良好，适合上岗。

途中运输：支取 → 乘罐乘车 → 途中行走

操作要求

1. 炸药必须由爆破工支取，背药工箱子的钥匙必须由支取炸药的爆破工保管。

2. 背药工运送炸药，每人每次不得超过20kg。

3. 背药工携带炸药时，不准在交接班的时间内与其他工人同时排队上下罐和乘车。携带爆炸物品上、下井时，在每层罐笼内搭乘的携带爆炸物品的人员不得超过4人，其他人员不得同罐上下。

4. 2人以上同时运药时，必须前后间隔不小于2m，并且不大于10m，不能在一起并行，不得在途中嬉戏和逗留；背药工领到爆炸物品后，应直接送到使用地点，严禁中途停留；中途休息时，不能在有人集中或运输频繁的地点休息；任何时候任何人都不准坐药箱子。

到达目的地：现场管理

操作要求

1. 爆炸物品箱子必须加锁，存放时由爆破工看管。

2. 爆炸物品箱子必须存放在支护完好、远离电缆、运输机械和电气设备的无淋水的较平整的地点。

3. 存放地点不应有其他无关人员停留休息，严禁任何人坐在爆炸物品箱上。

4. 每次爆破前或分次爆破时，将剩余炸药存放到警戒线以外的安全地点，并由现场班长指派背药工负责看守。

收尾工作：炸药交回

操作要求

1. 剩余炸药交回爆炸物品库。

2. 返回爆炸物品库途中运输遵守以上“途中运输”部分规定。

5.10 井下爆破工岗位操作流程

安全确认

规程措施学习 → 工作中其他情况确认

操作要求

1.学习掌握所要爆破作业地点的作业规程及相关措施，并在贯彻记录上签字。

2.确认所携带的爆破工具是否齐全、完好、有效，背运炸药和雷管的箱子是否完好，支领炸药和雷管的品种、数量与支领单是否相符，爆破地点的瓦斯、煤尘、通风、顶板、支架、炮泥等是否符合要求，装药爆破前，是否落实“一炮三检”“三人连锁”爆破制度、警戒拉绳挂牌等制度。

爆破作业前

支取、运送、临时存放 → 装配起爆药卷

操作要求

1.爆炸物品的支取、运送、临时存放遵照《煤矿安全规程》《安全技术操作规程》的规定。

2.爆破工到达起爆地点后，爆破工主动将发爆器装入箱内。由背药工负责通知现场班组长及时上锁，上锁后的发爆器箱和爆破物品箱一同放在安全地点，由爆破工负责看守。

3.按照《煤矿安全规程》的规定装配起爆药卷。

爆破作业

准备 → 截人 → 装药 → 起爆 → 验炮 → 解除警戒

操作要求

1.检查通风、瓦斯、洒水降尘等情况，按照爆破图表检查炮眼深度、数量，撤离人员同时设置警戒。

2.爆破作业过程中严格执行“一炮三检”“三人连锁”爆破制度。

3.按照爆破说明书规定的各炮眼装药量进行装药。

4.爆破前，检查线路和通电工作只准爆破工一人完成。

5.做电爆网路全电阻检查、发出信号、起爆。

6.爆破后，待工作面的炮烟被吹散后，爆破工、瓦斯检查工和班组长必须首先巡视爆破地点，由外向里检查通风、瓦斯、煤尘、顶板、支架、拒爆、残爆等情况。

7.处理拒爆、残爆严格落实《煤矿安全规程》的规定。

8.验炮后，将不安全因素处理完毕，爆破工、班组长和瓦斯检查工交换各自的爆破牌后，方可解除警戒。

收尾工作

班长签字、剩余退库 → 发爆器管理

操作要求

1.清点剩余雷管与炸药，核对无差错后，由班长签字出消耗；剩余炸药和电雷管及报废电雷管一起交回爆炸物品库，并做好下一班电雷管预支工作。

2.上井后将发爆器等仪器交仪器房，做好日常发爆器的保护，发爆器应做到专机专人使用，集中保管，严禁个人保管。

5.11 通风调度员岗位操作流程

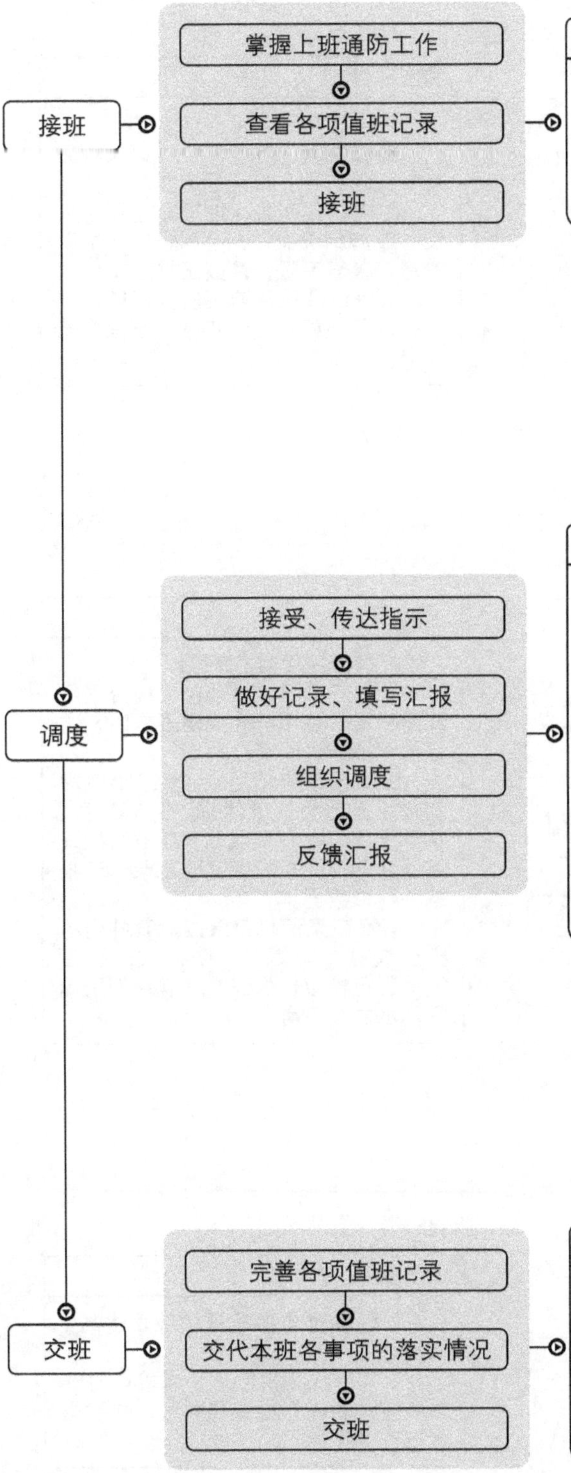

操作要求

1.了解上一班的工作情况、各类工作人员去向、重点部位的安全措施。

2.把已办待办的事项、领导指示、有关部门的通知及本班应重点注意的问题掌握清楚。

操作要求

1.接收各级领导指示，协助值班领导指挥处理井下通防工作。

2.收集井下瓦斯、火检及本区各工作地点的汇报。

3.记录重点工作汇报，按格式填写调度记录。

4.认真把本班的“通风调度网”内容上报好，做好“通风调度网”内的各项汇报。

5.对出现的各种报警及异常情况，及时与矿调度室监测值班人员联系，同时汇报区领导。

操作要求

1.检查各种记录是否填齐，“通风调度网”数据录入是否齐全。

2.已办待办的事项，领导指示，有关部门的通知是否传达到位。

3.需下班继续处理的工作，要与接班调度员交接清楚。

5.12 瓦斯抽采泵司机岗位操作流程

开工准备

- 现场接班
- 检查确认

操作要求

1. 确认持证上岗、按规定着装。
2. 接班确认各种牌板、记录本完好，记录齐全，符合规定要求。
3. 确认瓦斯泵、抽采管路和相关设备设施状况良好，各种机电和抽采测量等仪表完好，读数正常。
4. 确认抽采瓦斯泵房内瓦斯监测设备运行良好，显示正常，泵房内无瓦斯。

值班

- 确保泵站正常运行的操作、巡查、检测
- 填写、汇报工作记录
- 系统维护管理

操作要求

1. 按程序启动抽采泵。
2. 在开机以前必须首先检查现场瓦斯状况，浓度符合规定要求时，方可按照操作说明书启动。
3. 抽采泵启动后，应每2小时观测抽采正、负压及流量、瓦斯浓度、轴承温度、电气参数等，并监听抽采泵的运转声，按规定及时记录、汇报各种检查数据。
4. 瓦斯泵司机每天应对泵站内的安全装置（防爆炸、防回火、防回流）进行检查，保证其外观完好无漏气，水位线正常。

收工

- 现场交班

操作要求

1. 每班对全部设备的外表进行1次擦洗。
2. 实行现场交接班，交接班时要对所有设备进行检查和交班，并履行台账签字手续。

5.13 瓦斯抽采工岗位操作流程

开班准备

- 做好工作地点的隐患排查
- 准备好所需的工具及管件

操作要求

1. 按时参加班前会，排查确认自身状态良好方可上岗工作。
2. 确认携带《煤矿瓦斯抽采作业》特种作业证，做到持证上岗。
3. 确认按规定着装，禁止穿化纤衣服。
4. 确认携带瓦斯测定器或瓦斯检测报警仪及其完好状况。
5. 确认工作地点巷道支护和通风瓦斯安全状况。

开班工作

- 抽采系统巡视
- 抽采管路安装与拆除
- 抽采钻孔施工
- 抽采设备安装与拆除

操作要求

1. 瓦斯抽采系统观测人员应按规定走完巡视线路，发现漏气、断管、埋管、积水等问题要立即汇报，并采取措施进行处理。
2. 管路安装要保证平、直、顺，拐弯要设弯头，不准有小于90°的拐弯，并且要有流水坡度。
3. 严格按照设计的钻孔数量、位置、倾角、穿透和到达层位及封孔方法、封孔长度进行施工。
4. 钻机安装前，必须根据设计要求搭设钻台，安装钻机必须按设计的角度、位置调整好。安装完毕后，压柱、撑柱必须打稳支牢，不能有松动现象。

收尾工作

- 填写工作记录并汇报当班情况

操作要求

1. 施工后，必须清理工作现场。
2. 班末必须向区值班室汇报本班工作量，到区里后认真填写工作记录。

5.14 钻机工岗位操作流程

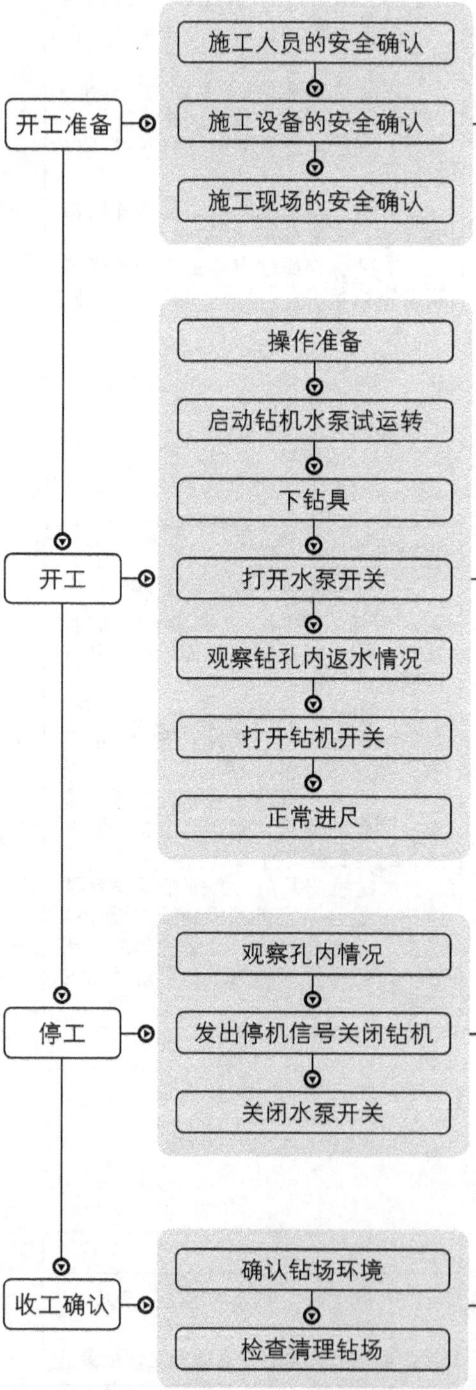

操作要求

1. 对人员进行班前安全教育，询问身体状况，不能酒后上岗，不能带病上岗。
2. 检查作业场所附近的环境符合要求。
3. 检查安全通路是否畅通，施工地点必须有专用电话，保持正常的通信联系。

操作要求

1. 检查压柱是否压实，钻机是否对正孔位。
2. 下钻具前要做好各项检查工作。
3. 检查电气设备运转是否正常；检查钻机、泥浆泵是否运转正常。
4. 启动水泵前，要与钻探司机相互联系好，得到准许后方可开水。
5. 钻进时操作人员不准离开钻机，看回水和进尺速度；听机器运转声、听孔内振动；发现异常现象及时处理。
6. 在钻进过程中，禁止用手扶钻杆、送水器和送水管等；同时躲开水管、钻杆摆动范围，以避免发生事故。
7. 孔内如果出现异常情况，及时向调度室汇报。

操作要求

1. 临时停机时，在电机隔离开关未停，钻机停运的情况下，司机不得离开岗位。
2. 停机后，必须将隔离开关打在断开位置。
3. 在孔内反出清水后，关闭水泵开关

操作要求

1. 检查钻机完好情况，压柱是否打实。钻机及水泵开关是否打在断开位置。
2. 钻场清理干净，工具等码放整齐。

5.15 防突预测工岗位操作流程

开工准备

安全确认 → 准备、检查仪器仪表

操作要求

1. 明确当班任务。
2. 工具完好可靠。
3. 仪器仪表电量充足，示数准确灵敏。
4. 仪器在使用前按照说明书要求将仪器充足电，并试操作一遍，确认无问题后，才准下井工作。

开工

参数测定 → 检查清理作业现场 → 分析数据 → 填写报表

操作要求

1. 收集钻屑量的器具：要结合本矿实际备用合适的收集钻屑量的专用工具，并且必须规范好用，确保钻屑量收集完全。
2. 打钻时，注意钻杆必须完好直顺，钻杆连接牢靠，钻进操作时不应有剧烈颤动。
3. 操作钻机人员与收集钻屑量人员要相互配合好，确保收集的钻屑量要与预测试段相对应。

停工

整理现场 → 收拾仪器 → 填写牌板

操作要求

如果实测得到的钻屑量和钻屑瓦斯解吸指标等突出参数的所有测定值均小于临界值，并且未发现其他异常情况，则该工作面预测为无突出危险工作面；否则，为突出危险工作面。

收工确认

清理作业现场 → 通知现场班长测定结果

操作要求

1. 检查清理作业现场。
2. 现场测定结果及时通知现场作业人员，并按要求在现场填写相关牌板。
3. 及时填写、审批预测预报、效果检验单等瓦斯参数测定报告，并发送至相关单位和人员。

5.16 班组长（“一通三防”）岗位操作流程

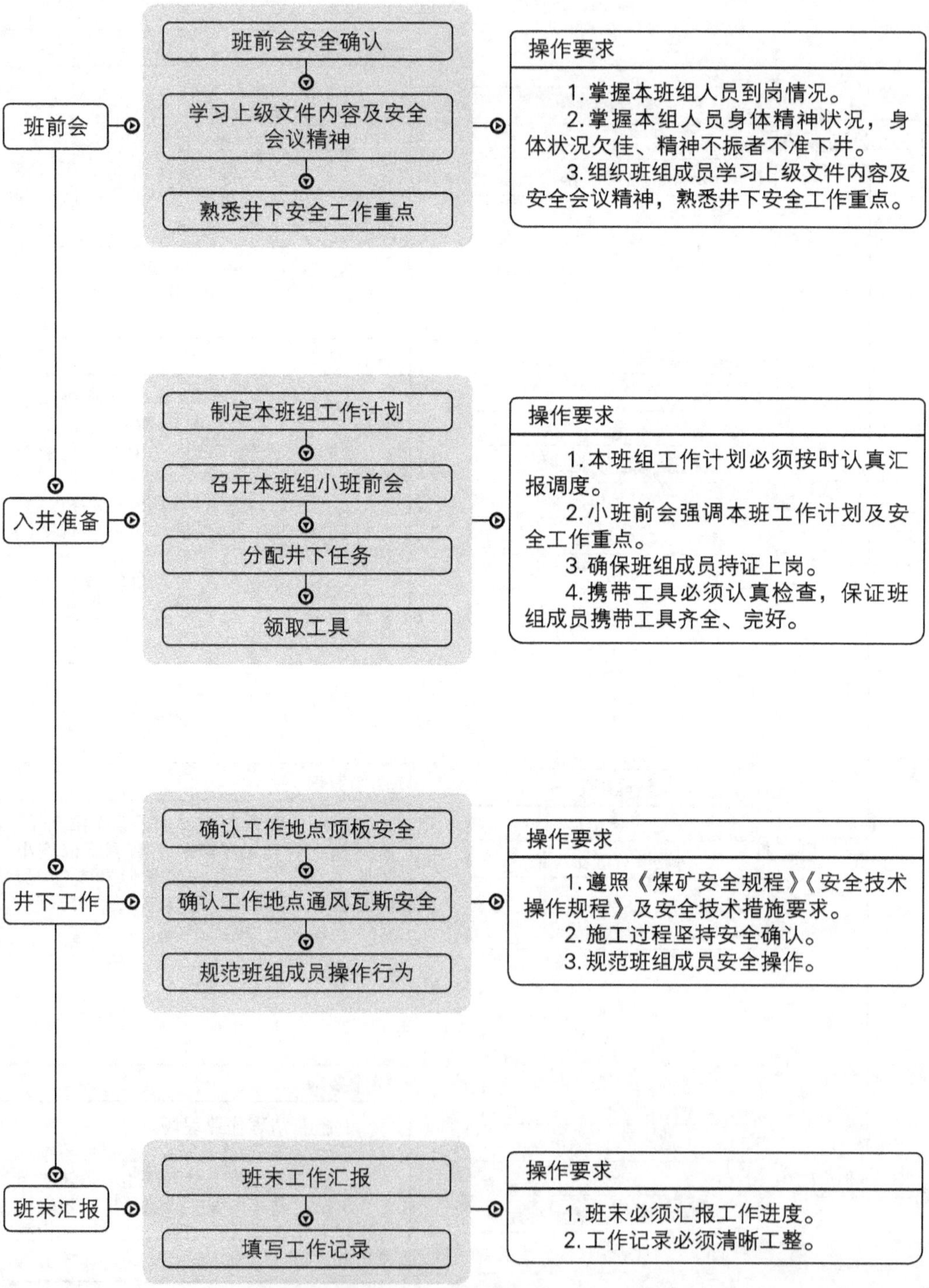

5.17 地面空压机司机岗位操作流程

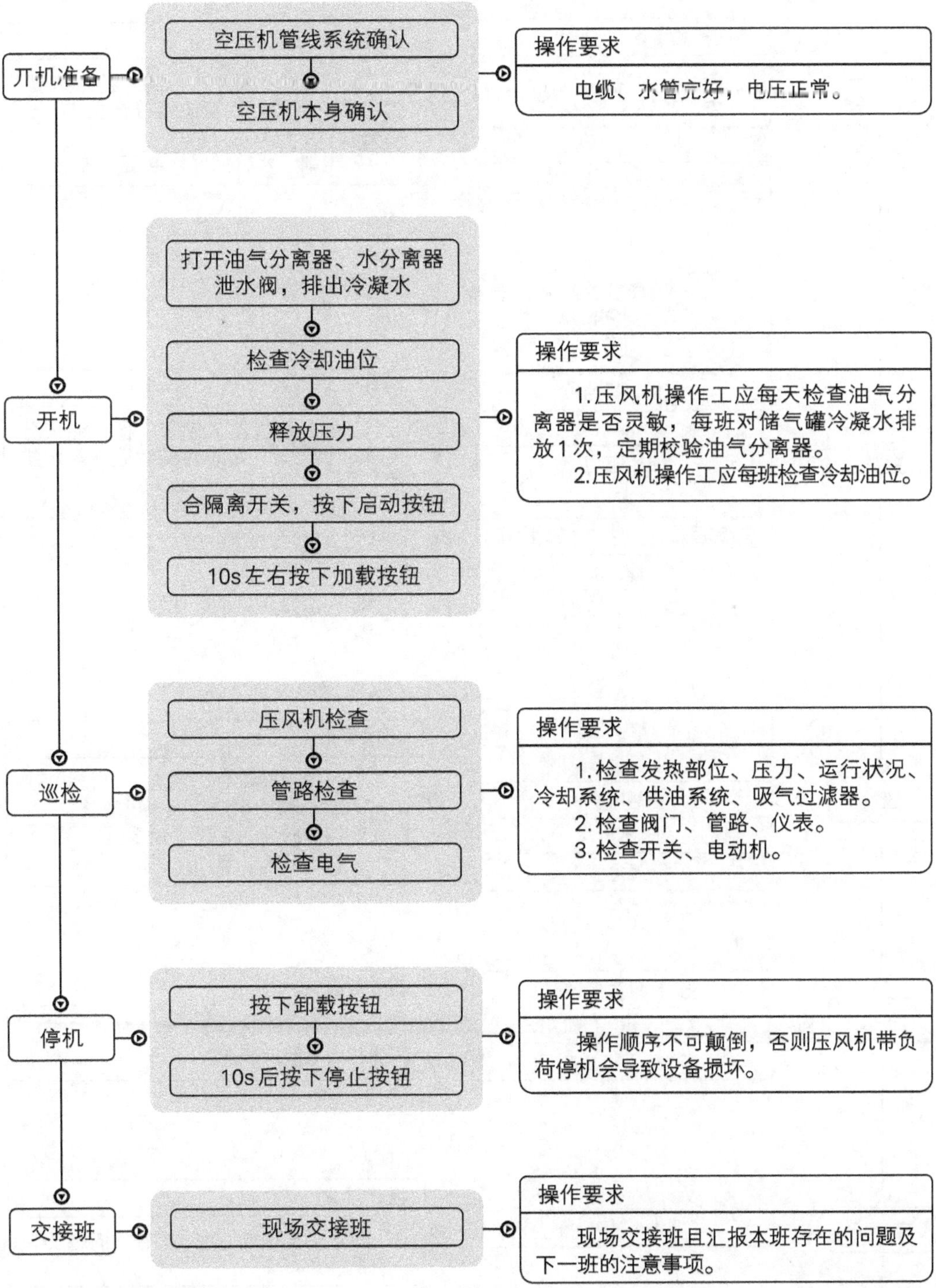

5.18 井下固定式空压机司机岗位操作流程

开机准备

- 操作环境安全确认
- 空压机管线系统确认
- 空压机本身确认

操作要求

1. 检查作业场所附近的支护无掉渣、冒顶片帮危险，瓦斯浓度符合要求，机组前后5m无人。
2. 电缆、水管完好，电压正常。

开机

- 打开油气分离器、水分离器泄水阀
- 检查冷却油位
- 释放压力
- 合隔离开关，按下启动按钮
- 10s左右按下加载按钮

操作要求

1. 压风机操作工应每天检查油气分离器是否灵敏，每班对储气罐冷凝水排放1次，定期校验油气分离器。
2. 压风机操作工应每班检查冷却油位。

巡检

- 压风机检查
- 管路检查
- 检查电气

操作要求

1. 检查发热部位、压力、运行状况、冷却系统、供油系统、吸气过滤器。
2. 检查阀门、管路、仪表。
3. 检查开关、电动机。

停机

- 按下卸载按钮
- 10s后按下停止按钮

操作要求

操作顺序不可颠倒，否则压风机带负荷停机会导致设备损坏。

交接班

- 现场交接班

操作要求

现场交接班且汇报本班存在问题及下一班的注意事项。

5.19　井下移动式空压机司机岗位操作流程

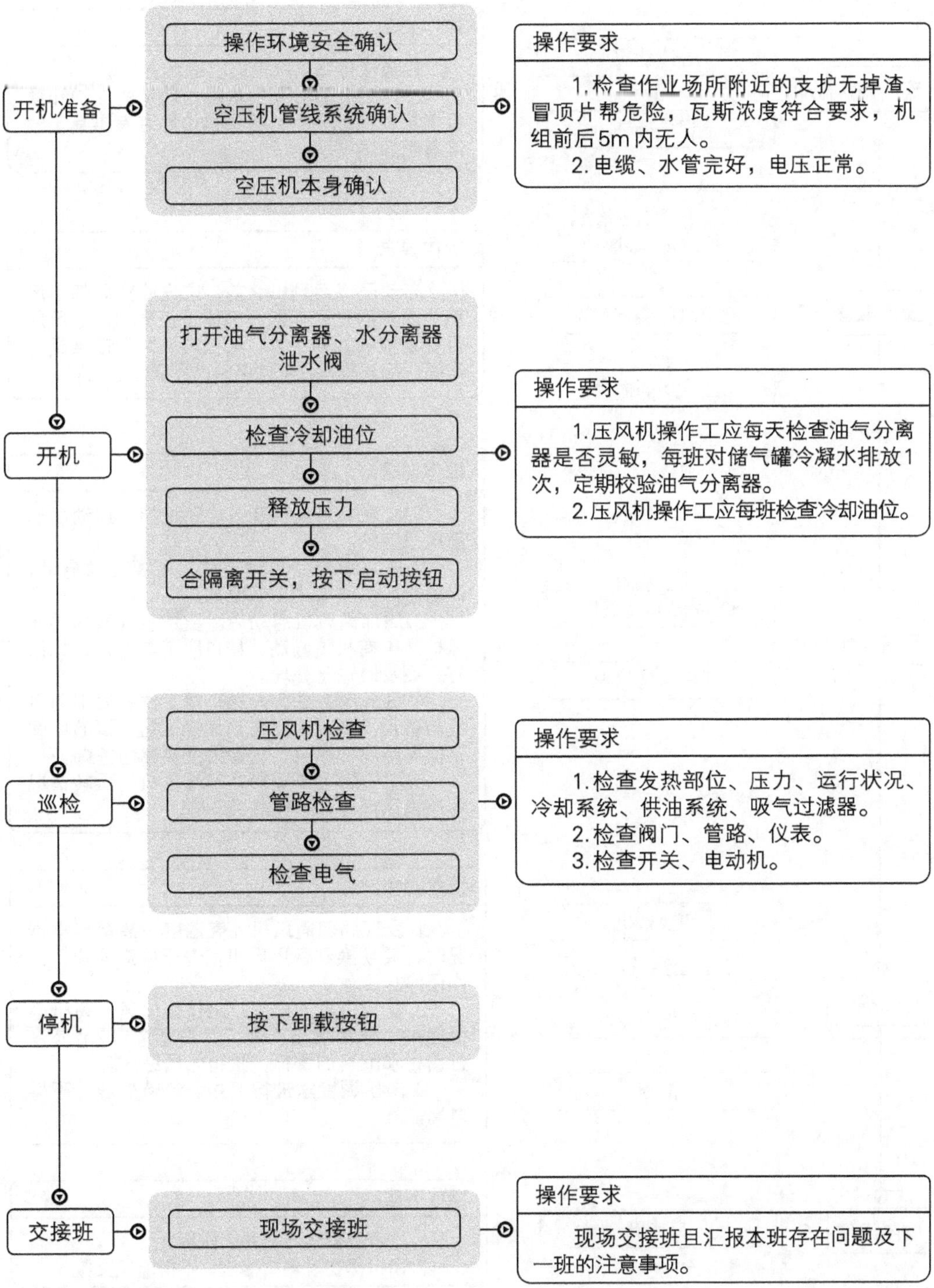

5.20 局部通风机司机岗位操作流程

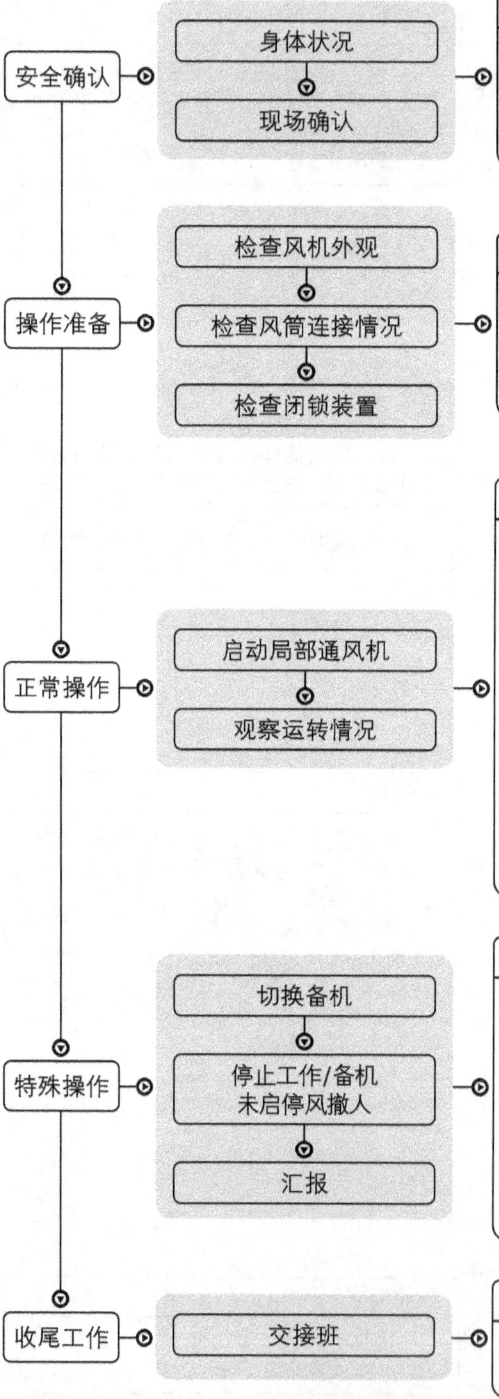

操作要求

1. 确认身体状况良好，适合上岗。

2. 开工之前必须检查操作地点的支护和顶板情况，保证完好；检查操作地点有毒有害气体有无超限情况。

操作要求

启动局部通风机之前，应先检查局部通风机的防护网是否牢固，机体是否稳固，进风是否有易被吸入的杂物，风机与风筒的连接是否牢固，检查风电、甲烷电闭锁装置是否完好。

操作要求

1. 按局部通风机开关启动按钮，启动局部通风机运转。

2. 应采取断续启动方式，不要一次启动，以防止风筒脱节或吊环脱落。

3. 局部通风机启动后，要注意观察局部通风机是否有机体颤动、接口脱节等异常，如果有，要及时进行处理。

4. 每天应当进行一次正常工作的局部通风机与备用局部通风机自动切换试验，试验期间不得影响局部通风，试验记录要存档备查。

5. 司机除了要观察局部通风机的运转情况和巡视风筒外，不得擅离职守。

操作要求

1. 发现局部通风机外壳温度过高等异常情况时，要切换到备用风机，进行检查处理，工作面停止工作。

2. 备用风机未启动，工作面停风，司机必须通知工作面撤出人员，并在巷道口 2m 处设置栅栏和醒目的警标，禁止人员进入。

3. 向矿调度室进行汇报，等待处理，不得离岗。

操作要求

1. 检查局部通风机的工作状况。

2. 司机需在现场交接班，不得停风交接。

5.21 主通风机司机岗位操作流程

开机准备

- 主通风机供电系统安全确认
- 主通风机机械设备安全确认
- 主通风机电气设备安全确认

操作要求

1.确认供电系统正常，电源电压符合电动机启动要求。

2.高压操作时，必须双人作业，一人操作，一人监护，必须戴绝缘手套，穿电工绝缘靴。

3.确认主通风机电机南北瓦油量合适，盘车无卡阻，油圈上油正常，各紧固件及防护外罩齐全、紧固，闸板完好。

4.确认电气设备接地良好，电动机碳刷完整，接触良好，滑环清洁无烧伤；确认各指示仪表齐全、可靠、指示正常。

开机

- 确认主通风机转换柜（新、老柜）转换刀闸位置
- 确认励磁柜（新、老柜）励磁电压、电流调试正常
- 合备用主通风机KK旋钮，运转正常
- 提备用主通风机进风闸板，同时关闭原运行主通风机进风闸板
- 备用主通风机正常运行

操作要求

1.倒开风机时，一人操作，一人监护，做好安全确认，手指口述。

2.倒开风机后，司机检查电机南北瓦油圈上油是否正常，滑环电刷是否正常，各指示仪表是否正常，轴承温度是否正常，水柱计指示是否正常。

3.风机运转期间检查风机是否有震动、异响，如发现异常要立即向科调度室、矿调度室汇报。

停机

- 确认备用及原运行主通风机进风闸门均到达指定位置
- 确认备用主通风机仪表、温度均正常
- 停原运行主通风机KK旋钮，落转
- 停原运行主通风机励磁柜，备用

操作要求

1.风机停机时，一人操作，一人监护，做好安全确认，手指口述。

2.风机停转后，5s内不许断开励磁柜电源。

收工确认

- 确认备用主通风机正常
- 确认原运行主通风机安全备用

操作要求

1.做好运行中主通风机记录和工作日志。

2.对运转风机转动、震动、仪表指示装置进行详细检查，确保风机正常，对备用风机备用情况认真检查。

5.22 灯房充电工岗位操作流程

安全确认

交接班 → 工作环境确认 → 设备状况确认

操作要求

1.严格执行现场交接班制度，持证上岗。
2.检查供电线路线缆完好情况。
3.检查矿灯充电架的运行情况。
4.检查矿灯台发放台账和记录。

上岗操作

逐台检查在用矿灯充电情况 → 统计接班后未上交的矿灯 → 检查充电柜运行情况 → 及时收回发放矿灯并对收回矿灯进行充电 → 填写好相关发放、收回记录 → 时刻观察充灯柜仪表显示情况

操作要求

1.矿灯实行编号处理，实行专人专灯。
2.矿灯、充电柜如有故障及时联系维修人员进行处理，并作好相关记录。
3.及时向调度室上报接班后2小时内未交矿灯人员名单。
4.矿灯发放及收回要作好记录，收回的矿灯要进行检查，查看矿灯有无损坏，及时与维修人员联系维修。
5.必须保证矿灯充电质量，充电时间应不少于8h。
6.矿灯有缺陷的严禁发放。

收工

对充电架上矿灯检查充电 → 核对矿灯

操作要求

1.检查矿灯充电指示灯是否正常，电流是否小于1A。
2.核实矿灯与灯牌的在籍情况。

收工确认

确定各项记录填写完善 → 现场保持清洁

操作要求

1.填写好巡视检查记录、矿灯发放、收回记录等。
2.做好灯房地面卫生，及时清洁充灯柜和矿灯，将用电设备断开，材料、工具摆放整齐，保持设备清洁。
3.做好交接班的各项准备工作。

5.23　灯房维修工岗位操作流程

开工准备

- 身体状况安全确认
- 操作环境安全确认
- 维修设备安全确认

操作要求

1. 参加班前会，确认身体状况良好，穿戴好劳动保护，持证上岗。
2. 检查所需用的维修工具、材料和设备是否完好，作业环境是否有安全隐患。

日常巡视、检修

- 巡视检查
- 检查矿灯充电情况
- 检查充灯柜运行情况
- 巡视充灯柜的供电线路
- 填写巡视检查记录本
- 对有故障的充灯柜、矿灯进行检修、修理

操作要求

1. 对设备的巡视工作要细致，严禁出现漏巡、漏检。
2. 在低压设备上进行检修及维修工作时，必须提前通知当班充电工。
3. 工作时严格按照停电、验电、挂停电牌进行，禁止带电作业。
4. 执行好“二次验电”相关规定。
5. 工作中拆下的零件要集中摆放，各种小线等要敷设合理，接线顺序及线号等要记好，避免出现接线错误损坏设备。
6. 工作完毕后，将本班情况汇报相关负责人并告知当班充电工(有隐患的充灯柜及矿灯需要当班处理，隐患未能解决的禁止使用和发放)。

收工

- 清理现场
- 维修完成后恢复送电

操作要求

1. 清理好现场卫生，整理工具。
2. 恢复原供电方式。
3. 填写好设备巡视记录及维修记录。

收工确认

- 核实供电方式及设备的运行情况

操作要求

1. 确认设备是否稳定运行。
2. 检查是否有遗留问题。

5.24 通风仪表维修工岗位操作流程

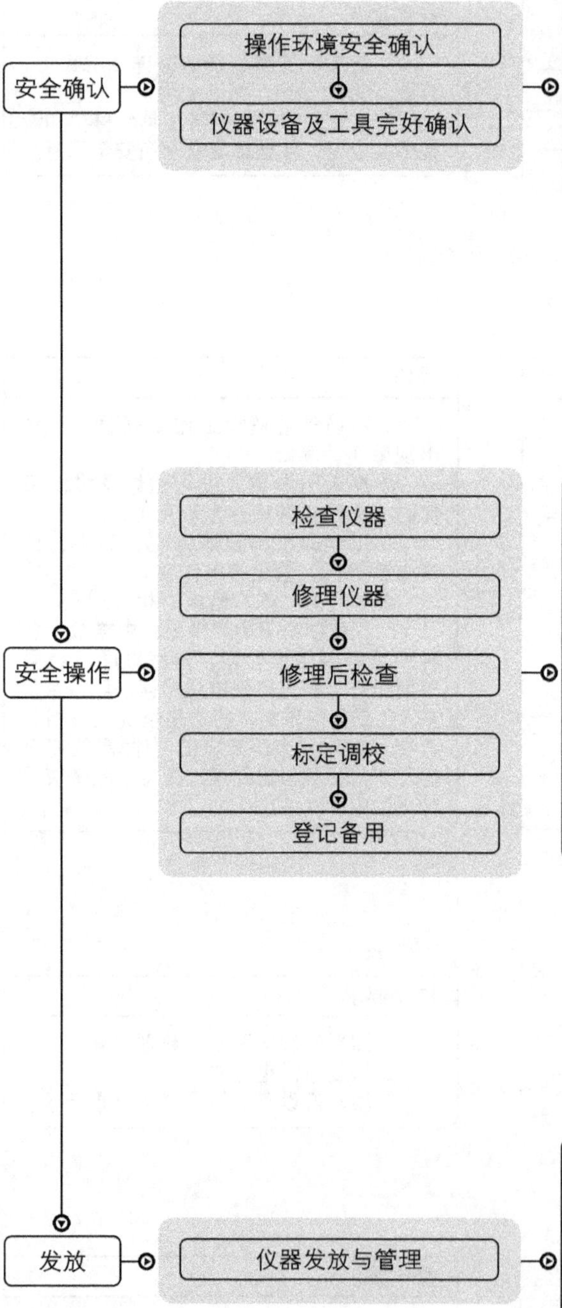

操作要求

1. 检查所用仪器设备、工具是否完好，有无漏气现象。
2. 所有气样、药品要妥善保存使用，避免对人员造成伤害。
3. 仪器收发、检修过程中，避免出现碰撞仪器现象。

操作要求

1. 仪器要细致检查，根据先简后繁、先外后内的原则，压缩分析故障的部位。
2. 各类仪器维修方法按照操作规程执行。
3. 维修后的仪器，要进行标定：按照标准进行调校，确保仪器零点、精度达标后方可使用，需要重新检定的检定合格后，方可投入使用。
4. 维修后的仪器必须与其他仪器统一编号，集中管理。

操作要求

1. 发放前必须进行电压检查。如显示欠压，要重新充电。电池电压不足时，不准使用。
2. 对当班使用并交回的仪器要进行检查，未检查完的，在交班时要交代清楚，由下一班检查。

5.25　测尘工岗位操作流程

安全确认

身体状况 → 检查仪器 → 环境确认

操作要求

1.确认身体状况良好，适合上岗。

2.根据测尘地点和采样数量准备好使用仪表、工具及其附件；检查测尘仪器的各项功能，做到外表清洁、附件齐全、电键或旋转按钮灵敏可靠。按要求使用滤膜。

3.在进行测定之前检查操作地点的支护、顶板、有毒有害气体情况及环境安全，有问题要先行处理，确认安全后方可开工。

正常操作

仪器携带事项 → 测尘位置选择 → 现场采样 → 现场记录

操作要求

1.下井时应带全仪器、仪表、工具和记录本等。仪器要随身携带，严禁碰撞、挤压，不得让他人代拿或摆弄。

2.根据规范及操作规程规定选定测尘位置。

3.粉尘采样器的操作严格按照操作规程执行。

4.采样时，应观察现场环境安全情况，做好以下记录：采样日期、班次、采样地点、生产单位、生产工序、粉尘性质、防尘措施，以及采样流量、时间和样品编号等。

收尾工作

分析样品 → 填写报表 → 整理仪器

操作要求

1.上井后根据规范及操作规程规定的程序和计算公式测量、计算粉尘浓度。

2.测尘完毕后，要填写粉尘测定结果报告表，月底做好本月粉尘浓度测定报告表，并及时上报。

3.对测尘仪器进行清洁保养，确保完好，不要将仪器交给非测尘人员管理。

5.26 测风工岗位操作流程

检查仪器：明确任务 → 准备仪器

操作要求

1. 根据当日工作测定项目明确工作任务。
2. 下井前要选好所要使用仪表的类别、型号，并检查仪表是否完好、风表校正曲线是否吻合，带齐必需的各类检测仪器、记录工具、量尺、温度计、秒表等。

安全确认：身体状况 → 环境确认

操作要求

1. 确认身体状况良好，适合上岗。
2. 在进行测定之前，检查操作地点的支护、顶板、有毒有害气体情况及环境安全，有问题要先行处理，确认安全后方可开工。

测定：风量测定 → 填写测风手册 → 填写测风记录牌板 → 异常情况处理

操作要求

1. 测风应在专门的测风站进行；在无测风站的地点测风时，要选择在巷道断面规整、无片帮空顶、无障碍物、无淋水和前后10m内无拐弯的直线巷道内进行。
2. 按照操作规程要求测定风量、风压、温度、气体浓度等参数。
3. 将所测实际风速、计算风量、温度、甲烷和二氧化碳浓度、测量时间等填入测风手册和测风地点的记录牌板上。
4. 根据系统情况判定风量是否正常，如有异常及时汇报并查找问题原因。
5. 巷道贯通、系统调整、反风及阻力测定等项目要按照措施及操作规程的规定进行操作。

收尾工作：风表管理 → 填写报表

操作要求

1. 风表使用完毕以后，如果叶片、轴上有水珠，应用脱脂棉轻轻擦去或用吸水纸吸去水分后放入风表盒内保存；不能用嘴吹动或用手拨动风表叶片；风表不要交给非测风人员管理。
2. 上井后要及时填写测风记录及报表，做到“牌板”“手册”“报表”三对口；系统调整时需绘制简易系统图报主管技术人员。

5.27 管路工岗位操作流程

开工准备

- 身体状况确认
- 操作环境安全确认

操作要求

1.到岗员工身体和精神状况是否良好，管路安装工作地点支护是否良好。

2.摆放管路是否符合规定，吊挂管路是否符合规定。

施工作业

- 验收物料
- 管路的安装与拆卸

操作要求

1.在有电缆的巷道内敷设管路时，应尽量敷设在另一侧。

2.管路的接头接口要拧紧，用法兰盘连接的管路必须加垫圈，做到不漏气、不漏水。

3.管路要托挂或垫起，吊挂要平直，拐弯处设弯头，不拐急弯。

4.拆卸管路时要二人托住管路，一人拧下螺丝。

5.用法兰盘连接管路时，严禁手指插入二个法兰盘间隙及螺栓眼之间，以防错动挤手。

6.拆卸的管路要及时清点、运走，不能及时运走的应在指定地点堆放整齐，把接头、三通、阀门、螺栓等全部回收，并妥善保管。

收尾工作

- 检查安装质量
- 清理现场，保持整洁、安全

操作要求

1.检查安装质量，保证管路符合要求。

2.清理现场，保持整洁、安全。

3.运走拆除的管路和配件，带齐工具撤离。

5.28 煤层打钻注水工岗位操作流程

安全确认

施工人员的安全确认

施工环境的安全确认

操作要求

1. 到岗员工身体和精神状况良好。
2. 现场环境符合作业要求。
3. 检查安全通路畅通情况。

开工

钻孔施工

钻孔注水

操作要求

1. 按通防技术人员所标定的孔位及施工措施中规定的方位、角度和钻孔防斜措施施工，不经通防技术人员同意，不得擅自改动。

2. 钻探工人穿戴要整齐、利落，衣襟、袖口、裤脚必须束紧，严禁戴手套作业。

3. 封孔的水泥砂浆凝固后或封孔器安置好后注水。

4. 注水有动压和静压两种方式，应按选定的注水参数（注水压力和注水量）施工。注水量一般以另一侧巷道上煤壁湿润为宜，或使煤层的全水分含量达到规定的要求。

收工确认

检查清理现场

填写台账

操作要求

1. 清理工作现场。

2. 上井后将当班的注水压力、流量、注水的孔数、当班注水量记入台账。

5.29 通风安全工岗位操作流程

安全确认 → 身体状况 → 现场确认

操作要求

1. 确认身体状况良好，适合上岗。
2. 在开工之前必须检查操作地点的支护、顶板和有毒有害气体情况，有问题处理好后再开工。
3. 清理现场杂物和积水，保持后路畅通。

施工准备 → 规程措施学习 → 携带工具 → 验收材料清理现场

操作要求

1. 施工前学习施工措施和操作规程的相关知识。
2. 随身携带小型材料和工具。
3. 检查到场材料是否满足施工需要，清理施工现场，创造施工条件。

正常操作 → 施工操作

操作要求

1. 材料运输过程中严格遵守有关安全规定。
2. 掏槽一般应按先上后下的原则进行，掏槽深度必须符合规定要求，墙体封顶要与顶帮接实。
3. 墙体材料按照现场措施要求执行，保证墙体稳固、平整。
4. 设施主体施工完毕后要对设施进行达标工作处理，符合质量标准化要求。
5. 各类设施施工严格落实操作规程及施工措施规定。

收尾工作 → 清理施工现场 → 施工完毕进行质量验收

操作要求

1. 检查工作地点，不得遗漏物品、工具、配件等。
2. 对照施工措施及《煤矿安全生产标准化管理体系》的要求对施工设施进行验收。

5.30 防灭火工岗位操作流程

准备工作

携带工具、证件，支领仪器 → 现场安全确认

操作要求

1.确认身体状况良好。带齐必要的操作仪器、工具及材料，检查并确认仪器、工具及材料齐全完好。

2.确认巷道顶板、支架及巷道各气体浓度符合《煤矿安全规程》要求。

正常操作

测定气体浓度 → 检查防火设施 → 对隐患地点采取措施 → 检查灭火效果 → 记录并填写牌板

操作要求

1.首先检查该地点进风流的瓦斯、一氧化碳浓度，然后逐步检查回风侧的瓦斯、一氧化碳浓度。

2.对井下废巷、老巷的密闭内外，支架上冒高区浮煤的温度及有害气体等情况，要定期检查，遇有坍冒危险或有害气体超过安全检查规定时，严禁入内，做好安全确认。

3.及时检查灭火后的效果，观测火区内气体成分、空气出水温度，加强设施维护，保证防火墙的封闭质量。

4.清理灭火现场，保持设备整洁，物品码放有序，实现文明生产。

5.要及时将每次的检查记录填入台账。

收尾工作

汇报

操作要求

如实记录，及时上报。

5.31　灌浆工岗位操作流程

操作准备

- 安全确认 → 机具检查

安全确认——操作要求

1.开工前，确认身体状况良好，检查制浆设备是否完好，工具是否携带齐全、是否完好，制浆材料是否满足要求。检查现场是否安设电话，通信是否畅通可靠；检查管路连接是否正常，冬季制浆时，检查水管水枪是否有积水结冰。

2.检查工作地点的顶板及支护情况，进入密闭前、老巷前或采空区附近等需要灌浆的地点时，先检查各种有毒有害气体是否超限，确认安全后方可作业。

机具检查

1.制浆前所用各种设备应完好；各阀门应处在正确的开关位置；供水系统应畅通；照明设备应齐全；各岗位人员应到齐上岗。

2.携带必备的工具材料，沿途要对灌浆管路系统进行检查，密闭前管路要安装压力表，密闭前及受影响区域做好截人撤人工作。

3.现场与灌浆站等地点确认通信畅通。

灌浆操作

- 清水冲洗 → 灌浆 → 停浆 → 清水冲洗及停泵

操作要求

1.经现场许可后，灌浆站人员首先启动清水泵，对灌浆管路进行冲洗，确认管路通畅、压力正常、无跑冒滴漏现象后，方可制浆。

2.用水枪冲黄土（粉煤灰）时，水枪操作人员要不断摆动水枪，采黄土（粉煤灰）要均匀，使冲下的黄土（粉煤灰）充分湿润，防止大块黄土（粉煤灰）进入泥浆池。

3.下浆孔口要提前按设好铁篦子，制浆过程中要随时清理草根、石子等杂物，防止下浆时堵孔、堵管。

4.接到井下停浆电话后，要先停搅拌机和制浆机，然后给水冲洗管路（冲洗时间一般不少于20min），清理、冲刷注浆池。并把水枪和管路中的水放干净。

收尾工作

- 清理 → 记录 → 汇报

操作要求

1.灌浆站人员下班前应做好场地整理工作，并按要求管理好设备，保持贮水池有足够的水。

2.现场人员待灌浆管路内无水声后方可离开，上井后将当班的工作情况向区队值班人员汇报，并将灌浆量及安全情况记入“灌浆记录”。

5.32 注氮工岗位操作流程

开工准备

- 班前会安全确认
- 领取仪器、工具
- 工具检查、仪器校验

操作要求

1. 明确当班任务。
2. 工具完好可靠。
3. 仪器仪表电量充足，示数准确灵敏。

开工

- 巡视沿途管路
- 到达工作地点安全确认
- 接通注氮管路打开阀门
- 汇报通防部门注氮
- 管路积水排放
- 观察管路上的仪器仪表
- 记录数据

操作要求

1. 巡视中发现漏气要及时处理。
2. 检查作业场所附近的支护无掉渣、冒顶片帮危险，瓦斯浓度低于1.0%。
3. 随时检查注氮地点瓦斯、一氧化碳、氧气等气体的浓度，超限时要停止工作，先进行处理。
4. 达到设计的注氮量时，要停止注氮，待有关人员检查后，决定是否撤出管路或继续注氮。

停工

- 汇报通防部门停氮
- 关闭阀门
- 断开注氮管

操作要求

1. 处理漏气管路时，要首先关闭阀门，如果需要停气，还要通知制氮机组停供氮气，并向调度室、通防部门汇报。
2. 处理漏气管路时，要有3人以上，并有人检查氧气浓度，如果低于20%，不得操作。

收工确认

- 确认作业现场
- 履行交接班程序

操作要求

火区检查情况、工作面采空区注氮情况要详细交接。

5.33　注氮机司机操作流程

开机准备

操作环境安全确认 → 管路、阀门状况确认 → 注氮机组本身确认

操作要求

1. 检查作业场所附近的支护无掉渣、冒顶片帮危险，瓦斯浓度低于0.5%。
2. 制氮机组油量、安全阀、排水、冷却水系统、监测仪器仪表、阀门等满足技术要求。
3. 所有制氮机组排污阀进行一次排放。

开机

开启冷却水进水阀门 → 合电 → 瞬时点动空压机电机 → 启动空压机 → 膜分离系统启动 → 校验氧分析仪 → 打开氮气出气阀

操作要求

1. 空气罐升至满压，打开膜分离系统的进气阀，手动闭合膜分离系统电控箱内的断路器。
2. 氮气取样阀关闭，旋开氧电池底部的螺钉，让空气直接进入氧电池，等待5min，观察并调整测量值至20.9%。
3. 先开冷干机，后开空压机。
4. 制氮机组运行中要随时注意观察排气温度。
5. 制氮机组运行中空气缓冲罐每隔1h必须排污1次。
6. 制氮机组运行中每隔1h作1次运行记录。

停机

停止膜分离系统 → 关闭空压机 → 关闭氮气输出控制阀 → 断开膜分离系统断路器 → 关闭冷却水系统 → 停电

操作要求

1. 关闭空压机时严格执行操作说明的规定。
2. 机组操作人员发现设备有异常现象时，要立即进行处理，必要时要停机。
3. 先关空压机，后关冷干机。

收工确认

检查机组，履行交接班程序

操作要求

1. 制氮机运行记录交接。
2. 注氮量记录交接。
3. 设备、仪器问题反馈。

5.34 瓦斯检查工岗位操作流程

准备工作

携带工具、证件，支领仪器 → 指定地点交接班 → 待测地点附近仪器调零

操作要求

1. 下井按照操作规程要求携带必备的工具、证件、仪器，并检查仪器完好有效。

2. 交班时，要把本地区、本班“一通三防”情况交代清楚；严格落实交接班制度。

3. 在进入工作地点前，必须在和测量现场温度相接近（温差不超过10℃）的新鲜空气中清洗气室，调零。

正常操作、特殊操作

瓦斯巡回检查 → 三对口 → 处理现场通防问题

操作要求

1. 检查所负责区域所有通风设施（风门、密闭等）是否完好，密闭内外瓦斯及其他有毒有害气体、温度情况是否正常。

2. 检查所负责区域采掘工作面瓦斯及其他有害气体情况；检查所负责区域安全监控装置是否完好、可靠，甲烷传感器误差是否超过规定。

3. 检查负责区域掘进工作面局部通风机运转是否正常，是否发生循环风，风筒吊挂是否平直，距离工作面是否符合要求，备用局部通风机是否完好。

4. 检查所负责区域防尘水管、隔爆水槽等是否完好，水量是否充足。

5. 将检查结果告知现场作业人员，汇报做到“牌板”“手册”“班报”三对口。

6. 按照操作规程处理局部瓦斯积聚；按照灾变计划对停风、有突出预兆采取撤人措施。

7. 排放瓦斯坚持“断电、撤人、限量”的原则。

收尾工作

指定地点交接班 → 交接班“四不走”

操作要求

1. 交接班的地点符合规定。

2. 交班时，要把本地区、本班通风（包括通风系统、风量、通风设施、局部通风等）、瓦斯、防尘、爆破和防灭火等情况交代清楚。接班人员要签字，升井后填写瓦斯班报。

3. 交接班要做到“四不走”。

4. 上井后将仪器交回仪器房。

5.35　井下安全监测工岗位操作流程

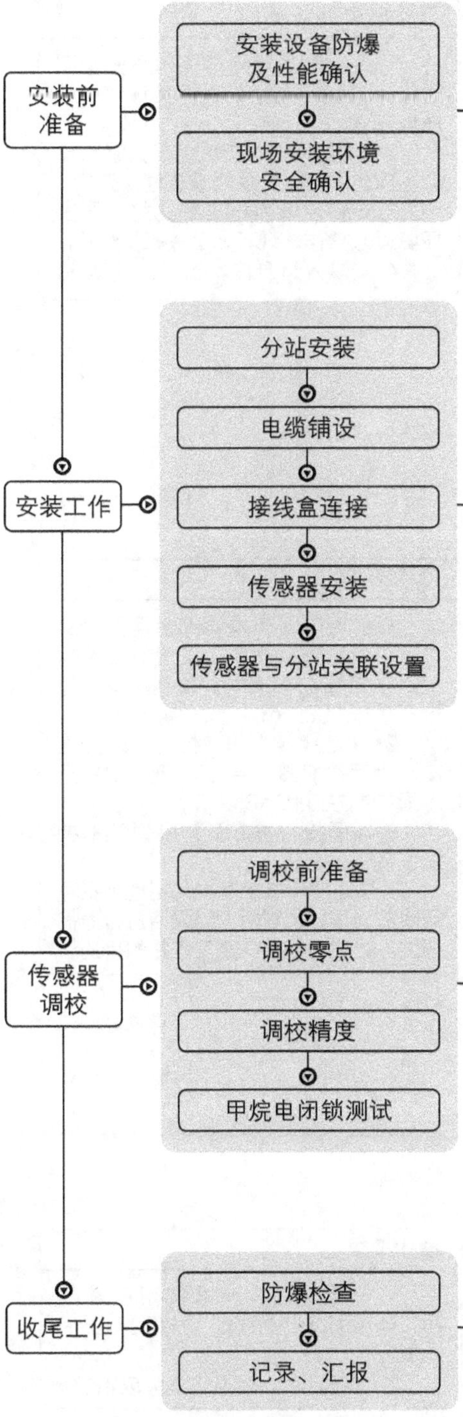

操作要求

1.现场监控设备安装位置与监控设备安装申请一致，所需仪器、设备及电缆数量满足安装需要。

2.备用各部件应齐全、完整，设备、电缆达到防爆标准，仪器设备性能正常。

3.安装现场顶板支护完好，周围环境适合操作，现场无运输机械运行。

4.安装人员身体状况安全确认。

操作要求

1.分站安装在便于人员观察、调试、检验及支护良好、无滴水、无杂物的进风巷道或硐室中，安设时应垫支架，或吊挂在巷道中，使其距巷道底板不小于300mm；同时，按照要求连接好相关通道，设置好所需地址码。

2.敷设的电缆要与动力电缆保持0.1m以上的距离，电缆吊挂整齐；同时，电缆断点用本安接线盒连接好，确保电缆连接牢固可靠。

3.传感器应垂直悬挂，距顶板（顶梁、屋顶）不得大于300mm，距巷道侧壁（墙壁）不得小于200mm，同时，按照监控设备安装申请与监控中心站联系，进行传感器的报警、断电、复电值及关联控制相关设置。

操作要求

1.应先观察设备的运行情况，检查设备的基本工作条件。

2.甲烷传感器用空气样充气对设备调校零点，范围控制在0～0.03%CH_4之内。

3.用小流量向传感器缓慢通入校准气体，在显示值缓慢上升的过程中，观察报警值和断电值。然后调节流量控制阀，把流量调节到传感器说明书规定的流量，使其测量值稳定显示，持续时间大于90s，显示值要与校准气浓度值一致，并要查看被控开关断电情况。

4.其他传感器按照说明书的要求调校。

5.询问监控中心上数及馈电状态变化情况是否与井下设备一致。

操作要求

1.安装好后，严格按照质量标准、防爆标准进行检查，确定无误后方准收工。

2.做好记录，汇报工作完成情况。

5.36 网络通信工岗位操作流程

安装前准备

- 安装位置及所需设备确认
- 安装设备防爆及性能确认
- 现场安装环境安全确认

操作要求

1. 井上对矿用隔爆兼本质安全型网络接口进行测试，确保其与中心站通信正常。
2. 备用各部件应齐全、完整，设备达到防爆标准，仪器设备性能正常。
3. 安装现场顶板支护完好，周围环境适合操作，现场无运输机械运行。
4. 安装人员身体状况安全确认。

安装工作

- 矿用隔爆兼本质安全型网络接口安装
- 光缆熔接
- 接线盒连接
- 传感器安装
- 传感器与分站关联设置

操作要求

1. 矿用隔爆兼本质安全型网络接口安装在机电硐室中，安设时应垫支架，或吊挂在巷道中，使其距巷道底板不小于300mm。
2. 用光缆熔接机对光缆进行熔接，满足网络接口要求，每个熔接点光损控制在0.05dB以下。
3. 按照接口需求及产品说明书要求正确连接设备。
4. 按照使用要求配置网络地址及环网通信协议，同时对网络设备进行通信调试，达到与中心站通信正常的目的。

收尾工作

- 防爆检查
- 记录、汇报

操作要求

1. 安装好后，严格按照质量标准、防爆标准进行检查，确定无误后方准收工。
2. 做好记录，汇报工作完成情况。

5.37 信息监测监控工岗位操作流程

准备工作 → 安装设备防爆及性能确认

操作要求

1.必须严格执行交接班制度。

2.现场确认UPS、短信机、网络运行、双机热备、数据存储、多网融合和等运行状态是否良好。

3.当班人员身体状况安全确认。

当班操作 → 主备机自动切换测试 → 环网通信接口检查 → 环网交换机电源管理信息检查 → 短信机发送功能测试

操作要求

1.矿用隔爆兼本质安全型网络接口安装在机电硐室中，安设时应垫支架，或吊挂在巷道中，使其距巷道底板不小于300mm。

2.用光缆熔接机对光缆进行熔接，满足网络接口要求，每个熔接点光损控制在0.05dB以下。

3.按照接口需求及产品说明书要求正确连接设备。

4.按照使用要求配置网络地址及环网通信协议，同时对网络设备进行通信调试，达到与中心站通信正常的目的。

收尾工作 → 记录、汇报

操作要求

做好测试设备各项记录工作，汇报工作完成情况。

5.38 中心站监测工岗位操作流程

接班工作

- 上一班工作情况确认

操作要求

1.必须严格执行交接班制度，了解上一班发生的情况,对尚未恢复的故障和未完成的工作做好交接和记录。

2.现场确认UPS、短信机、网络运行、双机热备、数据存储、多网融合等运行状态是否良好。

3.做好管辖范围的卫生，确保工作环境安全无杂物。

4.当班人员身体状况安全确认。

当班操作

- 软件测试确认
- 信号、数据实时监测及打印
- 监测数据汇报、追踪落实
- 监测测点参数修改

操作要求

1.每月进行主备机自动切换测试、环网通信接口检查、环网交换机电源管理信息检查、短信机发送功能测试。

2.早班9：00前负责打印前一天日报表，对出现的问题进行备注；实时监测井下信号及数据的变化，出现异常及时汇报通风区调度及矿调度，并追踪落实原因及现场情况。

3.对于井下的安装、倒装需要对软件进行测点修改应反复核实，确保操作无误。

交班工作

- 做好记录存档
- 汇报本班工作完成情况
- 做好交接班准备

操作要求

1.做好本班工作记录、存档。

2.汇报本班工作的完成情况，做好交接班的准备工作。

6 地测防治水专业岗位操作流程

6.1 充填泵站司机岗位操作流程

作业前检查

操作准备 → 安全确认

操作要求

1.对身体状况、工作环境进行安全确认，确认安全后方可作业。

2.备齐扳手等必要的工具及液压油、润滑脂、密封圈等备品配件。

3.检查充填泵液压包、液压油油位、润滑脂油位是否正常。

4.检查充填泵进料斗内有无杂物。

5.检查水箱内是否注满干净清水。

6.检查高压油管接头等有无松动。

开机

开启电脑系统 → 打水润滑管路 → 灰浆推水 → 矸石浆推灰浆 → 正常充填

操作要求

1.根据指令，首先打开主电源，操作位置打到本地控制，再打开控制柜开关，检查各指示灯是否正常，然后打开电机开关，等充填泵开关指示灯闪烁，料位满足要求后方可启动充填泵。

2.充填泵泵送时应保证二次螺旋搅拌输送机内料位高度高出螺旋叶片200 ~ 400 mm；泵送速度应与搅拌能力相适应，严禁出现充填泵吸空或料浆外溢现象。

3.“灰浆推水”过程前，要停泵，放尽充填泵进料斗及二次螺旋搅拌输送机内的余水，在充填泵出口三通放入2个清洗球。

4.充填过程中要保证搅拌机与泵送速度协调一致，保证泵送系统的连续作业。

停机

灰浆推矸石浆 → 水推灰浆清洗管路 → 打风吹净管路 → 关闭电脑系统

操作要求

1.停泵时先将充填泵档位调速器打到零位，关闭主电机电源，关闭控制柜电源，关闭主电源。

2.充填完成后，要放尽充填泵进料斗及二次螺旋搅拌输送机内的余水。将受料斗内的残余浆体用清水冲洗干净，防止水泥浆体硬化粘连在受料斗内壁。

3.打开水箱放水阀，冲洗干净水箱，并放尽余水。

完工确认

进行班末安全确认 → 清理现场

操作要求

1.及时清理充填泵周围的零散物料及残余浆体。

2.将充填泵站所有电源关闭，防止发生意外事故。

6.2 充填阀门工岗位操作流程

作业前检查

操作准备 → 安全确认

操作要求

1.对身体状况、工作环境进行安全确认，确认安全后方可作业。

2.检查阀门所处的工作状态及充填情况、完好情况。

3.备齐操作维修所需的工具、器材。

4.在排水阀门外安装好排水风筒及清洗球接收网兜。

开阀供料

关闭控料阀门 → 排气阀排气 → 冲洗管道 → 开阀供料

操作要求

1.在充填管路供水前，关闭主干管上的控料阀门及排水阀门。

2.由专人看管主干管排气阀的出水情况，待排气阀排气完毕后有水溢出时，及时关闭排气阀，同时通知信号工，向充填站控制室汇报。

3.得到打开排水阀门的命令后，稍微打开冲洗管路排水阀门，并及时将排水情况通知信号工。得到命令后，逐渐将阀门全部打开，整个过程必须由信号工随时与充填站控制室联系，严格按命令执行。

4.冲洗球冲出排水阀门后，及时通知充填工。得到供料信息后，打开工作面送料阀门，然后关闭排水阀门，向工作面正常供料。

停料关阀

接到信号 → 冲洗管道 → 停料关阀 → 关排水阀

操作要求

1.待工作面充填工作完成，得到信号工停止供料的命令后，打开排水阀门，同时关闭供料阀门。

2.待清洗球冲出排水阀门，冲洗水变清后，关闭排水阀门。

完工确认

进行班末安全确认 → 清理现场

操作要求

检查各阀门的关闭情况和完好情况，发现问题要及时处理。

6.3 充填工岗位操作流程

作业前检查 → 操作准备 → 安全确认

操作要求

1. 对身体状况、工作环境进行安全确认，确认安全后方可作业。
2. 必须备齐操作所需的工具，检查工作面液压系统是否完好。
3. 检查主干管、布料管及阀门的安装是否牢靠，性能是否灵敏可靠。
4. 检查工作面隔离墙是否符合规程要求，牢固可靠。
5. 检查布料管在隔离墙的开口处封闭是否符合要求。
6. 清理好冲洗管路的排水水沟。

充填作业 → 供料 → 关闭供水阀门

操作要求

1. 得到干线管打入灰浆的通知后，应将至下端头第一个布料管阀门打开，同时关闭向下一个布料管供料的阀门。
2. 向充填区正常供料时，充填工要密切注视隔离墙的状况及编织网的张紧情况，同时注意分析充填范围内充填料的接顶情况。
3. 第一布料管附近充填完毕时，应及时打开向第二布料管供料的主干管阀门，同时关闭第一布料管供料的阀门，依次类推，逐管充填。
4. 在第二布料管充填过程中，由专人检查第一布料管充填范围内充填料的接顶情况，若不接顶在第二布料管充填完毕后及时进行补充充填。
5. 充填至最后一根布料管充填范围时，应随时分析待充填空间，充填结束时及时通知信号工，信号工通知充填站控制室以安排灰浆入管时间。同时在主干管排水阀门末端安装清洗球接收兜。待充填完毕后，通知阀门工，由阀门工打开排水阀门，关闭供料阀门。
6. 清洗球自排水阀门冲出，排出清水后，通知信号工，得到命令后，关闭供水阀门。

完工确认 → 进行班末安全确认 → 清理现场

操作要求

1. 充填工作结束后，作业人员拆除工作面的管路。拆除时先拆开布料管的接头。使用人工或倒链将布料管抽出。然后拆除工作面主干管。
2. 工作面管路拆除后，利用工作面高压管路，逐节冲洗供料管路及阀门内的残留浆体，冲洗完毕后，码放整齐。清理现场卫生。

6.4 打墙吊袋工岗位操作流程

操作准备 → 操作准备 → 安全确认

操作要求

1. 对身体状况、工作环境进行安全确认，确认安全后方可作业。

2. 备齐操作所需注液枪、卸载手把、锹、镐等工具及充填袋、板梁、镀锌铁丝等物料，并检查工具是否完好、牢固可靠。

3. 检查待充填区域内原充填体、支架后尾梁及其他情况，确认无安全隐患后，方可作业。

4. 将待充填区域的浮煤、浮矸、杂物等清理干净，必要时充填袋下铺垫草苫子，防止锐物刮坏、刺穿充填袋造成充填时跑浆，影响充填质量。

进行铺设 → 上、下端头隔离墙支设 → 工作面隔离墙支设 → 移设隔离墙轨道 → 吊充填袋 → 铺设塑料编织袋 → 做好连接

操作要求

1. 上、下端头隔离墙采用密集支柱配合戗棚联合支设。使用皮带、竹帘子等材料用铁丝固定在支柱内侧，并紧贴支柱。

2. 根据待充填区顶板及充填袋长度，在相邻袋交界处打设一道隔离墙；在相邻充填袋交接处采用轨道配合板梁或其他材料支设隔离墙；轨道平行底板、垂直煤壁使用，轨道间距500 ~ 700mm，一端嵌入上一循环充填体内，嵌入长度不少于300mm，另一端固定在两个支架之间后挡板上。

3. 隔离墙轨道在充填体达到初凝状态后及时拉移，以免时间过长浆体凝固住轨道；移隔离墙轨道前，工作面刮板输送机必须停电闭锁上锁；轨道不要完全抽出，至少保留0.3m的长度，以便下一个循环充填时作为一个支点。充填过程中，发现隔离墙有变形、泄漏情况要及时对隔离墙进行维修，加固。

4. 充填袋必须吊挂牢固，上下余量均匀，并保证充填袋贴顶、贴底、贴帮。

5. 铺设塑料编织袋，首先由运料道充填区开始，沿工作面至溜子道充填区，并且塑料编织网顶底部每隔200mm，用米丝与顶底网连接好。

6. 充填袋与原铺设的编织网及支架吊袋钩连接好，并且相邻编制网用塑料编条每孔相连，并连接好。

收尾工作 → 清理余料

操作要求

充填工作完成后，要把周围剩余物料清理干净，保证退路畅通。

6.5　注浆工岗位操作流程

准备工作

- 操作准备
- 安全确认

操作要求

1. 熟悉安全技术措施要求的内容。
2. 持证上岗。
3. 施工前，必须对身体健康情况、设备状态和工作环境进行安全确认，劳动防护用品佩戴齐全，确认满足施工要求后才能工作。

操作顺序

- 制浆
- 注浆
- 停机

操作要求

1. 根据注浆安全技术措施规定的配比浓度进行制浆。
2. 注浆泵需要在空载情况下启动。
3. 注浆泵必须确保吸水管路及出水管路畅通。
4. 注浆泵注浆压力严禁超过其设计压力。
5. 发现泵的排量减小时，及时查明原因，阀座和耐磨圈损坏要及时更换。
6. 经常观察柱塞的密封情况，发现漏浆，及时更换密封圈，必要时更换柱塞。
7. 根据注浆安全技术措施的规定，在注浆量及注浆压力达到要求时停止注浆。
8. 注浆结束后，立即接清水运转不少于15min，以冲净泵内及注浆管路内遗留的水泥浆。泄压时，人员严禁站在卸压出口方向。

收工确认

- 进行班末安全确认
- 清理现场，检查设备状态

操作要求

1. 注浆完毕需要清理现场并检查电门打零位，注浆泵挂空挡，分开离合器，注浆管路用水清洗干净等。
2. 现场填写当班施工报单。

6.6 钻探工岗位操作流程

准备工作：操作准备 → 安全确认

操作要求

1. 熟悉钻探设计及钻探安全技术措施。
2. 持证上岗。
3. 施工前，必须对身体健康情况、设备状态和工作环境进行安全确认，确认满足施工要求才能工作。

操作顺序：开机 → 钻进 → 提钻 → 停机

操作要求

1. 钻机和孔口不顺线时，必须先调整顺线，再进行下一步操作。
2. 现场组长负责操作钻机或指派有上岗资格人员操作钻机。
3. 操作人员应精神集中，执行好“手指口述”。
4. 操作钻机人员必须保证人员全部退到安全范围内。
5. 根据钻探施工安全技术措施要求，现场记录好钻进情况及地层揭露情况。
6. 严格按照钻探设计的要求进行相关的施工。
7. 按照规范进行钻孔测量。
8. 临时停机时，在未断电情况下，钻机司机不得离开岗位。停机后，必须将电源开关打零位，关闭气源、水源开关。

收工确认：进行班末安全确认 → 清理现场，检查设备状态

操作要求

1. 收工时，清理现场，把钻杆等零部件码放整齐，放在规定区域内。
2. 现场填写当班钻进报单。

6.7 班组长（地测）岗位操作流程

班前会

员工签到 → 安全确认 → 安全宣传教育 → 当班工作布置 → 列队下井

操作要求

1. 按照准军事化班前会要求组织召开班前会。
2. 掌握本班组员工到岗签到情况。
3. 排查到岗职工的精神状态和身体状况，安全确认不合格的职工严禁下井。
4. 当班安全教育，强调当班安全工作重点。
5. 分配各位员工的工作任务，讲解各工作面的班前情况，强调本班各个工作地点的安全注意事项。
6. 带领本班组安全宣誓，列队下井。

井下工作

开工前现场安全确认 → 组织召开井下小班前会 → 根据现场情况变化调整部署 → 组织、监督现场操作

操作要求

1. 确认周围环境是否满足工作要求，达到安全要求后才能工作；作业环境不满足安全要求时，应立即向主管领导汇报。
2. 确保本组员工持证上岗，观测工具齐全可靠。
3. 组织召开井下小班前会。根据现场情况强调安全操作注意事项，对重难点部位进行现场协调指挥。
4. 纠正员工不安全行为，杜绝违章指挥、违章作业。

班末验收

验收本班任务完成情况 → 安全排查，确认不留隐患

操作要求

1. 按照《煤矿安全生产标准化管理体系》对当班任务完成情况进行验收，不合格的立即整改。
2. 对工作中涉及本专业的安全问题进行全面排查，记录在案，汇报并追踪落实情况。

资料整理

原始资料检查 → 整理分析 → 预测预报

操作要求

1. 上井后督促相关人员对原始资料进行正确性及完整性检查。
2. 督促相关人员及时对资料进行整理，组织对成果资料的检查。
3. 组织对地测动态资料观测和分析成果按规定要求及时上报。

6.8 班组长（防治水）岗位操作流程

开工

员工签到 → 安全确认 → 安全宣传教育 → 当班工作布置 → 列队下井

操作要求

1.按照准军事化班前会要求组织召开班前会。

2.掌握本班组员工到岗签到情况。

3.排查到岗职工的精神状态和身体状况，安全确认不合格的职工严禁下井。

4.当班安全教育，交代各工作面的班前水情，强调本班工作重点和安全注意事项。

井下工作

现场安全确认、隐患排查 → 组织防治水现场观测、施工 → 出现水情组织现场应急处置

操作要求

1.确认周围环境是否满足工作要求，达到安全要求后才能工作；作业环境不满足防治水安全要求时，应立即停止现场所有作业，并向主管领导汇报。

2.确保本组员工持证上岗，操作设备及工具齐全可靠。

3.熟悉水害应急预案和现场处置方案，出现突（透）水情况，立即组织停产撤人，汇报调度室，发出警报，并作为现场临时指挥，提出处置意见，协助完成事故救援和水害治理。

班末验收

验收本班任务完成情况 → 安全排查，确认不留隐患

操作要求

1.按照《煤矿安全生产标准化管理体系》《煤矿防治水细则》对当班任务完成情况进行验收，不合格的立即整改。

2.对工作中涉及本专业的安全问题进行全面排查，记录在案，汇报并追踪落实情况。

井上工作

水文数据分析计算、防治水设备的维护保养 → 填写台账、报表 → 填绘图纸 → 预测预报

操作要求

1.上井后立即在当天组织对观测资料的综合分析、统计计算及防治水设备的维护保养。

2.督促相关人员及时将防治水数据填写在专用台账上，并认真审核。

3.督促相关人员在规定时间内将最新数据填绘到各类水文图纸上。

4.将预测预报资料按《安全生产标准化基本要求及评分办法》《煤矿防治水细则》要求及时发放到相关单位及人员，同时上传至地测防治水动态管理系统。

6.9 电磁辐射监测工岗位操作流程

准备工作 → 操作环境安全确认 → 测量工具确认

操作要求

1. 开机检查仪器的显示时间及电压，电压在$U>11$V时才能正常工作；如果时间显示不对，用选择键选择要修改的年、月、日，用加/减键选择加或减。
2. 仪器不接探头空载测试时，用手触摸4个通道，观看每个通道的显示数据是否有变化，根据变化的灵敏度来判断仪器的运行是否正常。
3. 探头的检测。把探头连接仪器，在仪器正常测试的状态下，敲击探头附近产生震动，观看仪器数据显示情况来判断探头是否正常。声发射探头的检测方式同上。电磁辐射和声发射的探头检测以测试阻值为主，$1.0<R<3.5$可判断为正常。
4. 使用仪器测试前，先要进行参数设定。可根据实际情况对门限值、测试批数进行更改，其他参数设定为默认值。

开始工作 → 天线安装 → 开机 → 选择通道 → 开始监测 → 停止监测

操作要求

1. 电磁辐射天线安装方式：用天线专用软皮包吊挂天线或固定在可伸缩旋转的支架上，天线开口朝向被监测区域，使天线的轴向垂直被测煤岩体外表面，天线置于被测区域的中心，距离煤岩体表面小于1 m。
2. 接收机及天线周围5m内禁止机械工作，应避开动力电缆2m以上，天线周围1m内不得有人员。
3. 声发射探头安装方式：声发射探头可用专用夹具把传感器固定在锚杆上，保证传感器与锚杆接触良好。
4. 开机后，按“开始”键进入菜单，选择测试通道，再次点击“开始”键开始测试。当测试数据超过设定的报警临界值时，仪器报警。
5. 在测试过程中按下任意键即可停止测试。

收尾工作 → 现场清理，收集测量工具

操作要求

1. 清理现场，保证无杂物。
2. 收集测量工具。

6.10 巷道矿压观测工岗位操作流程

准备工作

- 操作环境安全确认
- 测量工具确认

操作要求

1.检查作业场所附近的支护无掉渣、冒顶片帮危险。

2.检查测枪、测杆、盒尺等测量工具。

开始工作

- 拱形腿或锚杆上施工一豁口
- 小钉或小段绑丝镶嵌拱形
- 上顶施工一豁口
- 小钉或小段绑丝镶嵌在拱形梁或锚杆内作为顶基点
- 钉入100mm铁钉（用直径16mm铁筋一端加工成尖）
- 对基点进行标记并挂牌

操作要求

1.在顶、底板及两帮选择基点位置。顶部、底板测点宜布置在巷道中心线上，两帮的基点距底板1.5m 水平布置（当风筒及其他设施妨碍两帮测点布置时，可适当调整测点高度，但必须确保两帮测点水平）。原则上基点必须布置在同一断面内。

2.布置的基点必须有明显标记，同一巷道的标记需统一样式。

3.安装测点时必须注意两帮点平直、顶底线垂直、交叉点吻合。

4.安装完毕后要及时量出初始值。

数据测读

- 用测线连接两帮测点
- 顶部基点悬挂测线连接线坠
- 用测枪或盒尺量取数据
- 填写台账

操作要求

1.测读某一帮位移时要挂好线绳，捏准线绳交叉点。

2.测读顶板下沉，地板底鼓时，要拉紧线绳，看准交叉点方可记数。

3.测读时如发现测点丢失或损坏，立即补打。

4.及时记录所测数据，并保存好，以便分析处理。

收尾工作

- 现场清理，收集测量工具

操作要求

1.清理现场，保证无杂物。

2.收集测量工具。

6.11　矿压设备安装工岗位操作流程

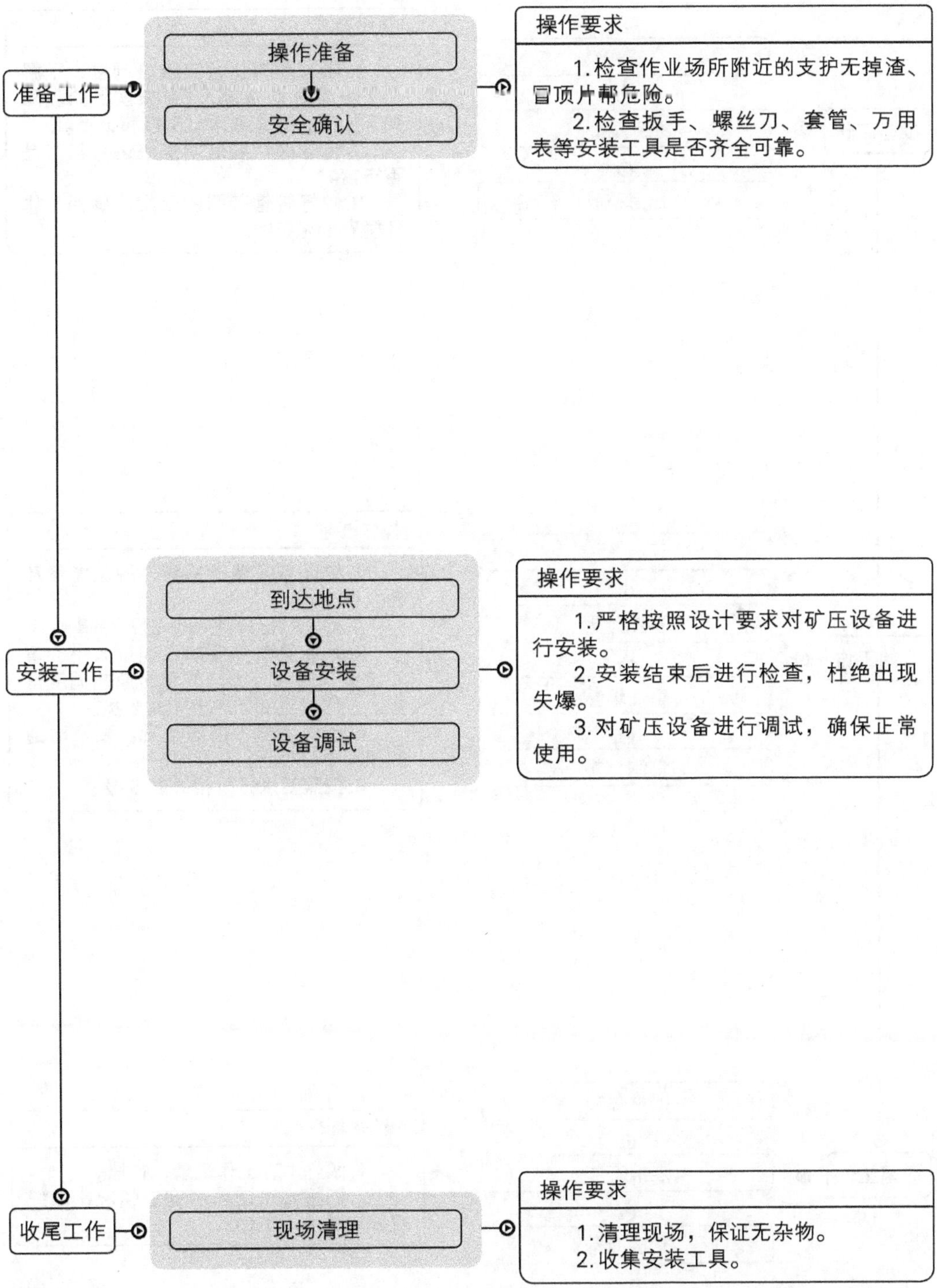

6.12 巷道矿压观测工岗位操作流程

准备工作

交接确认 → 系统确认 → 信息确认

操作要求

1.必须严格执行交接班制度，了解上一班发生的情况,对尚未恢复的故障和未完成的工作要做好交接和记录。

2.检查确认各监测系统运行状态是否正常。

3.做好管辖范围的卫生，确保工作环境安全无杂物。

开始工作

开启系统 → 事件分析 → 事件追踪 → 编制日报

操作要求

1.统计各区域发生事件的总能量及最大事件。

2.及时处理分析各套系统发生的事件。

3.大能量事件要确定能量大小、事件位置、撤人范围，并及时通知调度室撤人，同时通知防冲办相关人员。

4.出现信号中断等情况，要及时通知相关单位处理。

5.按照要求做好相关的日报。

收尾工作

记录存档 → 汇报工作 → 交接准备

操作要求

1.做好本班工作记录、存档。

2.汇报本班工作的完成情况，做好交接班的准备工作。

6.13 钻屑作业工岗位操作流程

准备工作

安全确认 → 工具准备

操作要求

1. 检查作业场所附近的支护无掉渣、冒顶片帮危险。
2. 检查取粉筒、直径为3 mm的细眼筛、弹簧秤或0.1mL的量筒等测量工具。

开始工作

开启矿灯 → 巡视现场 → 开始打钻 → 收集煤粉 → 煤粉称量 → 煤粉细筛 → 填写表格

操作要求

1. 开启视频矿灯，介绍现场情况（打钻工作面名称或巷道名称、具体打钻位置、现场人员情况）。
2. 开始打钻屑工作。
3. 监测钻孔布置在距离巷道底板1.2～1.5m位置，尽量垂直煤壁，孔深12m（5煤层和8煤层）或15m（9煤层和8、9合层）。
4. 在打钻过程中，用取粉筒收集钻出煤粉，将煤壁和顶板掉入的大块杂物挑出，用弹簧秤称量煤粉质量，用细筛测量钻屑粒度组分。钻杆每推进1m，测量一次煤粉质量与钻屑粒度组分。如钻进过程中遇到卡钻现象，钻杆每推进1m可回拉3次，增加孔内排粉量。钻屑潮湿或发生动力现象时，不再称重。
5. 测试中采用专用表格记录每米钻粉量与钻屑粒度组分，并且记录打钻过程中出现的卡钻、吸钻、顶钻、声响及孔内冲击等动力现象。
6. 打钻工及观测人员在记录表中签字。

收尾工作

现场清理

操作要求

1. 清理现场，要求无杂物。
2. 收集测量工具。

6.14 测量工岗位操作流程

准备工作

- 操作准备
- 安全确认

操作要求

1. 熟悉设计图纸，标定参数计算，准备好测量资料，双人独立抄录起算数据。
2. 准备好测量仪器、工具及记录本等。
3. 对施工区域内的采掘工程，要做到心中有数。
4. 观测前，测量人员必须对身体健康情况和工作环境进行安全确认，确认所在岗位和周围环境是否满足测量工作的要求，只有达到安全要求才能工作。

操作顺序

- 现场踏勘检核
- 仪器观测程序
- 原始数据记录与计算
- 外业测量检查
- 收工确认

操作要求

1. 对所采用的起算点进行现场检查，确认完好无损、满足工程需要。
2. 按照《煤矿安全生产标准化管理体系》《煤矿测量规程》要求进行一起操作和观测。
3. 原始记录必须符合《煤矿安全生产标准化管理体系》《煤矿测量规程》的要求，做到记录真实、注记明确、整洁美观、格式统一。
4. 施工放线后，对原施工线的一致性和相对的几何关系进行严格检查，确认无误后方可收工。

数据处理

- 对原始记录进行检查
- 数据计算
- 填绘图纸
- 通知单发放

操作要求

1. 对外业测量的原始记录进行严格检查，确认无误后，进行计算。
2. 计算账必须坚持两人独立核算制度。
3. 及时填绘有关测量图纸，整理提交资料。
4. 向相关单位及人员以书面形式发放工程测量及贯通测量通知单。

6.15　储量工岗位操作流程

观测准备

- 操作准备
- 安全确认

操作要求

1.观测前，对使用的工具、矿灯和自救器等进行完好和安全确认，明确本次观测的地点、内容、要求及目的。

2.观测前，应对自身状况、观测环境进行全面的安全确认，确保无安全隐患后方可实施观测作业。

观测工作操作过程

- 工作面储量数据观测
- 现场资料收集
- 资料编录

操作要求

1.工作面丈量应沿倾斜每10 ~ 15m丈量一点，并要求工作面丈量的内容必须包括：工作面实际进度、长度、采高（包括开采的煤层厚度、割顶、割底厚度及夹矸厚度）、倾角；工作面煤层产状要素、煤层厚度、夹层数及厚度；工作面丢失的顶、底煤及浮煤厚度。

2.丈量风道、运道残尺时，应丈量至与采面煤壁平行位置。

3.采高丈量的地点尽量选择在靠近煤壁处，皮尺应垂直于顶底板，点位尽量分布均匀。点距根据煤层稳定程度而定，一般不应超过10 ~ 15m。煤层厚度及采高的丈量误差应小于煤层厚度的3%。浮煤厚度应在工作面放顶回柱前实际丈量。丈量煤厚、采高、丢顶、底煤及浮煤厚度时一般应选在同一个测点上进行。

4.每次观测必须记录观测的时间、地点、观测及记录者姓名，观测记录必须在现场进行。

数据处理

- 井上观测数据整理
- 数据成果资料应用

操作要求

根据《矿产资源法》《煤矿安全规程》《生产矿井储量管理规程》《矿山储量动态管理要求》《生产煤矿回采率管理暂行规定》《特殊和稀缺煤类开发利用管理暂行规定》《煤矿安全生产标准化管理体系》和《煤、泥炭地质勘查规范》(DZT 0215—2002)等法规、规定、规范的要求，将数据成果填表、绘图、上报。

6.16 地质工岗位操作流程

观测准备 → 操作准备 → 安全确认

操作要求

1. 观测前对使用的工具、矿灯和自救器等进行完好和安全确认，明确本次观测的地点、内容、要求及目的。

2. 地质观测前，应对自身状况、观测环境进行全面的安全确认，确保无安全隐患后方可实施观测作业。

观测工作操作过程 → 井下地质观测 → 现场资料收集

操作要求

1. 选取有代表性的层理，用罗盘测迎头及一帮煤（岩）层产状或倾角，测量煤岩层及分层厚度，用地质锤敲击出岩石新鲜面，必要时采集岩石标本，丈量煤岩层起始、尖灭位置及迎头与最近测点或特征点距离。观测揭露的沉积岩、煤层、断层、岩浆岩、褶曲、陷落柱、煤层顶底板等资料。

2. 井巷均应逐层观测其揭露岩层的特征、厚度及产状等，煤层、顶底板及标志层、构造应重点观测，同时对井巷施工中的巷道变形、冒顶、片帮、底鼓和出水点等情况进行观测。

3. 现场绘制草图，记录煤岩层产状或倾角、厚度、岩性特征描述及位置，着重对煤层、标志层和煤层顶底板进行描述，并简略描述现场巷道状况。

数据处理 → 井上资料编录 → 综合分析和预测预报

操作要求

1. 根据《煤矿安全生产标准化管理体系》《煤矿地质工作规定》的要求进行原始地质资料的分析整理。

2. 将分析整理的结果填绘到规定的台账、图纸上。

3. 根据观测成果分析总结，及时进行预测预报。

6.17　水文工岗位操作流程

准备工作

操作准备 → 安全确认

操作要求

1.观测前对使用的工具、矿灯和自救器等进行完好和安全确认，熟悉掌握本次观测地点的相关资料，明确观测内容、要求及目的。

2.水文调查前，应对自身状况、观测环境进行全面的安全确认，确保无安全隐患后方可实施观测作业。

观测工作操作过程

水文地质观测 → 填写原始记录本 → 现场水文分析及处置

操作要求

1.观测工作必须至少要2人，其中1人观测，1人记录并负责在旁监视周围安全。

2.根据《煤矿安全规程》《煤矿防治水细则》《河北省煤矿防治水管理办法》《煤矿安全生产标准化管理体系》的有关规定要求进行水文地质观测及资料收集。

3.将观测的原始数据记录在原始记录本上，分页编码，附必要的草图，写明观测地点、日期、观测者姓名、使用仪器及编号。

4.现场水文调查分析发现有水文异常时，应立即停止现场所有作业，撤出现场所有人员，上报公司调度室及相关领导，然后进行进一步分析。

综合分析

井上资料整理 → 综合分析和预测预报

操作要求

1.根据相关要求进行原始水文资料的分析整理，将分析整理的结果填绘到规定的台账、图纸上。

2.根据收集的资料进行水文地质综合分析、总结，并及时进行预测预报。

3.水文现象异常时并及时跟踪观测，及时修正分析结果。

4.根据相关法律法规，上传相关水文数据至河北省风险预警与管控系统。